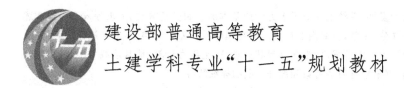

建设部普通高等教育
土建学科专业"十一五"规划教材

土力学原理

（第 2 版修订本）

赵成刚 白 冰 等编著

清华大学出版社

北京交通大学出版社

·北京·

内 容 简 介

本书结合土力学学科近年来的发展,系统地介绍了土力学的基本原理和分析方法,力求深入全面地阐述土力学的基本内容和实质。全书共分11章,主要内容包括土的物理性质及工程分类、土的渗透性和渗流、土体中的应力计算、土的压缩与固结、土的抗剪强度、土的临界状态理论、土压力计算、地基承载力、土坡稳定分析等。各章后附有思考题和习题,书末附有习题答案和部分习题的详细解答。

本书主要作为高等学校土木工程各专业及相近专业土力学课程的教材或参考书,也可供土木工程研究人员和工程技术人员参考,还可作为考研复习的参考书。

图书在版编目(CIP)数据

土力学原理 / 赵成刚,白冰编著 . —2 版 . —北京:北京交通大学出版社:清华大学出版社,2017.8(2023.9重印)

ISBN 978-7-5121-3310-5

Ⅰ.①土… Ⅱ.①赵… ②白… Ⅲ.①土力学 Ⅳ.①TU4

中国版本图书馆 CIP 数据核字(2017)第 184827 号

土力学原理

TULIXUE YUANLI

责任编辑:韩　乐

出版发行:清 华 大 学 出 版 社　　邮编:100084　　电话:010-62776969　　http://www.tup.com.cn

　　　　　北京交通大学出版社　　邮编:100044　　电话:010-51686414　　http://www.bjtup.com.cn

印 刷 者:北京虎彩文化传播有限公司

经　　销:全国新华书店

开　　本:185 mm×230 mm　印张:26.75　字数:599 千字

版 印 次:2004 年 8 月第 1 版　2017 年 8 月第 2 版　2023 年 9 月第 4 次印刷

定　　价:59.00 元

第2版前言

出版高质量和高水平的本科生教材,是我们长期从事本科生"土力学"教学的教授应尽的义务和责任,也一直是我和前后编写、修订本书的编写组成员们追求的目标。本书第2版是经过13年的教学实践和不断修订、改进的结果,反映了我们对土力学理论不断深入、发展、变化的认识和理解,以及教学经验的积累和新的工程需求。通过逐渐修订而形成的这本《土力学原理》第2版,就是我们上述追求的结果。我们努力使本书不同于一般土力学教材,除了书的封底列出了本书的五大特色外,第2版在以下几方面进行了修订:

1. 介绍了土的连续化与平均化理论以及表征体元的概念。一个不引人注意,但非常基础而重要的问题是:为何把土这样一种疏松、离散和黏结力很弱的矿物颗粒及其周围充满液体和气体的混合离散物,用连续介质力学理论进行描述和分析,而这样做的理由和前提是什么? 有何科学依据? 适用条件为何? 这些就是土的连续化与平均化理论以及表征体元的概念所论述和回答的问题(见2.6节)。

2. 初步探讨了土力学理论预测的不确定性产生的原因(见1.4.2节)。

3. 在黏土矿物的晶体结构与分类(见2.3.1节)中增加了部分内容,从微观的角度介绍了膨胀土产生的机理(见18~22页)。

4. 较为详细地介绍了土的结构性(见2.5节)。这里基于我们的研究和认识,给出了关于土的结构性的定义和说明。此节改动较大,篇幅也增加了。

5. 对土力学中的有效应力及其局限性进行了概括性的讨论,见1.4.2节、4.6.1节、5.1节和6.1节等。

6. 用土样的室内实验结果对场地的沉降进行预测,其理由和前提条件是什么? 我们在5.2节"土体的压缩特征"的一开始增加了对这一问题的讨论。

7. 对第5章的固结理论部分进行了改写,并对其中正负号的使用进行了一些修正。本质上说,渗流之所以会出现负号,是由于渗流是从总势能高的地方流向总势能低的地方(由大到小的方向流动),而这与其坐标的正向(由小到大的方向)相反,因此出现了负号。

8. 对第7章原始剑桥模型和修正剑桥模型的推导进行了简化,使其易懂。另外还增加了一些习题和思考题,以补原有这一部分的缺失。

9. 对第10章边坡稳定的有限元分析部分进行了补充和修改,增加了一些必要的基本性内容。

10. 对原修订本中的部分内容作了改写,并修正了一些错误。

11. 删去了原修订本中本科生教学中一些不必要的内容(例如删去了 Terzaghi 和 Biot 三维固结理论以及附录中的例题精选),使得增加的部分与删去的部分大致相当。本书的篇幅没有很大变化。

参加第 2 版编写工作的有:赵成刚,负责全书总体内容修订的安排,并具体负责第 1 章、第 2 章、第 6 章、第 5 章除了固结以外部分的修订,以及 4.6.1 节有效应力原理中的部分修订;白冰,负责第 3 章、第 4 章、第 8 章的修订;丁洲祥,负责第 5 章固结理论部分的修订;刘艳,负责第 7 章的修订,并负责 2.6 节土的连续化和平均化理论的编写;陈曦,负责第 10 章的修订;李舰和蔡国庆也参加了部分修改和校对工作。

土力学是从实际工程的需要出发,并由工程师发展起来的一门学科。它具有很强的实用性和经验性的特点。这一特点具有两面性:一方面,它可以用于解决很多实际工程问题,为广大岩土工程师提供了理论和分析工具;另一方面,它缺少严密性、科学性和系统性,其预测结果不确定性非常大,是一门半经验、半理论的学科。

土力学发展至今,其理论基础仍然很不完善,仍处于半理论、半经验的发展阶段。其具体体现是:多数理论假定渗流与变形和强度无直接联系,渗流与变形的理论分别是根据不同的假定而建立的,土力学各章节之间缺少有机和统一的理论基础;经验公式和方法还随处可见;预测结果具有非常大的不确定性,经验、工程判断、艺术和技巧还继续发挥重要的作用。虽然现代土力学的发展,进一步完善了土力学的理论基础,但这种发展与变化仍然没有从根本上改变上述状况,理论预测结果仍然具有非常大的不确定性,土力学完备和统一的理论基础仍有待于研究和发展。这里"完备"的含义是,在建立新的理论和模型时应该把一些对土力学的性质和行为具有重要影响的因素尽可能多地考虑进来,即达到尽可能的完备,以便减少由于过多的简化而带来的不确定性。例如非饱和土力学中所做的工作,它为了尽可能减小土力学理论中所存在的不确定性,增加了吸力变量。致力于使土力学的理论建立在完备、严密和科学的基础之上,即用完备、严密、统一、科学的理论,例如多相孔隙介质理论或热力学理论,来研究和描述土的性质的理论称为理性土力学。这方面的内容在我们撰写的专著《理性土力学与热力学》中已经进行了一些讨论。

通常在一门学科中,工程经验的作用和科学理论的作用是成反比关系的;科学所起的作用和占有的比重越大,工程经验和技艺的作用就越小。人类土木工程的实践表明,土力学诞生之前,岩土工程完全依靠经验和技艺。土力学诞生之后,随着学科的不断发展,科学理论所起的作用也越来越大。面对这种状况,一方面要在应用中积累更多的经验,培养和提高处理工程问题的技艺和水平。但另一方面,也要促使土力学和岩土工程学科的理论不断向前发展,最后和其他学科一样达到成熟的水平,即仅利用科学理论就能够较为准确地预测土体的行为,这也是土力学研究者所追求的目标。

本书不可能没有缺点,它所讨论的都是一些基础性的内容,所以本书绝大部分内容是取自他人的成果,有特色的内容并不多,错误之处也在所难免,一个例证就是多次修改后,仍然有错误。我们能够做的是,以当前的视野和尽可能正确、清晰的概念论述土力学的内容。

随着时间和土力学学科的发展，此书可以继续修订。但这一版可能是我主持修订这本书的最后一版，原因是我已经超过退休的年龄，没有精力再做此事。同我的研究论文相比，我更珍视此书，因为这本书伴随和包含了我更多的时间和精力。但退休也有好处，即没有教学和科研的催促，也没有拿项目和发表文章的压力。因此我想，与其发表一些用处不太大的文章，不如多花些时间和精力，用心地把这本书写好，用于教育优秀的学生。而后者的意义更大，因为它有助于使更多的学生掌握更加清晰和科学的土力学的基本内容和概念，为将来的研究和工程应用打下良好的理论基础。

当然此书仅是一部本科生的教学用书，它的深度和广度是很不够的。而高等土力学可以填补这一不足。我从事高等土力学的教学和研究已经三十多年，积累了一些材料和经验，希望在我七十岁前，能够撰写、出版一本为研究者或研究生使用的高等土力学、基础性理论的书。这也是希望将来为我所从事的专业做最后一点事情。

我只希望本书能为我国本科生"土力学"课程的教学提供一本较好的教学用书。

赵成刚
2017 年 5 月于北京交通大学土建学院

修订本前言

本书经过 5 年的使用,得到了广大读者的认可,连续印刷了 3 次。并且最后一次印刷不到 3 个月,又告售罄,要求再次印刷。考虑到教学经验的累积和一些新的需求,目前有必要对原书进行修订,出修订本。

修订本仍然保持了第 1 版的基本编写思想,除了对第 1 版中存在的错误及一些局部的论述进行了修正以外,主要在以下几方面进行了增删和修订。

(1) 在第 1 章 1.1 节中,增加了"研究土力学的目的有两个:①揭示土的行为和性质及其发展和变化的客观规律;②为岩土工程的设计、施工和维护提供理论基础"。而在第 1 章 1.2 节中,在学习土力学的目的中增加了"为揭示和认识土的行为和工程性质提供理论基础"。这样做的目的是试图改变目前岩土工程界很多人对土力学的观点和看法,即认为:学习土力学的唯一目的是指导工程实践。这种观点和看法对于工程师来说是可以理解的,但对于从事土力学研究的人来说却是片面的。实际上,土力学作为一门科学,它具有两重任务:①揭示土的行为和性质及其发展和变化的客观规律;②为工程和建设服务。它本身的发展也应该遵循作为一门科学的发展规律,而不仅仅是为工程和建设服务。我们反对以下实用主义的研究观点,即土力学的研究一旦不能直接为工程和建设服务,则其研究的价值就会受到质疑。并且从本科生阶段就应建立正确的观点和学习目的,以避免对土力学采用实用主义的态度。

(2) 增加了第 7 章(土的基本性质和临界状态理论简介)。临界状态土力学是现代土力学的重要部分。这部分内容是为一些学有余力的优秀本科学生提供了解临界状态土力学的一个简明、易懂的学习材料,为今后深入研究和创造性地从事土力学的应用提供必要的理论基础。这部分内容在一般本科生土力学教材中是没有的,有些高等土力学教材虽然有剑桥模型的介绍,但多数都是从弹塑性本构模型的角度出发,仅把它作为一种数学模型加以介绍。目前有很多人把临界状态土力学仅理解为一种弹塑性本构模型(或剑桥模型)。这种理解是片面的,不利于对现代土力学的认识和理解。实际上,临界状态土力学为深入认识和描述土的行为和性质提供了理论基础。如果不从这样的角度去理解临界状态土力学,就很难深入地认识和把握现代土力学的实质。临界状态土力学或它的经典的、具有代表性的剑桥模型,从其数学的表达式和参数来看是简单的,但对于初学者来说,要深入理解它却并非易事。这一章的内容仅是对临界状态土力学的一个简单介绍,而要想更加全面和深入地了解有关内容,可以参考 Schofield 和 Wroth 于 1968 年、Atkinson 和 Bransby 于 1978、Wood 于 1990 年写的 3 本书(见参考文献)。

（3）原书第 10 章土的压实内容不多，作为独立一章，其篇幅偏少。这次再版，按照一般土力学教科书的做法，将其并入第 2 章中，并作为该章的一节。

（4）第 6 章土的抗剪强度的部分内容重新改写了，并增加了颗粒之间的咬合与剪胀对抗剪强度影响的内容。

（5）第 4 章中增加了多孔介质中物理量（如应力、渗流速度）平均化描述的基本思想。并对土中有效应力的概念及有效应力原理重新进行了阐述。

土力学理论目前仍然处于发展的初期阶段，其理论基础不统一、不协调（赵成刚，2006），需要花大力气进行研究和发展。本书仅介绍土力学的基本原理，而没有介绍其他更加深入的内容，例如，非饱和土力学、土动力学及有希望成为土力学的统一和协调的理论基础的连续孔隙介质土力学理论（赵成刚，2009）。这主要是因为本书是为本科生的教学而编写的，其他与本科生的教学关系不大的内容只能割爱。实际上为硕士生开设的高等土力学可以包括这些更加深入的内容。本人希望今后能有时间和精力编写一本高等土力学教科书。但就目前高校的状况，恐怕挤不出时间和精力再做这样的事了。

本书修订本是由以下教师在第 1 版的基础上修订完成的，分工为：赵成刚教授负责第 1 章、第 2 章、第 6 章的修订和第 7 章的编写（博士生刘艳编写了第 7 章的例题）；白冰教授负责第 3 章、第 4 章、第 8 章的修订；李伟华副教授负责把第 10 章改写和并入第 2 章中及第 5 章的修订；曾巧玲副教授负责第 9 章的修订；李涛教授负责第 10 章的修订；附录 C 土力学名词索引由白冰教授和赵成刚教授共同编写。由于编者水平有限，虽然经过修订，书中难免还会有缺点和错误，希望广大读者不吝赐教。

赵成刚
2009 年 8 月于北京交大红果园

第 1 版前言

目前土力学的教材很多，有几十种。在本科生教学中经常使用的教材也有十几种。有这么多的土力学教材，为什么还要再编写一本新教材？编写新教材的目的和意义是什么？这是任何一本新教材的编者都必须认真考虑并给予回答的问题。

要回答编写新教材的必要性问题，首先需要考察一下我国使用土力学教材的现状。目前，我国所使用的土力学教材除了增加了个别现代内容的章节（如土质的改良和加固、Biot 固结理论等）外，与 20 世纪五六十年代的教材没有多少区别，但国际上很多新版的土力学教科书与我国五六十年代的教科书相比，无论在内容和版式上都有了很大的改变。就连 Terzaghi 和 Peck 撰写的《工程实用土力学》这本经典著作，也于 1996 年在 Peck 主持下写出了新版本，其中关于土力学的内容增加了近 40%。

与国际上现行同类土力学教科书相比，我国的教材显然落后了。造成这种落后局面的原因是多方面的。一个重要原因是许多编者不愿耗费很多精力去研究、参考最新土力学的进展和成果。当然，这也和我国的信息闭塞，资料难于获得有关；但起码应该参考国外新出的一些优秀的土力学教科书，而不能把眼光仅局限在国内。应该指出，一些较好的教材追求简单、易懂、易于教学，这些教学思想是合理的；但也有一些教材编写者认为，教材应该介绍成熟的方法，而排斥不完善的理论和方法，所以把土力学的理论作为绝对真理加以介绍。这样做未必恰当，例如，土力学的奠基者 Terzaghi 在编写《工程实用土力学》一书时，就采用了很多经验公式，Terzaghi 并没有因为这些公式不是完美无缺的且都有其适用范围与局限性就不采用了。

这种教学思想的不足之处在于不利于培养学生的创新能力。它会使学生产生一种误解和思想惯性，即认为土力学的理论十分完美、成熟，只要按土力学的理论去分析、解决问题就万事大吉了。但事实并非如此，土力学的理论还很不完善，例如，书中各章之间及各种概念和方法之间缺少有机的联系与统一的理论基础，经验公式还随处可见；非饱和土和土动力学的理论也很不完善、很不成熟；还有很多问题其理论结果难以描述土的实际情况或与实际情况偏差很大，缺少重现性。因此，需要对上述教学思想方法进行改良或修正。所谓改良或修正是指继承其优点，即使教材应尽可能的简单、易懂、易于教学，但另一方面也应使学生了解并认识到土力学理论的不完善性，从而更深入、更全面地理解土力学的内容与实质，为今后的土力学的工程应用和科学研究打下良好的基础。

我们编写本书的基本思想是：

(1) 尽量简明、易懂；

（2）尽可能地介绍一些新的研究成果；

（3）尽可能地给出各种方法的适用范围和局限性，使学生了解土力学是不完善的；在本书的最后一章中，还给出了应用土力学时应注意的一些问题，以便在实践中正确地应用土力学的知识。

细心的读者会发现，与其他土力学教材相比，本书的第 2 章内容偏多。这主要是因为编者认为，土力学是在宏观的唯象的基础上建立起来的，一般并不需要了解土的微观结构和土与水或土与周围环境的相互作用。在许多情况下，只要通晓土的宏观力学性质，就足以解答所遇到的岩土工程问题。过去大多数土力学教科书正是侧重于这方面而写成的。但有时，尤其是对某些问题要获得圆满解答时，对土为什么会具有特定的性质和行为的知识会显得很重要。岩土工程师了解土为什么会具有这种特定性质的知识，犹如结构工程师了解建筑材料的性质一样重要。为增强这方面的知识，并对土为什么会具有这些性质加以说明和解释，我们把第 2 章的内容增加了很多，以期满足这方面的要求。另外，本书主要讲述经典土力学的内容，而对现代土力学的内容（如临界状态土力学等）很少涉及，该内容将在《高等土力学》的教科书中讲述。

本书由北京交通大学岩土所土力学教研室的几位老师和北方工业大学建筑学院的两位老师集体编写。第 1 章和第 2 章由赵成刚教授和王运霞副教授（北方工业大学）编写，第 3 章由张兴强副教授和白冰教授编写，第 4 章和第 7 章由白冰教授编写，第 5 章由侯永峰副教授编写，第 6 章由赵成刚教授编写，第 8 章由曾巧玲副教授编写，第 9 章由王运霞副教授编写，第 10 章由崔江余副教授编写，第 11 章由赵成刚教授编写，附录部分由王运霞副教授和李小勇副教授（北方工业大学）编写。全书由赵成刚教授和白冰教授统编、审校。

本书得到北京交通大学教材出版基金资助，在此表示感谢。

由于本书是多位编者合作的产物，又因编者水平有限，以及客观条件和时间精力等方面的限制，难以很好地履行上述基本思想，缺点与错误在所难免，希望广大读者不吝赐教。

作者通信地址：北京市海淀区上园村 3 号北京交通大学土建学院　赵成刚

邮政编码：100044

E-mail：cgzhao@bjtu.edu.cn

赵成刚

2004 年 8 月

目　　录

第 1 章

绪　　论

1.1　土力学研究的内容和目的

土力学是研究土体在周围环境与荷载作用下，土体中的应力、应变、强度或稳定性及渗流规律的一门学问。

研究土力学的目的有两个：(1)揭示土的行为和性质及其发展和变化的客观规律；(2)为岩土工程的设计、施工和维护提供理论基础。

本书除第 2 章以外，主要讨论经典土力学和临界状态土力学，即饱和土静力学的内容。而非饱和土力学和土动力学的内容，不在本书讨论范围之内。

1.2　学习土力学的目的

安全与正常使用是土木工程中的两大主题，也是土力学应该面对和处理的两大主题。土工结构物(如地基与基础、土石坝、地下结构、隧道、路基、岸坡、挡土结构、地下管线等)的安全是与土中的应力与强度密切相关的。一旦结构物周围或土体下方的应力超过其强度，就可能发生失稳破坏，从而导致该结构物丧失安全性。另外，土体中的变形量若超过了结构所允许的范围，就会造成它的倾斜、开裂等，轻者会失去正常使用功能，重者则会酿成事故。还有，土中的孔隙水的流动会使孔隙水压力发生变化，进而导致强度降低，甚至会发生流沙或管涌破坏。因此，为了保证土工结构物的安全和正常使用，就必须学会分析土体中的应力、变形、强度和稳定性及渗流，而这也正是土力学所肩负的主要任务。

学习土力学的目的是：(1)为揭示和认识土的行为和工程性质提供理论基础；(2)用土力学的理论来指导土工结构物的计算、分析、设计、施工与维护。

1.3　土力学与其他学科的联系

土力学涉及的其他自然学科范围较广，它本身是力学的一个分支。土力学的基础是连续介质力学,同时土力学又与弹塑性力学、流变力学、水力学、土质学或工程地质学等学科密切关联。土力学课程是岩土工程专业最重要的基础课之一,也是土木工程、水利水电工程、道桥工程、海港工程及工程地质等专业的重要专业基础课。随着理论与工程实践的发展,各学科之间相互渗透、相互依存,更彰显出土力学与它们之间内在的、本质的联系。所以,学习土力学原理是将来在相关学科或行业里从事理论研究、工程设计、施工、监理及养护、维修的重要前提。例如,桥基、路基、路堤、大坝基础、地下结构、挡土结构物及基础的设计与施工,基坑支护工程中的稳定计算等都离不开土力学理论的指导。土力学课程是在学习过高等数学、材料力学、水力学和弹性力学的基础上讲授的,也是进一步学习基础工程、地基处理、工程事故分析,甚至在研究生阶段学习高等土力学等课程的基础。

1.4　土的工程性质的基本特征和表现

土的工程性质主要指的是与变形、强度、稳定、渗流等有关的土的性质。它有 4 个基本特征,从而导致土力学不同于其他力学学科(包括岩石力学)。

1.4.1　土的工程性质的 4 个基本特征

1. 碎散性

土体是由大小不同的颗粒组成的,颗粒之间存在大量的孔隙,孔隙中可以存在水和气体。颗粒之间有一定的黏聚力,但因其黏聚力很弱,由此导致土与其他建筑材料具有很大的不同。同其他建筑材料相比,可以近似地认为土是一种碎散的、以摩擦性为主的积聚性颗粒材料。当压力较大时,其黏聚力一般情况下小于其摩擦力。所谓以摩擦性为主的材料(或土)是这样一种材料,其强度和刚度会随其所承受压力的增加而增加。例如手掌中松散的细干砂(粗砂自重会较大,其压力也大),一口气就会被吹散。因为它的自重压力很低,其强度和刚度就会很低。而同样的砂土放在基础下,却可以承受高楼大厦的重压而不坏。这是由于基础下的砂土压力很大,而对具有摩擦性的砂土而言,其颗粒之间的摩擦力也会很大,在外荷载作用下,砂土不会产生相对滑移,这种摩擦导致其强度和刚度的产生。土的这种性质就是摩擦性材料的性质。土的另一个明显特征是其刚度和强度依赖于孔隙比,为何如此?其根本原因是,相同有效压力作用下,孔隙比越大,摩擦面积与连接就越小、越少,其摩擦作用就越小,它的刚度和强度就越低。

2. 自然变异性或不均匀性

由于形成过程的自然条件不同,产生了自然界中的多种不同的土。随着土的生成条件和环境的不同,土体也会产生竖向和水平向的不均匀性,甚至还会产生各向异性。同一场地、不同深度的土的性质就不一样。在相距几厘米(不论是水平向或竖向)以外土的性质就有可能变化,即使是同一点的土,其力学性质也会随方向的不同而不同。例如,土的竖向刚度大于水平向的刚度;同一土层其较深处的刚度一般也大于较浅处的刚度。土是在漫长的地质年代和自然界作用下所形成的性质复杂、不均匀、各向异性并且随时间而变化的物质(其刚度、强度、渗透性等都随时间而变化)。土的自然变异性就是指土的工程性质随空间与时间而变异的性质,有时也称为不均匀性,并且这种变异性是客观的、自然形成的。

3. 三相体

土是由固体颗粒、水和气 3 部分所组成的三相体系。饱和土体是由固体和水两相物质组成的,其力学性质要比单相固体复杂得多。例如,对同一饱和土体,其孔隙比不同(孔隙全部充满水),则在同样外力作用下,视孔隙比的不同,其变形和强度均不同。孔隙比大的土体,受剪力作用,孔隙比变小,体积压缩,孔隙压力变大,刚度和强度减小。反之,孔隙比小的土体,受同样剪力作用,会产生剪胀,孔隙比变大,体积增加,孔隙压力减小,有效应力增加,刚度和强度有可能变大。上述现象表明饱和二相土体,在同样剪切应力作用下,随土的孔隙比的变化,会产生不同的刚度、变形及强度。因此,它比单相固体复杂得多,如果再加上气相,土的性质就会变得更为复杂。

4. 土的敏感性与易变性

通常地表附近土的压力不大,所以其强度和刚度也不大。此时土颗粒之间的黏聚力虽然不大,但它对土的强度和刚度所产生的作用和影响与其他一些因素的变化(例如饱和度、温度、物理-化学作用等)所产生的作用和影响的大小是同一数量级的。因此这些因素的作用和影响虽然不是最主要的,但也是不可忽略的。而其他建筑材料由于其黏聚力很强,其他一些因素对其强度和刚度的作用和影响不大,可以忽略不计。也就是说土的工程性质(指强度、刚度和渗流性质)对外界环境的变化很敏感,并导致土的工程性质具有很强的易变性。

土的工程性质在外界温度、湿度、地下水、荷载等的影响下,很容易产生变化。同其他土木建筑材料相比,如砖石、混凝土、钢材、复合材料等,土在外界环境或荷载的作用下更敏感、更容易发生变化。因此,土在受到外界环境的微小改变时,都会导致土的工程性质的显著变化。例如,即使压力不太大时,土体也会产生非线性的应变;非饱和土在降雨时其强度随湿度的变化也非常敏感等。当然也应注意,土的易变性是有条件的,例如,冻土的易变性小些,而软黏土则易变性较大。因此,在工程设计中应尽可能地预先估计到土工结构物在施工或使用期内,土体因受外界影响而产生的各种现象,如沉降、土体开裂、浸水失稳、徐变强度降低等。按照土的性质变化规律,能动地改善土的性质,或使土工结构物的设计、施工和使用能适应土的这种变化,以保证它的安全和正常使用。

1.4.2 土力学理论预测的不确定性

土力学理论是对所观察到的土的各种力学性质和行为的定量描述。然而由于下面给出的几方面原因,试图在一个模型中精确定量地描述土的各方面的力学性质和行为是徒劳无益的。这是因为目前对土的认识水平和测试手段远不足以满足建立这种精确、定量理论的需求。因此要求建立尽可能简单的模型。一个简单的、好的数学模型通常应满足以下三个要求:

(1) 能够描述需要考虑的重要影响因素和特征,并满足工程要求的精度;

（2）忽略次要特征和因素；

（3）尽可能的简单。

在土力学中，这样建立的简单模型不可能描述土的广泛的、各方面的力学性质和行为，它的适用范围是有限的。所以在处理不同工程问题时会采用不同的模型。

土与其他土木工程材料相比，它的模型预测结果的一个最重要的特点就是其不确定性非常大。对土体变形和强度的预测值与其实际或实测值相差一倍、甚至一倍以上都不奇怪。通常第一位数能够预测准，就不错了，而在其他结构的分析中，这种情况通常是绝对不允许的。土力学模型预测结果产生如此大的不确定性的原因主要有如下几方面。

1. 土的易变性

土对周围环境的作用具有敏感性和易变性，所以很多因素（例如很多环境因素的影响：温度、降雨、渗流、蒸发、沉积条件与作用等，甚至饱和度）都会影响土的工程性质。而目前土力学理论过于简单和粗糙，还不能完备地考虑所有这些因素的影响，而只能考虑最重要的因素（例如强度理论中仅考虑应力的影响），并忽略所有其他因素的影响。由此导致土的工程性质难以精确测量和预测。土力学理论过于简单、粗糙和不完备是使其预测产生巨大不确定性的重要原因之一。

2. 土的性质复杂

土的性质复杂主要指：土是非线性材料，并且没有唯一的应力-应变关系；土具有不均匀性和各向异性；土的多相性所引起的复杂力学行为；影响土的工程性质的因素复杂，且易变，难以较为准确地定量描述，由此产生误差与不确定性，如土的性质依赖于其结构、压力、时间、环境（包括与水的相互作用）及应力路径的影响等。

3. 埋藏于地下，难以直接探测

土的性质通常在超过几厘米的范围就有可能发生变化。而整个建筑场地中土的性质仅靠几个钻孔在不同深度的土样的试验结果来估计和评价，当土层比较均匀时，这种估计和评价还能满足工程的要求；一旦土的性质变化较大（水平向和竖向都有变化），其估计和评价的结果必然存在极大的误差和不确定性。因此，为减小这种误差和不确定性，土力学更强调试验和现场勘察。

4. 实验仪器与实验手段的局限性

目前土力学中的实验仪器和手段过于宏观、简单和粗糙，可以控制的变量太少，它们难以研究和讨论复杂环境因素变化的影响；通常的做法是不考虑这些因素变化的影响。由于忽略了很多因素的影响，导致其观测到的结果不确定性很大（赵成刚、刘真真等，2016）。其实验结果也难以探讨清楚这些复杂环境因素的定量影响。

1.5　土工中问题的处理

土工是土工结构物的简称，土工问题的解决可表示为：

土力学
工程地质学
工程勘察 ＋工程判断→土工问题的解答
工程力学
工程经验

本书仅涉及土力学的理论,但其他几个方面对于解答或处理土工问题也是极为重要的。尤其是在丰富经验基础上的工程判断,对土工问题的正确解答起关键性作用。读者必须清楚地了解,由于土工问题具有 1.4 节所介绍的 4 个基本特征,它的解答不可能像数学或其他力学问题那样具有唯一解,并且也不可能有精确解。土工问题的解答,最多也只能是一个精度较差的大致估计。在解答这一问题的过程中,不论是场址的选取和勘察,还是力学模型和相应参数的选取都依赖于工程师的经验和判断,而不依赖于土力学理论本身。而这种工程经验和工程判断是与艺术和技巧相连的。因此,土工(或岩土工程)是一门半科学半艺术的学科。

1.6 地基与基础的概念

任何建筑物都建造在一定的地层(土层或岩层)上。一般把直接承受建筑物影响的那一部分土层称为地基,见图 1-1。未经人工处理的地基称为天然地基。如果地基满足不了工程上的要求,需要对地基进行加固处理,处理后的地基称为人工地基。

基础是将上部结构的荷载传递到地基中的结构的一部分,通常称为下部结构,见图 1-1。一般基础应埋入地下一定深度,以便进入较好的地层,使基础建筑在具有较高承载力的地基中。通常把埋置深度不大于 3 至 5 米的基础称为浅基础。反之,若浅层土质不良,须把基础埋置于较深处的良好地层时(基础深度 D 大于基础宽度 B),称为深基础。

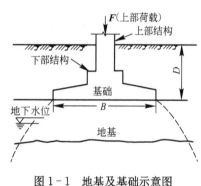

图 1-1 地基及基础示意图

1.7 学习土力学时应注意的问题

土力学是力学的一个分支,与其他力学分支相比,它还很不成熟、很不完善。其表现为土力学各章节之间相对独立,联系不紧密,不像其他力学那样具有严格的逻辑系统性和依赖关系。加之土力学一开始就出现很多新的名词和术语,对于初学者来说,常会感到头绪繁多,抓不住中心,难以消化理解等。为此,提出以下几点建议。

(1)着重于搞清基本概念,掌握基本计算方法。土力学的每一章都有一些重要而基本的概念和相应的计算方法,它们是这一章的核心与关键,应该在理解的基础上尽可能地熟记这些概念,并掌握基本的计算方法。

(2) 抓住中心建立联系。前面已经提到过应力、变形、稳定与渗流是土力学研究的 4 大主题。整个课程的安排也是围绕着这 4 大主题而展开的。因此,在土力学的学习中应抓住这 4 个主题,找出各章的内在联系。这样就会做到零而不乱,融会贯通。

(3) 在掌握基本原理的同时,还要注意它们的基本假定和适用条件。

总之,了解、掌握土力学知识只是成功的基础,要想最后获得成功还要靠长期积累的经验和判断力。

Karl Terzaghi

Karl Terzaghi(1883—1963)是公认的土力学之父,1883 年 10 月 2 日生于布拉格(当时属奥地利,现属捷克),1963 年 10 月 25 日逝世于美国马萨诸塞(Massachusetts)州的 Winchester。

他早年从事土工问题合理分析方法的研究。其工作和研究的成果于 1925 年发表在他的著名的同时也是国际上第一本《土力学》专著中,该书的出版标志着土力学这一学科的诞生,目前土力学已经成为土木工程领域中一门重要的学科。

Karl Terzaghi 不仅促使了土力学的诞生,而且在他有生之年始终都对土力学的发展施加了巨大而深刻的影响。就在他去世的前两天,他还为他的专业论文而努力工作。Terzaghi 在许多方面都对土力学做出了重要贡献,特别是在土的固结理论、有效应力原理、基础工程的设计与施工及围堰分析和滑坡机制等方面做出了奠基性的工作。然而,Terzaghi 对他所从事的专业的最重要的贡献却是他处理工程问题的方式,这是他一直对岩土工程师所教导和阐释的。

Karl Terzaghi 是国际土力学与地基基础学会从第一届(1936 年)到第三届(1957 年)的主席。

Karl Terzaghi 的两部经典名著《理论土力学》和《工程实用土力学》直到现在还对岩土工程的理论和应用产生巨大的影响。

第 2 章

土的组成、性质和工程分类

2.1 概述

本章将介绍土的生成和演变,土的物质组成,土-水-电解质系统的相互作用,土的结构,土的连续与平均化,土的物理性质及其指标,土的分类等。它们决定了土的力学性质和渗透性质,并将有助于对土的性质和行为的深入理解,增加对土所表现的力学性质的内在原因和机理的认识,而不是仅停留在宏观现象的认识和理解。另外,在后面各章中也将用到土的三相指标、相对密度和液、塑性指数等。

学完本章后应掌握以下内容:

(1) 能够绘制土颗粒的级配曲线,并能够评价土的工程性质;

(2) 熟练掌握土的三相指标的定义和计算;

(3) 熟知砂土和黏土的各自特点,它们各利用何种指标对其性质进行描述;

(4) 了解土是如何生成的,以及土的矿物成分、土中水和其中的电解质、土的结构对土的工程性质的影响;

(5) 了解土的分类原则和如何进行分类。

学习中应注意回答以下问题:

(1) 土是如何生成和演变的? 何谓风化作用? 它包括哪几类?

(2) 在土的三相组成中,决定土的物理、力学性质的主要因素是什么?

(3) 级配曲线有何用途? 评价粗颗粒土的工程性质优劣的标准是什么?

(4) 土中矿物有哪些类型? 它们如何影响土的性质?

(5) 土中水有哪几种存在方式? 结合水有何特点? 毛细水有何特点? 毛细水对哪些土的影响不容忽视?

(6) 黏土中的双电层是如何形成的? 双电层对黏性土的性质有何影响?

(7) 何谓土的微观结构和土体的宏观结构? 结构和组构的概念有何不同? 土结构有哪些

分类？如何命名？

（8）土的 9 个物理性质指标是如何定义和表述的？哪几个指标是实测指标？哪几个是换算指标？如何利用三相草图进行指标的换算？

（9）密实程度是如何定义的？评价粗粒土密实性的标准有哪些？哪个更实用、更准确？

（10）为什么说"稠度"的概念对评价黏性土的工程性质很重要？何谓稠度界限和稠度指标？何谓塑性指数？塑性指数大小和哪些因素有关？

（11）工程上为什么要对土进行分类？

2.2 土的生成和演变

地壳是由岩石和土所组成的。土是疏松和联结力很弱的矿物颗粒的堆积物。地球表面的整体岩石在大气中经受长期的风化作用而破碎后，形成形状不同、大小不一的颗粒。这些颗粒受各种自然力作用，在各种不同的自然环境下堆积下来，就形成了土。

堆积下来的土，在很长的地质年代中发生复杂的物理化学变化，逐渐压密、岩化，最终又形成岩石，也就是沉积岩或变质岩。这种长期的地质过程称为沉积过程。因此，在自然界中，岩石不断风化破碎形成土，而土又不断压密、岩化而变成岩石。这一循环过程永无休止地重复进行。

工程上所遇到的大多数土都是在第四纪地质年代内所形成的。第四纪地质年代的土又可划分为更新世与全新世两类。更新世为 1.17 万年到 258.8 万年；而全新世为 0.25 万年到 1.17 万年。在有人类文化以来沉积的土称为新近代沉积土。

2.2.1 风化作用

岩石的风化是岩石在自然界各种因素和外力的作用下遭到破碎与分解，产生颗粒变小及化学成分改变等现象。岩石风化后产生的物质其性质与原生岩石的性质有很大的区别。通常把风化作用分为物理风化、化学风化、生物风化 3 类。这 3 类风化经常是同时进行并且互相作用而发展的过程。

1. 物理风化

物理风化是岩体在各种物理作用力的影响下，从大的块体分裂为小的石块或像砂粒大小的土粒的过程。风化后的产物仅仅由大变小，其化学成分不变。产生物理风化的原因如下。

1）地质构造力

地壳的岩体承受着巨大的构造力，它可以使得岩体断裂为大小不等的岩块。在破碎带中岩体破碎为小石块甚至为土粒。岩体表面的卸荷也会形成卸荷裂缝，破坏岩体的整体性，甚至存在着片状的剥落现象。

2）温差

岩石受气温变化影响产生机械破碎的机理可以从以下两方面解释。（1）岩石是热的不良导体,岩石表面受热膨胀,内部温度低相对膨胀很小,从而使表层和内层之间产生破裂。岩石表面受冷收缩时,内部温度相对于表层高,收缩小或不收缩,使表层岩石中产生许多与表面接近垂直的裂缝。长期反复的气温变化,使岩石从暴露在空气中的部分向岩石内部一层层剥落、破碎。(2)岩石是由矿物组成的,不同矿物受热膨胀大小不同。当岩石受温度变化影响发生胀缩时,各种矿物胀缩不同,使矿物之间产生裂纹,长期反复作用,终将使完整岩石变为各种矿物颗粒碎屑。

3) 冰胀

岩体的裂隙中如有水存在,在冬季裂隙水结冰时冰胀的巨大力量可以扩大岩体的裂隙,造成更深、更密的裂隙网。长期反复作用,使岩石更破碎。

4) 碰撞

风、水流、波浪的冲击及挟带物对岩体表面的撞击等都有使岩体遭受破坏和剥蚀的作用。物理风化后岩石由大变小,这种量的变化的积累,使巨大的岩石变成了散碎的颗粒。

2. 化学风化

化学风化是指母岩表面和碎散的颗粒受环境因素的作用而改变其矿物的化学成分,形成新的矿物。这种新的矿物也称次生矿物。环境因素包括水、空气及溶解在水中的氧气和碳酸气等。化学风化常见的原因如下。

1) 水解作用

指矿物成分被分解,并与水进行化学成分的交换,形成新的矿物,在此过程中新成分产生膨胀使岩石胀裂。例如,正长石经过水解作用后,形成高岭石。另外,新生成的含水矿物强度低于原来的无水矿物,对抵抗风化不利。

2) 水化作用

指土中有些矿物与水接触后,发生化学反应,水按一定的比例加入矿物的组成中,改变矿物原有的分子结构,形成新的矿物。例如,土中的 $CaSO_4$(硬石膏)水化后成为 $CaSO_4 \cdot 2H_2O$(含水石膏)。

3) 氧化作用

指土中的矿物与氧结合形成新的矿物。例如,FeS_2(黄铁矿)氧化后变成 $FeSO_4$(铁矾)。

4) 溶解作用

指岩石中某些矿物成分可以被水溶解,以溶液形式流失。而当水中含有一定量的 CO_2 或其他成分时,水的溶解能力加强。例如,石灰岩中的方解石,遇含 CO_2 的水生成重碳酸钙溶解于水而流失,使石灰岩中形成溶蚀裂隙和空洞。

此外,还有碳酸化作用等。

化学风化的结果,形成十分细微的土颗粒,最主要的为黏土颗粒($<0.005\ mm$)及大量的可溶性盐类。微细颗粒的表面积很大,具有吸附水分子的能力。

3. 生物风化

生物风化作用是指各种动植物及人类活动对岩石的破坏作用。从生物的风化方式看,可分为生物的物理风化和生物的化学风化两种基本形式。生物的物理风化主要是生物产生的机械力造成岩石破碎；生物化学风化则主要是生物产生的化学成分，引起岩石成分改变而使岩石破坏。例如，植物根系在生长并且变长、变粗的过程中，使岩石楔裂破碎；人类从事的爆破工作，对周围岩石产生的破坏等，都属于生物的物理风化。而植物根分泌的某些有机酸、动植物死亡后遗体腐烂产物以及微生物作用等，可使岩石成分变化而遭到腐蚀破坏。

上述风化作用常常是同时存在、互相促进的；但是在不同地区，自然条件不同，风化作用又有主次之分。例如，在我国西北干旱大陆性气候地区，水很缺乏，气温变化剧烈，以物理风化为主；在东南沿海地区，雨量充沛，潮湿炎热，则以化学风化为主。

由于影响风化的各种自然因素在地表最活跃，地表向下随深度增加活跃程度迅速减弱，故风化作用也是由地表向下逐渐地减弱的，达到一定深度后，风化作用基本消失。

2.2.2　不同生成条件下土的特点

土从其形成的条件来看可以分为两大类，一类为残积土，另一类为搬运土。

1. 残积土

残积土是指母岩表层经风化作用破碎成为岩屑或细小颗粒后，未经搬运，残留在原地的堆积物。它的特征是颗粒表面粗糙、多棱角、粗细不均、无层理。

2. 搬运土

搬运土是指风化所形成的土颗粒，受自然力的作用，被搬运到远近不同的地点所沉积的堆积物。其特点是颗粒经过滚动和摩擦作用而变圆滑。在沉积过程中因受水流等自然力的分选作用而形成颗粒粗细不同的层次，粗颗粒下沉快，细颗粒下沉慢而形成不同粒径的土层。搬运和沉积过程对土的性质影响很大，下面将根据搬运的动力不同，介绍几类搬运土。

1）坡积土

坡积土是残积土受重力和雨水或雪水的作用，被挟带到山坡或坡脚处聚积起来的堆积物。由于坡积土的搬运距离短，来不及在土粒和石块尺寸上分选，因而土中各种组成物的尺寸相差很大，性质很不均匀。

2）风积土

由风力带动土粒经过一段搬运再沉积下来的风积土有两类。一类是砂粒大小的土层，风力只能吹动砂粒在地面滚动，形成沙漠中的各种沙丘，这些沙丘在风力的推动下随时改变形状和位置。另一类是黄土。干旱地带粉粒大小的土粒由于它很细小，土粒之间联结力很弱，容易被风力带动吹向天空，经过长距离搬运后再沉积下来，形成在全球中具有广泛分布的黄土。黄土的特点是孔隙大，密度低。黄土分布于干旱地区，干燥时土粒间有胶结作用，其强度较大；但遇水后，其胶结作用降低或丧失，因而强度大多削弱并且产生较大的变形。在处理黄土时应充分注意这一特点。

3）冲积土

由于江、河水流搬运所形成的沉积物，分布在山谷、河谷和冲积平原上的土都属于冲积土。

这类土由于经过较长距离的搬运,浑圆度和分选性都更为明显,常形成沙层和黏性土层交叠的地层。

4）洪积土

洪积土是残积土和坡积土受洪水冲刷,并被挟带到山麓处沉积的堆积物。洪积土具有一定的分选性。搬运距离近的沉积颗粒较粗,力学性质较好;远的则颗粒较细,力学性质较差。

5）湖泊沼泽沉积土

湖泊沼泽沉积土是在极为缓慢水流或静水条件下沉积形成的堆积物。这种土的特征,除了含有细微的颗粒外,常伴有由生物化学作用所形成的有机物的存在,成为具有特殊性质的淤泥或淤泥质土,其工程性质一般都很差。

6）海相沉积土

海相沉积土是由水流挟带到大海沉积起来的堆积物,其颗粒细,表层土质松软,工程性质较差。

7）冰积土

冰积土是由冰川或冰水挟带搬运所形成的沉积物,颗粒粗细变化也较大,土质也不均匀。

2.2.3　土的沉积与成岩作用

岩石经风化形成土,土经过搬运和沉积,然后经成岩作用,又形成了岩石(沉积岩)。风化形成的碎屑物在各种动力的搬运下,被搬运到地表低凹的地方,主要是湖盆和海盆地沉积下来。沉积后的碎屑物处在一个新的、改变了的物理化学环境中,再经过一系列的变化,最后固结成坚硬的沉积岩。这个变化改造过程称为成岩作用。

沉积物在固结成岩过程中的变化是很复杂的,主要有以下几种作用。

1. 压固脱水作用

先沉积在下部的沉积物,在上覆沉积物重量的均匀压力下发生的排水固结现象称为固结脱水作用。强大的压力除了能使沉积物发生孔隙减少、密实度增大等物理变化外,在颗粒紧密接触处还能产生压溶现象等化学变化。例如,砂岩中石英颗粒间的锯齿状接触线和石灰岩中的缝合线构造等,都是在压溶作用下形成的。

2. 胶结作用

胶结作用是碎屑岩在成岩过程中的重要一环,也就是将松散的碎屑颗粒联结起来固结成岩石。最常见的胶结物有硅质的蛋白石、玉髓,钙质的方解石,铁质的氢氧化铁和氧化铁,黏土质的高岭石,硫酸质的石膏、硬石膏等。

胶结物在岩石中很少是单一成分的,大多数是多种胶结物的综合胶结。

3. 重结晶作用

沉积物中的非晶质物质和微小的晶质颗粒,它们在溶解及固体扩散等作用下,非晶质的胶体能够脱水转化成晶体;原来的细微晶质颗粒,在一定条件下能够长成粗大的晶粒,这种转化称为重结晶。例如，$SiO_2 \cdot nH_2O$ 可变成蛋白石，蛋白石再继续脱水，便可形成玉髓直至晶体石英。

4. 沉积岩新矿物的形成

沉积物在向沉积岩的转化过程中，除了体积上的变化外，同时也形成与新环境相适应的稳定矿物。例如，海相碳酸盐沉积物中的文石或高镁方解石，在成岩过程中可转化成一般的方解石等。

土岩的相互转化过程，如图 2-1 所示。

2.3　土的物质组成

土是地壳表层母岩风化后的产物，是各种矿物颗粒的集合体。经过风化作用后的矿物颗粒，堆积在一起，中间贯穿着孔隙，孔隙当中存在水和空气。因而土是由固体颗粒、水和气体 3 部分组成的三相体系。固体部分一般由矿物质组

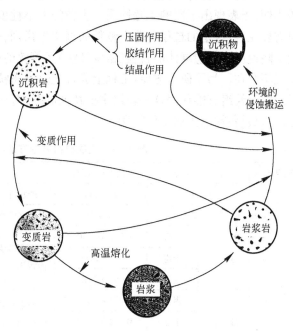

图 2-1　土与岩石的相互转化过程

成，有时含有有机质（腐烂的动植物残骸等）。这部分构成土的骨架，称为土骨架。土骨架间布满相互贯通的孔隙。当孔隙完全被水充满时，称为饱和土。当孔隙一部分被水占据，而其余部分被气体占据时，称为非饱和土。当孔隙完全被气体占据时，称为干土。水和溶解于水的物质构成土中的液体部分。空气和其他一些气体构成土中的气体部分。这 3 部分本身的性质及它们之间的比例关系和相互作用决定土的物理力学性质。因此，研究土的工程性质，首先必须研究土的三相组成。

2.3.1　土中固体颗粒

土中固体颗粒的大小与形状、矿物成分与颗粒的相互搭配情况及其与水的相互作用和气体在孔隙中的相对含量是决定土的物理力学性质的主要因素。土的固体颗粒对土的物理力学性质起决定性作用。研究固体颗粒就要分析粒径的大小及各种粒径所占的百分比。另外，还要研究固体颗粒的矿物成分及颗粒的形状。一般粗颗粒的成分都是原生矿物，形状多为粒状；而颗粒很细的土，其成分大多是次生矿物，形状多为片状或针状。

1. 粒组的划分和颗粒级配曲线

1）颗粒大小与粒组划分

土是一种天然产物，由无数个大小不同的土粒混合而成。自然界中的土颗粒相差很大，例

如,有粒径大于 200 mm 的漂石,还有粒径小于 0.005 mm 的黏粒。造成颗粒大小悬殊的原因主要与土的矿物成分密切相关,也与土所经历的风化和搬运过程有关。一般的,随着颗粒大小的不同,土表现出不同的工程性质。土粒的大小程度称为粒度,颗粒的大小通常以粒径表示。但需要注意,这里的粒径并非土颗粒的真实直径,而是同筛孔直径(筛分法)或与实际土粒有相同沉降速度的理想球体的直径(密度计法)相等效的名义粒径。在自然界中,单一粒径的土可以说不存在。为了研究方便,工程上通常把性质和粒径大小相接近的土粒划分为一组,称为粒组。每个粒组有能代表这一粒组主要特征的名称。表 2-1 列出了目前国内常用的粒组划分方法,以及各粒组土的主要特性。

表 2-1　土的粒组划分方法和各粒组土的特性

粒组统称	粒　组　划　分		粒径范围 d/mm	主　要　特　性
巨粒组	漂石(块石)		$d>200$	透水性大,无黏性,无毛细水,不易压缩
	卵石(碎石)		$200 \geqslant d>60$	透水性大,无黏性,无毛细水,不易压缩
粗粒组	砾　粒	粗砾	$60 \geqslant d>20$	透水性大,无黏性,不能保持水分,毛细水上升高度很小,压缩性较小
		中砾	$20 \geqslant d>5$	
		细砾	$5 \geqslant d>2$	
	砂　粒	粗砂	$2 \geqslant d>0.5$	易透水,无黏性,毛细水上升高度不大,饱和松细砂在振动荷载作用下会产生液化,一般压缩性较小,随颗粒减小,压缩性增大
		中砂	$0.5 \geqslant d>0.25$	
		细砂	$0.25 \geqslant d>0.075$	
细粒组	粉　　粒		$0.075 \geqslant d>0.005$	透水性小,湿时有微黏性,毛细管上升高度较大,有冻胀现象,饱和并很松时在振动荷载作用下会产生液化
	黏　　粒		$d \leqslant 0.005$	透水性差,湿时有黏性和可塑性,遇水膨胀,失水收缩,性质受含水率的影响较大,毛细水上升高度大

2)颗粒级配和颗粒分析试验

为了从量上说明土颗粒的组成情况,不仅要了解土颗粒的粗细,而且要了解各种颗粒所占的比例。不可能也没有必要了解每一种颗粒的相对含量,而需要了解不同粒组在混合土中所占的比例。混合土的性质不仅取决于所含颗粒的大小程度,更决定于不同粒组的相对含量,即土中各粒组的含量占土样总重量的百分数。这个百分数习惯上称为土的颗粒级配。自然界的土一般都是由各种不同颗粒的土构成的混合土,确定混合土中各个粒组相对含量多少的方法称为颗粒分析试验。颗粒分析试验的方法有两种:对于粒径大于 0.075 mm 的粗粒土,可用筛分法;对于粒径小于 0.075 mm 的细粒土,可用密度计法。对于天然混合土样,配合使用这两种方法,便可以确定各粒组的含量。

(1)筛分法:适用于粒径大于 0.075 mm 的粗颗粒土。它是利用一套孔径不同的筛子(如孔径分别为 200,60,40,20,10,5,2,1,0.5,0.25,0.1,0.075 mm),将风干或烘干的具有代表性的试样称重后置于振筛机上,充分振动后,依次称出留在各层筛子上的土粒质量,计算出各粒组的相对含量及小于某一粒径的土颗粒含量百分数。

　　（2）密度计法：适用于分析颗粒粒径小于 0.075 mm 的细颗粒土。斯托克斯（Stokes）定理认为，球状的细颗粒在水中的下沉速度与颗粒直径的平方成正比。因而，可以利用不同粒径的土在水中下沉速度不同的原理，将粒径小于 0.075 mm 的细颗粒土进一步分组。密度计法正是基于这种原理。该法的具体操作过程和注意事项详见《土工试验规程》或土工试验指导书，本书不予详述。所以，对于一定量的土样，只要把筛分后全部通过 0.075 mm 筛孔的部分，再进一步利用密度计法细分，就可以确定土样中各粒组的相对含量。

　　例 2-1　取风干的天然土样 500 g，试用筛分法和密度计法测量其粒组含量。

　　解　先将全部试样倒入标准筛子，振动充分后称各层筛子上的土粒重量，进一步算出各粒组的质量和含量百分数，结果见表 2-2。再将筛子底盘上的土粒，即粒径小于 0.075 mm 的土粒称重后，用密度计法进一步分析，测其粒组的质量和含量百分数，结果见表 2-3。这两个表格列出了这一土样的粒组及其相对含量。

表 2-2　粗粒部分筛分试验结果

筛孔直径/mm	10	5	2.0	1.0	0.5	0.25	0.15	0.075	<0.075
各层筛子上土粒质量/g	25	40	45	60	55	95	50	25	105
各层筛子上土粒含量/%	5	8	9	12	11	19	10	5	21
小于各层筛孔直径的土粒含量/%	95	87	78	66	55	36	26	21	

表 2-3　细粒部分密度计试验结果

粒　　组	0.075~0.05	0.05~0.01	0.01~0.005	<0.005
粒组的质量/g	25	50	30	0
粒组含量/%	5	10	6	0
粒 组 名 称	粉　　　粒		黏　　粒	

　　3）颗粒级配曲线

　　对土的粒组状况及其相对含量，可以用颗粒级配曲线描述。在例 2-1 中，不仅测出了各粒组的相对含量，而且计算出了小于某粒径的土粒质量占总土样质量的百分数，可用图 2-2 所示的颗粒级配曲线来表示这一百分数。颗粒级配曲线又称为颗粒级配积累曲线。颗粒级配曲线的纵坐标表示小于某粒径的土颗粒含量占土样总量的百分数，这个百分数是一个积累含量百分数，是所有小于该粒径的各粒组含量百分数之和。横坐标则用土粒径的常用对数值来表示，即 $\lg d$。这样表示是由于混合土中所含粒组的粒径往往跨度很大，相差悬殊，达几千倍甚至上万倍，并且细颗粒的含量对土的工程性质影响往往很大，不容忽视，有必要详细描述细粒土的含量。为了把粒径相差如此大的不同粒组表示在同一个坐标系下，表示粒径的横坐标常常采用对数坐标。

4）颗粒级配曲线的应用

土的颗粒级配曲线是工程上最常用的曲线之一，由此曲线的连续性特征及走势的陡缓可以直接判断土的颗粒粗细、颗粒分布的均匀程度及颗粒级配的优劣，从而评价土的工程性质。在分析级配曲线时，经常用到的几个典型粒径为 d_{50}，d_{10}，d_{30}，d_{60}。土颗粒的粗细一般用平均粒径 d_{50} 表示，它的物理意义是土中大于此粒径和小于此粒径的土粒含量各占 50%，该粒径大，则整体上颗粒较粗，小则整体上颗粒较细。

下面几种粒径更为常用。

有效粒径 d_{10}——小于该粒径的土粒含量占土样总量的 10%。参见图 2-2 中 B 曲线上的示意。

连续粒径 d_{30}——小于该粒径的土粒含量占土样总量的 30%。参见图 2-2 中 B 曲线上的示意。

限制粒径 d_{60}——小于该粒径的土粒含量占土样总量的 60%。参见图 2-2 中 B 曲线上的示意。

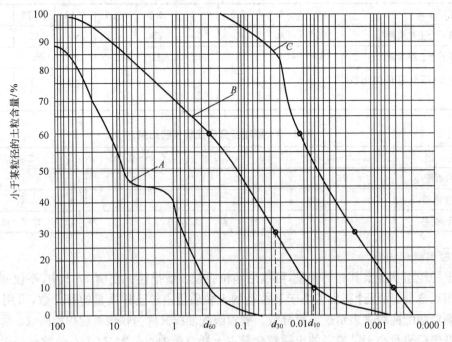

图 2-2　土的颗粒级配曲线

A，B，C—代表不同土样的级配曲线

由上述 3 种粒径之间的关系，可以定义如下两个参数：

不均匀系数　　　　　　　　　　　$C_{\mathrm{u}} = \dfrac{d_{60}}{d_{10}}$；　　　　　　　　　　　　　（2-1）

曲率系数 $$C_c = \frac{d_{30}^2}{d_{60} \times d_{10}}。$$ (2-2)

C_u 是描述土颗粒的均匀性的，C_u 越大，土颗粒分布越不均匀。C_c 是描述土颗粒级配曲线的曲率情况的，当 $C_c > 3$ 时，说明曲线曲率变化较快，土较均匀；当 $C_c < 1$ 时，说明曲线变化过于平缓，此平缓段内粒组含量过少，而此段为水平时其含量等于 0。所以，对级配良好、工程性质优良的土，要求 $1 < C_c < 3$。

如果土颗粒的级配是连续的，那么 C_u 愈大，d_{60} 和 d_{10} 就相距愈远，表示土中含有粗细不同的粒组，所含颗粒的直径相差也就愈悬殊，土愈不均匀。这一点体现在级配曲线的形态上则是，C_u 愈大曲线就愈平缓；反之，曲线陡峭。级配曲线连续且 C_u 愈大，细颗粒可以填充粗颗粒的孔隙，容易形成良好的密实度，物理和力学性质优良。在图 2-2 中，C 曲线和 B 曲线都代表级配连续的土样，可以直观判断 B 土样比 C 土样更不均匀；因为 B 曲线更平缓。也可以计算出两种土的 C_u，比较后可得出相同的结论。如果土颗粒的级配是不连续的，那么在级配曲线上会出现平台段，在平台段内，只有横坐标粒径的变化，而没有纵坐标含量的增减，实际上说明平台段内的粒组含量为 0，存在不连续粒径。

工程上用以下标准来定量衡量土级配和性质的优劣。

(1) 级配曲线光滑连续，不存在平台段，坡度平缓，土粒粗细颗粒连续，能同时满足 $C_u > 5$ 及 $C_c = 1 \sim 3$ 两个条件的土，属于级配良好土，易获得较大的密实度，具有较小的压缩性和较大的强度，工程性质优良。如图 2-2 所示的 B 曲线。

(2) 级配曲线连续光滑，不存在平台段，但坡度陡峭，土粒粗细颗粒连续但均匀；或者级配曲线虽然平缓但存在平台段，土粒粗细虽然不均匀，但存在不连续粒径。这两种情况体现为不能同时满足 $C_u > 5$ 及 $C_c = 1 \sim 3$ 两个条件，属于级配不良土，不易获得较高的密实度，工程性质不良。如图 2-2 所示的 C 和 A 曲线。

例 2-2　试利用例 2-1 的试验结果，绘制这种土的颗粒级配曲线，并利用 C_u 和 C_c 评价土的工程性质。

解　根据例 2-1 结果，有如表 2-4 和表 2-5 中数据。

表 2-4　粗粒部分筛分试验结果

筛孔直径/mm	10	5	2.0	1.0	0.5	0.25	0.15	0.075
小于各层筛孔直径的土粒含量/%	95	87	78	66	55	36	26	21

表 2-5　细粒部分密度计试验结果

土粒直径/mm	0.075	0.05	0.01	0.005
小于某一粒径的土粒含量/%	21	16	6	0

由表 2-4 和表 2-5 中的数据可以绘出该土样的颗粒级配曲线，如图 2-3 所示。根据曲线可以求出 $d_{10} = 0.019$ mm，$d_{30} = 0.2$ mm，$d_{60} = 0.7$ mm，计算出两个重要参数如下：

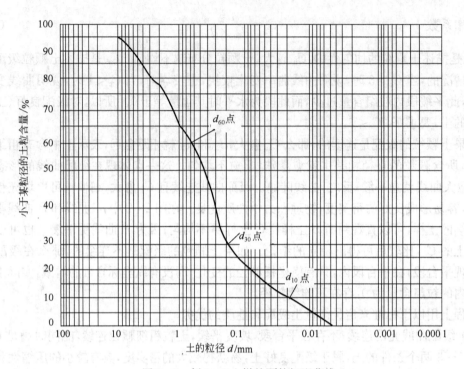

图 2 - 3　例 2 - 2 土样的颗粒级配曲线

$$C_u = \frac{d_{60}}{d_{10}} = \frac{0.7}{0.019} = 36.84 > 5;$$

$$C_c = \frac{d_{30}^2}{d_{60} \times d_{10}} = \frac{0.2 \times 0.2}{0.7 \times 0.019} = 3。$$

因此,土的级配优良,工程性质良好。

2. 土的矿物成分

土中的固体颗粒是由矿物构成的。按其成因和成分首先分为原生矿物、次生矿物和有机质等。

1)原生矿物

原生矿物是母岩物理风化的产物,仅形状和大小发生变化,化学成分并未改变。原生矿物主要有石英、长石、云母类矿物,其次为角闪石、磁铁矿等。这些矿物的化学性质较稳定,具有较强的抗水性和抗风化能力,亲水性较弱。它们是组成粗粒土的主要矿物成分。它们对土的工程性质影响程度比其他几种矿物要小得多。它们对土的工程性质的影响主要表现在颗粒的形状、坚硬程度和抗风化稳定性等方面。

2)次生矿物

次生矿物是原生矿物在进一步氧化、水化、水解及溶解等化学风化作用下而形成的新的矿物,其颗粒变得更细,甚至形成胶体。在自然界中,最常见的次生矿物有黏土矿物、含水倍半氧化物及次生二氧化硅。

黏土矿物是次生矿物中数量最多的矿物,其颗粒极细,一般小于 5 μm,是构成土中黏粒的主要矿物成分。它在土中的相对含量即使不大,如大于 1/3 时,也会起控制土体性质的作用。

3) 水溶盐

水溶盐是可溶性次生矿物,主要指各种矿物化学性质活泼的 K、Na、Ca、Mg、Cl、S 等元素,在呈阳离子及酸根离子溶于水后向外迁移过程中,因蒸发等浓缩作用而形成可溶性卤化物、硫酸盐及碳酸盐等矿物。它们一般经结晶沉淀,充填于土粒间的孔隙中,构成不稳定的胶结物,将土颗粒胶结起来。在气候干旱地区,也可能构成土的颗粒成分,但仍主要以土粒间的胶结物形式出现。

可溶性矿物,按其溶解度的大小可分为易溶盐、中溶盐和难溶盐 3 类。土中常见的易溶盐矿物有食盐($NaCl$)、钾盐(KCl)、芒硝($NaSO_4 \cdot 10H_2O$)、苏打($NaHCO_3$)及天然碱($Na_2CO_3 \cdot NaHCO_3$)等,溶解度为每升几十至几百克。中溶盐主要有石膏($CaSO_4 \cdot 2H_2O$),溶解度为 2 g/L。难溶盐主要是方解石($CaCO_3$)和白云石($MgCO_3$),溶解度极小,每升仅溶几十毫克。土中盐类的溶解和结晶会影响到土的工程性质,硫酸盐类还对金属和混凝土有一定的腐蚀作用。故工程中对易溶盐和中溶盐的含量有一定限制,对土坝,要求其总量不超过 8%;铁路路堤一般不超过 5%,其中硫酸盐应不超过 2%。

4) 有机质

有机质是由土层中的动植物分解而形成的。一种是分解不完全的植物残骸,形成泥炭,疏松多孔;另一种则是完全分解的腐殖质。腐殖质的颗粒极细,粒径小于 0.1 μm,呈凝胶状,具有极强的吸附性。有机质含量对土的性质的影响比蒙脱石更大,例如,当土中含有 1%～2% 的有机质时,其对液限和塑限的影响相当于 10%～20% 的蒙脱石。

有机质的存在对土的工程性质影响甚大。总的认识是,随着有机质含量的增加,土的分散性加大(分散性指土在水中能够大部分或全部自行分散成原级颗粒土的性能),含水率增高(可达 50%～200%),干密度减小,胀缩性增加(>75%),压缩性增大,强度减小,承载力降低;故对工程极为不利。

3. 土的矿物成分与粒组的关系

随着岩石风化的不断加深及风化产物搬运距离的增大,土颗粒逐渐变小变细,矿物成分也会随之而变。土的矿物成分与颗粒的大小之间存在明显的内在联系。较粗大的颗粒都由原生矿物构成,而细小颗粒绝大多数为次生矿物。

土的矿物成分与粒组之间的对应关系大致如图 2-4 所示。

4. 黏土矿物的晶体结构和分类

黏土矿物是次生矿物中数量最多并且颗粒极其细小的一种,是图 2-4 所示黏粒组中的主要矿物成分。黏土矿物常富集于土壤中黏粒级的颗粒范围内,它们是一种复合的铝-硅酸盐晶体,由硅片和铝片构成的晶包交互成层组叠而成,呈片状。

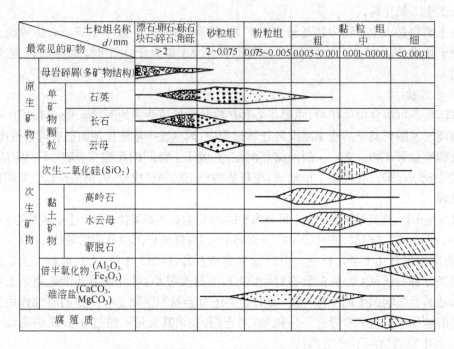

土粒组名称 d/mm 最常见的矿物			漂石·卵石·砾石 块石·碎石·角砾 >2	砂粒组 2~0.075	粉粒组 0.075~0.005	黏 粒 组		
						粗 0.005~0.001	中 0.001~0.0001	细 <0.0001
原生矿物	母岩碎屑(多矿物结构)							
	单矿物颗粒	石英						
		长石						
		云母						
次生矿物	次生二氧化硅(SiO₂)							
	黏土矿物	高岭石						
		水云母						
		蒙脱石						
	倍半氧化物 (Al₂O₃、Fe₂O₃)							
	难溶盐 (CaCO₃、MgCO₃)							
腐殖质								

图2-4　颗粒大小与矿物成分之间的关系

硅片的基本单元是硅-氧四面体。它由一个居中的硅离子和4个在角点的氧离子所构成，如图2-5(a)所示。再由6个硅-氧四面体组成一个硅片，如图2-5(b)所示。硅片底面的氧离子被相邻两个硅离子所共有，其简化图如图2-5(c)所示。

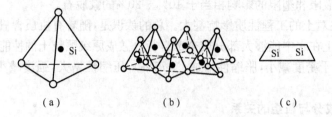

（a）　　　　　　　　　（b）　　　　　　　（c）

图2-5　硅片的结构示意图

○—氧离子(O^{2-})；●—硅离子(Si^{4+})

铝片的基本单元是铝-氢氧八面体。它是由1个铝离子和6个氢氧离子所构成的，如图2-6(a)所示。再由4个八面体组成一个铝片。每个氢氧离子都被相邻两个铝离子所共有，如图2-6(b)所示。其简化图形如图2-6(c)所示。

黏土矿物根据硅片和铝片的组叠形式的不同，可以形成3种不同类型：高岭石、伊利石和蒙脱石。

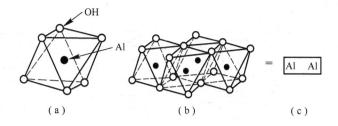

图 2-6　铝片的结构
○—氢氧离子(OH^-)；●—铝离子(Al^{3+})

1) 高岭石

高岭石的晶层结构是由一个硅片和一个铝片上下组叠而成的，如图 2-7(a)所示。这种晶体结构称为 1∶1 的两层结构。两层结构的最大特点是晶层之间通过 O^{2-} 与 OH^- 相互联结，称为氢键联结。氢键的联结力较强，致使晶格不能自由活动，水难以进入晶格之间，是一种遇水较为稳定的黏土矿物。因为晶层之间的联结力较强，能组叠很多晶层，多达百个以上，成为一个基本颗粒或最小颗粒。所以由高岭石矿物形成的基本黏粒较粗大，甚至可形成粉粒。颗粒大小为 0.3～3 μm(1 μm＝0.001 mm)，厚为 0.03～0.3 μm。与其他黏土矿物相比，高岭石的主要特征是颗粒较粗，不容易吸水膨胀及失水收缩，或者说亲水能力差。

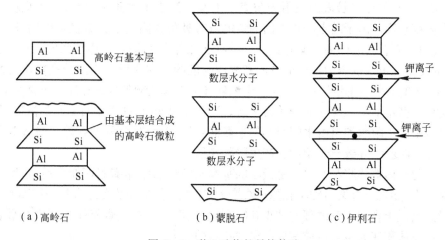

图 2-7　黏土矿物的晶格构造

2) 蒙脱石

蒙脱石的晶层结构是由两个硅片中间夹一个铝片所构成的，如图 2-7(b)所示，这种晶体结构称为 2∶1 的三层结构。晶层之间是 O^{2-} 对 O^{2-} 的联结，联结力很弱，水很容易进入晶层之间，能组叠成的晶层数较少，所以由蒙脱石矿物形成的基本颗粒或黏粒也很小。单晶层间水很容易进入，并可以形成 1 至 3 层水分子层。图 2-8(谭罗荣、孔令伟，2006)给出了蒙脱石的晶层水分子分布示意图。

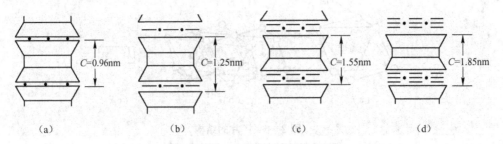

图 2-8　蒙脱石的晶层水分子分布示意图(谭罗荣、孔令伟,2006)

天然饱和土中只有蒙脱土会形成最厚为三层的水分子层。由图 2-8(d)和(c)中 C 的差值可知,一层水的厚度近似等于 0.3 nm,C 为晶胞上下面之间的距离,可用 d_{001} 表示。由图 2-8(d)可知,三层水分子厚度就是 0.9 nm,约占整个晶胞厚度的一半。由此可知,由蒙脱石的晶层组叠而成的黏粒中,水可以占据晶层之间的很大空间,而这些黏粒是组成土的宏观骨架的最小、最基本的元素。由此说明了蒙脱石会产生膨胀的机理和根本原因,即由于水很容易进入蒙脱石的晶层之间,使蒙脱石的最小的基本土颗粒变大,随之使土骨架变大,进而引起土的膨胀。

上述膨胀变形的机理称为结晶膨胀。除此之外,土体的变形机理还包括渗透膨胀(Wayllace,2008)。由于黏土颗粒表面吸附的阳离子以及沉淀物中的离子存在,使得颗粒间双电层中的离子浓度较高。由于黏土颗粒表面的负电荷对吸附的阳离子具有稳定作用,即与半透膜类似,因此阻止颗粒间的阳离子向外扩散。相对于自由液相而言,双电层间的液相具有较高的压力,进而使得孔隙水的压力梯度的方向和浓度梯度的方向相反。当两处孔隙水的两种梯度的总和不相等时,便引起孔隙水的流动。由浓度梯度引起的额外的液相压力可称为渗透压力,并且渗透压力基本上与颗粒间的排斥力一致。当土体浸润时,孔隙中自由水的浓度降低,因此双电层区域中的吸附水和自由水间原本的平衡被破坏,并引起额外的孔隙水流入双电层区域中,致使其孔隙变大,导致土骨架本身产生膨胀变形。

当然引起土体整体膨胀的原因是最小的基本土颗粒因结晶膨胀而变大后,它所形成的土骨架也会变大,随之土骨架内细小孔隙也会变大(通常这种微细的孔隙多数是饱和的);或因渗透膨胀导致宏观土骨架本身内部的细小孔隙变大,从而使宏观土骨架体积变大。最后由于宏观土骨架本身体积变大也会造成其周围宏观孔隙的变大。

每一颗粒能组叠的晶层数较少。颗粒大小为 0.1~1.0 μm,厚为 0.001~0.01 μm。蒙脱石的主要特征是颗粒细小,具有显著的吸水膨胀、失水收缩的特性,或者说亲水能力强。

3) 伊利石

伊利石是云母在碱性介质中风化的产物。它与蒙脱石相似,是由两层硅片夹一层铝片所形成的三层结构,但晶层之间由钾离子联结,如图 2-7(c)所示。晶层之间联结强度弱于高岭石而强于蒙脱石,其特征也介于两者之间。值得注意的是:晶层之间可以与水或其他离子相互作用,并形成大小不同的介观固体,也就是说水分子可以进入土矿物的晶层之间,并成为固相的一部分,它是微观尺度的问题。另外,晶体结构组成的固相边界与水相的相互作用是介观尺度的问题,它将在后面讨论。两个问题都对土的宏观性质产生影响。

3 种黏土矿物的主要特征见表 2 - 6。

表 2 - 6　3 种黏土矿物的主要特征

特征指标	矿　物		
	高 岭 石	伊 利 石	蒙 脱 石
长和宽/μm	0.3～3.0	0.1～2.0	0.1～1.0
厚/μm	0.03～0.3	0.01～0.2	0.001～0.01
比表面积/(m²/g)	10～20	80～100	700～840
液限	30～110	60～120	100～900
塑限	25～40	35～60	50～100
胀缩性	小	中	大
渗透性	大($<10^{-5}$ cm/s)	中	小($<10^{-10}$ cm/s)
强度	大	中	小
压缩性	小	中	大
活动性	小	中	大

土体固相是由宏观的土骨架或宏观的土颗粒构成。大量的研究和观测表明,在土中不存在单一的黏土片,而是若干种黏土片堆叠在一起形成晶体。这种晶体根据自身矿物成分会构成大小不同、形状各异的最小黏土颗粒。最小黏土颗粒集聚而成为基本土颗粒,基本土颗粒形状可以是粒状、片状、线状。它是构成土骨架的最基本元素。最小黏土颗粒本身最小尺度方向的大小,即其厚度是随着黏土矿物成分的不同而变化。实际上第四纪沉积物中存在大量混层矿物,所以大多数最小黏土颗粒不是由同一种黏土成分构成。一般黏土颗粒或黏粒的外形都呈长扁形,中间厚,边缘薄。它是由大小不同的黏土片堆叠的结果。

黏土片是由晶层结合而成的。晶层内部以原子键相结合,晶层之间的联结随成分不同而异,高岭石晶层以氢键和范德华键联结;伊利石晶层以不水化的钾离子键和范德华键联结;蒙脱石和蛭石晶层间主要以水化阳离子形成的静电-离子键和分子键相联结。混层矿物层间的结合更为复杂,要根据组成晶层的成分来确定。另外,由晶层结合成的黏土片本身往往还有过剩的负电荷,集中在黏土片的表面和棱边上。

黏土颗粒内的黏土片之间主要是以分子键、氢键和静电-离子键相结合。虽然它们比原子键和层间键弱,但一般情况下也是不易被分离的。黏土颗粒的表面也带有剩余负电荷,电荷来源于畴的表面几层黏土片。黏土颗粒的尺寸很小,只有通过超薄片制样技术和高压透射电镜才能观察到。黏土矿物对土的工程性质的影响是这些矿物的种类及其含量的比例关系综合影响的结果。

5. 黏土矿物表面的带电性质

莫斯科大学列伊期于 1809 年通过实验证明黏土颗粒是带电的。他把黏土膏放在一个玻璃器皿内,将两个无底的玻璃筒插入黏土膏中,向筒(指玻璃筒)中注入相同高度的清水,并将两个电极分别放入两个筒内的清水中,然后将直流电源与电极连接。通电后,可以发现放阳极的筒中,水面下降,水逐渐变浑,而放阴极的筒中水面逐渐上升,如图 2-9 所示。这种现象说明在电场中,土中的黏土颗粒泳向阳极,而水则渗向阴极。前者称为电泳,后者称为电渗。土颗粒泳向阳极说明颗粒表面带有负电荷。

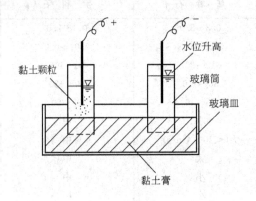

图 2-9 黏土电渗

研究表明:片状黏土颗粒的表面带有不平衡的电荷,通常为负电荷。产生不平衡电荷的原因有以下 4 种。

(1)边缘破键造成电荷不平衡。

理想晶体的内部正负电荷是平衡的;但在颗粒外部边缘处,晶体格架的连续性受到破坏,从而造成电荷的不平衡。这些被破坏键常使黏土颗粒表面带有负电荷。颗粒越细,破键越多。因此,比表面积越大,表面能也越大。

(2)选择性吸附。

黏粒吸附溶液中的离子具有规律性,它总是选择性地把与它本身结晶格架中相同或相似的离子吸附到颗粒的表面。

(3)表面分子离解。

若黏粒由许多可离解的小分子缔合而成,它与水作用后产生离解,再选择性地吸附与矿物结晶格架相同或相似的离子于其表面而带电。

(4)同晶替换。

黏土矿物晶格中的同晶替换作用可以产生负电荷,如硅氧四面体片中四价的硅被三价的铝代替,或者八面体片中三价的铝被二价的镁、铁替换,均可产生过剩的负电荷。这种负电荷的数量取决于晶格中同晶替换的数量,而不受介质 pH 值的影响。它们大部分分布在黏土矿物晶层平面上,所吸附的阳离子都是可以交换的。同晶替换是由黏土矿物构成的黏土颗粒表面带负电荷的原因之一。

研究还表明:在颗粒侧面(指片状颗粒)断口处常带正电。这样黏土颗粒表面电荷分布通常如图 2-10 所示。

由于黏土颗粒表面带电荷,其四周形成一个电场。在电场的作用下,水中的阳离子被吸引分布在颗粒附近。水分子是一种极性分子,在电场中发生定向排列,形成如图 2-11 所示的排列形式。颗粒表面的负电荷,构成电场的内层,水中被吸引在颗粒表面的阳离子和定向排列的水分子构成电场的外层,合称为双电层。

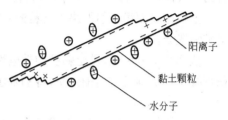

图 2-10　黏土表面电荷

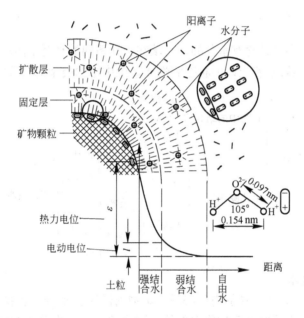

图 2-11　结合水分子定向排列及其所受电分子力变化的简图

6. 颗粒形状和比表面积

原生矿物一般颗粒粗,呈粒状,即 3 个方向的尺寸基本上是同一数量级。次生矿物颗粒细微,多呈片状或针状。土的颗粒愈细则形状越扁平,表面积与质量之比值愈大。单位质量土颗粒所拥有的表面积为比表面积,用 A_s 表示为

$$A_s = \frac{\sum A}{m}。$$
(2-3)

式中,$\sum A$——全部土颗粒的表面积之和;

m——土的质量。

举例来说,当颗粒直径为 0.1 mm 的圆球时,比表面积约为 0.03 m^2/g。而同体积的高岭石的比表面积为 $10\sim20$ m^2/g,伊利石为 $80\sim100$ m^2/g,而蒙脱石高达 800 m^2/g。

土粒比表面积不但取决于土粒的直径,而且与土粒的形状有关,而土粒的形状又往往取决于矿物成分。

从 2.2.1 节可知,黏土颗粒的带电性质都发生在颗粒的表面上;所以,对于黏性土,比表面积直接反映土颗粒与周围介质,特别是水,相互作用的强烈程度,是代表黏土特征的一个重要指标。

对于粗粒土,由于表面作用很小,比表面积没有很大的意义。但粗粒土的颗粒形状对土的工程性质有重要影响。研究颗粒的形状应着重于研究颗粒的磨圆度,因为它影响粒间的粗糙度,从而影响土的抗剪强度。

2.3.2　土中的水和气

在自然条件下,土中总是含有水分的。充填在土孔隙间的水对土体的工程性质影响较大,尤其是水的数量和类型影响着土体的状态和性质。土中水的类型的划分如下:

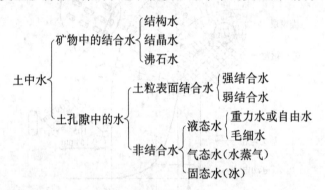

1. 矿物中的结合水

矿物中的结合水存在于土粒的内部,又称"矿物内部结合水"或"矿物成分水"。它是矿物的组成部分,以不同的形式存在于矿物内部的不同位置上。按水分子与结晶格架结合的牢固程度不同,可分为结构水、结晶水和沸石水。

1) 结构水

这种水是以 OH^- 离子或 H^+ 离子的形式存在于矿物结晶格架中的固定位置上,如黏土矿物中铝氧八面体片中的 OH^- 不是结构水。在一般条件下,结构水和其他离子(如 Na^+、Ca^{2+}、Cl^- 等)一样,是在结晶格架上具有固定位置的离子。严格地说,它并不是水,也很难从结晶格架上析出,是固体矿物的组成部分。但在高温 $450\sim500℃$ 条件下,这些离子能从结晶格架中析出成水,原有的结晶格架也被破坏,转变为另一种新的矿物。

2) 结晶水

这种水以水分子形式存在于矿物结晶格架的固定位置上,具有一定的数量。这种水与结晶格架上的离子结合的牢固程度较弱,加热不到 400℃ 即能析出。结晶水与结构水一样,一旦结晶水析出,原来的结晶格架就被破坏,使原有的矿物变成另一种新的矿物。

3）沸石水

这种水是以水分子形式存在于矿物中;但它是存在于矿物晶胞之间,数量可多可少,无确定数量,即其含量多少并不影响晶胞的结晶格架,析出时也不致使矿物的种类发生变化。它与矿物结合微弱,加热 80～120℃ 水分子即可析出。方沸石、蒙脱石等矿物晶胞间的水即属于这类水。由于可以无确定量地吸附沸石水,因而可以引起结晶格架的膨胀,导致土体膨胀和矿物分离成细小的碎片。

上述 3 种类型水都是土粒矿物的组成部分,故一般只是通过矿物成分影响土体的性质。当其从原来矿物中析出后,又形成新的矿物时,土的性质也发生了变化。

2. 土粒表面结合水

当土孔隙中的水与土粒表面接触时,由于细小土粒表面的静电引力作用及水分子是一种极性分子,如图 2-12 所示,水分子被极化并被吸附于土粒周围,形成一层水膜。这部分水通常被称为土粒表面结合水,简称结合水,如图 2-13 所示。结合水可能由以下几种作用形成。

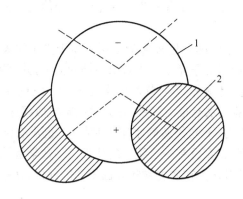

图 2-12　水分子模型示意图

1—氧原子;2—氢原子

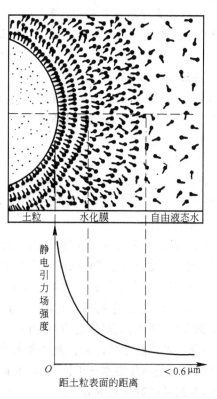

图 2-13　土粒与水相互作用

➤—水分子(偶极体)

1) 土粒表面电荷对极性水分子的吸引作用

水分子化学式是 H_2O，即每个水分子中含有两个氢原子和一个氧原子。两个氢原子彼此间约成 105°的夹角，联结在一个氧原子上。它们呈不对称排列，造成水分子中静电荷的不平衡，在水分子的氧端有过剩的负电荷，而在氢端有过剩的正电荷。这样的电荷分布可形成一个电偶极或称为具有极性。

由 2.3.1 节已知土颗粒表面带有电荷，因此当土粒与水接触时，在土粒表面的静电引力作用下，靠近土粒表面的水分子失去了自由活动能力，整齐、紧密地排列起来(见图 2-13)。距土粒表面愈远，静电引力场的强度愈小，水分子自由活动的能力增加，排列得愈疏松，愈不整齐，仅有轻微的定向排列；再远则静电引力几乎不起作用，水分子保持着原有的活动能力。这种全部或部分失去活动能力的水分子，在土粒表面形成一层结合水层，称为"水化膜"。在结合水层外面，水分子保持其自由活动能力，称自由液态水或非结合水。

2) 氢键的联结作用

由于土粒矿物表面通常由氧和氢氧层组成，产生了氢键联结，氧面吸引水分子的阳极，而氢氧面吸引水分子的阴极，形成结合水层。

3) 交换阳离子的水化作用

介质中的阳离子可被黏粒表面的负电荷吸引，由于这些阳离子的水化作用，水分子同时被吸引。

4) 渗透吸附作用及范德华力作用

如前所述，黏粒表面一般带有电荷(通常为负电荷)，在其表面吸附有阳离子，浓度较高。同时，介质中的水分子有向颗粒表面扩散的趋势，企图使浓度达到平衡。就是这种范德华力使水分子与土粒表面连在一起。

土粒表面结合水是由上述各种作用综合形成的。结合水愈靠近土粒表面，吸引越牢固，水分子排列愈紧密、整齐，活动性愈小。随着距离的增大，吸引力减弱，活动性增大。因此，一般又将结合水分为强结合水和弱结合水两种不同类型。而水膜外没有受土粒表面静电引力作用的水，称为非结合水。

强结合水也称吸着水，是牢固地被土粒表面吸附的一层极薄的水层。由于受土粒表面的强大引力作用，吸着水紧紧地吸附于土粒表面，使水分子完全失去自由活动的能力，并且紧密、整齐地排列着，其密度大于普通液态水的密度，且愈靠近土粒表面密度愈大。它的密度为 $1.5\sim1.8\ \mathrm{g/cm^3}$。它们排列得如此紧密，与一般液态水有很大区别，其力学性质类似固体，具有极大的黏滞性、弹性、抗剪强度，有抵抗外力的能力；不能传递静水压力和导电，也没有溶解能力，在 $-78\ \mathrm{℃}$ 时才能冻结。关于强结合水的厚度，一直没有一个统一的认识。多数学者认为强结合水的厚度是由几层水分子构成的，也有些学者认为在矿物颗粒表面不同的部位，其厚度也不一致，厚的可达数百层水分子。

弱结合水是指距土粒稍远、在强结合水以外、电场作用范围以内的水，它占水膜的主要部分。弱结合水也受颗粒表面电荷的吸引而定向排列于颗粒四周，但电场作用力随距颗粒表面距离的增加而减弱。这层水不是接近于固态,而是一种黏滞水膜。受力时弱结合水能由水膜较厚处缓慢转移到水膜较薄处,也可以因电场引力从一个颗粒的周围转移到另一个颗粒的周围,其力学性质具有黏滞性、弹性和抗剪强度。也就是说,弱结合水膜能发生变形,但不因重力作用而流动。弱结合水的存在是黏性土在某一含水率范围内表现出可塑性的原因。弱结合水密度较强结合水小,但仍大于普通液态水,为 1.30～1.74 g/cm³。其厚度变化较大,但一般比强结合水厚得多。

总之,结合水性质不同于普通液态水,不受重力影响,主要存在于细粒土中,土粒表面静电引力对水分子起主导作用。因此,它具有一系列的特殊性质。强结合水具有固体的特性,它可归属于固相部分。本书中所叙述的水化膜的厚度变化主要指的是弱结合水的厚度变化。弱结合水厚度的变化是影响细粒土物理力学性质的因素之一,其厚度的变化取决于土粒的大小、形状和矿物成分,也取决于水溶液的 pH 值,溶液中离子的成分、浓度等因素。

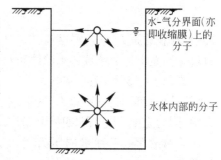

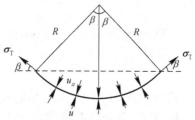

3. 自由水

不受颗粒表面电场引力作用的水称为自由水。自由水又可分为毛细水和重力水两类。在介绍毛细水与重力水之前,首先讨论表面张力的概念。

1) 表面张力

水-气分界面,也称为收缩膜或非饱和土中的第四相。表面张力的产生是因为收缩膜内的水分子受力不

图 2-14 水-气分界面的表面张力现象

平衡,见图 2-14。水体内部的水分子承受各向同值的力的作用,而收缩膜内的水分子有一指向水体内部的不平衡力的作用。为保持平衡,收缩膜内必须产生张力。收缩膜承受张力的特性,称为表面张力,符号为 σ_T,表示收缩膜单位长度上的张力(N/m)大小,其作用方向与收缩膜表面相切,其大小随温度的增加而减小。表面张力使收缩膜具有弹性薄膜的性状,这种性状同充满气体的气球的性状相似,里面的压力大于外面的压力。

2) 毛细水

分布在土粒内部间相互贯通的孔隙,可以看成是许多形状不一,直径互异,彼此连通的毛细管,如图 2-15 所示。在毛细管周

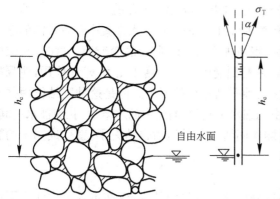

图 2-15 土中的毛细升高

壁,水膜与空气的分界处存在上述的表面张力 σ_T。水膜表面张力 σ_T 的作用方向与毛细管成夹角 α。由于表面张力的作用,毛细管内的水被提升到自由水面以上高度 h_c 处。下面分析高度 h_c 的水柱的静力平衡条件。因为毛细管内水面处即为大气压,若以大气压力为基准,则该处压力为 0,故

$$\pi r^2 h_c \gamma_w = 2\pi r \sigma_T \cos \alpha,$$

$$h_c = \frac{2\sigma_T \cos \alpha}{r\gamma_w}。 \tag{2-4}$$

式中,水膜的张力 σ_T 与温度有关。10℃时,$\sigma_T = 0.074\,2$ N/m;20℃时,$\sigma_T = 0.072\,8$ N/m。方向角 α 的大小与土颗粒和水的性质有关。r 为毛细管的半径,γ_w 为水的重度。

式(2-4)表明,毛细水高 h_c 与毛细管半径成反比。显然土颗粒的直径愈小,孔隙的直径(也就是毛细管的直径)愈细,则毛细水的高度愈大。不同土类,土中毛细水高度也不同。在黏土中,因为土中还受颗粒四周电场作用力的吸引,毛细水高 h_c 不能简单地由式(2-4)计算。

若弯液面处毛细水的压力为 u_c,分析该处水膜的平衡条件。取铅垂方向力的总和为 0,则有

$$2\sigma_T \pi r \cos \alpha + u_c \pi r^2 = 0。 \tag{2-5}$$

若取 $\alpha = 0$,由式(2-4)可知,$\sigma_T = \dfrac{h_c r \gamma_w}{2}$,代入式(2-5),得

$$u_c = -\frac{2\sigma_T}{r} = -h_c \gamma_w。 \tag{2-6}$$

式(2-6)表明,毛细水区域的孔隙水压力与一般静水压力的概念相同,它与毛细水高 h_c 成正比,负号表示负孔隙水压力(或孔隙水拉力)。这样,自由水位上下的水压力分布如图 2-16 所示。自由水位以下为压力,自由水位以上、毛细水区域内为拉力。颗粒骨架承受水的反作用力;因此自由水位以下,土骨架受孔隙水的压力作用,会减小颗粒间的压力。在自由水位以上,毛细区域内,土骨架受孔隙水的拉力作用,颗粒间受压,这种孔隙水压力称为毛细水压力,毛细水压力呈倒三角形分布。弯液面处最大,自由水位(面)处为 0。

如果土骨架的孔隙内不完全充满水,即孔隙中含有水和气,这时水多集中于颗粒间的缝隙处。在水和空气的分界面处,则存在表面张力,形成如图 2-17 所示的弯液面。这时,孔隙中的水称为毛细角边水。毛细角边水受拉力 σ_T,颗粒则受压力 p_c。由于压力 p_c 的作用,使颗粒联结在一起,这就是稍湿的砂土颗粒间也存在某种联结作用的原因。但是这种联结作用并不像黏土一样是因为粒间分子力引起的,而是由毛细水引起的,当土中的水增加,孔隙被水占满,或者水分蒸发,变成干土,毛细角边水消失,颗粒间所引起的压力也消失了,就变成完全的散粒体。

3) 重力水

自由水面以下、土颗粒电分子引力范围以外(结合水以外)的水,仅在本身重力作用下运动,称为重力水,它存在于较粗大的孔隙中。土中的重力水能传递静水压力,与一般水的性质没有差别。

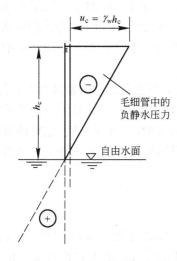

图 2-16　毛细水中的张力分布图

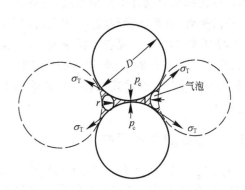

图 2-17　球状颗粒间隙处的弯液面

4）固态水

在常压下,当温度低于 0℃时,孔隙中的水冻结呈固态,以冰夹层、冰透镜体、细小的冰晶体等形式存在于土中。固态水在土中起胶结作用,提高了土的强度。但解冻后,土体的强度往往低于结冰前的强度,因为从液态水转为固态水时,体积膨胀,使土体孔隙增大,解冻后土结构变得松散。

4. 土中气体

土中气体按其所处的状态和结构特点可分为以下几种类型:(1)自由气体;(2)四周为水和颗粒表面所封闭的气体;(3)吸附于颗粒表面的气体;(4)溶解于水中的气体。通常认为自由气体与大气连通,对土的性质无大影响。密闭气体的体积与压力有关,压力增加,则体积缩小;压力减小,则体积胀大。因此,密闭气体的存在对土的变形有影响,同时还可阻塞土中的渗流通道,减小土的渗透性。另外,由于孔隙中气体压力的不同,对土体的强度也会产生影响。其他两种气体目前研究不多,对土的性质的影响尚未完全清楚。

2.4　土-水-电解质系统及其相互作用

本节研究土的液相组成和它们对土的工程性质的影响。在常态下,水是土中液相物质的主要成分,而溶解于水中的各种电解质以离子或化合物的形式存在于水中,它们和水及黏土颗粒一起构成了土-水-电解质系统。这一系统各部分之间的相互作用,会对黏土的工程性质产生巨大的影响。各种不同类型的黏土矿物,由于其结晶构造的不同,黏土颗粒与孔隙水及其孔隙水中的介质的相互作用也不同,由此造成黏土工程性质的差异。这种相互作用是一种复杂的物理-化学作用。通常把孔隙水和孔隙水中的介质称为溶液。土的工程性质不仅取决于水的绝对含量,而且取决于水的结构及介质的物理条件和化学成分。但对于水的结构目前还没有完全搞清楚。从化学的观点,水和黏粒的表面都不是惰性材料。因此,水与土颗粒彼此将相互作用。这些相互作用会影响土体的物理和物理-化学性质。但这些相互作用的详细情况和它所产生的结果目前并不完全知道,有待进一步研究。

由于卵砾、砂粒的颗粒较大,比表面积小,表面能也小,与土孔隙中的溶液相互作用后,对其工程性质影响不大。而黏土颗粒细小,比表面积大,表面能也大,与土孔隙中的溶液相互作用后,将产生一系列的物理-化学现象,例如,颗粒表面的双电层、离子交换、黏粒的聚沉与稳定、触变与陈化等。这些现象将直接影响黏土的工程性质的形成与变化,甚至与土的性质的改良也有关。

2.4.1　黏粒的胶体特性

土中的黏粒组(小于 0.005 mm),由于其颗粒细小,接近于胶体颗粒大小,表现出一系列胶体的特性,例如,具有吸附能力。黏粒所以具有吸附能力,是由于黏粒表层上的粒子与固体内部粒子所处的情况不同。在黏粒物质内部,每个粒子都被周围的粒子包围着,各个方向的吸引力是平衡的;但在表面层上的粒子向内的吸引力没有平衡,这就使黏粒物质表面上存在自由引力场。黏粒表面就借助于这种力场把它与其周围物质吸引住,这就是吸附作用。黏粒表面由于具有这种游离价的原子或离子,且处于不对称的静电引力场中而具有吸引外界极性分子和离子的能力,即所谓表面能。显然,比表面积大,表面能也大,吸附作用也强。黏粒表面的离子也可能被溶液中的离子替换,发生离子交换作用,引起土体的一系列工程性质的变化。

2.4.2　黏土的双电层

如前所述,黏土矿物黏粒表面因吸附离子而带电。这部分紧密地吸附在固相表面的离子称为决定电位离子。它因牢固地被吸附在颗粒表面上,而被看作是固相的组成部分。带电黏粒与孔隙水溶液作用时,由于静电引力的作用,吸附溶液中与其电荷符号相反的离子聚集在周围,这种离子称为反离子,形成反离子层。在反离子层中,离子实质上是水化离子。因此,黏粒周围的水化膜包含着起主导作用的离子和作为主体的水分子。从起主导作用的离子着眼,称此层为反离子层;如果从作为主体的水分子着眼,则称此层为结合水层。此时,溶液中的反离子同时受着两种力的作用,一种是黏粒表面的吸着力,使它紧靠土粒表面;另一种是离子本身的热运动引起的扩散作用,使离子离开颗粒表面,有扩散到溶液中去的趋势。结果使反离子浓度随着与黏粒表面距离的增加而减小,最后与自由水的浓度相同。土颗粒表面电位对水中反离子所起的引力就像地球引力对周围大气层的扩散所起的约束作用,使得土颗粒周围的反离子像大气层中的空气由密而稀地分布,直到孔隙反离子的浓度和溶液中离子的浓度相同。其中只有一部分紧靠黏粒表面的反离子被牢固地吸附着,排列在黏粒的表面上。这部分反离子与黏粒表面上的离子形成的带电层称为固定层(或称为吸附层)。当土颗粒在电场作用下移动时,该固定层与颗粒一起移动,如图2-18所示。

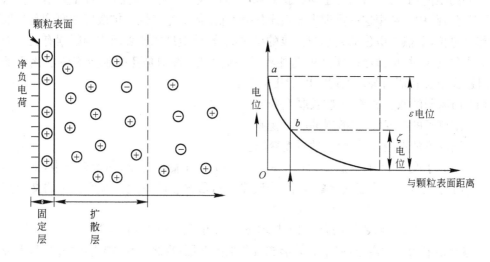

图2-18　双电层结构示意图

在固定层的外侧,存在的反离子具有扩散到溶液中去的趋势,形成所谓扩散层(见图2-18)。从固定层外边缘到扩散层末端的距离称为扩散层的厚度。胶体颗粒与其表面吸附的决定电位离子层合称为胶核,而胶核与固定层合称为胶粒,然后胶粒和扩散层组合成胶团。整个胶团的电学性质呈现为中性。

黏土矿物由于同晶替代、选择性吸附等产生的负电荷分布在晶层平面上,进而吸附溶液中的阳离子形成带负电荷的双电层。但晶层平面不是黏土矿物的唯一表面,黏土矿物还有断裂的边缘表面区域,其原子结构不同于平面的结构。在土薄片的边缘,四面体片和八面体片破裂,原先的键断开了,此破裂面可形成带正电的电位,从而形成带正电荷的双电层。见图2-19。

由此可见,黏土矿物的双电层结构与其他黏粒不同,它可同时存在正负双电层,从而使得黏土矿物的表面性质比其他胶体复杂得多。在天然状态下,黏性土中的负电荷多于正电荷,除了少数强酸的条件下可能出现正电荷多于负电荷的现象。

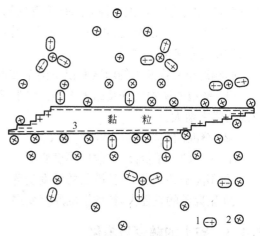

图2-19　黏土矿物颗粒表面带电示意图
1—极性分子;2—正电荷阳离子;
3—颗粒表面的净负电荷

　　双电层中扩散层水膜的厚度对黏土的工程性质有重要影响。扩散层厚度大,土的塑性高,颗粒之间的距离相对也大;因此土体的膨胀和收缩性大,土的压缩性大,而强度相对较低。所以,在工程实践中可利用这一机理来改良土质,增加土体的稳定性。扩散层的厚度首先取决于内层热力电位,而热力电位的大小与土粒的矿物成分、分散度或比表面积等因素有关。而当内层热力电位一定时,扩散层的厚度可随外界条件而变化,特别是孔隙水溶液中水化离子的性质、浓度、离子交换能力等。表现在以下几个方面。

　　(1) 阳离子的原子价高,扩散层厚度变薄。

　　(2) 阳离子的浓度大,扩散层的厚度变薄。

　　(3) 阳离子的直径大,扩散层的厚度变厚。

　　(4) 阳离子交换能力:一般高价离子的交换能力大于低价离子;同价离子中,半径小的交换能力小于半径大的。离子交换的结果,会改变扩散层水膜的厚度。常见离子的交换能力顺序为

$$Fe^{3+} > Al^{3+} > H^+ > Ba^{2+} > Ca^{2+} > Mg^{2+} > K^+ > Li^+ > Na^+ 。$$

　　一般交换能力大的离子,遇水后只形成较薄的扩散层;反之,交换能力小的离子,形成的扩散层较厚。

　　在实际工程中,通常可改变孔隙水溶液的化学成分,以达到改良黏土工程性质的目的。例如,用 Al^{3+} 离子含量高的溶液与土作用后,可形成较薄的扩散层,粒间联结牢固,强度较高。

　　把双电层理论用于黏土,也引来了许多反面的意见。例如,没有考虑到吸附在黏土和吸附在反离子的水分子能量。对于其他一些因素的影响,Mitchell(1993 年)已经做了详细的讨论。不管怎样,这个理论作为一种概念是很有用的,它可以让我们概括出影响黏土颗粒间的各种力的不同因素,但不能靠它提供有关土的各种特性的精确定量结果。关于双电层理论的更一进步的讨论可参考有关文献。

　　影响离子交换能力的因素有以下两个方面。

　　(1) 颗粒的矿物成分及比表面积。试验表明,随着土粒直径的减小,比表面积的增大,交换能力随之增大。

　　(2) 溶液的化学成分、浓度与 pH 值。

　　① 离子的原子价高,扩散层厚度变薄。

　　② 阳离子的浓度大,扩散层的厚度变薄。

　　③ 阳离子的直径大,扩散层的厚度变厚。

2.4.3　黏土的触变与陈化

　　在聚结以后产生的饱和松黏土,如果受到振动、搅拌、超声波、电流等外力作用的影响,会使土体的结构破坏,产生"液化",变成溶胶或悬液;而当这些外力作用停止后,它们又重新聚结。这种一触即变的现象,称为"触变"。地质工程中会经常遇到这种土层。这种土层未经处

理是不能作为动力基础的。

产生触变的条件为：触变性土的颗粒粒径应小于 0.01 mm，而且小于 0.001 mm 的土粒必须有足够的含量；土的形状必须是片状或长条状；属亲水性矿物，孔隙水溶液原子价低、浓度低、离子的交换能力小，其结构一般为网状结构。上述这些条件可导致较厚的扩散层。较大的孔隙体积，在动力条件下容易液化。浑圆状土粒，因难以形成网状结构，孔隙体积较小，就不会发生触变现象，如由石英颗粒组成的土。

触变性土，经一定时间后就失去液化的能力，失去了原有的触变性。这种变化为不可逆，称为"陈化"。土的陈化不限于触变性土。有的黏粒，可以从无定形流动状态，逐渐转变为结晶状态；有的土可以从分散性很高转变为分散性很低，即使土的细粒变为粗粒，亲水性降低；有的则脱水而体积缩小，变得更加密实。这些都是黏土的陈化现象。

2.5　土的结构

土的结构通常包含土的微观结构和土体的宏观结构两种概念。土的微观结构通常简称为土的结构，而土体的宏观结构通常也称为土的构造。土的结构（土的微观结构）包括以下两个方面(Mitchell & Soga, 2005)。

（1）土的组构，它属于几何方面的内容，包括土的各种尺度和形状的基本单元（单粒）或结构单元体（集粒或骨架）及其在空间的分布和排列，各种尺度和形状的孔隙及其在空间的分布和排列，孔隙中液体和气体的体积、分布和排列。

（2）土的基本单元和结构单元体（集聚体单元）之间的相互联结和各种相互作用；目前它还是一种整体、宏观、定性的概念，只能对其中各种影响因素进行总体、宏观、粗略的描述，难以对其中某一具体因素进行精确的定量分析；它通常包括：各相交界面及接触面之间的相互作用力以及黏结作用和物理-化学作用等，另外还应包括水-气-固相交界面的形状和结构以及各相之间的相互作用。这些相互作用非常复杂，并且是介观或微观尺度的作用，它通常需借助光学或电子显微镜进行研究。土体的宏观结构是指土体形成过程中产生的三相特征、节理、裂隙等不连续面在土体内的排列、组合特征，它是用眼睛就可以看到的结构特征。本节主要讨论土的微观结构。

土的结构经常与土的组构互换使用；但按 Mitchell(1993 年)的定义，组构(fabric)表示土中颗粒、颗粒集聚体和孔隙在土中的排列与分布，而土的结构(structure)则具有更广泛的含义，它包括除了组构以外所有影响土的强度和变形的因素。这些影响因素非常多（参考公式(6-1)中的变量），并且很复杂，难以完全定量描述。目前已知的有：土的矿物成分、土颗粒或集聚体单元之间联结处的相互作用、各相之间的相互作用、各相中各种界面的形状和它们之间的相互作用以及各种物理-化学作用等。但在工程界中，土的结构通常是指组构和基本单元或结构单元（集聚体）之间的相互联结及其联结强度。而把各种物理-化学作用或各种界面作用简单等效为各单元之间的某种联结及其联结强度。

　　土的工程性质和工程设计中所选用的各种参数是直接受土的颗粒特征、颗粒和孔隙的排列及粒间相互作用力所控制的,即受土的结构控制。要了解土的工程性质,土的结构是不可忽略且需要重点考虑的因素。图2-20给出了一种极为敏感的自然形成的黏土,当土没有被扰动时,土样(图2-20中左侧的土样)可以承担一定量的荷载(Mitchell & Soga,2005)。一旦该土样被完全扰动时,它的结构会破坏,它会变成稀泥(图2-20中右侧碗中的土)从碗中流出,难以再承受任何荷载。也就是说,其强度和刚度完全丧失。通常认为土样的这种完全扰动会把土样的内部结构彻底破坏掉,由此导致土样不能够再承担任何荷载。由此例可以看到土的结构对土的强度和刚度的影响。通过研究人们认识到,仅依据土的孔隙比和相对密度不能完整地表征砂土和黏土的各种性质,还必须考虑它们的结构。这种结构应该包括颗粒或土骨架之间的联结和各相之间以及界面的相互作用。为了理解自然界中所存在的各种类型土的物理和力学性质方面所表现出来的巨大差异和各具特色的工程性质,除了从成分(粒径、矿物、化学)、成因、形成年代、物理化学及环境影响等方面找原因外,还应在土的结构上探索土的行为的内在本质。

　　组构(fabric)主要从几何形状方面来讨论土的结构情况。土,尤其黏土,其基本颗粒的体积的大小变化范围非常大。黏土的基本颗粒的英文为 microstructural units(MUs),或者 ped、floc、cluster 等。黏土的基本颗粒由更小的颗粒集聚而成(这种更小颗粒的厚度可以小到 10^{-3} 微米量级),黏土的基本颗粒也是宏观土骨架的基本元素,如图2-21所示的土的结构图谱(Pusch & Yong,2006)。最小的黏土颗粒或其集聚体的尺度可以是微米量级,而它们的比表面积可以高达 $800\,m^2/g$ 量级。由此可知,这些颗粒或集聚体的重力是很小的,可以忽略不

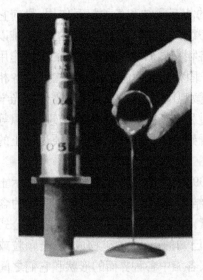

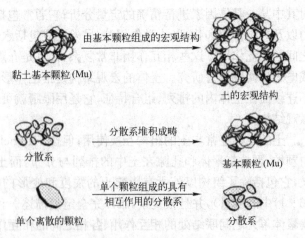

图2-20　极为敏感黏土扰动前后的
行为(Mitchell & Soga,2005)

图2-21　土的结构图谱
(Pusch & Yong,2006)

计。它们主要受到其周围表面分子力的作用和控制,这些作用再加上前述黏土矿物晶层之间的作用,统称为物理-化学作用。黏土的这些物理-化学作用会产生或控制该土的工程性质和行为。

图 2-22 给出了细观尺度下一种粉质黏土的组构图示。从该图可以观察到颗粒或颗粒集聚体、它们的相互联结、孔隙等的大小和分布情况(Mitchell & Soga,2005)。

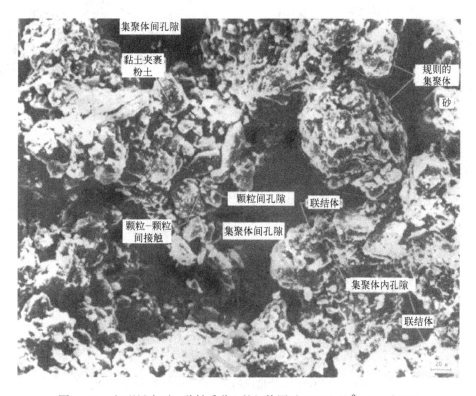

图 2-22　细观尺度下一种粉质黏土的组构图示(Mitchell & Soga,2005)

图 2-23 给出了各种颗粒集聚情况的图示(Mitchell & Soga,2005)。它是图 2-22 的组构情况的具体模式的说明,它包括各种颗粒的形态(图 2-23(a)~(j))、联结情况(图 2-23(a)~(c))、孔隙的形态(图 2-23(d)~(j))等。其中图 2-23(a)~(c)表示了颗粒之间的联结情况。图 2-23(d)~(e)给出了图 2-23(a)~(c)颗粒联结的具体构成的详细说明以及颗粒与孔隙的不规则集聚情况。图 2-23(f)给出了由各种颗粒或颗粒集聚体组成的土骨架以及规则颗粒集聚体的情况。图 2-23(g)给出了不同线束状土相互交织在一起的情况。图 2-23(h)给出了不同线束状土与粉粒相互交织在一起的情况。图 2-23(i)给出了黏土基质骨架的情况。图 2-23(j)给出了规则粒状土基质骨架的情况。

从图 2-23 可以看到,土体中的颗粒和孔隙具有不同尺度,而不同尺度的孔隙和颗粒对土的物理、力学性质的影响是不同的。所以应该注意不同尺度的土的组构及其影响。例如,一般

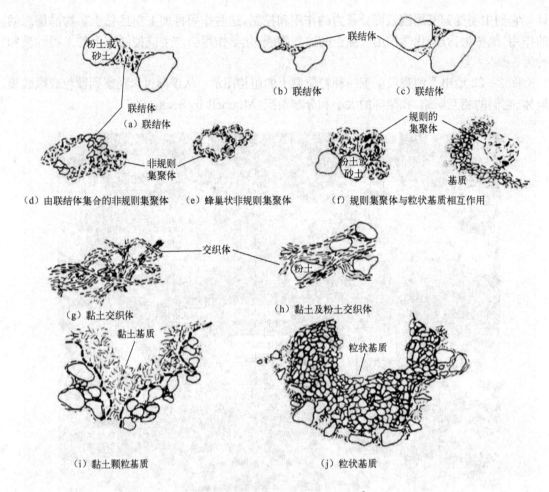

图 2-23　各种颗粒集聚情况的图示(Mitchell & Soga,2005)

情况下黏土的组构和宏观的干裂情况下的黏土的组构对水的渗透和传导的影响就很不相同。

　　针对黏土而言,通常可以将土划分为六个尺度。第一个尺度是前述黏土矿物的晶体结构与分类中所讨论的尺度,即微观尺度。第二个尺度可以用图 2-24(a)中所示的单位薄层颗粒表示,它是由黏土片堆叠而成。单位薄层颗粒的长度为 1 微米量级。第三个尺度如图 2-24(b)中所示,它是很多个单位薄层颗粒随机集聚而成的集聚体,它的某一维方向尺度的大小为 10 微米量级。第四个尺度如图 2-24(c)所示,它是很多个集聚体组成的局部土基质或局部土骨架,图 2-22 和图 2-23(i)~(f)给出了该尺度的具体的图示。第五个尺度是组成土的宏观骨架结构,它由土的骨架和相应的孔隙组成。第六个尺度就是土的宏观结构或土的构造,2.5.5 节将对其进行讨论。

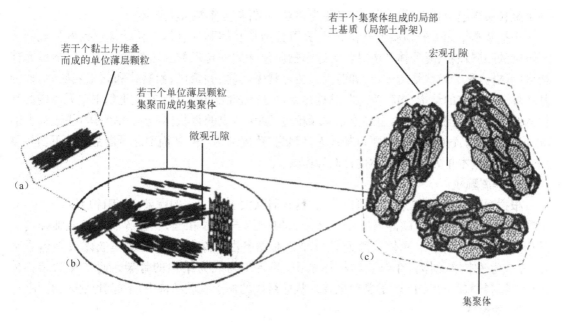

若干个黏土片堆叠
而成的单位薄层颗粒

若干个单位薄层颗粒
集聚而成的集聚体

微观孔隙

若干个集聚体组成的局部
土基质（局部土骨架）

宏观孔隙

集聚体

（a）

（b）

（c）

图 2-24　不同尺度下土的结构示意图（Yong,1999）

另外,土孔隙中水的分布对非饱和土的工程性质影响很大。因此孔隙水的多少与分布也是组构的重要内容。

土结构的骨架主要由各种形状和大小不同的集聚体构成。在集聚体之间存在大小不同的各种形状的孔隙,孔隙中充填着液体、悬浮物和空气。这些形态各异、大小不等的集聚体,具有一定的外部轮廓和强度与刚度。当土中应力超过某一界限时,土结构的破裂面并不通过集聚体本身,而是通过集聚体与集聚体之间的结合部。由此证明集聚体物质本身的联结力比构成集聚体之间的联结力强得多。这说明两种联结力是不属于同一层次的范畴。在土的结构研究中必须严格区分,不能混淆。这种集聚体称为基本单元体。由基本单元体相互作用,彼此联结成一个空间体系,形成土的结构。代表这个体系的最小特征单元称为结构单元。结构单元也是由基本单元组成的。形成这一结构体系的要素是基本单元、基本单元排列的孔隙和基本单元体之间的结构联结等。具有不同特征的结构单元相互组合联结形成土体。

对土结构的研究,目前已取得一些有意义的成果,这些成果加深了人们对土的工程性质的认识。但这些研究成果与土的工程性质之间还没有建立直接的定量关系,这也是今后土力学研究的一个重要方向。

2.5.1　基本单元体

基本单元体是土结构的最基本要素,它是具有一定轮廓界限的受外力作用的单元。它可以是单个的晶体,如石英晶体,也可以是数个矿物晶体较牢固地聚合在一起,受外力作用时像一个颗粒那样起着独立的作用。前者称为单粒,后者称为集粒或集聚体。

根据基本单元体的物质组成和形态,又可分为粒状体和片状体。粒状体包括各种规则或不规则的碎屑颗粒、凝聚体和由黏粒无定形物质包裹的外包颗粒。由粒状体作为基本单元体构成的结构,称为粒状结构体系,如黄土。由片状体,包括叠聚体、絮凝体和黏土基质体,作为基本单元体构成的结构,简称为片状结构体系,如胀缩性黏土。因为有人把基本单元体内的结构和结构单元相混淆,例如,由黏土基本颗粒边-面联结成的絮状体(基本单元体)往往被人们称为絮凝结构,而外包黏土的颗粒却被人命名为"葱皮结构"等,从而引起了混乱。故下面将重点介绍各类基本单元体、单元体的命名和模式。

1. 碎屑颗粒

根据颗粒的大小,碎屑颗粒可以分为"粗碎屑"(大于 50 μm 的颗粒)、"细碎屑"($2 \sim 50$ μm 的颗粒,与粉粒相当)、"微碎屑"(小于 2 μm 的颗粒,与黏粒相当)。粗碎屑和部分细碎屑直接构成土结构的基本单元体。微碎屑和部分细碎屑由胶结物质胶凝成集成体或外包颗粒后,才成为基本单元体。在粒状结构体系中,碎屑矿物成为结构的骨架。而在片状结构体系中,碎屑颗粒的含量很少,通常分散在片状体组成的黏土基质结构中,不起骨架传力作用。

2. 凝聚体

凝聚体(aggregation)是微碎屑和黏土颗粒在胶结剂的作用下凝聚成粉粒级大小的微粒集合体。在天然土结构中,"凝聚体"可以分成如下两类。

(1) 存在于我国北方黄土和黄土状亚黏土地区,那里气候干燥,风化淋溶作用不足,微晶碳酸钙把大量的微碎屑和黏粒胶结成"凝聚体",过去曾称为"集粒"。凝聚体是黄土结构的主要骨架颗粒。

(2) 存在于我国南方,那里的气候湿热,风化淋溶作用强烈,大量的游离氧化硅、铁、铝把黏土微粒和微碎屑胶结凝聚成形态不太规整的凝聚体。这种凝聚体的水稳性较好,有时有些细碎屑被胶凝在凝聚体中,形成相当大的凝块,它们可以构成结构的骨架颗粒。

3. 外包颗粒

外包颗粒是指凝聚体或碎屑颗粒的外表面上包裹着一层很厚的黏土或无定形物质的"包膜"。由黏土片形成的"包膜",甚至有的颗粒表面包裹着多层"包膜",故有人称之为"黏土葱皮联结",这在黄土、红土、老黏土中常见。在含有大量游离气化物和黏胶物质的土中,经常有这种"包膜"包裹在一群颗粒的外表,形成"外包颗粒群",其外形和大小与凝块相似。所不同的是胶结材料不同,"凝块"一般为钙质,而"外包颗粒群"一般为铁质胶结,为了命名方便,也简称"凝块",必要时可注明"铁质凝块"或"钙质凝块",以便区别。

以上 3 种基本单元都可以构成粒状结构体系中的"骨架颗粒"。由于这些基本单元具有不同的刚度,从力学的观点可以划分为刚性单元(如碎屑)、半刚性单元(如凝聚体)、塑性单元(如凝块)。因此,由这些单元构成的结构将具有不同的力学性质。片状结构中黏土片的相互联结的形式有以下几种方式:

(1) 分散型(dispersed)——黏土片无面-面的联结;

（2）集聚型（aggregated）——多个黏土片面-面相联结；

（3）絮凝型（flocculated）——集聚体之间面-边（EF）或边-边（EE）相互联结；

（4）散凝型（deflocculated）——集聚体之间没有直接接触联结。

各种联结方式和相应的术语示于图 2-25 中。

（a）分散散凝型

（b）集聚散凝型（边-边或平行或定向联结）

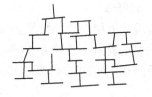

（c）边-面联结的分散絮凝型

（d）面-面联结的分散絮凝型

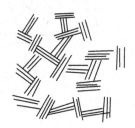

（e）边-面联结的集聚絮凝型

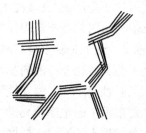

（f）面-面联结的集聚絮凝型

（g）边-面和面-面联结的集聚絮凝型

图 2-25　土片联结的模型（Mitchell & Soga,2005）

4. 叠聚体

叠聚体是由相当数量的黏土畴(若干黏土片堆叠在一起形成黏土畴)以面与面相联结而叠聚形成的。由于黏土畴中晶格是同晶置换的结果,"畴"的表面一般带负电;所以黏土畴的面与面之间主要以离子和静电产生相互作用而联结。土中含水率减少,离子水化膜和畴表面吸附水膜变薄,因而面与面之间的距离缩小,面与面之间吸力占优势,叠聚体就产生收缩。如果土中水量增加,水膜增厚,扩散双电层增厚,斥力占优势,叠聚体就产生膨胀。所以,叠聚体是膨胀土结构的基本单元,也是具有胀缩性黏性土的主要微结构特征。另外,黏土矿物成分的不同,叠聚体也有明显的区别,高岭石类所形成的叠聚体是平片型的,失水后本身变形不太大;蒙脱石类和云母类黏土畴本身较薄,失水后易起皱甚至有些边、角起翘成卷,所形成的叠聚体是曲片型的。所以,从外形上也可以判别这两种叠聚体的膨胀性的差别。

5. 絮凝体

絮凝体由相当数量的黏土畴组成,只是其排列方式不同,主要以"边-面"或"边-边"的方式联结。黏土表面一般带负电,所以"边-面"和"边-边"之间主要以静电联结成"絮凝体";水化膜主要吸附在土畴的表面,所以即使水量增加也不会发生很大的体积变化,见图 2-26。

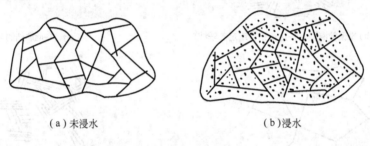

（a）未浸水　　　　　　　　　　　（b）浸水

图 2-26　絮凝体

这种"边-面"和"边-边"的电性联结有一定的强度,但在介质的 pH 值发生变化,或在强烈振动或搅动的情况下,"边-面"或"边-边"的电性联结减弱或断开,黏土畴分散在溶液中,土的强度迅速下降,这正是产生"灵敏性土"的原因。这种被强力分开的带电的"边"和"面"一般情况下带电状况不变;因此在恢复静止状态之后,就有可能重新发生"边-面"或"边-边"的联结,部分地恢复强度。这就是黏土具有触变性的原因。所以,"絮凝体"是海相灵敏黏土的主要结构特征,也是某些具有触变特性的黏性土的主要结构要素。当然,并不是说只要有"絮凝体"就可以判断为"灵敏性"黏土或"触变性"黏土,絮凝体要达到相当数量以后,才有可能具有这种特性。另外,孔隙溶液中的电解质浓度、pH 值的变化和絮凝体在黏土基质中排列的紧密程度等,都是产生灵敏性土的原因。根据黏土畴排列的疏密可以将絮凝土分为致密絮凝体和开放絮凝体。前者具有一定的刚度,而后者却极易变形。

叠聚体和絮凝体均属片状体,由这些片状体集聚在一起形成黏胶基质结构体系。其中,除了致密絮凝体有一定刚度,可以作为骨架结构外,其他均构成黏胶基质的成分。

6. 交织体

交织体由线状土相互缠绕而交织在一起，如图 2-27 所示。每一长片状或线状颗粒是不同的形状的黏土畴通过面-面或边-面相交而叠聚在一起的。交织体通常在细小的黏性土的集聚体中存在。

7. 联结体

联结体是由黏土畴和有机质集聚在一起形成的链式基本单元体，它在各种单元体之间起相互联结作用。

图 2-27　土结构中交织体的示意图

2.5.2　土的结构联结

土的结构联结主要是指基本单元体之间的联结。它是土的重要结构特征，也是决定土的性质的重要因素。它直接与土的强度和稳定性、土的物理力学性质相关，是土结构研究中的一个重要问题。应该指出，土结构的破裂面总是通过强度比较低的基本单元体之间较薄弱的联结部位。所以，决定天然土结构强度和工程性质的，主要是基本单元体之间的联结，而不是单元内部各土畴片之间的联结；因此基本单元体之间的联结是这一节要介绍的重点。

1. 接触联结

接触联结是基本单元体之间的直接接触，接触处基本上没有黏粒和无定形物质，接触点上的联结强度主要来源于外加压力所产生的有效接触应力。有效接触应力的减弱将使接触联结强度降低，甚至使结构失去稳定性。这种联结形式在湿陷性黄土、轻亚黏土和其他近代沉积土中较普遍地存在。

2. 毛细水联结

砂土或粉土在潮湿时，砂粒和粉粒间有毛细水弯液面存在，液面上存在表面张力，作用于液面与土粒表面，将土粒暂时联结在一起；但当砂土、粉土饱和或者干燥失水时，这种毛细水联结就消失了。

3. 胶结联结

胶结联结主要指基本单元体之间存在许多胶结物质，把基本单元体互相胶结联结在一起，通常这种联结都是在较长的地质年代中逐渐形成的，胶结力较强。这些胶结物质有由水溶液中析出的某些水溶盐类，如氯盐、硫酸盐等；有游离氧化物，如氧化铁、氧化铝、二氧化硅等。另外，还有有机质等物质将土粒胶结起来；也有由于上覆土层压力的长期作用，使土粒间接触处产生再结晶作用，使土粒联结在一起而形成的胶结联结。

4. 结合水联结

基本单元体表面的不平衡力把水分子牢牢地吸附在单元体的表面，当两个基本单元体在外部压力作用下靠得很近时,单元体通过吸附水膜间接接触。这种接触联结也产生一定的黏着特性,并且有一定的内聚力。这种联结力的强弱取决于结合水的薄厚。当土中的含水率较低时,结合水膜变薄,如前所述,土具有较强的联结强度。当土中结合水因蒸发作用逐渐减少时,扩散层水膜变薄,溶液中电解质浓度增大,产生干燥凝聚现象,土粒间形成胶结联结,联结力显著增加。这时所形成的内聚力常称为固化内聚力。

5. 冰联结

这种基本单元体之间的联结是冻土的一种暂时性联结,融化后就会失去这种联结。

6. 链条联结

基本单元体之间由联结体联结。相对其他结构的联结形式,这种联结的强度是不高的,特别是由黏土畴构成的长链,强度更低。它是土结构发生塑性和流变的重要原因。

2.5.3　土的基本单元的排列与孔隙

土的基本单元的排列是指基本单元体之间排列与组合的方式及孔隙的大小与分布。一般孔隙比或孔隙率能够反映基本单元排列的松紧程度,它是组构的一阶近似表示。土的基本单元体的排列方式直接影响土中孔隙的大小、孔隙的类型和数量的多少。而孔隙的大小与数量对孔隙水的渗透有直接的影响;对土的刚度与强度也有影响,孔隙比大的土其抗剪刚度就小,孔隙比大也意味着土颗粒之间的接触面积小,因而抗剪强度也会降低。下面分别讨论土的排列。

1. 单粒排列

砾粒、砂粒、粉粒,由于颗粒较大,比表面积小,土粒自重远大于粒间相互作用力;所以粒间联结很微弱,形成单粒结构。这种结构是土粒在重力作用下堆积而成的。砾粒没有联结力。砂粒和粉粒湿时有微弱的联结,在干时或完全浸于水中时则没有联结。这种粗粒土的排列有松散和紧密两种方式,见图 2-28。

松散排列是指颗粒与颗粒相互接触,孔隙比较大,这种孔隙从力学角度分析是

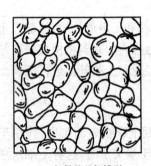

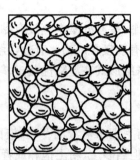

（a）松散的单粒排列　　　　　（b）紧密的单粒排列

图 2-28　粗粒土的排列

不稳定的,使土处于松散状态。在一定强度的动、静应力作用下,这种松散排列就会失去稳定,颗粒将重新排列,周围颗粒将落入孔隙内,土结构将产生不可恢复的突然变形。这种孔隙称为架空孔隙。土粒为棱角状或片状,并且表面粗糙,则易于形成松散排列。土粒表面愈光滑,则愈不易保持"松散排列",而易形成"紧密排列"。因而单粒排列的易变性,与土的粒度成分、颗粒形状、矿物成分、粒间联结、土中含水情况有关。

2. 片状结构排列

片状结构排列的特征是一些片状体以一定的方向排列成实体式基质结构,偶然有少数粒状体并不互相接触,埋入在片状基质之中。这种结构体系的性质主要取决于片状基质的性质。片状结构的排列,可以根据孔隙比来判断其紧密程度。孔隙比大于 1.0 的黏土称为"松散排列黏土",孔隙比小于 0.7 的黏土称为"紧密排列黏土",孔隙比为 0.7~1.0 的黏土称为"中密排列黏土"。一般情况下,呈紧密排列的黏土中基本单元体或结构单元基本上以镶嵌接触方式为主,而呈松散排列的土中基本单元体基本上以架空的接触或远凝聚型的接触方式为主要类型。

土的排列方式即排列的方向性对土的工程性质具有重要影响。土的排列是有向的还是无向的,是垂直定向的还是水平定向的,对土的工程性质的方向性有很大影响。土中排列的定向性可以根据基本单元薄片或颗粒长轴对设定的直角坐标轴的夹角来描述,如图 2-29 所示。颗粒的定向可用该颗粒的长轴与某一轴的夹角 θ 表示,它是土的结构的重要指标。

3. 孔隙的大小与分布

孔隙的大小与分布是土的结构的重要指标之一。用于研究孔隙的大小与分布的试验

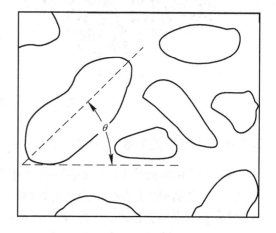

图 2-29　薄片中颗粒的定向特征

手段包括筛分法、密度计法、压汞法、扫描电镜、核磁共振等。用颗粒的级配曲线可以间接地分析孔隙的分布;通过确定三相基本物理指标(后面将讲述)可确定孔隙比。

孔隙的大小、分布与基本单元体类型及其排列方式密不可分。通过前文可知,对于含有黏土矿物成分的土而言,单一或多种形式的基本单元体能够结合为集聚体。基于此,Collins 和 McGown(1974)建议依据孔隙所具有的尺度将土体内的孔隙分为 4 类,即基本单元内孔隙、集聚体内孔隙、集聚体间孔隙和裂隙。对于给定土而言,依照其孔隙尺寸从小到大的排序为:单元体内孔隙、集聚体内孔隙、集聚体间孔隙和裂隙。例如,就含有蒙脱石黏土矿物的击实膨胀土而言,基本单元内孔隙指黏土片层间的孔隙。黏土片层间的孔隙大小与相邻黏土片层间水分子层数相关。集聚体内的孔隙指黏土基本颗粒的孔隙,其与集聚体间孔隙大小的分界线为 10^{-1} μm 数量级。当孔隙的分布较为均匀,即没有哪一种孔隙的尺寸占优,或仅有一种孔隙的尺寸占优时,如图 2-30(a)所示,通常把土的这种结构称为土的单峰结构。当含有黏土矿物成分的土处于击实曲线最优点较干一侧时,土的集聚体之间的孔隙与较湿一侧土的孔隙相比,其集聚体之间的孔隙占优,即占据了较大的孔隙空间;而集聚体内或单元体内的孔隙也存在某一微小孔隙尺寸占优时,如图 2-30(b)所示,这种土的结构的孔隙大小分布曲线通常表现为孔隙的双峰值,即双峰值分别对应单元集聚体内微小孔隙的峰值和集聚体之间的相对较大孔隙的峰值。通常把土体的这种结构称为双峰结构。

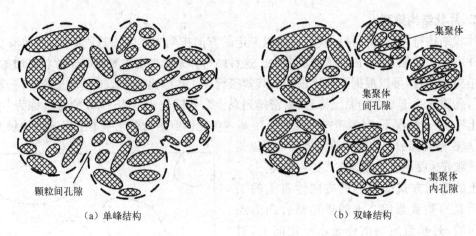

（a）单峰结构　　　　　　　　　　（b）双峰结构

图 2-30　土的双孔结构示意图

2.5.4　土结构的分析与分类

现实中土的结构是非常复杂的，一种土中并不存在一种典型或几种典型的基本结构类型，而往往是以几种基本结构类型的过渡形式存在。例如，很多黏土中粒状体和片状体共存，形成介于两者之间的复杂结构体系。因此，在分类时不仅要从形态学上区别它们的特征，而且还应当从结构体系的力学和物理特征上进行鉴别，才能正确反映它们的工程性质。土的结构分析与定名应能反映土的主要工程性质，这要从 3 个方面入手：①基本单元的分析与定名；②结构联结的性质与定名；③基本单元的排列方式与定名。然后再综合这 3 个方面，进行判断与分类定名。

例如，对基本单元进行分析与定名时，首先应区别是粒状结构体系还是片状结构体系或是粒状与片状共存结构体系。对于粒状结构体系，应区别是粒状还是凝块，这种区别在一定程度上能够反映结构骨架的刚度。对于片状结构体系，要区别是叠聚体还是絮状体，如果是叠聚体，还要反映是平片叠聚还是曲片叠聚，这种区别能够反映这种结构的胀缩性。对于絮状体，还应区别"致密絮"还是"开放絮"，这能反映土的压缩性。另外对粒状与片状共存结构也可用"粒状、片状基质"或"黏粉基质"等分别称谓。

对结构联结的性质进行分析与定名时，首先应区别是粒状体的联结还是片状体的联结。如果是粒状结构体系，则应区别是接触联结还是胶结联结；如果是胶结联结就要区别是"黏质"的、"钙质"的、"铁质"的或"硅质"的，以表示联结的性质。对于片状体，则应区别是吸附水膜联结还是无定形物质联结，这对判别黏土的胀缩性具有一定意义。对海相软黏土，还应区别是"长链"还是"短链"，以便判断长期变形性质。

对基本单元体的排列方式进行分析与定名时，若为粒状体，则应区别是架空排列还是镶嵌排列。这种定名在一定程度上能反映结构排列的紧密程度。对片状结构应以"密集"排列还是"开放"排列来定名，同时还应注意其排列方式是"定向"还是"无向"，是"垂直定向"还是"水平定向"，这种命名有助于表达结构胀缩的方向。

关于土的结构类型提出了很多模型,根据不同的成因、不同物质组成、不同联结和骨架特征给出了以下一些典型基本结构类型,如骨架状结构、絮凝状结构、团聚状结构、团粒状结构、叠片状结构、凝块状结构、蜂窝状结构、海绵状结构、磁畴状结构及基质状结构等类型。下面对一些经常遇到的结构类型加以介绍。

骨架状结构主要以粉粒为骨架,构成松散而均匀的较大孔隙的结构类型,黏粒呈不均匀地分布在其中,有时黏粒呈薄膜状或者局部覆盖在单粒表面,有时则位于粉粒的接触点上起着联结作用,如图 2 - 31(a)所示。这种结构类型联结力较弱,在外界环境变化时,原始结构极易发生改变。

絮凝状结构是以黏粒为主的絮凝体集粒为基本单元体,有少量的粗颗粒分布于土中,集粒内黏土矿物多呈边与面、边与边和少量面与面的联结方式,孔隙具有较好的连通性,黏土矿物的定向性较差;因而土的工程性质较均匀,图 2 - 31(b)所示。絮状结构,可以根据孔隙的大小和多少将其进一步划分为紧密的絮凝状结构和松散的絮凝状结构。

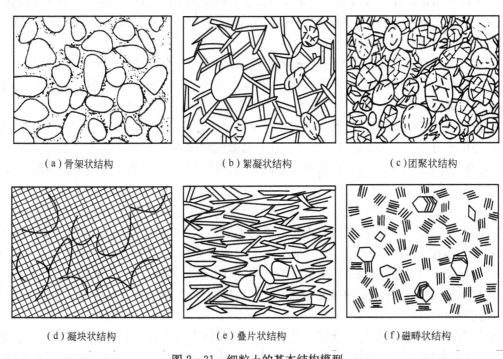

（a）骨架状结构　　　　　　　　（b）絮凝状结构　　　　　　　　（c）团聚状结构

（d）凝块状结构　　　　　　　　（e）叠片状结构　　　　　　　　（f）磁畴状结构

图 2 - 31　细粒土的基本结构模型

蜂窝状结构是在连续沉积作用下堆积而成的,黏土矿物片大多以边与面彼此排列,形成类似蜂窝状的链状体。从断面上看小孔密集,貌似蜂窝。该结构中,黏土矿物主要为伊利石、蒙脱石,结构疏松,孔隙率较大,含水率常常超过液限。因此,具有这种结构的土,灵敏度高,强度低,压缩性高,工程力学性质和物理性质无各向异性。

　　海绵状结构与蜂窝状结构类似,主要是由黏土矿物片以面与边排列的方式存在的,它们构成类似海绵的一种连续、细而多孔的网状结构。它们形成的单个孔隙比蜂窝状结构的要小。这种结构疏松,工程力学性质和物理性质无各向异性。

　　团聚状结构是以团聚状集粒体(基本单元)靠颗粒间联结力和起胶结作用的黏土质及游离氧化物把单粒和集粒聚合在一起。可按其结构单元体的排列紧密程度进行进一步分类,如图2-31(c)所示。一般来说这种结构土的强度不高,分散性较大。

　　凝块状结构是前述外包颗粒基本单元体互相联结而组成的,如图2-31(d)所示。每个基本单元体之间的联结力主要为游离物质、黏土质、结合水和化学联结力。此凝块体(基本单元体)具有一定的抗变形能力,所以土的工程性质较好。此凝块状结构按外包胶结物类型可分为黏土质或铁质、铝质胶结凝块状结构。

　　叠片状结构是黏土矿物以面与面的方式或面与边的方式排列,如图2-31(e)所示。孔隙常沿黏土片的长轴方向呈延长状,有的呈裂隙状或楔状。由于集粒的高度定向性,导致土的各向异性。

　　基质状结构是以连续分布的无定向性的黏土矿物片为主体,其中含有一些分布不规则、互不接触的粉粒和砂粒。黏土矿物片以面与面、边与面、边与边三种方式排列,孔隙分布均匀,无定向性,土的工程性质无各向异性。

　　大量的研究和工程实践使人们认识到:土的结构(不论何种尺度的结构)本质上是不均匀的、各向异性的。通常采用某一表征单元,对其按均匀化、平均化的方法进行定量描述,但平均化后的土所拥有的微观结构特征都将被抹去,由此会产生很大的不确定性。

　　到目前为止,前述关于土的微观结构的讨论都是定性的,而如何对土的微观结构进行定量分析是当前土力学一个重要的研究方向。对土的微观结构进行定量分析,除了已有的认识以外,还需要有相应的分析工具。目前已经有许多仪器可以对土的微观组构进行观测和测量,并可借助一些软件对这些观测结果进行定量分析或定量描述。另外,借助于离散元也可以对土的结构进行初步的定量分析和描述。但对于土的结构除了组构以外等诸方面(例如颗粒之间的相互联结和相互作用等)的定量分析和描述还不够深入,仅能做宏观、初步的描述。由于不同土颗粒的形状、大小是不同的,它是难以逐个观测和描述的;土的孔隙也具有同样的问题。此外,不同土颗粒的联结和相互作用也是不同的,它们同样是难以逐个测量和定量描述的。为克服这种困难,通常转向宏观的描述,内变量、宏观扰动量、结构损伤量等就是表征微观结构的宏观描述的例子。

　　土结构的微观、细观研究与土的宏观力学特性相结合或土性分析、土质学与土力学在更深、更细层次上的结合,已经使工程界和研究人员认识到,土不再是一种简单的宏观地质体,它是一个具有复杂力学、物理、化学性质的结构体。在研究和工程实践中要充分考虑土的结构这一特点。

2.5.5　土体结构

　　土体结构是土层被节理、裂隙等切割后形成的土块在土体内排列、组合方式。土体是经过搬运、堆积而形成的,沉积过程中土体内产生了特定的结构,称为土体原生结构。土体原生结构形成以后,又在内外动力及环境作用下,发生了进一步的变化,主要表现为节理、裂隙等不连续面对土体的切割,破坏了土体的完整性,形成了各具特色的土体次生结构。土的结构可做如下划分:

$$
\text{土体结构}\begin{cases}
\text{土体原生结构}\begin{cases}
\text{流水形成的层理}\\
\text{风积形成的均质结构}\\
\text{残积、洪积、冰积等形成的土体无序结构}
\end{cases}\\
\text{土体次生结构}
\end{cases}
$$

流水形成的层理,由于水流作用类型的不同,其层理具有不同的结构特征,例如,由河流冲积形成的土体,土体不论在纵剖面还是横剖面都不稳定,相变较大;由海、湖堆积作用形成的层理比较稳定;由冰水作用形成的层理也比较稳定。

风积形成的均匀结构,其结构特点是层理不显著,宏观上质地均匀。

残积、洪积、冰积等形成的土体具有无序状结构,它的特点是粗、细粒混杂在一起,极不均匀,这一特点导致了土体物理力学性质也不均匀,评价这种土体的力学性质时要考虑尺寸效应。总体来说,土体的原生结构可以用堆积相来描述。

土体次生结构是土体形成以后经地质和环境作用变化形成的。形成土体次生结构的主要因素有两种:①地质构造作用;②土体中含水率的变化引起的收缩作用。

地质构造作用经常在土体内形成断层、地层倾斜、褶皱节理等,尤其是节理,它常常控制着土体的稳定性。我国西北地区的一些边坡和路堑,就经常有这种由节理控制的边坡破坏现象。由于土体中存在大量的节理,水沿节理面渗入,冲刷节理面两侧的土,极易形成冲沟。冲沟与节理面一起破坏土体的完整性,形成割裂状结构,影响建筑结构的稳定与安全。

黏性土因其物质组成的不均匀,随着含水率的减少,土体干燥后出现各种裂隙,破坏了土体的完整性,导致土体强度降低、透水性增强,造成土体工程地质性质的各向异性,对土体的稳定性有极大的影响。此外,人类活动也能改变土体的结构。同时土体的次生结构不是一成不变的,它要受土体的赋存环境的影响,特别是水的作用的影响。

在 2.5 节中对土的微观结构和土体结构做了概括性的介绍,对土的微观结构(土的结构)的研究目前还处于初期阶段,其标志是对结构模式的研究还处于定性研究阶段,这种研究无疑加深了对土性的深入理解,对土为什么具有各种不同表现的内在本质和原因得到了深入的认识和理解,推动了土力学向深层次发展。但土的结构对土的性质影响的定量描述和土的结构形式的定量描述,还没有好的模型和方法,有待深入地研究。

2.6　土的连续化与平均化理论

土是一种疏松和联结力很弱的矿物颗粒的堆积物,地壳表面的整体岩石在大气中经受长期的风化作用而破碎后,形成形状不同、大小不一的颗粒。土作为这些碎散颗粒的集合体,由固体土颗粒组成其固相土骨架,固相骨架之间是孔隙,孔隙由液体和气体这两种流体填充,是一种典型的三相多孔介质。

所谓多孔介质,即多相孔隙介质的简称,指的是由固相组成固体骨架,遍布整个多孔介质空间,骨架间存在各种连通或封闭的孔隙,这些孔隙中可能包含液相或气相等其他物质的多相系。显然多孔介质是典型的混合物,组成混合物的单一物质称为混合物的"相",而"相"则由不同"组分"构成。"相"是具有相同的物理化学性质且与被明确界限包围的一个系统或系统内部的一个部分。一般系统中所有气体都视为一个相,称为气相,因为气体几乎都是可以互相混合的,不同气体没有直接明确的物理界限,比如空气;而液体则可能有多个相,因为液体之间可以互不相溶,使得不同液体之间有明确的分界面。除了相的概念外,还需要明确的另一个概念是"组分",它是指在相中具有单一化学物质的各个成分。比如作为气相的空气,其内部包含有氧气、氮气等很多不同的组分。

与连续介质不同,土中的土骨架、孔隙液体和孔隙气体其各自的运动通常是不同的,并且它们之间存在相互作用。虽然我们希望能够得到土中流体的流动以及土骨架中每一点具体、详细运动的描述,但事实上这是不可能的。因为通常不可能详细地知道每一孔隙的具体几何形状和尺寸,且这种几何形状和尺寸是随空间的位置而变化的,也不可能具体地描述它们的变化情况。另外土有着极不规则的内部结构,孔隙结构的几何尺寸非常复杂,此时连续介质的经典理论不能直接拿来使用,使得对多孔介质的描述变得非常困难。为了将连续介质力学方法应用到多孔介质中,需要将这种微观上不均匀的孔隙介质用一种宏观上均匀的连续介质来进行替代,且这种替代应具有宏观的等价性,即两种介质应具有同样的宏观表现和行为。替换后的这种宏观上均匀的连续介质就可以用连续介质力学或连续介质热力学方法进行分析和研究(赵成刚、韦昌富、蔡国庆,2011)。这一替换过程需要借助于平均化理论,它是微观尺度与宏观尺度建立联系的重要桥梁,这一方法的一个关键在于表征体元的选择,接下来就将对这一方法进行简单的介绍(赵成刚、刘艳,2009;刘艳、赵成刚、蔡国庆,2016)。

2.6.1 表征体元

1. 表征体元的定义

在多孔介质的理论中,为了定量描述这种多相孔隙介质的土,需要在这一介质中选择一个体积单元,利用该单元的微观平均值作为宏观值来对系统进行描述。显然不同体积单元的选择就会得到不同的平均值,这取决于所要描述问题,而且用于衡量其平均值的尺度也与所选择的体积单元相关。为了避免选择的任意性,需要有一个统一的标准,使得所选择的体积单元可以代表任意多孔介质的重要特征,且这些特征值的平均值在一定范围内可以保持为常数。满足这个条件的体积单元,就是表征体元(representative element volume, REV),(Zhao 等,2016;Bear&Bachmat,1990)。

选择表征体元是将微观尺度转换到宏观尺度进行描述的首要步骤,图 2-32 是一个三相多孔介质的表征体元示意图,通常 REV 需要满足以下条件:

（1）在宏观尺度上应足够小，也就是说在整个宏观场中，它应该作为一空间点处理，这样做的目的是使表征体元受力状态以及材料性质和参数简单、明确、易于处理，否则表征体元就会成为复杂的结构体；

（2）在微观尺度上应足够大，以便于包含足够多的固体颗粒和孔隙进行统计平均，如图 2-32 所示的 REV，在微观尺度上包含了三相系统的所有信息，由此才能得到有意义的热动力学的性质和参数。

这种处理方法相当于在土体任意空间点及其附近取出一个表征体元，表征体元的质心或形心即为该点，对表征体元内离散的物质的某一物理量进行平均和均匀化后，就可以得到该点相应的连续的物理量。该点的这种物理量实际上是描述该点附近区域（该点表征体元）内离散的物质的这种物理量的平均值。但数学描述中，所选择的土体中的空间点则视为连续的多孔介质中的点。

2. 表征体元的特征尺寸

表征体元的特征尺寸不应随空间而变化，即使其特征尺寸有微小的变化，但其平均化后的材料性质和参数也应为常量，而不应随其特征尺度的变化而变化。表征体元的特征尺寸 l 必须满足以下条件

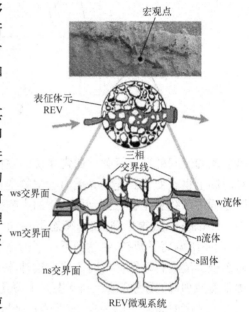

图 2-32　三相多孔介质的表征体元
示意图（Miller 和 Gray，2005）

$$l_{\min} < l < l_{\max},　　　　　　(2-7)$$

满足式（2-7）区间内，微观特征量（如密度、孔隙率等）的平均值可近似认为保持不变。如图 2-33 所示，当特征尺寸 $l < l_{\min}$ 时，材料受到微观结构起伏影响，特征值会出现明显振荡；而当特征尺寸 $l > l_{\max}$ 时，由于受到材料的宏观非均匀性的影响，特征值明显受到特征尺寸的影响。只有当特征尺寸满足式（2-7）的要求时，材料的特征值才会近似保持不变，其宏观行为可以用连续介质的方法来进行描述。

在多孔介质宏观系统中的表征体元，就犹如连续介质中的一个质点。从微观角度来看，连续介质中每一个点，其实也是一个非常小的时空系统，它包含了大量的微观尺度的物质。质点的宏观性质及其特征值应不会受到微观尺度的物质多少的变化而出现波动，因此满足式（2-7）表征体元的宏观特征值也认为不会受到 REV 尺寸的影响而出现波动，这可以从图 2-33 观察得到。

3. 表征体元的特征时间

除了满足空间上的限制外，表征体元的特征尺度还应满足时间上的限制，即其特征值应该

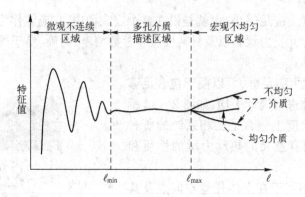

图 2-33　表征体元的描述尺度

是空间和时间的单值函数。通常系统的整体是可以变化的,不仅在空间上有梯度的变化,而且在时间上也有变化。连续介质力学中的变量或方程通常针对某个特殊平衡态而建立,但是实际过程中系统总是会受到外界环境的影响而偏离平衡态。此时在系统内部的特征值可能并不唯一。以一根热棒为例,在平衡态可用同一值来表征整个系统的温度,但如果对热棒一端加热,使系统偏离平衡态,在达到下一平衡之前,热棒内部随着时间的变化其温度是不同的,如何对系统温度进行表征? 此时需要对这种非平衡系统进行处理,比如利用准静态过程或采用局部平衡原理,假设表征体元的状态是由微元体内相同的热动力学性能所决定的,就好像表征元在某一瞬时是均匀的一样,需要通过弛豫时间(relaxation time)来选择表征体元在非平衡态时的特征值。

　　处于平衡态的系统受到外界瞬时扰动后,经一定时间必能回复到原来的平衡态,系统所经历的这一段时间即弛豫时间,以 τ 表示。实际上弛豫时间就是系统调整自己随环境变化所需的时间。利用弛豫时间可把准静态过程中其状态变化"足够缓慢"这一条件解释得更清楚。假想在某个时刻 t,把每个表征体元和周围的环境隔离,那么在 t 时刻处于非平衡状态的表征体元,在经过 δt 时间间隔后会达到新的平衡状态。于是在 $t+\delta t$ 时刻就可以按照平衡态热力学的方法定义微元体内的一切热力学量,例如温度、熵等。如果 δt 和整个系统宏观变化的弛豫时间 τ 相比要小得多,即 $\delta t/\tau \ll 1$,那么可以假设任一微元体内在 t 时刻的热力学变量可用其在 $t+\delta t$ 时刻达到平衡时的热力学变量来近似。这样的过程即可认为是准静态过程,它们可按经典热力学进行分析、处理。在这些条件下定义的热力学变量之间仍然满足经典平衡热力学的关系。

　　弛豫时间的长短与系统的大小有关,大系统达到平衡态所需时间长,故弛豫时间长。弛豫时间也与达到平衡的种类(力学的、热学的还是化学的平衡)有关。弛豫时间的长短,与环境条件改变的大小以及哪种性质的条件改变有关,还与系统本身的性质有关。一般外界条件改变越小,经历的弛豫时间也越短。

4. 表征体元的三个基本特征

　　表征体元是对土体空间中某一局部点的宏观性质的定量描述,它应该具有以下三个基本特征。

（1）典型性。表征体元要代表土体中的某些区域，并与这些区域具有相同的性质或行为。否则就不具有典型性和代表性。并且这种性质和行为不能受系统边界条件的控制，这种受边界条件控制的情况可以导致系统内部与边界不平衡或不均匀、不一致，进而丧失其为表征体元的典型性和代表性。

（2）简单性。表征体元要具有简单性，即其变量或材料性质要简单，便于描述。要达到简单性要求，表征体元在宏观上要足够小；把被考虑空间的复杂的土体系统不断细分，使其尺寸减小到这样的程度，即其内部应力和性质足够简单；这样就形成了该物质的表征体元。这种不断细分的目的是使细分后的表征体元的受力情况和其力学性质以及本构关系要足够简单和便于定量描述，这是连续介质力学对应力状态变量应该尽可能简单的要求。否则表征体元就成为一个复杂的结构体，这就难以对其性质进行有效的定量描述。另外，如果应力状态变量过于复杂（例如包含很多变量），其应力和应力路径在试验中难以有效地控制，它们的响应也很难确定是由何种变量所引起的。

（3）连续和均匀性。表征体元的宏观变量和由此建立的方程是统计平均的结果，它必须连续并保持均匀和一致，这隐含着表征体元此时必须是平衡的。在微观上，表征体元要足够大，它需要包括数量足够多的微观物质，以便于使统计平均具有意义。很明显，平均化后的材料所拥有的微观结构特征和局部效应都将被抹去，由此导致小于此尺度的结构特征都将失去，并具有宏观的均匀性、连续性和等效性。例如，土样的直径至少要大于其中最大土颗粒粒径或孔隙直径的 5 倍以上，保证表征体元内个别颗粒或孔隙的增多或减少对其宏观性质、宏观变量和相应参数的影响可以忽略不计，否则难以保证其唯一性和均匀、一致性。但这些宏观量不能描述土的颗粒或孔隙尺度的微观现象和行为。

通常表征体元内的宏观量应该是一均匀的量，否则就不是一个简单的并达到平衡状态的表征体元的宏观量，而是一个复杂的不均匀、不平衡的结构体元。这样就不满足表征体元的简单性要求，需要进一步细分。例如，三轴仪中的土样就是一个典型的表征体元，它要求能够代表周围土的性质，并且土样中任意点的应力和应变在试验初始阶段或变形稳定后应该保持均匀、稳定，否则就没有到达稳定的平衡状态，这时其宏观变量就失去了应有的含义。

2.6.2　多孔介质表征体元的平均化

通过选择合适的表征体元，再经过平均化处理，可将土这样一个多孔介质等价为一种连续介质，转向宏观水平，利用连续均匀化方法，即连续介质方法来对其进行分析（Bear 和 Bachmat，1990）。表征体元（REV）内微观任一点的位置矢量用 r 表示，如图 2 - 34 所示。假设在表

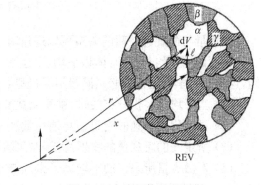

图 2 - 34　表征体元 REV

征体元内,孔隙按统计平均分布,其分布特征可以用相分布函数表示,α 相的分布函数定义为

$$\gamma_\alpha = \gamma_\alpha(r,t) = \begin{cases} 1 & (r \in dV_\alpha, \alpha \neq \beta), \\ 0 & (r \in dV_\beta, \alpha \neq \beta). \end{cases} \tag{2-8}$$

式(2-8)中,r 表示宏观坐标系中表征体元内任意点的位置矢量,在给定坐标系中,可以表示为 $r = x + \ell$;其中,x 代表表征体元质心位置,表示在宏观整体坐标系中的坐标;ℓ 是体元内任意点相对于质心的位置矢量,代表表征体元内的微观坐标。

根据分布函数,在表征体元中 α 相的体积 V_α 就可以表示为

$$V_\alpha(r,t) = \int_V \gamma_\alpha(r,t) d\Omega 。 \tag{2-9}$$

表征体元内 α 相的面积 A_α 则可以表示为

$$A_\alpha(r,t) = \int_A \gamma_\alpha(r,t) d\Gamma 。 \tag{2-10}$$

式(2-9)和式(2-10)中,V 是表征体元的体积,A 是表征体元的边界面面积,$d\Omega$ 表示无穷小体积单元,$d\Gamma$ 表示无穷小面积单元。

表征体元内 α 相的体积与表征体元体积之比,代表 α 相的体积分数,可以表示为

$$n^\alpha(x,t) = \frac{V_\alpha}{V} = \frac{1}{V} \int_V \gamma_\alpha(r,t) d\Omega , \tag{2-11}$$

显然 $0 \leqslant n^\alpha \leqslant 1$,对于饱和多孔介质,体积分数就满足关系:$\sum_\alpha n^\alpha = 1$。

类似地,可以定义表征体元内 α 相的面积分数,即 α 相的面积与表征体元面积的比值

$$\tilde{n}^\alpha(x,t) = \frac{A_\alpha}{A} = \frac{1}{A} \int_A \gamma_\alpha(r,t) d\Gamma , \tag{2-12}$$

显然 $0 \leqslant \tilde{n}^\alpha \leqslant 1$,对于饱和多孔介质,体积分数就满足关系:$\sum_\alpha \tilde{n}^\alpha = 1$。

REV 内的任何微观量 f 都与 REV 的坐标系和位置有关,即:$f = f(x,r,t)$。该函数的积分有如下关系

$$\int_{V_\alpha} f d\Omega = \int_V f \gamma_\alpha d\Omega 。 \tag{2-13}$$

宏观量与微观量之间的关系可以通过对微观坐标 r 平均来得到,一般平均化方法中,主要有三种不同的平均化算子:体积平均、质量平均和面积平均。不论是哪种平均,在平均化的时候,这些热力学量通常都必须满足以下准则:

(1)当平均化与积分有关时,被积函数和积分微元的乘积必须具有可加性;

(2)平均化后得到的宏观量必须和微观量的总和相等;

(3)所定义的宏观量的物理意义和经典连续介质力学中的物理量必须保持一致;

(4)对微观量所采用的平均算子必须与现场实际所观测的结果一致,比如速度在实际测定时通常都是质量平均值,因此对微观量进行平均化时也应采用质量平均化,才能得到合理的

宏观速度项。

对于体积平均通常可以定义以下两种平均化方法。

体积平均算子(volume average)

$$\overset{V}{\overline{f^{\alpha}}}(x,t)=\frac{1}{V}\int\limits_{V}f(r,t)\gamma_a(r,t)\mathrm{d}\Omega。 \tag{2-14}$$

本征体积平均算子(intrinsic volume average)

$$\overset{V}{\overline{f_a}}(x,t)=\frac{1}{V_a}\int\limits_{V}f(r,t)\gamma_a(r,t)\mathrm{d}\Omega。 \tag{2-15}$$

根据体积分数定义有如下关系：$\overline{f^{\alpha}}(x,t)=n^{\alpha}\ \overline{f_a}(x,t)$。密度就属于一个体积平均量，我们通常定义的体积密度 ρ^{α}(partial density)属于第一种体积平均量，而真实密度(true density)ρ_a 属于第二种体积平均量。所以它们之间的关系可以表示为

$$\rho^{\alpha}=n^{\alpha}\rho_a。 \tag{2-16}$$

质量平均化算子可以定义为

$$\overset{m}{\overline{f^{\alpha}}}(x,t)=\frac{\displaystyle\int\limits_{V}\rho(r,t)f(r,t)\gamma_a(r,t)\mathrm{d}\Omega}{\displaystyle\int\limits_{V}\rho(r,t)\gamma_a(r,t)\mathrm{d}\Omega}。 \tag{2-17}$$

面积平均化算子可以定义为

$$\overset{A}{\overline{f^{\alpha}}}(x,t)=\frac{1}{A}\int\limits_{A}f(r,t)\cdot\mathbf{n}\gamma_a(r,t)\mathrm{d}\Gamma。 \tag{2-18}$$

在实际应用的时候必须注意区分，应力矢量、热通量和熵通量等都是面积平均量，而速度、外力、内能、外部热补给、内熵、外熵补给等都是质量平均量。也就是说，应该注意几何的体积平均和质量平均的区别。

在宏观尺度上，由平均化得到的多相孔隙介质可以被定义为：它由 α 相组成，同时为了数学处理方便，假定每一相都包含有 j 个组分(如果某一组分在某一相中不存在，则可令这一组分在该相中的浓度为零)，并且认为它是 $\alpha\times j$ 个组分相互重叠，共同占据连续多孔介质空间的每一点。因此在这一连续空间的每一点上都可用上述介绍的算子来表征经平均化后土的力学的性质参数。

目前一些研究者在讨论土力学中有效应力时，没有区分宏观的有效应力与下一微观尺度中颗粒之间接触应力的尺度不同，而进行论述，缺少平均化这一步，导致其结论具有片面性和缺陷。

2.7　土的物理性质指标

如 2.3.1 节所述，在土的三相组成中，固体颗粒的性质直接影响土的工程性质。但是，同一种土，它的三相在量上的比例关系也是影响土性的重要因素。例如，粗颗粒土，密实时强度

高,松散时强度则低;而细颗粒土,含水少时硬,含水多时则软。土的三相在体积或重量上的比例大小通常称为土的三相物理性质指标。土的物理性质指标有多个,它们可以从不同的侧面反映土的性质,本节将介绍这些指标的含义及相关的计算。

2.7.1 土的三相草图

　　天然的土样,其三相的分布具有随机性,是分散的。为了在理论研究中使问题形象化,以获得更清楚的概念,可以人为地把土的三相分别集中,用三相草图来抽象地表示其构成,如图2-35所示。三相草图中左侧符号表示三相组成的质量;右侧符号表示三相组成的体积。假如忽略不计气体的质量,土样的总质量可表示为

$$m = m_s + m_w。 \qquad (2-19)$$

式中,m_s 为土样中固体颗粒的质量,m_w 为土样中液相即水的质量。

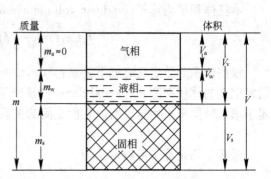

图 2-35 土的三相草图

　　土样的总体积可表示为

$$V = V_s + V_v = V_s + V_a + V_w。 \qquad (2-20)$$

式中,V 为土样的总体积;V_s 为土样中固体颗粒的体积;V_a 为土样中气体的体积;V_w 为土样中水的体积;V_v 为土样中孔隙的体积,它等于 V_a 与 V_w 之和。

　　由式(2-19)、式(2-20)和三相草图可知,在体积、质量这些量中,独立的量只有 V_s、V_w、V_a、m_s 和 m_w 5个。但由于水的重度 γ_w 是已知的,所以 $m_w = V_w \gamma_w$,即上述5个量中真正独立的仅有4个。此外,由于这些量的比例关系和土性有关而与所取土样多少无关;所以研究时一般习惯取一定量的土样来分析,如取 $V = 1$ cm³ 或 $V_s = 1$ cm³ 或 $m = 1$ kg 等,这样等于又取消了一个未知量。由此可见,对于一定数量的三相土体,只要知道相关体积和质量中的任何3个独立的量,其余的体积和质量均可通过三相草图求出。

2.7.2 三个实测物理性质指标

　　土的重度、含水率和土粒比重称为实测物理性质指标,因为它们可以在实验室内直接测定,其具体过程和方法详见《土工试验方法标准》(GB/T 50123—1999)。这3个指标也称为土的三相基本物理指标。

1. 重度 γ 和密度 ρ

重度定义为单位体积土的重量,表示为

$$\gamma = \frac{W}{V}。 \qquad (2-21)$$

式中,W——土的重量(kN);

V——土的体积(m^3)。

工程技术人员有时也称 γ 为天然重度或湿重度,因为 γ 反映了单位体积自然湿土样的重量。重度的国际单位为 kN/m^3。

在土力学的运算中,常常还会用到质量密度 ρ 的概念,其国际单位是 kg/m^3,有时也用 g/cm^3 或 kg/cm^3。可表示为

$$\rho=\frac{m}{V}=\frac{W}{gV}=\frac{\gamma}{g}。 \qquad (2-21\text{a})$$

式中,m——土样的总质量(kg);

g——重力加速度,取 $9.8\ \text{m/s}^2$。

由式($2-21\text{a}$)可以得出重度的计算公式为

$$\gamma=\rho g。 \qquad (2-21\text{b})$$

天然状态下土的 γ 和 ρ 的变化范围分别为($16\sim22$)kN/m^3 和($1.6\sim2.2$)g/cm^3。

2. 含水量（或含水率）w

含水量又被称为湿度,定义为土中水的质量与土固体颗粒质量的比值,常用百分数表示为

$$w=\frac{m_\text{w}}{m_\text{s}}\times100\%。 \qquad (2-22)$$

测量含水量的常用方法是烘箱烘干法。

3. 土粒比重 G_s

土粒比重定义为土中固体矿物颗粒的质量与同体积 4℃时的纯水质量的比值,表示为

$$G_\text{s}=\frac{m_\text{s}}{V_\text{s}\rho_\text{wl}}=\frac{\rho_\text{s}}{\rho_\text{wl}}。 \qquad (2-23)$$

式中,ρ_s——土粒密度,为土粒质量 m_s 和土粒体积 V_s 的比值(g/cm^3);

ρ_wl——纯水在 4℃时的密度,一般取 1g/cm^3。

土粒比重 G_s 常用比重瓶法测定。由试验测定的比重值代表整个试样内所有土粒比重的平均值。G_s 是一个无量纲的参数,此外,还可以定义土粒重度为 $\gamma_\text{s}=\rho_\text{s}g$,其数值大小取决于土粒的矿物成分,不同土的 G_s 常见平均值变化范围如表 2-7 所示。若土中含有有机质和泥炭,其比重会明显地降低。

表 2-7　土粒比重常见范围

土的名称	砂　土	粉　土	黏　性　土		有　机　质	泥　炭
			粉质黏土	黏　土		
土粒比重 G_s	$2.65\sim2.69$	$2.70\sim2.71$	$2.72\sim2.73$	$2.74\sim2.76$	$2.4\sim2.5$	$1.5\sim1.8$

2.7.3 换算的物理性质指标

1. 孔隙比 e

孔隙比定义为孔隙体积与土固体颗粒体积的比值,表示为

$$e = \frac{V_v}{V_s}。 \tag{2-24}$$

2. 孔隙率 n

孔隙率定义为孔隙体积与土总体积的比值,常用百分数表示为

$$n = \frac{V_v}{V} \times 100\%。 \tag{2-25}$$

由式(2-20)和式(2-24)可以推出孔隙比 e 和孔隙率 n 之间具有如下关系:

$$e = \frac{V_v}{V_s} = \frac{V_v}{V - V_v} = \frac{\frac{V_v}{V}}{1 - \frac{V_v}{V}} = \frac{n}{1-n}。 \tag{2-25a}$$

由式(2-25a)又可反推出

$$n = \frac{e}{1+e}。 \tag{2-25b}$$

3. 饱和度 S_r

饱和度定义为水的体积与孔隙体积的比值,常用百分数表示为

$$S_r = \frac{V_w}{V_v} \times 100\%。 \tag{2-26}$$

上述 e、n、S_r 均为无量纲指标。

4. 干密度 ρ_d 和干重度 γ_d

在土木工程的许多问题中,有时需要了解扣除水后单位体积的土的质量;因此有必要引入干密度的概念,表示为

$$\rho_d = \frac{m_s}{V}。 \tag{2-27}$$

土的干重度定义为单位体积土体扣除水后土粒重量,参考式(2-21b)得

$$\gamma_d = \rho_d g。 \tag{2-27a}$$

天然状态下土的 γ_d 和 ρ_d 变化范围分别为(13~20) kN/m³ 和(1.3~2.0) g/cm³。

5. 饱和密度 ρ_{sat} 和饱和重度 γ_{sat}

在土木工程的许多问题中,有时还需要了解孔隙中全部充满水时单位体积土的质量,因此有必要引入饱和密度的概念,表示为

$$\rho_{sat} = \frac{m_s + V_v \rho_w}{V}。 \tag{2-28}$$

土的饱和重度定义为土的孔隙完全充满水时单位体积土的重量,参考式(2-21b)得

$$\gamma_{sat} = \rho_{sat} g。 \tag{2-28a}$$

天然状态下土的 γ_{sat} 和 ρ_{sat} 的变化范围分别为 $(18\sim23)kN/m^3$ 和 $(1.8\sim2.3)g/cm^3$。

6. 浮重度 γ'

位于地下水位面以下的土，会受到浮力的作用，此时土中固体颗粒的重量再扣去固体颗粒排开水的重量（即扣去浮力）与土样的总体积之比，称为浮重度（有效重度），表示为

$$\gamma' = \gamma_{sat} - \gamma_w。 \tag{2-29}$$

γ' 的常见范围为 $(8\sim13)kN/m^3$。

2.7.4　用 3 个实测指标表示其余 6 个换算指标

推导各种指标之间内在关系式的过程称为指标换算。

假设通过试验已经确定了土的天然重度 γ、含水量 w 及土颗粒比重 G_s 这 3 个基本物理性质指标，也称实测指标。然后便可以利用三相草图求解其余 6 个物理性质指标：e、n、S_r、γ_d、γ_{sat}、γ'，也即用 γ、w、G_s 表示其余 6 个换算指标。

基本思路是：先求解三相草图上的全部质量和体积（用 γ、w、G_s 表示），再依据其余 6 个指标的定义求解其表达式。因为土样的性质与研究时所取土样的体积无关，所以可以假定 $V_s=1.0$，并认为水的重度 γ_w 是已知量。

（1）用已知指标表示草图上的质量和体积。

由 $G_s = \dfrac{m_s}{V_s \rho_{w1}}$，已知 $V_s=1.0$；所以

$$m_s = G_s \rho_{w1} = G_s \gamma_w / g。 \tag{2-30}$$

由 $w = \dfrac{m_w}{m_s} \times 100\%$，所以

$$m_w = w m_s = w G_s \gamma_w / g。 \tag{2-30a}$$

因为 $m_a \approx 0$，所以

$$m = m_w + m_s = (G_s \gamma_w + w G_s \gamma_w)/g = \dfrac{(1+w)}{g} G_s \gamma_w。 \tag{2-30b}$$

至此，三相草图左侧的质量全部用 3 个基本物理指标表示出来。

由 $\gamma = \dfrac{mg}{V}$ 及 $m = \dfrac{(1+w)G_s \gamma_w}{g}$，可以推出

$$V = \dfrac{mg}{\gamma} = \dfrac{(1+w)G_s \gamma_w}{\gamma}。 \tag{2-31}$$

同样，

$$V_w = \dfrac{m_w g}{\gamma_w} = \dfrac{w G_s \gamma_w}{\gamma_w} = w G_s。 \tag{2-31a}$$

所以，

$$V_a = V - V_s - V_w = \dfrac{(1+w)G_s \gamma_w}{\gamma} - 1 - w G_s， \tag{2-31b}$$

$$V_v = V_a + V_w = \dfrac{(1+w)G_s \gamma_w}{\gamma} - 1。 \tag{2-31c}$$

至此，三相草图右侧的体积已全部用 3 个基本物理指标表示出来。

(2) 根据 3 个基本物理指标表示的三相草图求其他 6 个换算指标。

$$e = \frac{V_v}{V_s} = \frac{\dfrac{(1+w)G_s\gamma_w}{\gamma} - 1}{1} = \frac{(1+w)G_s\gamma_w}{\gamma} - 1, \quad (2-32)$$

$$n = \frac{V_v}{V} = \frac{\dfrac{(1+w)G_s\gamma_w}{\gamma} - 1}{\dfrac{(1+w)G_s\gamma_w}{\gamma}} = 1 - \frac{1}{\dfrac{(1+w)G_s\gamma_w}{\gamma}} = 1 - \frac{\gamma}{(1+w)G_s\gamma_w}, \quad (2-33)$$

$$S_r = \frac{V_w}{V_v} = \frac{wG_s}{\dfrac{(1+w)G_s\gamma_w}{\gamma} - 1} = \frac{wG_s\gamma}{(1+w)G_s\gamma_w - \gamma}, \quad (2-34)$$

$$\gamma_{sat} = \frac{V_v\gamma_w + m_s g}{V} = \gamma_w - \frac{\gamma}{(1+w)G_s} + \frac{\gamma}{1+w}, \quad (2-35)$$

$$\gamma_d = \frac{m_s g}{V} = \frac{G_s\gamma_w}{\dfrac{(1+w)G_s\gamma_w}{\gamma}} = \frac{\gamma}{1+w}, \quad (2-35a)$$

$$\gamma' = \gamma_{sat} - \gamma_w = \gamma_w - \frac{\gamma}{(1+w)G_s} + \frac{\gamma}{1+w} - \gamma_w = \frac{\gamma}{1+w} - \frac{\gamma}{(1+w)G_s}. \quad (2-35b)$$

实际上,在土的 9 个常用物理性质指标中,只有 3 个是独立的。只要知道任意 3 个指标,都可以通过三相草图求出另外的 6 个。这反映出表示一种土的各种比例指标之间存在内在的必然的联系,它们从不同的侧面反映了土的性质。

2.7.5 几种常用指标之间关系式的推导

1. 对于三相湿土的推导

如图 2-36 所示,假设 $V_s = 1$,由重度和干重度的定义式(2-21)和式(2-27a)可得

$$\gamma = \frac{mg}{V} = \frac{(m_s + m_w)g}{V} = \frac{G_s\gamma_w + wG_s\gamma_w}{1+e} = \frac{(1+w)G_s\gamma_w}{1+e}, \quad (2-36)$$

$$\gamma_d = \frac{m_s g}{V} = \frac{G_s\gamma_w}{1+e}, \quad (2-37)$$

或

$$e = \frac{G_s\gamma_w}{\gamma_d} - 1. \quad (2-37a)$$

另外,根据式(2-26)对饱和度的定义可得

$$S_r = \frac{V_w}{V_v} = \frac{wG_s}{e} \text{ 或 } S_r e = wG_s. \quad (2-38)$$

在解决土三相体之间关系的问题中,式(2-38)是一个很有用的式子。

如图 2-37 所示,假设土样总体积 $V = 1$,则重度和干重度分别为

$$\gamma=\frac{mg}{V}=\frac{(m_s+m_w)g}{V}=G_s\gamma_w(1-n)(1+w), \tag{2-39}$$

$$\gamma_d=\frac{m_s g}{V}=G_s\gamma_w(1-n)。 \tag{2-40}$$

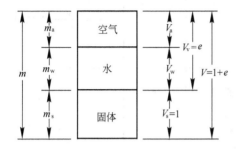

图 2-36　取 $V_s=1$ 的土的三相草图

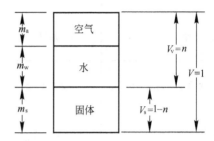

图 2-37　取 $V=1$ 的三相草图

2. 对于饱和两相土的推导

如图 2-36 所示，对于完全饱和的土样，其孔隙完全被水充满，即 $V_a=0$。如果假设 $V_s=1$，则单位体积的土重为饱和重度，可由式(2-41)表达并导出与其他指标的关系式，即

$$\gamma_{sat}=\frac{mg}{V}=\frac{(m_s+m_w)g}{V}=\frac{G_s\gamma_w+e\gamma_w}{1+e}=\frac{(G_s+e)\gamma_w}{1+e}。 \tag{2-41}$$

又因饱和土的 $S_r=1.0$，将其代入式(2-38)，可得

$$e=wG_s。 \tag{2-41a}$$

如图 2-37 所示，$V_a=0$。如果假设饱和土体的总体积 $V=1$，可得

$$\gamma_{sat}=\frac{mg}{V}=\frac{(m_s+m_w)g}{V}=\frac{(1-n)G_s\gamma_w+n\gamma_w}{1}=[(1-n)G_s+n]\gamma_w。 \tag{2-42}$$

饱和两相土的含水量可表示为

$$w=\frac{m_w}{m_s}=\frac{n\gamma_w}{(1-n)\gamma_w G_s}=\frac{n}{(1-n)G_s}。 \tag{2-43}$$

小结：以上共介绍了 $\gamma(\rho)$、w、G_s、e、n、S_r、$\gamma_d(\rho_d)$、$\gamma_{sat}(\rho_{sat})$、$\gamma'(\rho')$ 共 9 个物理性质指标。利用三相草图求解土的物理性质指标的方法有如下两种。

(1) 假设 $V_s=1$ 或 $V=1$，根据已知指标的大小及其定义式，将三相草图左侧的质量和右侧的体积全部求解，再根据未知指标的定义式求解未知指标。这种方法也适用于已知量是土样的具体质量或体积，求其物理指标的题目。

(2) 根据未知指标与已知指标之间的换算关系式，直接求解未知指标。

对于初学者，用方法(1)更利于加深对基本概念的理解和熟知三相草图运算过程。对方法(2)中使用的指标换算关系式，建议学习者多推导、多理解，不宜生搬硬套。常用的指标换算关系式如表 2-8 所示。

表 2-8　常用三相比例指标换算关系式

名　称	符　号	换算公式	名　称	符　号	换算公式
重　度	γ	$\gamma=\dfrac{(1+w)G_s\gamma_w}{1+e}$	含水量	w	$w=\left(\dfrac{\gamma}{\gamma_d}-1\right)\times100\%$
密　度	ρ	$\rho=\rho_d(1+w)$			
干重度	γ_d	$\gamma_d=\dfrac{\gamma}{1+w}$	孔隙比	e	$e=\dfrac{n}{1-n}$
干密度	ρ_d	$\rho_d=\dfrac{\rho}{1+w}$			$e=\dfrac{wG_s}{S_r}$
饱和重度	γ_{sat}	$\gamma_{sat}=\dfrac{G_s+e}{1+e}\gamma_w$	孔隙度	n	$n=\dfrac{e}{1+e}$
饱和密度	ρ_{sat}	$\rho_{sat}=\dfrac{G_s+e}{1+e}\rho_w$			
有效重度	γ'	$\gamma'=\gamma_{sat}-\gamma_w$	饱和度	S_r	$S_r=\dfrac{wG_s}{e}$
有效密度	ρ'	$\rho'=\rho_{sat}-\rho_w$			

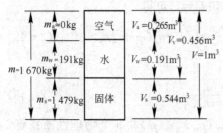

图 2-38　三相计算草图

例 2-3　一原状土样的试验结果为：天然重度 $\gamma=16.37\ \mathrm{kN/m^3}$；含水量 $w=12.9\%$；土粒比重 $G_s=2.67$。求其余 6 个物理性质指标。

解　(1) 绘制三相计算草图，如图 2-38 所示。

(2) 令 $V=1\ \mathrm{m^3}$，由式(2-21)得

$$\gamma=\frac{mg}{V}=16.37\ \mathrm{kN/m^3};$$

故　$m=1\ 670\ \mathrm{kg}$。

(3) 由式(2-22)得　$w=\dfrac{m_w}{m_s}=12.9\%$，

所以　　　　　　　　　　$m_w=0.129m_s$。

又知　　　　　　　$m_w+m_s=m=1\ 670\ \mathrm{kg}$；

故　　　　　　　$m_s=\dfrac{1\ 670}{1.129}=1\ 479\ \mathrm{kg}$，

$$m_w = m - m_s = 1\ 670 - 1\ 479 = 191\ \text{kg}。$$

（4）$V_w = \dfrac{m_w g}{\gamma_w} = \dfrac{1.87}{9.8} = 0.191\ \text{m}^3$。

（5）已知 $G_s = 2.67$，又 $m_s = 1\ 479\ \text{kg}$，由式（2-23）得

$$G_s = \frac{m_s}{V_s \rho_{w1}} = \frac{1\ 479}{V_s \times 1} = 2.67 \quad (\rho_{w1} = 1\ \text{g/cm}^3);$$

所以　　　　　　　$V_s = \dfrac{1\ 479 \times 10^3}{1 \times 2.67} = 0.554 \times 10^6\ \text{cm}^3 = 0.554\ \text{m}^3$。

（6）孔隙体积　　　$V_v = V - V_s = 1 - 0.554 = 0.446\ \text{m}^3$。

（7）空气体积　　　$V_a = V_v - V_w = 0.446 - 0.191 = 0.255\ \text{m}^3$。

至此，三相草图中的质量和体积已全部求解。

（8）根据未知指标的定义式求解未知指标。

孔隙比　$e = \dfrac{V_v}{V_s} = \dfrac{0.446}{0.554} = 0.805$，

孔隙度　$n = \dfrac{V_v}{V} = \dfrac{0.446}{1} = 0.446 = 44.6\%$，

饱和度　$S_r = \dfrac{V_w}{V_v} = \dfrac{0.191}{0.446} = 0.428 = 42.8\%$，

干重度　$\gamma_d = \dfrac{m_s g}{V} = \dfrac{1\ 479}{1} = 14.79\ \text{kN/m}^3$，

饱和重度　$\gamma_{sat} = \dfrac{(m_s + m_w)g + V_a \gamma_w}{V} = \dfrac{(1\ 479 + 191) \times 9.8/1\ 000 + 0.255 \times 9.8}{1} = 18.96\ \text{kN/m}^3$，

浮重度　$\gamma' = \gamma_{sat} - \gamma_w = 19.2 - 9.8 = 9.4\ \text{kN/m}^3$。

由计算结果可得 $\gamma_{sat} > \gamma > \gamma_d > \gamma'$。

这种关系代表了三相土样 4 个重度参数之间的相对大小。对于饱和土样，有 $\gamma_{sat} = \gamma$；对于干土样，有 $\gamma = \gamma_d$。所以，一般情况下，$\gamma_{sat} \geqslant \gamma \geqslant \gamma_d > \gamma'$。

本题目如果设 $V_s = 1\ \text{m}^3$，可得出同样的结果；如果采用表 2-8 的三相比例指标换算式，也可得出相同的结果。

2.8　土的物理状态指标

土的物理状态，对于粗颗粒土，一般指土的密实度；对于细颗粒土，则是指土的软硬程度，即稠度。

2.8.1　粗颗粒土的密实度

粗颗粒土即无黏性土，如砂、卵石、砾石等，均为单粒结构，密实度是指这类土固体颗粒排列的紧密程度。土颗粒排列紧密，其结构就稳定，强度高且不易压缩，工程性质良好；反之，颗

粒排列疏松,其结构常处于不稳定状态,为不良地基。因此,密实度是衡量无黏性土所处状态的重要指标。孔隙比可以作为衡量土的密实度的一个指标。孔隙比小,说明土的密实度大。但这一指标也有局限性,例如,对于不同的砂土,相同的孔隙比却不能说明密实度也相同,因为砂土的密实程度还和土颗粒的形状、大小及粒径组成和级配有关。为此工程上为了更好地描述粗粒土所处的密实状态或程度,有些部门采用土的相对密度作为衡量粗粒土的密实度的又一指标。

1. 相对密度

相对密度常被用来描述无黏性土在天然状态下的密实和松散程度。其定义式为

$$D_r = \frac{e_{max} - e}{e_{max} - e_{min}} \text{。} \tag{2-44}$$

式中,D_r——相对密度,常用百分数表示;

$\quad e$——现场土的孔隙比,也称天然孔隙比;

$\quad e_{max}$——土在最松散状态下的孔隙比,也称最大孔隙比,采用"松散器法"测定,详见《土工试验方法标准》;

$\quad e_{min}$——土在最密实状态下的孔隙比,也称最小孔隙比,采用"振击法"测定,详见《土工试验方法标准》。

在工程上用相对密度 D_r 判别砂土密实度的标准,如表 2-9 所示。

表 2-9 用 D_r 判别砂土密实度标准

相对密度 D_r	砂土的物理状态
$0 < D_r \leqslant \frac{1}{3}$	稍 松
$\frac{1}{3} < D_r \leqslant \frac{2}{3}$	中 密
$D_r > \frac{2}{3}$	密 实

由式(2-25)的干重度与孔隙比的关系式,可以推出用最大和最小干重度表示的相对密度,即

$$D_r = \frac{\left(\dfrac{1}{\gamma_{d(min)}}\right) - \left(\dfrac{1}{\gamma_d}\right)}{\left(\dfrac{1}{\gamma_{d(min)}}\right) - \left(\dfrac{1}{\gamma_{d(max)}}\right)} = \left(\frac{\gamma_d - \gamma_{d(min)}}{\gamma_{d(max)} - \gamma_{d(min)}}\right)\left(\frac{\gamma_{d(max)}}{\gamma_d}\right) \text{。} \tag{2-45}$$

式中,$\gamma_{d(min)}$——最松散状态下的干重度,对应最大孔隙比为 e_{max};

$\quad \gamma_{d(max)}$——最密实状态下的干重度,对应最小孔隙比为 e_{min};

$\quad \gamma_d$——天然状态下的干重度,对应天然孔隙比为 e。

由于 $\gamma_d = \rho_d g, \gamma_{d(min)} = \rho_{d(min)} g, \gamma_{d(max)} = \rho_{d(max)} g$,所以式(2-45)也可写成用密度表示的形

式,即

$$D_r = \left[\frac{\rho_d - \rho_{d(min)}}{\rho_{d(max)} - \rho_{d(min)}} \right] \left[\frac{\rho_{d(max)}}{\rho_d} \right] \text{。} \tag{2-45a}$$

相对密度能综合反映土的颗粒级配、土粒形状和结构等因素,在理论上是比较完善的一个指标。由式(2-44)可知:当 $e = e_{max}$ 时, $D_r = 0$,表示土处于最松状态;当 $e = e_{min}$ 时, $D_r = 1.0$,表示土处于最密状态。所以,理论上 D_r 的变化范围应当在[0,1]之间。但正常沉积的土的相对密度很少有小于 0.2~0.3 的,把粒状土压缩到使其相对密度大于 0.85 也是很困难的。

对于式(2-44),目前国内有一套方法,用它可以测出土的最大和最小孔隙比。但要想在实验室条件下,测得各种土的理论上的 e_{max} 和 e_{min} ,这却是十分困难的。在静水中缓慢沉积形成的土,其天然孔隙比 e 有可能大于实验室测得的 e_{max} ,造成 D_r 为负值的不合理现象。同样,也可能存在这样的土,其天然孔隙比小于实验室测得的 e_{min} ,使 D_r 的计算结果大于 1。以上两种情况表明,很难取得准确的 e_{max} 和 e_{min} 值。此外,埋藏在地下水位面以下的很深处的粗颗粒土的天然孔隙比也很难测定,导致 D_r 的计算结果不准确。因此,相对密度这一标准虽然理论上能够合理评价土的密实程度,但以上种种原因使相对密度 D_r 标准的应用受到限制。例如,在大面积填方工程中,可以使用 D_r 标准,但却很难精确地用 D_r 评价天然粗颗粒土的密实度。

2. 标准贯入度试验锤击数 N

天然砂土的密实度常采用在现场原位用标准贯入度试验测得的标准贯入度试验锤击数 N 来评价,其过程和方法详见《土工试验方法标准》。现行《建筑地基基础设计规范》(GB 50007—2011)给出如表 2-10 所示的判别标准。显然, N 值愈大,说明土的贯入阻力愈大,土的密实度愈高,反之密实度则愈低。

表 2-10　天然砂土的密实度标准

标准贯入度试验锤击数 N	密实度
$N \leqslant 10$	松散
$10 < N \leqslant 15$	稍密
$15 < N \leqslant 30$	中密
$N > 30$	密实

细粒土的密实度一般用天然孔隙比 e 或干重度 γ_d 来衡量,而不用相对密度 D_r 。由于细粒土不是粒状结构,不存在最大和最小孔隙比。与密实度概念相比,细颗粒土的含水率、稠度等指标更能反映其物理特征的本质。

例 2-4　某天然砂土试样,已测出其天然含水量 $w = 11\%$,天然重度 $\gamma = 17.5 \text{ kN/m}^3$,最小干重度 $\gamma_{d(min)} = 14.4 \text{ kN/m}^3$,最大干重度 $\gamma_{d(max)} = 18 \text{ kN/m}^3$,试判别该砂土所处的物理状态。

解　根据已知条件，由表 2-8 可计算该砂土的干重度为

$$\gamma_d = \frac{\gamma}{1+w} = \frac{17.5}{1+0.11} = 15.77 \text{ kN/m}^3;$$

再将 $\gamma_{d(min)} = 14.4 \text{ kN/m}^3$ 和 $\gamma_{d(max)} = 18 \text{ kN/m}^3$ 代入式（2-33）可得

$$D_r = \frac{15.77 - 14.4}{18 - 14.4} \times \frac{18}{15.77} = 0.43。$$

由于 $\frac{1}{3} < D_r < \frac{2}{3}$，由表 2-9 可知，该天然砂土处于中密状态。

2.8.2　细颗粒土的稠度

黏性土的物理状态特征不同于无黏性土。黏性土颗粒很细（黏粒 $d < 0.005$ mm）。土粒在其周围形成电场，吸引水分子及水中的阳离子向其表面靠近，形成结合水膜，土粒与水相互作用显著。图 2-39 列出了随着含水量的变化，黏性土所表现的不同的物理状态。当含水量很低时，土中水被颗粒表面的电荷紧紧吸引于其表面，成为强结合水膜。强结合水膜的性质接近固体的性质，根据水膜厚薄不同，土表现为固态或半固态。当含水量继续增加时，土中水以弱结合水的形式附着于土颗粒的表面，此时的黏性土在外力作用下可任意改变形状而不开裂，外力撤去后仍能保持改变后的形态，这种状态称为塑态。土处于可塑状态的含水量的变化范围，大致相当于土粒所能吸附的弱结合水的含量。这一含量主要取决于土的比表面积和矿物成分。颗粒愈细黏性愈大的土和亲水能力强的土，是能吸附较多的结合水的土，这类土的塑态含水量的变化范围必定大。当含水量继续增大，土中除结合水外，还有相当数量的自由水，土粒之间被自由水隔开，相互间引力减小，此时土体不具有任何抗剪强度，而呈流动的液态。可见黏性土的典型物理状态与含水量密切关联。这种状态习惯上用稠度这个概念来描述。稠度是指土的软硬程度，从本质上看，土的稠度实际上反映了土中不同形态的水的含量，它也反映了土粒之间的联结强度随着含水量的不同而变化的性质。

1. 稠度界限

黏性土从一种状态进入另一种状态的分界含水量称为土的稠度界限或界限含水量。黏性土有液限 w_L、塑限 w_P 和缩限 w_S 3 种稠度界限，如图 2-39 所示。液限 w_L 表示土从塑态转变为液态时的含水量，此时土中水的形态既有结合水，也有自由水；塑限 w_P 表示土从半固态转变为塑态时的含水量，此时土中水的形态既有强结合水，也有弱结合水，并且强结合水的含量达到最大值；缩限 w_S 表示土从固态转变为半固态时的含水量。通常情况下，土体体积会随着含水量的减小而发生收缩现象。从本质上看，缩限是这样的一种含水量，当实际含水量小于这个数值后，土的体积将不随含水量的变化而变化。图 2-39 很清楚地显示了这一概念。V 表示土体体积，w 表示含水量，V_0 表示不再随 w 而变化的体积。

土的缩限用收缩皿法测定。把土样的含水量调配到大于土的液限，然后将试样分层填入收缩皿中，刮平表面，将收缩皿在规定的烘箱中烘干，测出干土样的体积并称量，精确至 0.1 g 后，按照下列公式计算土的缩限，即

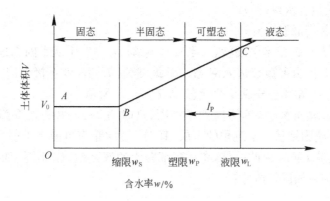

图 2-39　黏性土 $V-w$ 关系示意图

$$w_S = w - \frac{V_1 - V_2}{m_s} \rho_w \times 100\% 。 \tag{2-46}$$

式中，w_S——土的缩限（%）；

　　w——制备时的含水率（%）；

　V_1——湿试样的体积，即收缩皿的体积（cm³）；

　V_2——干试样的体积（cm³）。

以上 3 种界限含水量均可由重塑土在实验室内取得。

液限，国内常采用锥式液限仪或光电式液塑限联合测定仪测出；塑限，国内一般采用搓条法确定，但目前较流行的光电式液塑限联合测定仪也可测出塑限；缩限，国内一般采用收缩皿方法测定。以上试验的具体程序和步骤详见《土工试验方法标准》（GB 123—88）。国外，如美国，则大多数采用碟式液限仪测定液限，详见 ASTM 试验规程（D—2049），塑限和缩限的测试方法和我国相同，详见 ASTM 试验规程（D—427）。

应当注意，由于稠度界限值均由重塑土在实验室内得到，而现场的原状黏性土一般未受扰动；所以有时可能会出现现场土的含水率虽比液限大，但地基并未流动，仍具有一定的承载力的现象。

2. 液性指数

前面提到，土的颗粒愈细小，其比表面积就愈大，吸附结合水的能力也就愈强。可见土的比表面积和矿物成分不同，吸附结合水的能力也不一样 。由此表明，含水量相同而比表面积不同的土，有可能处于不同的物理状态：黏性高的土，水的形态可能完全是结合水，处于塑态；而黏性低的土，则可能大部分已经是自由水了，有可能处于液态。所以，仅仅由含水率的绝对值大小，尚不能准确判断土的物理状态。要说明细粒土的稠度状态，必须引入液性指数这一反映土的天然状态含水量和界限含水量之间相对关系的指标。定义式为

$$I_L = \frac{w - w_P}{w_L - w_P} 。 \tag{2-47}$$

式中，w——土的天然含水量（%）；

w_L、w_P——液限（%）和塑限（%）。

当 $w < w_P$ 时，$I_L < 0$，土呈坚硬状态；当 $w = w_P$ 时，$I_L = 0$，土从半固态进入可塑状态；而当 $w = w_L$ 时，$I_L = 1.0$，土由可塑态进入液态。因此，根据 I_L 值，可直接判定土的物理状态。工程上，按 I_L 的大小，把黏性土分成 5 种状态，如表 2-11 所示。

敏感的黏性土，现场含水率有可能大于液限，这时 $I_L > 1$。这类土重塑后，能形成一种黏性流动的液态。在超固结状态下沉积的土层，其天然含水量有可能小于塑限。在这种状态下，$I_L < 0$，即液性指数是负值。由此可见，在计算细粒土的液性指数并用它判断黏性土物理状态的时候，要对计算结果加以具体分析。

表 2-11　黏性土的稠度标准

液性指数	$I_L \leqslant 0$	$0 < I_L \leqslant 0.25$	$0.25 < I_L \leqslant 0.75$	$0.75 < I_L \leqslant 1$	$I_L > 1$
状　态	坚　硬	硬　塑	可　塑	软　塑	流　塑

3. 塑性指数

液限与塑限之差定义为塑性指数，用 I_P 表示，即

$$I_P = w_L - w_P。 \tag{2-48}$$

塑性指数习惯上用不带"%"的数表示。由式（2-48）可见，塑性指数反映了黏性土处于可塑状态的含水量变化的最大范围。I_P 愈大，表明土的颗粒愈细，比表面积也愈大，土中黏粒或亲水矿物的含量愈高，土处于可塑状态的含水量的变化范围就愈大。因此，塑性指数是反映土的矿物成分和颗粒粒径与孔隙水相互作用的大小及对土性产生重要影响的一个综合指标。工程上常用塑性指数对黏性土进行分类。

例 2-5　室内试验结果给出某地基土样的天然含水量 $w = 19.3\%$，液限 $w_L = 28.3\%$，塑限 $w_P = 16.7\%$。

（1）计算该土的塑性指数 I_P 及液性指数 I_L；

（2）确定该土的物理状态。

解　（1）由式（2-48）可知塑性指数

$$I_P = w_L - w_P = 28.3 - 16.7 = 11.6，$$

再由式（2-47）得液性指数

$$I_L = \frac{w - w_P}{w_L - w_P} = \frac{19.3 - 16.7}{28.3 - 16.7} = 0.224；$$

（2）由表 2-11 可知

$$0 < I_L = 0.224 < 0.25，$$

所以该土处于硬塑状态。

2.9　土的压实性

在铁路、公路、土坝及建筑物的建造中,特别是在路堤和土石坝中会遇到大量的填土土方工程。在进行填土施工时,为了提高填土的强度,增加土的密实程度,降低其透水性和压缩性,通常采用夯打、振动、碾压的方法分层压实填土。压实性就是指土体在一定压实能量作用下,土颗粒克服粒间阻力,产生位移,使土中的孔隙减小、密度增长、强度提高的特性。土的压实性一般以压实后达到的干密度来衡量,它与土的含水率、压实效应和土的性质有关。

2.9.1　影响土压实性的因素

1. 含水率的影响

实践经验表明,对过湿的土进行夯打和碾压时,会出现软弹现象(俗称"橡皮土"),此时土的密实度不会增加;对很干的土进行夯打和碾压,显然也不能使土充分压实。所以,要使土的压实效果最好,其含水量必须适当。在工程上,一定的夯实能量能使压实土达到最大重度时的含水量,称为土的最优含水量(或称最佳含水量),记为 w_{op},相应的干重度称为最大干重度,记为 $\gamma_{d,max}$。

土的最优含水量可以在实验室通过击实试验测得,通常称为普氏击实试验或 Proctor 试验(R. R. Proctor,1933)。试验时将同一种土配制成若干份不同含水量的试样,用同样的击实能量分别对每一份试样进行试验,然后测定各试验中击实后的含水量和干重度,从而绘制含水量与干重度的关系曲线,称之为击实曲线,如图 2-40 所示。从图 2-40 中可以看出,当含水量较低时,土的干重度也逐渐增大,表明击实效果逐步提高;当含水量超过某一限值时,干重度随着含水量增大而减小,即击实曲线上出现一个重度峰值(即最大干重度),相应于这一峰值的含水量就是最优含水量。

具有最优含水量的土,其击实效果最好。这是因为当含水量较小时,土中水主要是强结合水,土粒周围的结合水膜很薄,使颗粒间具有很大的分子引力,阻止颗粒移动,击实就比较困难;当含水量适当增大时,土中水包括强结合水和弱结合水,结合水膜变厚,土粒之间的联结力减弱而使土粒易于移动,击实效果就变好;但当含水量继续增大,以致土中出现了自由水,击实时孔隙中过多的水分不易立即排出,势必阻止土粒的靠拢,所以击实效果反而下降。这里讨论的是黏性土。黏性土的渗透性小,在击实、碾压的过程中,土中水来不及渗出,压实过程中可以认为含水率保持不变,因此必然是含水量愈高得到的干重度愈小。

对于给定的含水量,将土压到最密,理论上就是将土中所有的气体都从孔隙中赶走,使土达到饱和(饱和度 $S_r=100\%$)。不同含水量所对应的土体达到饱和状态时的干重度为

$$\gamma_{d,max}=\frac{G_s\gamma_w}{1+e}=\frac{\gamma_w}{w+1/G_s}。 \tag{2-49}$$

式中,$\gamma_{d,max}$——空气含量为 0 时的干重度;

γ_w——水的重度；

　e——孔隙比；

　w——含水量；

　G_s——土颗粒的比重。

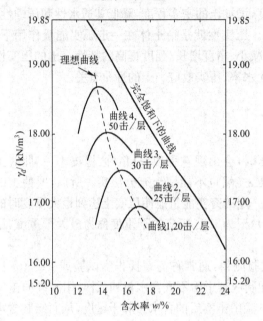

图 2-40　土的干重度和含水率的关系

根据式（2-49）可以得到理论上所能达到的最大击实曲线，即饱和度 $S_r=100\%$ 时的击实曲线，也称饱和曲线，如图 2-40 所示，它总是位于试验的击实曲线的右方。按照饱和曲线，当含水量很大时，干重度很小，因为此时土中很大一部分是水；当含水量很小时，则饱和曲线上的干重度很大。实际上，试验的击实在峰值以右逐渐接近于饱和曲线，并且大体上与它平行。在峰值以左，则两根曲线的差别较大，而且随着含水量减小，差值迅速增加。

2. 击实功的影响

最大干重度和最优含水量都取决于所用的击实功，有时也称为压实功。击实功是指击实每单位体积土所消耗的能量，击实试验中的击实功用式（2-50）表示，即

$$E=\frac{m \cdot d \cdot n \cdot n_1}{V}。 \qquad (2-50)$$

式中，m——击锤质量（kg），在标准击实试验中击锤质量为 2.5 kg；

　d——落距（m），击实试验中定为 0.30 m；

　n——每层土的击实次数，标准试验为 27 击；

　n_1——铺土层数，试验中分 3 层；

　V——击实筒的体积，为 1×10^{-3} m³。

同一种土，用不同的能量击实，得到的击实曲线，有一定的差异。图 2-40 给出 4 种击实曲线，这些曲线使用的是标准的普式试样和锤重，土层数也相同，但每层的击实次数不同，分别为 20、25、30 和 50 次，由此相应的击实能量也不同。从图 2-40 中可以得到如下结论。

（1）土的最大干重度和最优含水量不是常量；$\gamma_{d,max}$ 随击数的增加而逐渐增大，而 w_{op} 则随击数的增加而逐渐减小。

（2）当含水量较低时，击数的影响较明显；当含水量较高时，含水量与干密度关系曲线趋近于饱和线，也就是说，这时提高击实能量效果不大。

3. 土类型的影响

土类型（即颗粒级配、颗粒形状、土颗粒的比重、黏土矿物类型和含水率等）对最大干重度

和最优含水量有很大的影响。Lee 和 Suedkamp(1972)研究了同一种土样的 35 种压实曲线,发现了 4 种典型的压实曲线,如图 2-41 所示。A 类型压实曲线有一个单峰值,这种曲线通常在土的液限为 30%～70%之间时出现,B 类型出现一个半峰值,C 类型出现两个峰值,B 类型和 C 类型可在含水量低于 30%时出现;D 类型无明显峰值。当土的液限超过 70%时,可能出现 C 类型和 D 类型曲线,出现 C 类型和 D 类型曲线的土不很常见。

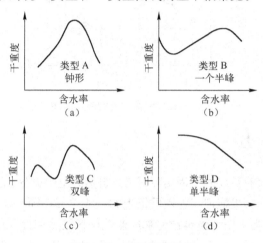

图 2-41　各种压实曲线

2.9.2　填土压实质量的控制

1. 黏性土压实质量

由于黏性填土存在最优含水量,因此施工时应该将填土的含水量控制在最优含水量左右,以期用较小的击实能量获得最好的密度。当含水量小于最优含水量时,击实土的结构常具有凝絮结构的特征:比较均匀,强度较高,较脆硬,不宜压密,但浸水时容易沉降。当含水率高于最优含水率时,土具有分散结构的特征:变形能力强,但强度较低,且具有不等向性。所以,含水量高于或低于最优含水量时,填土的性质各有优缺点,在设计土料时要根据对填土提出的要求和当地土料的天然含水量,选定合适的含水量,一般含水量要求在 $w_{op} \pm (2\% \sim 3\%)$ 范围内。

工程上黏性土压实质量的检验,用压实系数(或压实度),即

$$压实度 = \frac{现场测试的干重度 \gamma_d}{标准击实试验的最大干重度 \gamma_{d,max}} 。 \tag{2-51}$$

2. 无黏性土压实质量

无黏性土压实性也与含水量有关,不过不存在一个最优含水量。一般在完全干燥或者充分洒水饱和的情况下容易压实到较大的干密度。潮湿状态,由于具有微弱的毛细水联结,土粒间移动所受阻力较大,不易被挤紧压实,干密度不大。粗砂在含水率为 4%～5%,中砂在含水率为 7%左右时,压实干密度最小,如图 2-42 所示。

无黏性土的压实标准,一般用相对密度 D_r。一般要求砂土压实至 $D_r > 0.7$,即达到密实状态。

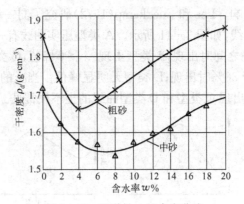

图 2-42　无黏性土的击实曲线

2.10　土的工程分类

地基土的合理分类具有重要的工程实际意义。自然界土的成分、结构及性质千变万化,表现的工程性质也各不相同。如果能把工程性质接近的一些土归在同一类,那么就可以大致判断这类土的工程特性,评价这类土作为建筑物地基或建筑材料的适用性及结合其他物理性质指标确定该地基的承载力。对于无黏性土,颗粒级配对其工程性质起着决定性的作用,因此颗粒级配是无黏性土工程分类的依据和标准;而对于黏性土,由于它与水作用十分明显,土粒的比表面积和矿物成分在很大程度上决定这种土的工程性质,而体现土的比表面积和矿物成分的指标主要有液限和塑性指数,所以液限和塑性指数是对黏性土进行分类的主要依据。

国外关于土的分类标准很多,有的根据土的结构构造分类,有的依据土的工程性质分类,有的考虑了土的颗粒和级配及可塑性(如液限和塑性指数),不同国家根据各自的地域特点和需要,制定了相应的分类系统和分类方法。在美国,比较具有代表性的两种分类方法是农业部的 AASHTO 分类体系和统一分类体系(USCS),详见 ASTM 试验规程的 D-2487。这两种分类体系均考虑了土的结构性和土的塑性。其中,统一分类体系得到了更广泛的应用。目前,国内尚无一种统一的分类标准,不同的部门根据各自的行业特点和需要建立了各自的分类标准;但由于土的性质的复杂性和多变性,至今还没有一个能涵盖任何一种土和适合任何情况的统一分类体系。目前国内土的分类标准主要有以下几种:

(1) 一般建筑采用《土的工程分类标准》(GB/T 50145—2007);

(2) 房屋建筑一般采用《建筑地基基础设计规范》(GB 50007—2011);

(3) 水利部《土工试验规程》(SL 237—1999)中的 128—84 分类法;

(4) 交通部《公路土工试验规程》(JTGE 40—2007)。

本节主要介绍《建筑地基基础设计规范》(GB 50007—2011)和《土的工程分类标准》(GB/T 50145—2007)中对土的分类方法。对这些方法,要辩证地加以分析和理解,在实际工程应用中,应因地制宜,合理选择。

2.10.1　《建筑地基基础设计规范》(GB 50007—2011)的分类法

该规范中关于土的分类原则,对粗颗粒土,考虑了其结构和颗粒级配;对细颗粒土,考虑了土的塑性和成因,并且给出了岩石的分类标准。它将天然土分为岩石、碎石土、砂土、粉土、黏性土和人工填土 6 大类。

1. 岩石

岩石是颗粒间牢固联结,呈整体或具有节理裂隙的岩体。

岩石的分类如下。

(1) 按成因不同可分为岩浆岩、沉积岩、变质岩。

(2) 按坚硬程度可分为坚硬岩、较硬岩、较软岩、软岩和极软岩 5 种,详见表 2 - 12。

表 2 - 12　岩石按坚硬程度分类

坚硬程度类别	坚 硬 岩	较 硬 岩	较 软 岩	软 岩	极 软 岩
饱和单轴抗压强度标准值 f_{rk}/kPa	$f_{rk}>60$	$60 \geqslant f_{rk}>30$	$30 \geqslant f_{rk}>15$	$15 \geqslant f_{rk}>5$	$f_{rk} \leqslant 5$

(3) 按风化程度可分为未风化、微风化、中风化、强风化和全风化 5 种,其中,微风化或未风化的坚硬岩石,为最优良地基;强风化或全风化的软岩石,为不良地基。

(4) 按完整性可分为完整、较完整、较破碎、破碎和极破碎 5 种,详见表 2 - 13。

表 2 - 13　岩石按完整程度分类

完整程度等级	完 整	较 完 整	较 破 碎	破 碎	极 破 碎
完整性指数	>0.75	0.75~0.55	0.55~0.35	0.35~0.15	<0.15

注:完整性指数为岩体纵波波速与岩块纵波波速之比的平方。测定波速时选定的岩体、岩块应有代表性。

2. 碎石类土

粒径大于 2 mm 的颗粒含量超过全重 50% 的土,称为碎石类土。

根据颗粒形状和粒组含量,碎石类土又可细分为 6 种,详见表 2 - 14。

表 2 - 14　碎石类土的分类标准

土 的 名 称	颗 粒 形 状	粒 组 含 量
漂　石 块　石	圆形及亚圆形为主 棱角形为主	粒径大于 200 mm 的颗粒含量超过全部质量的 50%
卵　石 碎　石	圆形及亚圆形为主 棱角形为主	粒径大于 20 mm 的颗粒含量超过全部质量的 50%
圆　砾 角　砾	圆形及亚圆形为主 棱角形为主	粒径大于 2 mm 的颗粒含量超过全部质量的 50%

注:分类时应根据粒组含量栏由上到下以最先符合者确定。

常见的碎石类土,强度高、压缩性低、透水性好,为优良地基。

3. 砂土

粒径大于 2 mm 的颗粒含量不超过全重的 50%,且粒径大于 0.075 mm 的颗粒含量超过全部质量 50% 的土,称为砂土。砂土根据粒组含量的不同又细分为 5 种,详见表 2 - 15。

表 2 - 15　砂土的分类标准

土 的 名 称	粒 组 含 量
砾　　砂	粒径大于 2 mm 的颗粒含量占全重的 25%~50%
粗　　砂	粒径大于 0.5 mm 的颗粒含量超过全重的 50%
中　　砂	粒径大于 0.25 mm 的颗粒含量超过全重的 50%
细　　砂	粒径大于 0.075 mm 的颗粒含量超过全重的 85%
粉　　砂	粒径大于 0.075 mm 的颗粒含量超过全重的 50%

注:分类时应根据粒组含量栏由上到下以最先符合者确定。

关于砂土的密实度标准详见表 2 - 10。其中,密实与中密状态的砾砂、粗砂、中砂为优良地基;稍密状态的砾砂、粗砂、中砂为良好地基;密实状态的细砂、粉砂为良好地基;饱和疏松状态的细砂、粉砂为不良地基。

4. 粉土

粒径大于 0.075 mm 的颗粒含量不超过全重的 50%,且塑性指数 $I_P \leq 10$ 的土,称为粉土。粉土的性质介于砂土和黏性土之间。粉土的密实度一般用天然孔隙比来衡量,参考表 2 - 16。其中,密实的粉土为良好地基;饱和稍密的粉土在振动荷载作用下,易产生液化,为不良地基。

表 2 - 16　粉土的密实度标准

天然孔隙比 e	$e > 0.90$	$0.75 \leq e \leq 0.90$	$e < 0.75$
密 实 度	稍　密	中　密	密　实

5. 黏性土

塑性指数 $I_P > 10$,称为黏性土。黏性土又可细分为黏土和粉质黏土(亚黏土)两种,详见表 2 - 17。

黏性土的工程性质与其密实度和含水量密切相关。密实硬塑的黏性土为优良地基;疏松流塑状态的黏性土为软弱地基。

表 2 - 17　黏性土的分类标准

塑 性 指 数 I_P	土 的 名 称
$I_P > 17$	黏　土
$10 < I_P \leq 17$	粉质黏土

注:塑性指数由相应于 76 g 圆锥体沉入土样中深度为 10 mm 时测定的液限计算而得。

6. 人工填土

由人类活动堆填形成的各类堆积物,称为人工填土。人工填土依据其组成物质可细分为

4 种,详见表 2-18。

表 2-18　人工填土按组成物质分类

组 成 物 质	土 的 名 称
碎石土、砂土、粉土、黏性土等	素填土
建筑垃圾、工业废料、生活垃圾等	杂填土
水力冲刷泥沙的形成物	冲填土
经过压实或夯实的素填土	压实填土

通常人工填土的工程性质不良,强度低,压缩性大且不均匀。压实填土相对较好,杂填土工程性质最差。

除了上述 6 大类岩土,自然界中还分布着许多具有特殊性质的土,如淤泥、淤泥质土、红黏土、湿陷性黄土、膨胀土、冻土等。它们的性质与上述 6 大类岩土不同,需要区别对待。

1) 淤泥和淤泥质土

这类土在静水或缓慢的流水环境中沉积,并经生物化学作用形成。其中,天然含水率大于液限、天然孔隙比大于或等于 1.5 的黏性土称为淤泥;天然含水率大于液限,而天然孔隙比小于 1.5 但大于 1.0 的黏性土或粉土,称为淤泥质土。

这类土,压缩性高,强度低,透水性差,是不良地基。

2) 膨胀土

黏粒成分主要由亲水矿物组成,同时具有显著的吸水膨胀和失水收缩变形特性,自由膨胀率大于或等于 40% 的黏性土,称为膨胀土。

这类土虽然强度高,压缩性低;但遇水膨胀隆起,失水收缩下沉,会引起地基的不均匀沉降,对建筑物危害极大。

3) 红黏土和次生红黏土

红黏土为碳酸盐岩系的岩石经红土化作用形成的高塑性黏土,其液限一般大于 50%。红黏土经再搬运后仍保留其基本特征,但液限大于 45% 的土为次生红黏土。

4) 湿陷性土

湿陷性土为在一定压力下浸水后产生附加沉降,其湿陷系数大于或等于 0.015 的土。

以上 4 类特殊土均属于黏性土的范畴。

例 2-6　有一砂土试样,经筛析后各粒组含量的百分数如表 2-19 所示。试确定砂土的名称。

表 2-19　土样筛分试验结果

粒组/mm	<0.075	0.075~0.1	0.1~0.25	0.25~0.5	0.5~1.0	>1.0
含量/%	8.0	15.0	42.0	24.0	9.0	2.0

解　由表 2-19 中数据和表 2-15 的标准可知:

粒径 $d > 0.075$ mm 的颗粒含量占 92%(>85%),可定义为细砂;

粒径 $d>0.075$ mm 的颗粒含量占 92%（$>50\%$），可定义为粉砂。

但根据表 2-15 的注解，应根据粒径由大到小，以先符合者确定；所以该砂土应定名为细砂。

2.10.2 《土的工程分类标准》(GB/T 50145—2007)的分类法

该分类体系考虑了土的有机质含量、颗粒组成特征及土的塑性指标(液限、塑限和塑性指数)，和国际上一些分类体系比较接近。按照这一标准，土的工程分类体系如图 2-43 所示。

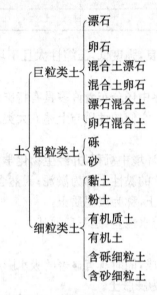

图 2-43 土的工程分类体系

根据土内各粒组的相对含量，将土分为巨粒土、粗粒土和细粒土 3 大类，见表 2-20。

表 2-20 粒组划分标准

粒组	颗 粒 名 称		粒径 d 的范围(mm)
巨粒	漂石(块石)		$d>200$
	卵石(碎石)		$60<d\leqslant200$
粗粒	砾粒	粗砾	$20<d\leqslant60$
		中砾	$5<d\leqslant20$
		细砾	$2<d\leqslant5$
	砂粒	粗砂	$0.5<d\leqslant2$
		中砂	$0.25<d\leqslant0.5$
		细砂	$0.075<d\leqslant0.25$
细粒	粉粒		$0.005<d\leqslant0.075$
	黏粒		$d\leqslant0.005$

1. 巨粒土和含巨粒土的分类

巨粒土和含巨粒土应按试样中所含粒径大于 60 mm 的巨粒含量来划分,详见表 2 - 21。

表 2 - 21　巨粒土和含巨粒土的分类标准

土　类	粒组含量		土 代 号	土　名　称
巨粒土	巨粒含量>75%	漂石含量大于卵石含量	B	漂石(块石)
		漂石含量不大于卵石含量	Cb	卵石(碎石)
混合巨粒土	50%<巨粒含量≤75%	漂石含量大于卵石含量	BSI	混合土漂石(块石)
		漂石含量不大于卵石含量	CbSI	混合土卵石(块石)
巨粒混合土	15%<巨粒含量≤50%	漂石含量大于卵石含量	SIB	漂石(块石)混合土
		漂石含量不大于卵石含量	SICb	卵石(碎石)混合土
非巨粒土	巨粒含量≤15%			扣除巨粒,按粗粒土或细粒土的相应规定分类定名

注:巨粒混合土可根据所含粗粒或细粒的含量进行细分。

2. 粗粒土的分类

试样中粗粒组含量大于 50% 的土称为粗粒土。粗粒土又分为砾类土和砂土两类,详见表 2 - 22。砾类土和砂土按照试样中粒径小于 0.075 mm 的细颗粒含量和土的颗粒级配进一步细分,具体见表 2 - 23 和表 2 - 24。在表 2 - 23 和2 - 24中,对于细粒土质砾和细粒土质砂,定名时根据粒径小于 0.075 mm 土的液限值和塑性指数按塑性图分类(详见下节),当属于黏土时,则该土定名为黏土质砾(GC)或黏土质砂(SC);当属于粉土时,该土定名为粉土质砾(GM)或粉土质砂(SM)。

表 2 - 22　粗粒土的分类标准

土　类		粒组含量	土 代 号
粗粒土	砾类土	砾粒组含量大于砂粒组含量	G
	砂土	砾粒组含量不大于砂粒组含量	S

表 2 - 23　砾类土的分类标准

土　类		粒组含量		土代号	土 名 称
砾类土	砾	细粒含量<5%	级配:C_u≥5 且 C_c=1~3	GW	级配良好砾
			级配:不能同时满足 C_u≥5 和 C_c=1~3	GP	级配不良砾
	含细粒砾	5%≤细粒含量<15%		GF	含细粒土砾
	细粒土质砾	15%≤细粒含量<50%	细粒组中黏粒含量不大于50%	GC	黏土质砾
			细粒组中粉粒含量大于50%	GM	粉土质砾

注:细粒含量指粒径小于 0.075 mm 的颗粒含量。

表 2-24　砂类土的分类标准

土　类		粒　组　含　量		土代号	土　名　称
砂 类 土	砂	细粒含量<5%	级配:C_u≥5 且 C_c=1~3	SW	级配良好砂
			级配:不能同时满足 C_u≥5 和 C_c=1~3	SP	级配不良砂
	含细粒土砂	5%≤细粒含量<15%		SF	含细粒土砂
	细粒土质砂	15%≤细粒含量<50%	细粒组中粉粒含量不大于 50%	SC	黏土质砂
			细粒组中粉粒含量大于 50%	SM	粉土质砂

注:细粒含量指粒径小于 0.075 mm 的颗粒含量。

3. 细粒土的分类

试样中粒径小于 0.075 mm 的细粒组含量大于或等于全部质量 50% 的土称为细粒土。细粒土按塑性图分类。尽管塑性指数能综合反映土的颗粒大小、矿物成分和土粒比表面积的大小,但由于塑性指数仅仅是一个差值,具有不同液限、塑限的性质相去甚远的土有可能具有相同的塑性指数,所以单纯以塑性指数作为细粒土定名的依据尚存在一定的问题。土的液限的大小可以间接地反映其压缩性的高低。土的液限高,它的压缩性也高;反之,压缩性则低。而塑性图是一个以液限为横坐标,以塑性指数为纵坐标的坐标系,不同的细粒土在这一坐标系中将占据不同的区域。兼顾土的液限指标,是塑性图的一大特点。塑性图最早由美国的卡萨格兰地于 1948 年提出,现已广泛为各国所接受,并且以卡萨格兰地的塑性图为基础,各国都根据本国的具体土质特点,对卡萨格兰地的塑性图做了必要的修正。所以塑性图是一种目前比较普遍的细粒土分类方法。图 2-44 所示的塑性图是我国《土的工程分类标准》(GB/T 50145—200)对细粒土采用的典型塑性图,它的横轴对应的液限是用质量为 76 g、锥角为 30° 的液限仪以锥尖入土深度为 17 mm 的标准测得的。表 2-25 提供了与图 2-41 对应的细粒土分类定名法。《土的工程分类标准》(GB/T 50145—200)还提供了以锥尖入土深度为 10 mm 所测得液限为指标的细粒土分类塑性图和分类定名法,以供不同单位、不同行业在选用液限标准不同时采用,在此不再赘述。

表 2-25　细粒土分类

土的塑性指标在塑性图中的位置		土代号	土　名　称
I_P≥0.73(w_L−20) 和 I_P≥7	w_L≥50%	CH	高液限黏土
	w_L<50%	CL	低液限黏土
I_P<0.73(w_L−20) 或 I_P<4	w_L≥50%	MH	高液限粉土
	w_L<50%	ML	低液限粉土

注:①若细粒土内含部分有机质,土代号后加 O,如高液限有机质黏土(CHO)、低液限有机质粉土(MLO)等;②若细粒土内粗粒含量为 25%~50%,则该土属粗粒的细粒土。当粗粒中砂粒占优势,则该土含砂细粒土,并在土代号后加 S,如 CLS、MHS 等。

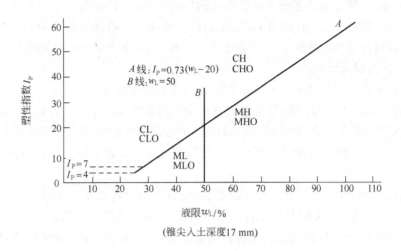

图 2-44　细粒土分类塑性图

注:图中虚线之间的区域为黏土－粉土过渡区

在图 2-44 中,当由塑性指数和液限确定的点位于 B 线以右、A 线以上时,该土为高液限黏土(CH)或高液限有机质土(CHO),而位于 A 线以下时,为高液限粉土(MH)或高液限有机质粉土(MHO);当由塑性指数和液限确定的点位于 B 线以左、A 线与 $I_P=7$ 线以上时,该土为低液限黏土(CL)或低液限有机黏土(CLO),而位于 A 线以下和 $I_P=7$ 以下时,为低液限粉土(ML)或低液限有机粉土(MLO),这一范围的土还可按 $I_P=4$ 再划分。

注意:用塑性图划分细粒土,是以重塑土的两个指标(I_P 和 w_L)为依据。这种标准能较好地反映土粒与水相互作用的一些性质,却未能考虑天然土的另一个重要特性——结构性。因此,对于以土料为工程对象时,它是一种适宜的方法,但对于以天然土质为地基时,用该法可能存在不足。

例 2-7　有 100 g 的土样,颗粒分析试验结果如表 2-26 所示,试分别用《土的工程分类标准》(GB/T 50145—2007)分类法和《建筑地基基础设计规范》(GB 50007—2011)分类法确定这种土的名称,比较其结果是否一致,并计算土的 C_u 和 C_c,评价土的工程性质。

表 2-26　土样颗粒分析试验结果

试　样　编　号	A								
筛孔直径/mm	200	60	20	2	0.5	0.25	0.075	<0.075	合计
留筛质量/g	0	34.7	5.5	30.8	5.2	13.82	9.98	0	100
大于某粒径含量占全部土样质量的百分数/%	0	34.7	40.2	71	76.2	90.0	100	0	100
通过某筛孔径的土样质量的百分数	100	65.3	59.8	29	23.8	9.98	0	0	—

解　(1) 采用《建筑地基基础设计规范》(GB 50007—2011)分类法。

分类时应根据粒组含量由大到小,以最先符合者确定。根据颗粒分析结果知,粒径大于 2 mm 的颗粒含量占全部质量的 71%。查表 2-14 知,粒径大于 2 mm 的颗粒含量超过全部质量 50% 者,定义为圆砾(角砾)。

(2) 采用《土的工程分类标准》(GB/T 50145—2007)分类法。

由于土样中粒径大于 60 mm 的颗粒含量占全部质量的 34.7%,介于 15%～50% 之间;所以该土属于巨粒混合土。又因为 $d>200$ mm 的漂石粒组含量为 0%,$d>60$ mm 的卵石粒组含量为 34.7%;所以,漂石含量<卵石含量。故根据表 2-21 定义该土为卵石混合土,土代号为 SICb。

评价:对同一种土样,采用不同的分类方法,得到的土的名称并不相同。可见分类方法影响土的定名。在实践中应根据具体工程所属的行业,选择适宜的分类方法。

(3) 根据表 2-26 中所给数据,土样的有效粒径 $d_{10}\approx 0.25$ mm,限定粒径 $d_{60}\approx 20$ mm,$d_{30}\approx 2$ mm,则有不均匀系数 $C_u=\dfrac{d_{60}}{d_{10}}=\dfrac{20}{0.25}=80>5$,曲率系数 $C_c=\dfrac{d_{30}\times d_{30}}{d_{60}\times d_{10}}=\dfrac{2\times 2}{20\times 0.25}=0.8<1.0$。所以,此土样级配不良,工程性质不好。

例 2-8　已知某细粒土的液限 $w_L=46\%$,塑限 $w_P=32\%$,天然含水率 $w=42\%$。试分别用《建筑地基基础设计规范》(GB 50007—2011)分类法和《土的工程分类标准》(GB/T 50145—2007)分类法确定这两种土的名称,并比较结果的一致性。

解　(1) 采用《建筑地基基础设计规范》(GB 50007—2011)分类法,土的塑性指数 $I_P=w_L-w_P=14$。由于 $10<I_P=14<17$,所以该土属于粉质黏土。

(2) 采用《土的工程分类标准》(GB/T 50145—2007)分类法,已知土的液限和塑性指数,可根据塑性图进行分类。由于该土样 $w_L=46\%<50\%$,塑性指数 $I_P=w_L-w_P=14$,以及 $0.73(w_L-20)=0.73(46-20)=18.98$;所以土的塑性指数属于 $I_P<0.73(w_L-20)$ 的范畴,对照图 2-44(没有特别指明,一般液限指的是 17 mm 液限)或查表 2-25 可知,由上述各参数所确定的点落在塑性图的 ML 区。所以,该土属于低液限粉土,土的代号是 ML。

评价:对于细粒土,不同的分类方法得出的土的名称也有可能不一致。本题一个方法判别为粉质黏土,另一个方法判别为粉土。但由于《建筑地基基础设计规范》(GB 50007—2011)分类法只有一个参数指标,即塑性指数 I_P,而《土的工程分类标准》(GB/T 50145—2007)分类法中的塑性图采用双标准,还考虑了有机物的含量,与国际上对细粒土的分类法比较一致。所以,对于细粒土当采用不同标准所得结论不一致时,建议以塑性图的结果为准。

2.10.3　土工程分类小结

土是由固体的矿物颗粒、液态的水和孔隙中的气体所组成的。矿物成分及固体颗粒大小不同,土的性质将发生变化,颗粒级配曲线是评价无黏性土颗粒组成和工程性质的重要手段;细颗粒土与水的相互作用很明显,相互间存在电分子的引力,从而在土粒表面形成结合水膜,这是导致黏性土和无黏性土土性具有本质区别的主要原因。除了颗粒大小对土性的影响外，土的三相在体积和质量上所占份额的不同也会导致土性的差异；所以分析土的三相比例关系会给土性分析提供具体定量标准，而且三相草图运算是最基础的运算之一。

密实度是无黏性土的主要物理特征，直接影响它的工程性质。无黏性土的这种特性是由其具有的单粒结构决定的。相对密度是划分无黏性土密实度的主要指标。黏性土由于含水率的不同，可能会处于固态、半固态、可塑状态及流动状态。黏性土的液限、塑限和缩限 3 个界限含水率均可由试验测定。要充分认识到黏性土的两个重要物理特征指标（塑性指数 I_P 和液性指数 I_L）的物理含义及其影响因素。塑性指数表示土处于可塑状态的含水率的变化范围。塑性指数的大小与土中结合水尤其是弱结合水的可能含量有关，也即与土的颗粒组成、土粒的矿物成分及土中水的离子成分和浓度等因素有关。液性指数反映土的软硬程度，它是划分黏性土物理状态的依据，液性指数还是确定黏性土地基承载力的重要指标。

尽管地基土分类的方法很多，具体规定也各不相同；但需要明确，粗颗粒土的粒径大小对其力学特性起着决定性作用。因此，对这类土分类，需要考虑颗粒级配的因素；对于具有黏性和塑性的细颗粒土，主要应考虑塑性指标（液限、塑限和塑性指数）的影响。土的工程分类的目的在于评价地基的工程特性，为地基处理或土质改造或基础设计提供依据；所以分类本身是手段而不是目的。寻求统一的分类体系是试图避免出现同一种土按不同的分类体系得到不同的名称而引起的混乱。

思考题

2-1　什么是"土"？它是如何形成的？主要特征是什么？粗粒土和细粒土的矿物组成有何不同？

2-2　土在形成过程中，一般要经历哪几种风化作用？各种风化作用的机理有何不同？

2-3　何为土的结构？包括哪几种形式？不同结构的土，其工程性质有何差异？与其结构性有关的细粒土的两大特征是什么？

2-4　土中水有哪几种存在状态？说明不同状态的水的特征，并评价这些特征对土的工程性质的影响。

2-5　什么是土的物理性质指标？其中，哪些是基本指标？哪些是换算指标？在三相草图运算中，为计算方便，什么情况下令 $V=1$，什么情况下令 $V_s=1$ 或 $m_s=1$？

2-6　用以描述无黏性土颗粒级配曲线特征的两个参数，即不均匀系数 C_u 和曲率系数 C_c 的定义是什么？写出根据这两个参数评价土的工程性质的标准。并说明根据颗粒级配曲线形状评价土的工程性质的方法。

2-7　试比较无黏性土和黏性土在矿物成分、结构构造、物理状态等方面的主要区别。

2-8　何谓塑性指数？它的大小与土颗粒的粗细有何定性关系？它反映土的哪些性质？塑性指数较高的土具有哪些特点？

2-9 黏性土最主要的物理特征是什么？用什么指标来评价？

2-10 按照《土的工程分类标准》(GB/T 50145—2007)地基土分几大类？各类土的划分依据是什么？说明粒组含量和塑性指数在土分类中的作用。

2-11 按照《建筑地基基础设计规范》(GB 50007—2011)地基土分几大类？各类土划分的依据是什么？

2-12 绘出国内用塑性图对细粒土分类的标准，并评价这种方法的优缺点。

2-13 为什么细粒土在压实时存在最优含水率？

2-14 影响土的压实性的因素有哪些？

2-15 压实填土的质量主要控制哪些指标？

2-16 何为压实度？

习 题

2-1 有 A、B 两种风干的土样，通过颗粒分析试验测得其粒径与各层筛子上土颗粒质量如表 2-27 和表 2-28 所示。试绘出这两种土样的颗粒级配曲线(画在同一个坐标系中)并求出各自的 C_u、C_c。比较这两种土的工程性质优劣程度。

表 2-27　A 土样颗粒分析试验结果(总质量 500 g)

粒径 d/mm	20	10	5	2.0	1.0	0.5	0.25
筛子上颗粒的质量 m/g	75	45	85	105	90	65	35

表 2-28　B 土样颗粒分析试验结果(总质量 50 g)

粒径 d/mm	5	2	1	0.5	0.25	0.1	0.075	<0.075
筛子上颗粒的质量 m/g	5	10	10	5	7	3	5	5

2-2 天然状态湿土样，体积 $V=0.33$ m³，质量为 640 kg，烘干后质量为 550 kg。如果土粒比重 $G_s=2.67$，试利用三相草图计算土的天然含水量 w、孔隙比 e、孔隙度 n 和饱和度 S_r，天然重度 γ、干重度 γ_d、饱和重度 γ_{sat}、浮重度 γ'。并比较各重度的相对大小。

2-3 干土试样，土粒比重为 2.68，孔隙比为 0.54，试通过两相草图求该土的天然重度 γ 和孔隙度 n。

2-4 某土样处于完全饱和状态，土粒比重为 2.71，含水量为 32.0%，试通过两相草图求该土的孔隙比 e 和天然重度 γ。

2-5 在测定一种饱和土样的缩限时，已知原始体积 $V_1=19.65$ cm³，最终体积 $V_2=13.5$ cm³，湿土质量 $m_1=36$ g，干土质量 $m_2=25$ g。计算土的缩限。

2-6 给定砂土试样，最大和最小干重度分别为 17.00 kN/m³ 和 14.46 kN/m³，天然含水

量 $w=8\%$，土粒比重 $G_s=2.65$。当相对密度 $D_r=60\%$ 时，试确定这种土的天然重度。

2-7　某天然砂土试样的重度为 17.7 kN/m³，含水量为 9.8%，土粒比重为 2.67，烘干后测定最小孔隙比为 0.461，最大孔隙比为 0.943。试求砂土的天然孔隙比 e 和相对密度 D_r，并评价该土的密实度。

2-8　对于给定的土样，试从基本定义证明：

(1) 饱和重度　$\gamma_{sat}=\gamma_d+n\gamma_w$；

(2) 有效重度　$\gamma'=\gamma_d-\dfrac{\gamma_w}{1+e}$；

(3) 干重度　$\gamma_d=\dfrac{eS_r\gamma_w}{(1+e)w}$。

2-9　某土样的天然含水量 $w=36.4\%$，液限 $w_L=46.2\%$，塑限 $w_P=34.5\%$。

(1) 计算该土的塑性指数 I_P 及液性指数 I_L，并确定土的状态；

(2) 试分别用《建筑地基基础设计规范》(GB 50007—2011) 和《土的工程分类标准》(GB/T 50145—2007) 确定该土的名称。

2-10　某地基土试样，经初步判别属粗颗粒土，经筛分试验，得到各粒组含量百分比如表 2-29 所示。采用《建筑地基基础设计规范》(GB 50007—2011) 分类法确定该土的名称。

表 2-29　各 粒 组 含 量

粒组/mm	<0.075	0.075～0.1	0.1～0.25	0.25～0.5	0.5～1.0	>1.0
含量/%	8.0	15.0	42.0	24.0	9.0	2.0

2-11　采用《土的工程分类标准》(GB/T 50145—2007) 中的分类定名法，给表 2-30 中 A、B、C、D、E 5 种土样定名。

表 2-30　习题 2-11 附表

土粒直径/mm	小于某一粒径土粒含量/%				
	土样 A	土样 B	土样 C	土样 D	土样 E
200	94	98	100	100	100
20	63	86	100	100	100
2	21	50	98	100	100
0.5	10	28	93	99	94
0.25	7	18	88	95	82
0.075	5	14	83	90	66
0.05	3	10	77	86	45
0.01	—	—	65	42	26

续表

土粒直径/mm	小于某一粒径土粒含量/%				
	土样 A	土样 B	土样 C	土样 D	土样 E
0.002	—	—	60	47	21
液限/%	—	—	63	55	36
塑性指数	—	—	25	28	22

注:"—"表示不存在。

2-12　某土料场为黏性土,天然含水量 $w=21\%$,土粒比重 $G_s=2.70$,室内标准击实试验得到的最大干密度 $\rho_{d,max}=1.85$ g/cm³ ,设计要求压实度为95%,并要求压实后的饱和度 $S_r \leqslant 0.9$,试问碾压时应该控制多大的含水量?

Arthur Casagrande

  Arthur Casagrande(1902—1981)于 1902 年 8 月 28 日生于奥地利,并在奥地利接受教育。他于 1926 年移民到美国,先后在麻省理工学院和哈佛大学任教。

  Arthur Casagrande 对土力学有巨大的贡献和影响,如土的分类、土坡的渗流、土的剪切强度、砂土液化的流动结构和临界孔隙比等。Casagrande 教授还是一名活跃的咨询顾问,参加过世界上许多重要的土木工程的咨询工作。他对土力学的最重要影响还是通过在哈佛大学的教学活动,许多土力学的带头人都是他在哈佛大学的学生,并受到他的研究精神的影响。

  Casagrande 教授担任过第五届(1961—1965)国际土力学与基础工程学会主席。

第 3 章

土的渗透性和渗流

3.1 概述

土是多孔的粒状或片状材料的集合体，土颗粒之间存在大量的孔隙，而孔隙的分布是很不规则的。当土体中存在能量差时，土体孔隙中的水就会沿着土骨架之间的孔隙通道从能量高的地方向能量低的地方流动。水在这种能量差的作用下在土孔隙通道中流动的现象叫渗流，土的这种与渗流相关的性质为土的渗透性。水在土孔隙中的流动必然会引起土体中应力状态的改变，从而使土的变形和强度特性发生变化。

渗流对铁路、水利、矿山、建筑和交通等工程的影响及由此而产生的破坏是多方面的，直接会影响到土工建筑物和地基的稳定和安全。根据世界各国对坝体失事原因的统计，超过 30% 的垮坝失事是由于渗漏和管涌引起的。另外，滑坡、坝体开裂、隧道开挖过程中的失稳等破坏多数也与渗流有关。研究土的渗透性，掌握水在土中的渗透规律，在土力学中具有重要的理论价值和现实意义。

土的渗透性是土的主要性质之一，主要包括渗流量计算、渗透破坏和防治措施 3 个方面的问题。本章主要学习土的渗透性和渗透规律、二维流网及其性质、渗流的危害和控制等方面的内容，研究对象为饱和土体，对于非饱和土体的渗流问题可以参考相关资料。

学完本章后应掌握以下内容：

(1) 达西定律的基本理论；

(2) 影响土的渗透性的主要因素；

(3) 渗透系数的测定方法；

(4) 渗透力的概念和计算方法；

(5) 流土现象和管涌现象的发生条件及判别方法；

(6) 了解渗透破坏类型和防治措施。

学习中应注意回答以下问题:

(1) 什么是土的渗透性?

(2) 达西定律的适用范围是什么?

(3) 变水头渗透试验的优点是什么?

(4) 为什么有必要进行现场渗透试验?

3.2　土的渗透性和渗流定律

3.2.1　土的渗透性

　　由于土体颗粒排列具有任意性,水在土孔隙中流动的实际路线是不规则的,渗流的方向和速度都是变化着的[图 3-1(a)]。土体两点之间的压力差和土体孔隙的大小、形状和数量是影响水在土中渗流的主要因素。为分析问题的方便,在渗流分析时常将复杂的渗流土体简化为一种理想的渗流模型,如图 3-1 所示。该模型不考虑渗流路径的迂回曲折而只分析渗流的主要流向,而且认为整个空间均为渗流所充满,即假定同一过水断面上渗流模型的流

（a）实际的渗流土体　　　　（b）理想渗流模型

图 3-1　渗流模型分析

量等于真实渗流的流量,任一点处渗流模型的压力等于真实渗流的压力。这一渗流模型是依据 2.6 节的方法进行连续、平均和定量化的结果。

1. 渗流速度

　　水在饱和土体中渗流时,在垂直于渗流方向取一个土体截面,该截面叫过水截面。过水截面包括土颗粒和孔隙所占据的面积,平行渗流时为平面,弯曲渗流时为曲面。那么在时间 t 内渗流通过该过水截面(其面积为 A)的渗流量为 Q,渗流速度为

$$v = \frac{Q}{At}。 \tag{3-1}$$

　　渗流速度表征渗流在过水截面上的平均流速(名义流速),并不代表水在土体的孔隙中渗流的真实流速。水在饱和土体中渗流时,孔隙中水流运动的平均流速为

$$v_0 = \frac{Q}{nAt}。 \tag{3-2}$$

式中,n——土体的孔隙率。

2. 水头和水力梯度

如图 3-2 所示,根据水力学知识,水在土中从 A 点渗透到 B 点应该满足连续定律和能量平衡方程(Bernoulli 方程),水在土中任意一点的水头可以表示成

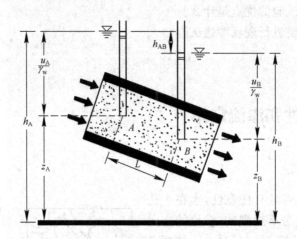

图 3-2 水在土中渗流示意图

$$h = z + \frac{u}{\gamma_w} + \frac{v^2}{2g} \text{。} \qquad (3-3)$$

式中,z——相对于任意选定的基准面的高度,代表单位液体所具有的位能,叫位置水头;

$\quad u$——孔隙水压力,代表单位质量液体所具有的压力势能;

$\quad \dfrac{u}{\gamma_w}$——该点孔隙水压力的水柱高,为该点的压力水头;

$\quad v$——渗流速度;

$\quad \dfrac{v^2}{2g}$——单位质量液体所具有的动能,为该点的速度水头;

$\quad h$——总水头,表示该点单位质量液体所具有的总机械能;

$\quad h_{AB}$——单位质量液体从 A 点向 B 点流动时,为克服阻力而消耗的能量,称为水头差;

$\quad \gamma_w$——水的重度;

$\quad g$——重力加速度;

$\quad L$——渗流路径长度。

位置水头 z 的大小与基准面的选取有关,因此水头的大小随着选取的基准面的不同而不同。在实际计算中最关心的不是水头 h 的大小,而是水头差的大小(如图 3-2 所示,水流从 A 点流到 B 点的过程中的水头损失为 h_{AB});因而基准面可以任意选取。由于水在土中渗流时受到土的阻力较大,一般情况下渗流的速度很小,例如,取一个较大的水流速度 $v = 1.5 \text{ cm/s}$,它产生的速度水头大约为 0.0011 cm,这与位置水头或压力水头差几个数量级;因此在土力学中

一般忽略速度水头对总水头和水头差的影响。那么,式(3-3)可简化为

$$h=z+\frac{u}{\gamma_w}。 \tag{3-4}$$

如图3-2所示,水流从A点流到B点的过程中的水头损失为h_{AB},那么在单位流程中水头损失的多少就可以表征水在土中渗流的推动力的大小,可以用水力梯度来表示,即

$$i=\frac{h_{AB}}{L}。 \tag{3-5}$$

水在土中的渗流是从高水头向低水头流动,而不是从高压力水头向低压力水头流动。如图3-2所示,若$\frac{u_A}{\gamma_w}<\frac{u_B}{\gamma_w}$,即$A$点的压力水头小于$B$点时,渗流方向仍然是从$A$点流向$B$点;因为$A$点的水头大于$B$点的水头。因此,水流渗透的方向取决于水头而不是压力水头。常把促使水渗流的水头差h_{AB}叫驱动水头,而水力梯度i是使渗流从水头较高的地方向水头较低的地方运动的驱动力。注意:Teizaghi认为水力梯度i是一个纯数。

例3-1 如图3-3所示,在恒定总水头作用下,试求:

(1)土样中$a-a$、$b-b$、$c-c$ 3个截面的位置水头、压力水头和总水头;

(2)$a-a$ 至 $b-b$,$b-b$ 至 $c-c$ 的水头损失及其相应的水力梯度。

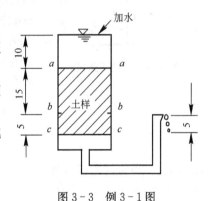

图3-3 例3-1图

单位:cm

解 取截面$c-c$为基准面,则$a-a$截面与$c-c$截面的位置水头,压力水头和总水头分别为

$$z_a=5+15=20 \text{ cm},h_{wa}=10 \text{ cm},h_a=20+10=30 \text{ cm};$$

$$z_c=0 \text{ cm},h_{wc}=5 \text{ cm},h_c=0+5=5 \text{ cm}。$$

$a-a$截面与$c-c$截面之间的水头损失为

$$h_{ac}=30-5=25 \text{ cm}。$$

$b-b$截面位置水头,总水头和压力水头分别为

$$z_b=5 \text{ cm},$$

$$h_b=h_c+\frac{5}{15+5}h_{ac}=5+0.25\times25=11.25 \text{ cm},$$

$$h_{wb}=11.25-5=6.25 \text{ cm}。$$

截面$a-a$与$b-b$,$b-b$与$c-c$之间的水头损失分别为

$$h_{ab}=30-11.25=18.75 \text{ cm},$$

$$h_{bc}=11.25-5=6.25 \text{ cm}。$$

该土样的水力梯度为

$$i = \frac{h_{ac}}{L_{ac}} = \frac{25}{20} = 1.25。$$

3.2.2 达西定律

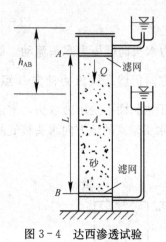

图 3-4 达西渗透试验

水在土中流动时,由于土的孔隙通道很小,渗流过程中黏滞阻力很大;所以在多数情况下,水在土中的流速十分缓慢,属于层流范围。

1856 年,达西(Darcy H)为了研究水在砂土中的流动规律,进行了大量的渗流试验,得出了层流条件下土中水渗流速度和水头损失之间关系的渗流规律,即达西定律。图 3-4 为达西渗透试验装置。试验筒中部装满砂土。砂土试样长度为 L,截面积为 A,从试验筒顶部右端注水,使水位保持稳定,砂土试样两端各装一支测压管,测得前后两支测压管水位差为 Δh,试验筒右端底部留一个排水口排水。试验结果表明:在某一时段 t 内,水从砂土中流过的渗流量 Q 与过水断面 A 和土体两端测压管中的水位差 h_{AB} 成正比,与土体在测压管间的距离 L 成反比。那么,达西定律可表示为

$$q = \frac{Q}{t} = k\frac{h_{AB}A}{L} = kAi, \tag{3-6}$$

$$v = \frac{q}{A} = ki。 \tag{3-7}$$

式中,q——单位时间渗流量(cm^3/s);

v——渗流速度(cm/s);

i——水力梯度;

k——土的渗透系数(cm/s),其物理意义表示单位水力梯度时的渗流速度。

式(3-6)和式(3-7)称为一维达西渗流公式,它表征水在砂土中的渗流速度与水力梯度成正比。

例 3-2 如图 3-4 所示的达西渗流试验,假设试管中的砂土为两种土样,土样 1 位于土样 2 的上部,它们的高度都是 20 cm,总水头损失为 40 cm,土样 1 的渗透系数为 0.03 cm/s,土样 2 的水力梯度为 0.5。求土样 2 的渗透系数和土样 1 的水力梯度。

解 水流过土样 1 和土样 2 的水头损失之和等于总水头损失,即

$$h_1 + h_2 = 40 \text{ cm}。$$

根据水力梯度的概念,有

$$i_2 = h_2/L_2 = 0.5,$$

$$h_2 = 10 \text{ cm};$$

所以 $h_1 = 30 \text{ cm}$,

$$i_1 = h_1/L_1 = 1.5。$$

水在土样 1 和土样 2 中渗流时的速度是相同的,满足水流连续条件。根据达西定律得

$$v = k_1 i_1 = k_2 i_2,$$

于是可得

$$k_2 = 0.09 \text{ cm/s}。$$

3.2.3　达西定律的适用范围

　　研究表明,达西定律所表示渗流速度与水力梯度成正比关系是在特定的水力条件下的试验结果。随着渗流速度的增加,这种线性关系不再存在,因此达西定律应该有一个适用界限。实际上水在土中渗流时,由于土中孔隙的不规则性,水的流动是无序的,水在土中渗流的方向、速度和加速度都在不断地改变。当水运动的速度和加速度很小时,其产生的惯性力远远小于由液体黏滞性产生的摩擦阻力,这时黏滞力占优势,水的运动是层流,渗流服从达西定律;当水运动速度达到一定的程度,惯性力占优势时,由于惯性力与速度的平方成正比,

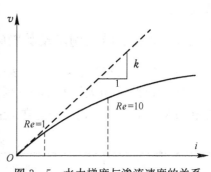

图 3 - 5　水力梯度与渗流速度的关系

达西定律就不再适用了,但是这时的水流仍属于层流范围。图 3 - 5 为一典型的水力梯度与渗流速度之间的关系曲线,图中虚线为达西定律。

　　实际上水在土中渗流时服从达西定律存在一个界限问题。现在来讨论一下达西定律的上限值,如水在粗颗粒土中渗流时,随着渗流速度的增加,水在土中的运动状态可以分成以下 3 种情况:

　　(1) 水流速度很小,为黏滞力占优势的层流,达西定律适用,这时雷诺数 Re 小于 1~10 之间的某一值;

　　(2) 水流速度增加到惯性力占优势的层流和层流向紊流过渡时,达西定律不再适用,这时雷诺数 Re 在 10~100 之间;

　　(3) 随着雷诺数 Re 的增大,水流进入紊流状态,达西定律完全不适用。

　　另外,在黏性土中由于土颗粒周围结合水膜的存在而使土体呈现一定的黏滞性。因此,一般认为黏土中自由水的渗流必然会受到结合水膜黏滞阻力的影响,只有当水力梯度达一定值后渗流才能发生,将这一水力梯度称为黏性土的起始水力梯度 i_0,即存在一个达西定律有效范围的下限值。此时,达西定律可写成

$$v = k(i - i_0)。 \tag{3-8}$$

式中,i_0——起始水力梯度。

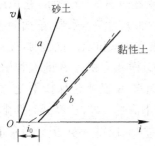

图 3 - 6　砂土和黏土渗透
规律的比较

　　图 3 - 6 绘出典型砂土和黏性土的渗透试验结果。其中,直线 a 表示砂土的结果,虚线 b 表示黏土的结果,对于后者为应用方便起见一般用折线来代替(直线 c)。

关于起始水力梯度是否存在的问题,目前尚存在较大的争论。为此,不少学者进行过深入的研究,并给出不同的物理解释,大致可归纳为如下 3 种观点。

(1)达西定律在小梯度时也完全适用,偏离达西定律的现象是由于试验误差造成的。

(2)达西定律在小梯度时不适用,但存在起始水力梯度 i_0。当水力梯度小于 i_0 时无渗流存在,而当水力梯度大于 i_0 时,$v-i$ 关系呈线性关系,即满足式(3-8)。

(3)达西定律在小梯度时不适用,但也不存在起始水力梯度。$v-i$ 曲线通过原点,呈非线性关系。

3.2.4 渗透系数的测定及其影响因素

如前所述,渗透系数 k 是一个表征土体渗透性强弱的指标,它在数值上等于单位水力梯度时的渗流速度。k 值大的土,渗透性强;k 值小的土,其透水性差。不同种类的土,其渗透系数差别很大。表 3-1 列出了一些常见土的渗透系数。

表 3-1　土的渗透系数

土　类	$k/(\text{cm/s})$	土　类	$k/(\text{cm/s})$
黏　土	$<1.2\times10^{-6}$	中　砂	$6.0\times10^{-3}\sim2.4\times10^{-2}$
粉质黏土	$1.2\times10^{-6}\sim6.0\times10^{-5}$	粗　砂	$2.4\times10^{-2}\sim6.0\times10^{-2}$
粉　土	$6.0\times10^{-5}\sim6.0\times10^{-4}$	砾砂、砾石	$6.0\times10^{-2}\sim1.8\times10^{-1}$
粉　砂	$6.0\times10^{-4}\sim1.2\times10^{-3}$	卵　石	$1.2\times10^{-1}\sim6.0\times10^{-1}$
细　砂	$1.2\times10^{-3}\sim6.0\times10^{-3}$	漂　石	$6.0\times10^{-1}\sim1.2\times10^{0}$

1. 渗透系数的室内测定

目前,从试验原理上看,渗透系数 k 的室内测定方法可以分成常水头法和变水头法。下面分别介绍这两种试验方法的原理。

1)常水头渗透试验

常水头试验装置如图 3-7 所示,它适用于测量渗透性大的砂性土的渗透系数,前面介绍的达西渗流试验就是常水头试验。试验时,在圆形容器中装高度为 L,横截面积为 A 的饱和试样。不断向试样桶内加水,使其水位保持不变,水在水头差 h_{AB} 的作用下流过试样,从容器底部排出。试验过程中,水头差 h_{AB} 保持不变,因此叫常水头试验。试验过程中测得在一定时间 t 内流经试样的水量 Q,那么,根据达西渗透定律有

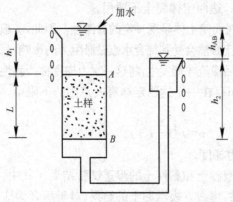

图 3-7　常水头渗透试验

$$Q = vAt = k\frac{h_{AB}}{L}At,$$

$$k = \frac{QL}{h_{AB}At}. \tag{3-9}$$

需要指出，对于黏性土来说由于其渗透系数较小；故渗水量较小，用常水头渗透试验不易准确测定。因此，对于这种渗透系数小的土可用变水头试验。

2）变水头渗透试验

变水头试验装置如图 3-8 所示，土样的高度为 L，截面积为 A。在 t_0 时刻，在初始水头差 h_0 作用下，水从变水头管中自下而上渗流过土样。试验时，装土样的容器内的水位保持不变，而变水头管内的水位逐渐下降，渗流水头差随试验时间的增加而减小，因此叫变水头试验。经过一段时间后记录 t_1 时刻的水头差 h_1。设试验过程中任意时刻 t 时的水头差为 h，经过 dt 时段后，变水头管中的水位下降 dh，那么，dt 时间内流入试样的水量为

$$dQ = -adh.$$

式中，　a——变水头管的内截面积；

"－"——表示渗水量随 h 的减小而增加。

根据达西定律，dt 时间内流出试样的渗流量为

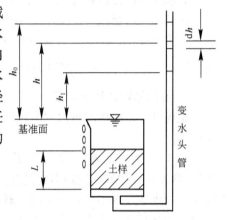

图 3-8　变水头渗透试验

$$dQ = kiAdt = k\frac{h}{L}Adt.$$

根据水流连续条件，流入量和流出量应该相等，那么

$$-adh = k\frac{h}{L}Adt,$$

即

$$dt = -\frac{aL}{kA}\frac{dh}{h},$$

等式两边在 $t_0 \sim t_1$ 时间内积分，得

$$\int_{t_0}^{t_1} dt = -\frac{aL}{kA}\int_{h_0}^{h_1}\frac{dh}{h},$$

$$t_1 - t_0 = \frac{aL}{kA}\ln\frac{h_0}{h_1},$$

于是，可得土的渗透系数为

$$k = \frac{aL}{A(t_1 - t_0)}\ln\frac{h_0}{h_1}. \tag{3-10}$$

室内测定渗透系数的优点是设备简单、花费较少，在工程中得到普遍应用。但是，土的渗透

性与其结构构造有很大关系,而且实际土层中水平与垂直方向的渗透系数往往有很大差异;同时,由于取样时不可避免的扰动,一般很难获得具有代表性的原状土样。因此,室内试验测得的渗透系数往往不能很好地反映现场土的实际渗透性质,必要时可直接进行大型现场渗透试验。有资料表明,现场渗透试验值可能比室内小试样试验值大 10 倍以上,需引起足够的重视。

例 3 - 3　如图 3 - 8 所示的变水头试验装置,细砂试样的高度为 10 cm,半径为 3 cm,变水头管的直径为 1 cm。试验开始时,水头差为 56 cm,经过 19 s 后,试验结束,这时的水头差为 25 cm,求细砂的渗透系数 k。

解　试样的面积　　　　　$A = \pi R^2 = 3.14 \times 3^2 = 28.26 \text{ cm}^2$,

变水头管的面积　　　　　$a = \pi r^2 = 3.14 \times 0.5^2 = 0.785 \text{ cm}^2$,

渗透系数　　　　$k = \dfrac{aL}{At} \ln \dfrac{h_0}{h_1} = \dfrac{0.785 \times 10}{28.26 \times 19} \times \ln \dfrac{56}{25} = 1.2 \times 10^{-2} \text{ cm/s}$。

2. 渗透系数的现场测定

现场进行土的渗透系数的测定常采用井孔抽水试验或井孔注水试验,抽水与注水试验的原理相似。

图 3 - 9 为一现场井孔抽水试验示意图。在现场打一口试验井,贯穿要测定渗透系数的砂土层,并在距井中心不同距离处设置一个或两个观测孔。然后自井中以不变的速率连续进行抽水。抽水使井周围的地下水位逐渐下降,形成一个以井孔为轴心的降落漏斗状的地下水面。测定试验井和观察孔中的稳定水位,可以画出测压管水位变化图形。测压管水头差形成的水力梯度,使水流向井内。假设水流是水平流向时,则流向水井的渗流过水断面应该是一系列的同心圆柱面。当出水量和井中的动水位稳定一段时间后,若测得的抽水量为 Q,观测孔距井轴线的距离分别为 r_1、r_2,孔内的水位高度为 h_1、h_2,通过达西定律即可求出土层的平均渗透系数。

围绕井轴取一过水断面,该断面距井中心距离为 r,水面高度为 h,那么过水断面的面积为

$$A = 2\pi rh。$$

设该过水断面上各处的水力梯度为常数,且等于地下水位线在该处的水力梯度,则

$$i = -\frac{\mathrm{d}h}{\mathrm{d}r}。$$

根据达西定律,单位时间内井内抽出的水量为

$$q = -Aki = 2\pi rhk \frac{\mathrm{d}h}{\mathrm{d}r},$$

即　　　　　　　　　　　　　$q \dfrac{\mathrm{d}r}{r} = 2\pi hk\mathrm{d}h,$

两边积分,得

$$q \int_{r_1}^{r_2} \frac{\mathrm{d}r}{r} = 2\pi k \int_{h_1}^{h_2} h\mathrm{d}h,$$

可得渗透系数为

$$k = \frac{q}{\pi} \frac{\ln(r_2/r_1)}{(h_2^2 - h_1^2)}。 \tag{3-11}$$

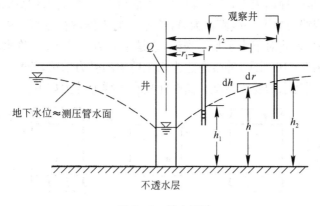

图 3-9　抽水试验

3. 影响渗透系数的因素

土的渗透系数与土和水两方面的多种因素有关,下面分别就这两个方面的因素进行讨论。

(1) 土颗粒的粒径、级配和矿物成分:土中孔隙通道大小直接影响到土的渗透性。一般情况下,细粒土的孔隙通道比粗粒土的小,其渗透系数也较小;级配良好的土,粗粒土间的孔隙被细粒土所填充,它的渗透系数比粒径级配均匀的土小;在黏性土中,黏粒表面结合水膜的厚度与颗粒的矿物成分有很大关系,结合水膜的厚度越大,土粒间的孔隙通道越小,其渗透性也就越小。

(2) 土的孔隙比:同一种土,孔隙比越大,则土中过水断面越大,渗透系数也就越大。渗透系数与孔隙比之间的关系是非线性的,与土的性质有关。

(3) 土的结构和构造:当孔隙比相同时,絮凝结构的黏性土,其渗透系数比分散结构的大;宏观构造上的成层土及扁平黏粒土在水平方向的渗透系数远大于垂直方向的。

(4) 土的饱和度:土中的封闭气泡不仅减小了土的过水断面,而且可以堵塞一些孔隙通道,使土的渗透系数降低,同时可能会使流速与水力梯度之间的关系不符合达西定律。

(5) 渗流水的性质:水的流速与其动力黏滞度有关,动力黏滞度越大流速越小;动力黏滞度随温度的增加而减小,因此温度升高一般会使土的渗透系数增加。

3.3　渗流破坏和控制

3.3.1　渗透力的计算

如图 3-7 所示,如果土体中任意两点的总水头相同,它们之间没有水头差产生,那么渗流就不会发生;如果它们之间存在水头差,土中将产生渗流。水头差 Δh 是渗流穿过 L 高度土体时所损失的能量,说明土粒给水流施加了阻力;反之,渗流必然对每个土粒有推动、摩擦和拖曳作用。渗透力(或称渗流力)就是当在饱和土体中出现水头差时,作用于单位体积土的骨架上的力(它有时可看作是一种体积力,用 j 表示)。下面讨论渗透力的计算原理。

在渗流场中沿流线方向取一截面积为 A,长为 L 的土样进行分析。由于渗透力是水流和土颗粒之间的作用力,因此对于水土整体来说,它是个内力。基于此,将水和土颗粒的受力情况分开来考虑。如图 3-10 所示,等号左边为水土整体的受力情况,等号右边的第一项为土颗粒的受力情况,第二项为水的受力情况。这时作用在土样上的力如下。

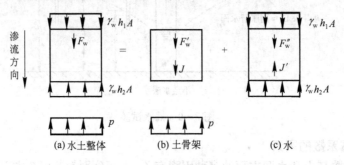

图 3-10 土颗粒和水受力示意图

(1) 水土整体。

① 流入面的静水压力为 $\gamma_w h_1 A$;

② 流出面的静水压力为 $\gamma_w h_2 A$;

③ 土样重力在流线上的分量 $F_w = \gamma_{sat} L A$;

④ 土样底面所受的反力 p。

其中,$h_2 = h_1 + L - \Delta h$。

(2) 土骨架。

① 由于土骨架浸于水中,故受浮重力 $F_w' = \gamma' L A$;

② 总渗透力 $J = jLA$,方向向下;

③ 土样底面所受的反力为 p。

(3) 水。

① 孔隙水重量和土粒浮力反力之和为 $F_w'' = \gamma_w L A$;

② 流入面和流出面的静水压力为 $\gamma_w h_1 A$ 和 $\gamma_w h_2 A$;

③ 土粒对水的阻力作用 J',大小与渗透力相同,方向相反,即 $J' = J = jLA$。

以土样中的水为隔离体进行受力分析,在垂直方向满足力的平衡条件,那么

$$\gamma_w h_1 A + \gamma_w L A - \gamma_w h_2 A = J' = jLA,$$

$$jL = \gamma_w (h_1 + L - h_2), \tag{3-12}$$

利用条件 $h_2 = h_1 + L - \Delta h$,得单位土体土颗粒所受的渗透力为

$$j = \frac{\gamma_w \Delta h}{L} = \gamma_w i, \tag{3-13}$$

总渗透力为 $$J = \gamma_w \Delta h A。 \tag{3-14}$$

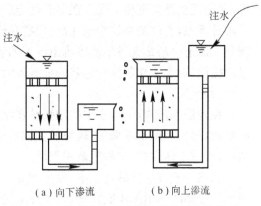

（a）向下渗流　　　（b）向上渗流

图 3-11　渗流方向对土颗粒间作用力的影响

需要指出,渗透力表示的是水流对单位体积土体中颗粒的作用力,在宏观上是由水流的外力转化为均匀分布的体积力,普遍作用于渗流场中所有的颗粒骨架上,其大小与水力梯度成正比,方向与渗流的方向一致。

因此,当水的渗流由上向下时[图 3-11(a)],土颗粒之间的接触压力增大;当水的渗流由下向上时,土颗粒之间的接触压力减小(图 3-11(b))。此时在土体表面取一单元土体进行分析,则当向上的渗透力 j 与土的有效重度 γ' 相等时,土颗粒之间的压力为 0,即

$$j = \gamma_w i = \gamma' = \gamma_{sat} - \gamma_w。$$

此时,可定义临界水力梯度为

$$i_{cr} = \frac{\gamma'}{\gamma_w}。 \tag{3-15}$$

工程上常用临界水力梯度 i_{cr} 来评价土体是否发生渗透破坏。

3.3.2　土的渗透变形(渗透破坏)和防治措施

土工建筑物及地基由于渗流作用而出现土层剥落、地面隆起、渗流通道等破坏或变形现象,叫渗透破坏或者渗透变形。渗透破坏是土工建筑物破坏的重要原因之一,危害很大。

1. 渗透破坏的主要形式

土的渗透变形主要有流土(流沙)、管涌、接触流土和接触冲刷等类型。就单一土层来说,渗透变形的主要形式是流土和管涌。

1) 流土

在向上的渗透水流作用下,表层土局部范围内的土颗粒或颗粒群同时发生悬浮、移动的现象叫做流土,主要发生在地基或土坝下游渗流溢出处。如图 3-12 所示,河堤下相对不透水层下面有一层强透水沙层,由于不透水层的渗透系数远远小于强透水层,当有渗流发生在地基中时,渗流过程中的水头主要损失在下游水流的溢出处,而在强透水层中的水头损失很小,因此造成渗流在下游相对不透水层处的水力梯度较大,局部覆盖层被水流冲溃,砂土大量涌出,这就是典型的流土现象。

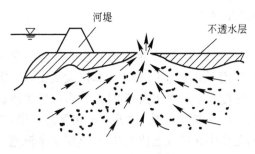

图 3-12　流土示意图

任何类型的土,包括黏性土或砂性土,只要满足水力梯度大于临界水力梯度这一水力条件,流土现象就要发生。发生在非黏性土中的流土,表现为颗粒群的同时被悬浮,形成泉眼群、砂沸等现象,土体最终被渗流托起;而在黏性土中,流土表现为土体隆起、浮动、膨胀和断裂等现象。流土一般最先发生在渗流出溢处的表面,然后向土体内部推进,过程很快,往往来不及采取措施,对土工建筑物和地基的危害极大。

2)管涌

在渗透水流作用下,土中的细颗粒在粗颗粒形成的孔隙中移动以至流失,随着土的孔隙不断扩大,渗透速度不断增加,较粗的颗粒也被水流逐渐带走,最终导致土体内形成贯通的渗流通道,造成土体塌陷,这种现象叫管涌。

管涌一般发生在砂性土中,发生的部位一般在渗流出口处,也可发生在土体的内部,管涌现象一般随时间增加不断发展,是一种渐进性质的破坏。

3)接触流土

接触流土是指渗流垂直于两种不同介质的接触面流动时,把其中一层的细粒带入另一层土中的现象,如反滤层的淤堵。

4)接触冲刷

接触冲刷是指渗流沿着两种不同介质的接触面流动时,把其中细粒层的细粒带走的现象,一般发生在土工建筑物地下轮廓线与地基土的接触面处。

2. 渗透变形产生的条件

土的渗透变形的发生和发展主要取决于两个原因,一是几何条件,二是水力条件。

1)几何条件

土体颗粒在渗流条件下产生松动和悬浮,必须克服土颗粒之间的黏聚力和内摩擦力,土的黏聚力和内摩擦力与土颗粒的组成和结构有密切关系。渗流变形产生的几何条件是指土颗粒的组成和结构等特征。例如,对于管涌来说,只有当土中粗颗粒所构成的孔隙直径大于细颗粒的直径,才可能让细颗粒在其中移动,这是管涌发生的必要条件之一。对于不均匀系数 $C_u <$ 10 的土,粗颗粒形成的孔隙直径不能让细颗粒顺利通过,一般情况下这种土不会发生管涌;而对于不均匀系数 $C_u > 10$ 的土,发生流土和管涌的可能性都存在,主要取决于土的级配情况和细粒含量。试验结果表明,当细粒含量小于 25% 时,细粒填不满粗颗粒所形成的孔隙时,渗透变形属于管涌;而当细粒含量大于 35% 时,则可能产生流土。

2)水力条件

产生渗透变形的水力条件指的是作用在土体上的渗透力,是产生渗透变形的外部因素和主动条件。土体要产生渗透变形,只有当渗流水头作用下的渗透力,即水力梯度大到足以克服土颗粒之间的黏聚力和内摩擦力时,也就是说水力梯度大于临界水力梯度时,才可以发生渗透变形。表 3-2 给出了发生管涌时的临界水力梯度。应该指出的是,对于流土和管涌来说,渗透力具有不同的意义。对于流土来说,渗透力指的是作用在单位土体上的力,是属于层流范围内的概念;而对于管涌来说,则指的是作用在单个颗粒上的渗透力,已经超出了层流的界限。

表 3-2 产生管涌的临界梯度

水 力 梯 度	级 配 连 续 土	级 配 不 连 续 土
临界水力梯度 i_{cr}	0.2～0.4	0.1～0.3
允许水力梯度 $[i]$	0.15～0.25	0.1～0.2

3）渗流的出溢条件

渗流出溢处有无适当的保护对渗透变形的产生和发展有着重要的意义。当出溢处直接临空，此处的水力梯度是最大的，同时水流方向也有利于土的松动和悬浮，这种出溢处条件最易产生渗透变形。

3. 渗透变形的判别

首先，根据土的性质（包括几何条件）来确定地基土是管涌土还是非管涌土，这对于土工建筑物的设计具有重要意义；其次根据水力条件确定临界水力梯度，来判别渗透变形的类型。

（1）根据地基土的性质确定土的类型。

① 用不均匀系数 C_u 判别。

根据土的颗粒级配曲线，确定土的不均匀系数

$$C_u = \frac{d_{60}}{d_{10}}, \tag{3-16}$$

并给出下面的判别标准：

$C_u < 10$，为非管涌土；

$10 < C_u < 20$，为管涌土或非管涌土；

$C_u > 20$，为管涌土。

研究表明，对于 $C_u < 10$ 的土可以判别其是非管涌土；但当 $C_u > 20$ 时土仍然有可能是非管涌土。因此，用土的不均匀系数 C_u 作为判别标准不能完全反映土的渗透性能。

② 用土体孔隙直径与填料粒径之比判别。

可以用式（3-17）来判定土是否是管涌土，即

$$\frac{d_0}{d} > 1.8（管涌土）。 \tag{3-17}$$

式中，d_0——土体平均孔径直径；

d——土体细颗粒直径。

其中，

$$d_0 = 0.026(1 + 0.15C_u)\sqrt{\frac{k}{n}}。 \tag{3-18}$$

式中，n——土的孔隙率；

k——土的渗透系数。

（2）根据水力条件确定渗透变形的类型。

在实际工程中，可按下面的条件判别流土发生的可能性：

$i < i_{cr}$，土体处于稳定状态；

$i = i_{cr}$，土体处于临界状态；

$i > i_{cr}$，土体发生流土破坏。

由于流土造成的危害很大，故设计时要保证有一定的安全系数，把实际最大水力梯度限制在允许水力梯度的范围内，即

$$i \leqslant [i] = \frac{i_{cr}}{K_s}。 \qquad (3-19)$$

式中，K_s——流土安全系数，一般取 $K_s = 1.5 \sim 2.0$。

目前，国内外对管涌的临界水力梯度的计算方法还不成熟，尚没有一个公认的公式。这主要是由于管涌的渗流机理在理论上没有很好地解决，试验数据也难以获得，同时管涌的渗透力超过层流的范围，缺乏准确的计算公式。我国学者在对级配连续及级配不连续的土进行理论和试验研究的基础上提出了土体发生管涌的临界水力梯度和允许水力梯度的范围值，如表 3-2 所示。

4. 渗透破坏的控制

对于渗透变形的控制，可以在以下 3 个方面采取适当的工程措施：

(1) 控制渗流水头和浸润线；

(2) 降低渗流梯度；

(3) 减小渗流量。

根据前面所介绍的流土与管涌发生的条件和特点，在预防渗透破坏时可以从以下几点进行考虑。

(1) 预防流土现象发生的关键是控制溢出处的水力梯度，使实际溢出处的水力梯度不超过允许梯度的范围。基于此，可以根据下面几点来考虑采取适当的工程措施，以预防流土现象的发生：

① 切断地基的透水层，如在渗流区域设一些构造物（防渗墙、灌浆等）；

② 延长渗流路径，降低溢出处的水力梯度，如做水平防渗铺盖；

③ 减小渗流压力或者防止土体悬浮，如打设减压井，在可能发生溢出处设透水盖重。

(2) 预防管涌现象的发生可以从改变水力和几何两个方面来采取措施：

① 改变水力条件以降低土层内部和溢出处的水力梯度，如做防渗铺盖；

② 改变几何条件，在溢出部位铺设反滤层以保护基土不被细颗粒带走，反滤层应该具有较大的透水性，以保证渗流的通畅，这是防止渗透破坏的有效措施。

例 3-4　对某土样进行渗透试验，土样的长度为 30 cm，试验水头差为 40 cm，试样的土粒比重为 2.65，孔隙率为 0.45，试求：

(1) 通过土样的单位体积渗透力；

(2) 判别土样是否发生流土，并计算土体将要产生流土所需要的临界水头差。

解　(1) 水力梯度　$i = \dfrac{\Delta h}{L} = \dfrac{40}{30} = 1.33$，

渗透力 $j=\gamma_{\mathrm{w}}i=9.8\times1.33=13.0\ \mathrm{kN/m^3}$；

（2）土样的孔隙比 $e=\dfrac{n}{1-n}=\dfrac{0.45}{1-0.45}=0.82$，

土样的浮重度

$$\gamma'=\gamma_{\mathrm{sat}}-\gamma_{\mathrm{w}}=\frac{G_{\mathrm{s}}-1}{1+e}\cdot\gamma_{\mathrm{w}}=\frac{2.65-1}{1+0.82}\times9.8=8.9\ \mathrm{kN/m^3},$$

发生流土的临界水力梯度 $\qquad i_{\mathrm{cr}}=\dfrac{\gamma'}{\gamma_{\mathrm{w}}}=\dfrac{8.9}{9.8}=0.91$。

由于 $i>i_{\mathrm{cr}}$，所以发生流土现象。

根据临界水力梯度可计算将要出现流土时的水头差 $\quad\Delta h_{\mathrm{cr}}=i_{\mathrm{cr}}L=0.91\times30=27.3\ \mathrm{cm}$。

3.4 流网及其性质

工程中涉及的许多渗流问题一般为二维或三维问题。在一些特定条件下，可以简化为二维问题（即平面渗流问题），典型问题如坝基、河滩路堤及基坑挡土墙等，即假定在某一方向的任一个断面上其渗流特性是相同的。图 3-13 为水闸下地基平面渗流问题，对于该类问题可先建立渗流微分方程，然后结合渗流边界条件和初始条件进行求解。但一般而言，渗流问题的边界条件往往是十分复杂的，很难给出其严密的数学解析解，为此可采用有限元法等数值计算手段给出渗流的流网图。所谓流网，是由流线（图 3-13 中实线）$\psi=C_2$ 和等势线（图 3-13 中虚线）$\varphi=C_1$ 两组互相垂直交织的曲线所组成。在稳定渗流情况下流线表示水质点的运动线路，而等势线表示势能或水头的等值线，即每一条等势线上的测压管水位都是相同的。本节先给出平面渗流基本微分方程的推导，然后介绍流网的性质。

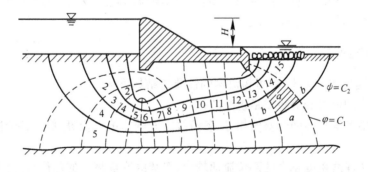

图 3-13 水闸下地基渗流流网

3.4.1 平面渗流基本微分方程

在二维渗流平面内取一微元体（图 3-14），微元体的长度和高度分别为 $\mathrm{d}x$、$\mathrm{d}z$，厚度为 $\mathrm{d}y=1$。图 3-14 给出了单位时间内从微元体四边流入或流出的水量。假定：

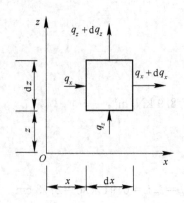

图 3-14 二维渗流的微元体

(1) 土体和水都是不可压缩的；

(2) 二维渗流平面内 (x,z) 点处的总水头为 h；

(3) 土是各向同性的，即 $k_x = k_z$。

在 x 轴方向，x 和 $x + dx$ 处的水力梯度分别为 i_x 和 $i_x + di_x$；在 z 轴方向，z 和 $z + dz$ 处的水力梯度分别为 i_z 和 $i_z + di_z$。则有

$$i_x = \frac{-\partial h}{\partial x}, i_z = \frac{-\partial h}{\partial z}; \qquad (3-20)$$

$$di_x = \frac{-\partial^2 h}{\partial x^2} dx, di_z = \frac{-\partial^2 h}{\partial z^2} dz。 \qquad (3-21)$$

根据达西定律，流入和流出微元体的水量分别为

$$q_x = k_x i_x dz dy, q_z = k_z i_z dx dy; \qquad (3-22)$$

$$q_x + dq_x = k_x(i_x + di_x) dz dy, q_z + dq_z = k_z(i_z + di_z) dx dy。 \qquad (3-23)$$

根据质量守恒定理，单位时间内流入的水量应该等于流出的水量，那么

$$q_x + q_z = q_x + dq_x + q_z + dq_z; \qquad (3-24)$$

将式(3-22)、式(3-23)和 $dy = 1$ 代入式(3-24)，并经适当简化得

$$k_x di_x dz + k_z di_z dx = 0; \qquad (3-25)$$

将式(3-21)代入式(3-25)并假定为各向同性土体(即 $k_x = k_z$)，可得

$$\frac{\partial^2 h}{\partial x^2} + \frac{\partial^2 h}{\partial z^2} = 0。 \qquad (3-26)$$

式(3-26)为描述二维稳定渗流的连续方程，即著名的拉普拉斯(Laplace)方程，也叫调和方程。

从上述推导过程来看拉普拉斯方程所描述的渗流问题应该是：稳定渗流；满足达西定律；水和土体是不可压缩的；均匀介质。

3.4.2 流网的性质

对于各向同性的均匀土体，可将流网的性质总结如下：

(1) 流网中的流线和等势线是正交的；

(2) 流网中各等势线间的差值相等，各流线之间的差值也相等，那么各个网格的长宽之比为常数；

(3) 流网中流线密度越大的部位流速越大，等势线密度越大的部位水力梯度越大。

由流网图可以计算渗流场内各点的测压管水头、水力梯度、流速及渗流场的渗流量，下面以图 3-13 为例对流网的应用进行说明。

1) 测压管水头

根据流网的性质可知，任意相邻等势线之间的势能差值相等，即水头损失相同，那么相邻两条等势线之间的水头差为

$$\Delta h = \frac{-H}{N}。 \tag{3-27}$$

式中,H——水从上游渗透到下游的总水头损失;

　　N——等势线间隔数。

根据式(3-27)所计算出的水头损失和已确定的基准面,就可以计算出渗流场中任意一点的水头。

2)水力梯度

流网中任意一网格的平均水力梯度为

$$i = \frac{-\Delta h}{\Delta l}, \tag{3-28}$$

式中,Δl——所计算网格处流线的平均长度。

流网中最大的水力梯度也叫溢出梯度,是地基渗透稳定的控制梯度。

3)渗流量

流网中任意相邻流线之间的单位渗透流量是相同的。现在来计算图3-13所示阴影网格的流量。根据达西定律,网格中任意一点的渗透速度为

$$v = ki。$$

那么,单位渗透流量为

$$\Delta q = v\Delta A = kib = k\frac{-\Delta h}{a}b = k\frac{b}{a}\frac{H}{N}。 \tag{3-29}$$

式中,a——阴影网格的长度;

　　b——阴影网格的宽度。

若假设 $a = b$,则

$$\Delta q = -k\Delta h = k\frac{H}{N}。 \tag{3-30}$$

那么,通过渗流区的总单宽渗透流量为

$$q = -Mk\Delta h = kH\frac{M}{N}, \tag{3-31}$$

式中,M——流网中的流槽数,即流线数减1。

坝基渗流区总渗透流量为

$$Q = qL, \tag{3-32}$$

式中,L——坝基的长度。

思考题

3-1　达西定律的内容是什么?其应用条件和适用范围是什么?达西定律中的各个指标的物理意义是什么?

3-2 什么叫土的渗透系数？如何确定土的渗透系数？影响土的渗透系数的因素是什么？

3-3 试简述常水头、变水头渗透试验和现场抽水试验的试验原理；这几种方法有什么区别，适用于什么条件？

3-4 什么叫流网？流线和等势线的物理意义是什么？流网中的流线和等势线必须满足什么条件？

3-5 流网具有什么样的性质？

3-6 判别发生管涌和流土的临界水力梯度的含义有什么不同？

3-7 渗透力是怎样引起渗透变形的？土体发生流土和管涌的机理和条件是什么？

3-8 简述渗透破坏的防治措施。

3-9 如何以土骨架为隔离体，导出渗透力的表达式？

习 题

3-1 对土样进行常水头渗透试验，土样的长度为 25 cm，横截面积为 100 cm²，作用在土样两端的水头差为 75 cm，通过土样渗流出的水量为 100 cm³/min。计算该土样的渗透系数 k 和水力梯度 i，并根据渗透系数的大小判断土样的类型。

3-2 在不透水岩基上有 10 m 厚的土层，地下水位在地面下 2 m 处，做抽水试验，以 6.5 m³/min 的流量从井中抽水，在抽水井径向距离分别为 5 m 和 35 m 处的观察井记录井水位分别为地面以下 5.8 m 和 3.4 m，求该土层的渗透系数。

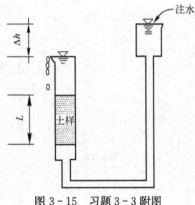

图 3-15 习题 3-3 附图

3-3 图 3-15 所示试验装置中土样的长度为 20 cm，土颗粒比重 $G_s=2.72$，孔隙比 $e=0.63$。(1)若水头差为 20 cm，土样单位体积上的渗透力是多少？(2)判断土样是否发生流土。(3)土样发生流土时的水头差。

3-4 在常水头渗透试验中，土样 1 和土样 2 分上下两层装样，其渗透系数分别为 $k_1=0.03$ cm/s 和 $k_2=0.1$ cm/s，试样的截面积 $A=200$ cm²，土样的长度分别为 $L_1=15$ cm 和 $L_2=30$ cm，试验时的总水头差为 40 cm。求渗流时土样 1 和土样 2 的水力梯度和单位时间通过土样的流量。

3-5 已知基坑底部有一层厚 1.25 m 的土层，其孔隙率 $n=0.35$，土粒比重为 2.65，假定该土层受到 1.85 m 以上的渗流水头的影响，问在土层上面至少加多厚的粗砂才能抵抗流土现象发生(假设粗砂与基坑底部土层具有相同的孔隙率和比重)。

Donald Wood Taylor

Donald Wood Taylor(1900—1955),1900 年生于美国马萨诸塞(Massachusetts)州的 Worcester,1955 年逝于马萨诸塞州的 Arlington。Taylor 于 1922 年毕业于 Worcester 技术学院,在美国海岸与大地测量部和新英格兰电力协会工作了 9 年,之后到麻省理工学院土木工程系任教,直到去世。

Taylor 教授积极参加 Boston 土木工程师学会及美国土木工程师学会的工作,曾任Boston 土木工程师学会的主席。自 1948 年至 1953 年,他一直担任国际土力学与基础工程学会的秘书。

Taylor 教授在黏性土的固结问题、抗剪强度(特别是咬合摩擦对抗剪强度的影响)和砂土剪胀及土坡稳定分析等领域均有不少建树。他的论文"土坡的稳定"获得 Boston 土木工程师学会的最高奖励——Desmond Fitzgerald 奖。他编写的教科书 *Fundamentals of Soil Mechanics* (1948)多年来一直得到广泛应用,它是一部经典的土力学教科书。

第 4 章

土体中的应力计算

4.1 概述

4.1.1 土中应力计算的基本假定和方法

土体中的应力计算是研究和分析土体及土工结构物变形、强度及稳定等问题的基础和依据，是土工设计的一项重要内容。土中的应力变化必然会引起土体或建筑物地基的变形，从而使建筑物（如路堤、土坝、房屋、桥梁、涵洞、机场跑道等）发生沉降或不均匀沉降及一定的侧向位移。一方面，如果变形过大，就会影响到建筑物的正常使用；另一方面，当土中应力过大时，还会导致土体内部局部范围内的剪切破坏，最终使土体或地基等发生整体滑动而失去稳定。一般而言，土中应力包括土体在自重、建筑物荷载、温度、土中水渗流等各类环境作用下所产生的应力，也包括爆炸、冲击、地震、交通和海洋波浪等动力荷载的作用。

为分析问题的方便，按土中应力产生的原因，可分为自重应力与附加应力，前者是由于土受到重力作用而产生的，而后者是由于受到建筑物等外部荷载作用而产生的。由于产生的条件不同，其分布规律和计算方法也有所不同。对于建筑物地基而言，由于地基土在水平方向及深度方向相对于建筑物基础的尺寸，可以认为是无限延伸的；因此在土中附加应力的简化分析中，可将荷载看做是作用在半空间无限体的表面，并假定地基土为均匀的、各向同性的弹性体，而采用弹性力学的有关理论进行计算。这一假定虽然同土体的实际情况有一定差别，但计算简单、便于应用，而且其计算结果能够满足一些实际工程的需要。其合理性可进一步说明如下。

（1）土的分散性影响及连续介质假定。前面已指出，土是由固、水、气三相组成的分散体，而不是连续介质，土中应力是通过土颗粒间的接触来传递的。但是，由于建筑物基础底面的尺寸远远大于土颗粒的尺寸，同时工程实践中所关心的一般也只是平面上平均应力的计算，而并不需要知道土颗粒间接触集中应力的大小。因此，可以忽略土体分散性的影响，近似地把土体作为连续体来考虑，应用弹性理论进行分析。

（2）土的非均质性和非线性影响。土是自然地质历史的产物，在其形成过程中具有各种结构与构造，使土呈现出相当的不均匀性。同时土体也不是一种理想的弹性体，而是一种具有弹塑性或黏滞性的复杂介质，其应力应变关系呈现明显的非线性性质。由于在实际工程中土中应力水平相对较低,在一定应力范围内,土的应力应变关系可近似地看做是线性关系。因此,当土层间的性质差异并不悬殊,采用弹性理论来计算土中应力在实用上是允许的,计算精度也能够满足一般工程的需要。但是,对沉降和变形有特殊要求的建筑物,则需要采取复杂的应力-应变关系,用数值法进行求解,如可采用已较为成熟的基于土的弹塑性本构模型的有限元方法。

（3）弹性理论计算结果的误差。竖向应力与材料的特性无关,其他应力也只与泊松比 μ 相关,而与弹性模量 E 无关。这就是说,不论地基的软或硬,其应力分布几乎都是一样的。所以,尽管按弹性理论计算得到的变形可能与实际相差很大,但其应力分布计算结果的近似程度还是能够满足工程的要求。

4.1.2 地基中的几种典型应力状态

对于半空间无限土体,可建立如图 4-1 所示的直角坐标系,则土体中某点的应力状态可以用一个正六面单元体上的应力来表示,作用在单元体上的 3 个法向应力分量分别为 σ_x、σ_y、σ_z,6 个剪应力分量分别为 $\tau_{xy} = \tau_{yx}$、$\tau_{yz} = \tau_{zy}$、$\tau_{zx} = \tau_{xz}$。剪应力角标前面一个符号表示剪应力作用面的法线方向,后一个符号表示剪应力的作用方向。

地基中的典型应力状态一般有如下 3 种类型。

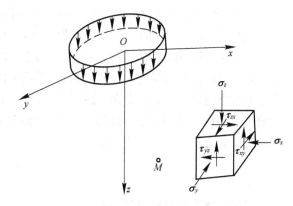

图 4-1 土中一点的应力状态

1. 三维应力状态

在半空间无限体表面有局部荷载作用,则地基中的应力状态属于三维应力状态(即空间应力状态)。三维应力状态是建筑物地基中最普遍的一种应力状态,例如,单独柱基础下,地基中各点应力就是典型的三维空间应力状态。此时,地基中每一点的应力都与 3 个坐标 x、y、z 有关,每一点的应力状态都可用 9 个应力分量(独立的有 6 个)来表示,其应力矩阵形式可表达为

$$\sigma_{ij} = \begin{bmatrix} \sigma_{xx} & \tau_{xy} & \tau_{xz} \\ \tau_{yx} & \sigma_{yy} & \tau_{yz} \\ \tau_{zx} & \tau_{zy} & \sigma_{zz} \end{bmatrix}.$$

2. 二维应变状态

对于堤坝或挡土墙下地基中的应力状态,基础的一个方向的尺寸比另一方向的尺寸大很多,且每个横截面上的应力大小和分布形式均一样,地基中某点应力状态只与 x、z 两个坐标轴有关,是二维应变状态(平面应变状态)。此时,沿长度方向切出的任一 xOz 截面均可认为是对称面,并且沿 y 方向的应变 $\varepsilon_y = 0$。根据对称性有 $\tau_{yx} = \tau_{yz} = 0$,其应力矩阵可表达为

$$\sigma_{ij} = \begin{bmatrix} \sigma_{xx} & 0 & \tau_{xz} \\ 0 & \sigma_{yy} & 0 \\ \tau_{zx} & 0 & \sigma_{zz} \end{bmatrix}.$$

3. 侧限应力状态

侧限应力状态是指侧向应变为 0 的一种应力状态,如地基在自重作用下的应力状态即属于此种应力状态。如果把地基土视为半无限弹性体,则地基同一深度 z 处土单元的受力条件均相同,土体无侧向变形,而只有竖直向变形。此时,任何竖直面均可看做是对称面;故在任何竖直面和水平面上的剪应力均为 0,即 $\tau_{xy} = \tau_{yz} = \tau_{zx} = 0$,其应力矩阵可表达为

$$\sigma_{ij} = \begin{bmatrix} \sigma_{xx} & 0 & 0 \\ 0 & \sigma_{yy} & 0 \\ 0 & 0 & \sigma_{zz} \end{bmatrix}。$$

根据弹性力学的有关理论,由 $\varepsilon_x = \varepsilon_y = 0$,可推导得 $\sigma_x = \sigma_y$,且与 σ_z 成正比。

需要指出,在土力学中,由于土是散粒体,一般不能承受拉力,在土中出现拉应力的情况很少。为方便起见,规定法向应力以压应力为正,拉应力为负,与一般固体力学中符号的规定相反。剪应力的正负号规定是:当剪应力作用面上的法向应力方向与坐标轴的正方向一致时,则剪应力的方向与坐标轴正方向一致时为正,反之为负;若剪应力作用面上的法向应力方向与坐标轴正方向相反时,则剪应力的方向与坐标轴正方向相反时为正,反之为负。在图 4-1 中所示的法向应力及剪应力均为正值。

学完本章后应掌握以下内容:
(1) 半无限土体内部自重应力的计算;
(2) 基础底面压力计算的简化方法;
(3) 利用弹性力学理论计算各类分布荷载作用下半无限土体内部的竖向附加应力大小;
(4) 有效应力的基本原理和应用。

学习中应注意回答以下问题:
(1) 土中应力计算的基本假定是什么?
(2) 什么是自重应力和附加应力?
(3) 什么是空间问题和平面问题?
(4) 什么是柔性基础和刚性基础?
(5) 如何计算基础底面的附加应力?
(6) 如何由集中荷载作用下土中应力的计算公式确定分布荷载作用下的计算公式?
(7) 什么是有效应力和总应力?
(8) 孔隙压力系数的物理意义是什么?

4.2　土体中自重应力计算

4.2.1　基本计算公式

如图 4-2 所示,假定土体为均质的半无限弹性体,地基土重度为 γ。土体在自身重力作用下,其任一竖直切面上均无剪应力存在($\tau=0$),即为侧限应力状态。取高度为 z,截面积 $A=1$ 的土柱为隔离体,假定土柱体重量为 F_w,底面上的应力大小为 σ_{sz},则由 z 方向力的平衡条件可得

$$\sigma_{sz}A=F_w=\gamma z A。$$

于是,可得土中自重应力计算公式为

$$\sigma_{sz}=\gamma z。\tag{4-1}$$

可以看出,自重应力随深度呈线性增加,为三角形分布。

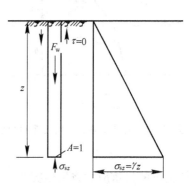

图 4-2　土体中的自重应力

4.2.2　土体成层及有地下水存在时的计算公式

1. 土体成层时的计算公式

地基土往往是成层的,不同的土层具有不同的重度。设各土层厚度及重度分别为 h_i 和 $\gamma_i (i=1,2,\cdots,n)$。则根据与式(4-1)类似的推导,可得在第 n 层土的底面上自重应力的计算公式为

$$\sigma_{sz}=\gamma_1h_1+\gamma_2h_2+\cdots+\gamma_nh_n=\sum_{i=1}^{n}\gamma_ih_i。\tag{4-2}$$

图 4-3 给出两层土的情况。由于每层土的重度 γ_i 值不同,故自重应力沿深度的分布呈折线形状。

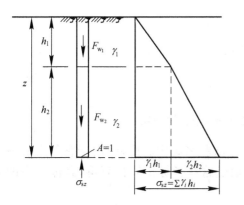

图 4-3　成层土的自重应力分布

2. 有地下水存在时的计算公式

当有地下水存在时,计算地下水位以下土的自重应力,应根据土的性质首先确定是否需考虑水的浮力作用。对于砂性土一般应该考虑浮力的作用,而黏性土则视其物理状态而定。一般认为,当水下黏性土的液性指数 $I_L \geqslant 1$ 时,土处于流动状态,土颗粒间有大量自由水存在,

土体受到水的浮力作用；当其液性指数 $I_L < 0$ 时，土处于固体或半固体状态，土中自由水受到土颗粒间结合水膜的阻碍而不能传递静水压力，此时土体不受水的浮力作用；而当 $0 < I_L < 1$ 时，土处于塑性状态，此时很难确定土颗粒是否受到水的浮力的作用，在实践中一般按不利状态来考虑。

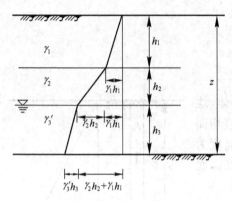

图 4-4 有地下水存在时土中自重应力分布

如果地下水位以下的土受到水的浮力作用，则水下部分土的重度应按浮重度 γ' 计算，其计算方法类似于成层土的情况（图 4-4）。如果地下水位以下埋藏有不透水层（如岩层或只含结合水的坚硬黏土层），此时由于不透水层中不存在水的浮力作用；所以不透水层顶面及以下的自重应力应按上覆土层的水土总重计算。这样，上覆土层与不透水层交界面处上下的自重应力将发生突变。

4.2.3 水平向自重应力的计算

根据广义虎克定律，有

$$\varepsilon_{sx} = \frac{\sigma_{sx}}{E} - \frac{\mu}{E}(\sigma_{sy} + \sigma_{sz})。 \tag{4-3}$$

式中，E——弹性模量（土力学中一般用地基变形模量 E_0 代替）。

对于侧限应力状态，有 $\varepsilon_{sx} = \varepsilon_{sy} = 0$，代入式（4-3），得

$$\frac{\sigma_{sx}}{E} - \frac{\mu}{E}(\sigma_{sy} + \sigma_{sz}) = 0。 \tag{4-4}$$

再利用 $\sigma_{sx} = \sigma_{sy}$，可得土体水平向自重应力 σ_{sx} 和 σ_{sy} 为

$$\sigma_{sx} = \sigma_{sy} = \frac{\mu}{1-\mu}\sigma_{sz} = K_0\sigma_{sz}。 \tag{4-5}$$

式中，$K_0 = \dfrac{\mu}{1-\mu}$ 为土的静止侧压力系数或静止土压力系数；μ 为泊松比。

K_0 和 μ 根据土的种类和密度不同而异，可通过试验来确定。此外，由于它与土的一些物理或力学指标间存在较好的相关关系，故也可通过这些指标来间接获得，具体可参阅有关文献。

例 4-1 如图 4-5 所示，土层的物理性质指标为：第一层土为细砂，重度 $\gamma_1 = 19$ kN/m³，土粒重度 $\gamma_s = 25.9$ kN/m³，含水率 $w = 18\%$；第二层土为黏土，重度 $\gamma_2 = 16.8$ kN/m³，土粒重度 $\gamma_s = 26.8$ kN/m³，含水率 $w = 50\%$，液限 $w_L = 48\%$，塑限 $w_P = 25\%$，并有地下水存在。试计算土中自重应力。

解 第一层土为细砂，地下水位以下的细砂要考虑浮力的作用，其浮重度 γ' 为

$$\gamma' = \frac{(\gamma_s - \gamma_w)\gamma}{\gamma_s(1+w)} = \frac{(25.9 - 9.8) \times 19}{25.9 \times (1 + 0.18)} = 10 \text{ kN/m}^3.$$

第二层为黏土层,其液性指数 $I_L = \frac{w - w_P}{w_L - w_P} = \frac{50 - 25}{48 - 25} = 1.09 > 1$;故可认为该黏土层受到水的浮力作用,其浮重度为

$$\gamma' = \frac{(26.8 - 9.8) \times 16.8}{26.8 \times (1 + 0.5)} = 7.1 \text{ kN/m}^3.$$

a 点:$z = 0$,$\sigma_{sz} = \gamma z = 0$。

b 点:$z = 2$ m,$\sigma_{sz} = 19 \times 2 = 38$ kPa。

c 点:$z = 5$ m,$\sigma_{sz} = \sum \gamma_i h_i = 19 \times 2 + 10 \times 3 = 68$ kPa。

d 点:$z = 9$ m,$\sigma_{sz} = 19 \times 2 + 10 \times 3 + 7.1 \times 4 = 96.4$ kPa。

土层中的自重应力 σ_{sz} 分布如图 4-5 所示。

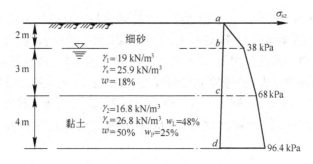

图 4-5　例 4-1 附图

4.3　基础底面的压力分布及计算

建筑物的荷载是通过基础传到土中的,因此外部荷载作用下的基础底面的压力分布形式将对土中应力产生直接的影响。事实上,基础底面的压力分布问题涉及上部结构物、基础和地基土的共同作用问题,是一个十分复杂的课题;但在简化分析中一般将其看做是弹性理论中的接触压力问题。基础底面的压力分布与基础的大小、刚度、形状、埋置深度、地基土的性质及作用在基础上荷载的大小和分布等许多因素有关。在理论分析中若要综合考虑所有的因素是十分困难的,目前在弹性理论中主要是研究不同刚度的基础与弹性半空间体表面的接触压力分布问题。下面讨论基底压力分布的基本概念及简化的计算方法。

4.3.1　基底压力的分布规律

如图 4-6(a)所示,若一个基础的抗弯刚度 $EI = 0$,则这种基础相当于绝对柔性基础,基

础底面的压力分布图形将与基础上作用的荷载分布图形相同,此时基础底面的沉降呈现中央大而边缘小的情形,属极端情况。实际工程中可以把柔性较大(刚度较小)能适应地基变形的基础看做是柔性基础,例如,如果近似假定土坝或路堤本身不传递剪应力,则由其自身重力引起的基底压力分布就与其断面形状相同,为梯形分布,如图4-6(b)所示。

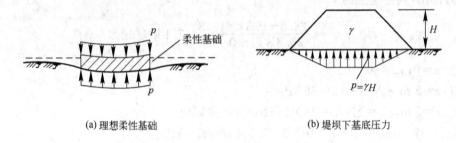

(a) 理想柔性基础　　　　　　　　　　　　(b) 堤坝下基底压力

图 4-6　柔性基础底面的压力分布特征

对于一些刚度很大($EI=\infty$),不能适应地基变形的基础可以视为刚性基础,例如,采用大块混凝土实体结构的桥梁墩台基础,如图4-7所示,属另一极端情况。由于刚性基础不会发生挠曲变形,所以在中心荷载作用下,基底各点的沉降是相同的,这时基底压力分布为马鞍形分布,即呈现中央小而边缘大(按弹性理论的解答,边缘应力为无穷大)的情形,如图4-7(a)所示。随着作用荷载的增大,基础边缘应力也相应增大,该处地基土将首先产生塑性变形,边缘应力不再增加,而中央部分则继续增大,从而使基底压力重新分布,呈抛物线分布,如图4-7(b)所示。

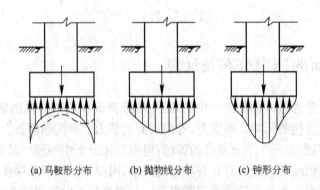

(a) 马鞍形分布　　　(b) 抛物线分布　　　(c) 钟形分布

图 4-7　刚性基础底面的压力分布特征

如果作用荷载继续增大,则基底压力会继续发展为钟形分布,如图4-7(c)所示。

这表明,刚性基础底面的压力分布形状同荷载大小有关,另外根据试验研究知道,它还同基础埋置深度及土的性质有关。需要指出,上述刚性基础底面压力分布的演化过程只是一种理想化的情形,真实情况要复杂得多。

实际工程中许多基础的刚度一般均处于上述两种极端情况之间,称为弹性基础。对于有限刚度基础底面的压力分布,可根据基础的实际刚度及土的性质,用弹性地基上梁和板的方法或数值计算方法进行计算,具体可参阅有关文献。

4.3.2 基底压力的简化计算

上述分析表明,基底压力的分布形式是十分复杂的;但根据弹性理论中的圣维南原理及土中实际应力的量测结果可知,当作用在基础上的荷载总值一定时,基底压力分布形状对土中应力分布的影响,只限定在基础附近一定深度范围内,一般的,当距离基底的深度超过基础宽度的1.5～2.0倍时,它的影响已不很显著,对沉降计算所引起的误差在工程上是允许的。因此,在实用上可近似地认为基底压力的分布呈直线规律变化,并采用简化的方法进行计算,亦即按照材料力学的有关公式进行计算。

1. 中心荷载作用

当荷载作用在基础形心处时如图4-8(a)所示,基底压力 p 按材料力学中的中心受压公式计算,即

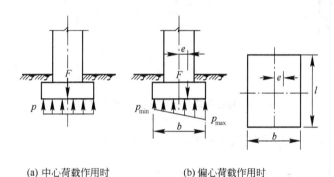

(a) 中心荷载作用时　　　　　(b) 偏心荷载作用时

图4-8　基底压力简化计算方法

$$p = \frac{F}{A} \text{。}$$

(4-6)

式中,F——作用在基础底面中心的竖直荷载;

　　A——基础底面积。

对于荷载沿长度方向均匀分布的条形基础,沿长度方向截取一单位长度进行基底压力 p 的计算。

2. 偏心荷载作用

矩形基础受偏心荷载作用时如图4-8(b)所示,基底压力 p 按材料力学中的偏心受压公式计算,即

$$\begin{cases} p_{\max}=\dfrac{F}{A}+\dfrac{M}{W}=\dfrac{F}{A}\left(1+\dfrac{6e}{b}\right), \\ p_{\min}=\dfrac{F}{A}-\dfrac{M}{W}=\dfrac{F}{A}\left(1-\dfrac{6e}{b}\right)。 \end{cases} \tag{4-7}$$

式中，F、M——作用在基础底面中心的竖直荷载及弯矩，$M=Fe$；

　　e——荷载偏心距；

　　W——基础底面的抗弯矩截面系数，对矩形基础 $W=\dfrac{lb^2}{6}$；

　　b，l——基础底面的宽度和长度。

由式（4-7）可知，根据荷载偏心距 e 的大小，基底压力的分布可能会出现下述 3 种情况，如图 4-9 所示。

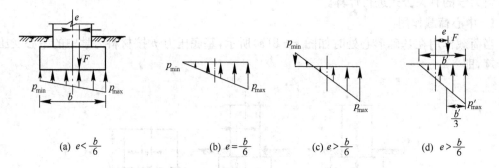

图 4-9　偏心荷载时基底压力分布的几种情况

（1）当 $e<\dfrac{b}{6}$ 时，$p_{\min}>0$，基底压力呈梯形分布，如图 4-9（a）所示。

（2）当 $e=\dfrac{b}{6}$ 时，$p_{\min}=0$，基底压力呈三角形分布，如图 4-9（b）所示。

（3）当 $e>\dfrac{b}{6}$ 时，$p_{\min}<0$，表明距偏心荷载较远的基底边缘压力为负值，亦即会产生拉应力，如图 4-9（c）所示，但由于基底与地基土之间是不能承受拉应力的，此时产生拉应力部分的基底将与地基土脱离，而使基底压力重新分布。

这时如图 4-9（d）所示，假定重新分布后的基底最大压力为 $p'_{\max}$，则根据新的平衡条件可得

$$p'_{\max}=\dfrac{2F}{3\left(\dfrac{b}{2}-e\right)l}。 \tag{4-8}$$

而 $b'=3\left(\dfrac{b}{2}-e\right)$。实际上，这在工程上是不允许的，需进行设计调整，如调整基础尺寸或偏心距。

3. 水平荷载作用

对于承受水压力或土压力等水平荷载作用的建筑物，基础将受到倾斜荷载的作用，如图 4-10 所示。在倾斜荷载作用下，除会引起竖向基底压力外，还会引起水平向应力。计算

时,可将倾斜荷载 F 分解为竖向荷载 F_v 和水平向荷载 F_h 两部分,并假定由 F_h 引起的基底水平应力 p_h 均匀分布于整个基础底面。则对于矩形基础,有

$$p_h = \frac{F_h}{A}。 \qquad (4-9)$$

式中,p_h——基底水平应力;

　　A——基础底面积。

对于条形基础,也可沿长度方向截取一单位长度进行计算。

4.3.3　基底附加压力的计算

建筑物建造前,地基中的自重应力已经存在。基底附加压力是作用在基础底面的压力与基础底面处原来的土中自重应力之差。它是引起地基土内附加应力及其变形的直接因素。实际上,一般浅基础总是置于天然地面下一定的深度,该处原有的自重应力由于基坑开挖而卸除。因此,将建筑物建造后的基底压力扣除基底标高处原有的土的自重应力后,才是基底平面处新增加于地基的基底附加压力。

由图 4-11 可知,基底平均附加压力为

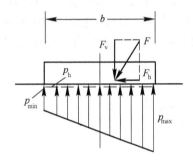

图 4-10　倾斜荷载作用下基底压力计算

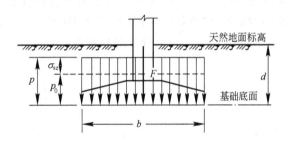

图 4-11　基底平均附加压力的计算

$$p_0 = p - \sigma_{sz} = p - \gamma_0 d。 \qquad (4-10)$$

式中,p——基底平均接触压力;

　　σ_{sz}——土中自重应力,基底处 $\sigma_{sz} = \gamma_0 d$;

　　γ_0——基础底面标高以上天然土层的加权平均重度,$\gamma_0 = (\gamma_1 h_1 + \gamma_2 h_2 + \cdots)/(h_1 + h_2 + \cdots)$,其中,地下水位下的重度取浮重度;

　　d——基础埋深,从天然地面算起,对于有一定厚度新填土的情形,应从原天然地面起算。

计算出基底附加压力后,即可把它看做是作用在弹性半空间表面上的局部荷载,再根据弹性力学的有关理论求算土体中的附加应力。需要指出,由于实际工程中基底附加压力一般作用在地表下一定深度处,因此上述假定只是一种近似的解答;但对于一般浅基础而言,这种假

设所造成的误差可以忽略不计。

由式(4-10)还可以看出,增大基础埋深 d 可以减小附加压力 p_0。利用这一原理,在工程上可以通过增大埋置深度的方法来减小附加压力,从而达到减小建筑物沉降的目的。

另外,当基坑的平面尺寸较大或深度较大时,基坑地面将发生明显的回弹,且中间的回弹量大于边缘处的回弹量,在沉降计算中应考虑这一因素。

4.4 集中荷载作用下土中应力计算

现讨论在集中荷载作用下土中附加应力的计算。需要指出,集中荷载只在理论意义上是存在的,但集中荷载作用下的应力分布的解答在地基内附加应力的计算中是一个最基本的公式。利用这一解答,通过叠加原理或者数值积分的方法可以得到各种分布荷载作用下土中应力的计算公式。

4.4.1 竖向集中荷载作用

假定在均匀的各向同性的半无限弹性体表面,作用一竖向集中荷载 F(图4-12),计算半无限体内任一点 M 的应力(不考虑弹性体的体积力)。这一课题已在弹性理论中由法国数学家布西奈斯克(Boussinesq J V,1885)解得,称为布西奈斯克课题。当采用直角坐标系时,其6个应力分量和3个位移分量可分别表示如下。

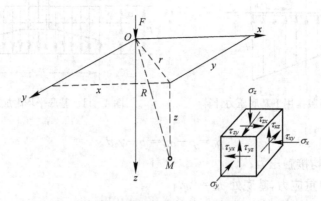

图4-12 竖向集中荷载作用下土中应力计算

(1) 法向应力:

$$\sigma_z = \frac{3Fz^3}{2\pi R^5};$$
$$(4-11)$$

$$\sigma_x = \frac{3F}{2\pi}\left\{\frac{zx^2}{R^5} + \frac{1-2\mu}{3}\left[\frac{R^2-Rz-z^2}{R^3(R+z)} - \frac{x^2(2R+z)}{R^3(R+z)^2}\right]\right\};$$
$$(4-12)$$

$$\sigma_y = \frac{3F}{2\pi} \left\{ \frac{zy^2}{R^5} + \frac{1-2\mu}{3} \left[\frac{R^2-Rz-z^2}{R^3(R+z)} - \frac{y^2(2R+z)}{R^3(R+z)^2} \right] \right\}. \tag{4-13}$$

（2）剪应力：

$$\tau_{xy} = \tau_{yx} = \frac{3F}{2\pi} \left[\frac{xyz}{R^5} - \frac{1-2\mu}{3} \times \frac{xy(2R+z)}{R^3(R+z)^2} \right]; \tag{4-14}$$

$$\tau_{yz} = \tau_{zy} = -\frac{3Fyz^2}{2\pi R^5}; \tag{4-15}$$

$$\tau_{zx} = \tau_{xz} = -\frac{3Fxz^2}{2\pi R^5}. \tag{4-16}$$

（3）x、y、z 轴方向的位移分别为：

$$u = \frac{F(1+\mu)}{2\pi E} \left[\frac{xz}{R^3} - (1-2\mu)\frac{x}{R(R+z)} \right]; \tag{4-17}$$

$$v = \frac{F(1+\mu)}{2\pi E} \left[\frac{yz}{R^3} - (1-2\mu)\frac{y}{R(R+z)} \right]; \tag{4-18}$$

$$w = \frac{F(1+\mu)}{2\pi E} \left[\frac{z^2}{R^3} + 2(1-\mu)\frac{1}{R} \right]. \tag{4-19}$$

式中，x、y、z——M 点的坐标，$R = \sqrt{x^2+y^2+z^2}$；

E、μ——地基土的弹性模量及泊松比。

如图 4-13 所示，当采用极坐标表示 M 点的应力时，有

$$\sigma_z = \frac{3F}{2\pi z^2} \cos^5\theta \tag{4-20}$$

$$\sigma_r = \frac{F}{2\pi z^2} \left[3\sin^2\theta\cos^3\theta - \frac{(1-2\mu)\cos^2\theta}{1+\cos\theta} \right], \tag{4-21}$$

$$\sigma_t = -\frac{F(1-2\mu)}{2\pi z^2} \left[\cos^3\theta - \frac{\cos^2\theta}{1+\cos\theta} \right], \tag{4-22}$$

$$\tau_{rz} = \frac{3F}{2\pi z^2} (\sin\theta\cos^4\theta), \tag{4-23}$$

$$\tau_{tr} = \tau_{tz} = 0. \tag{4-24}$$

由上述弹性力学理论的解答可知，对于半无限均质弹性体，微元体竖直方向的应力分量 σ_z、$\tau_{zx} = \tau_{xz}$，$\tau_{yz} = \tau_{zy}$ 只与集中荷载 F 的大小和位置坐标 (x, y, z) 有关，而与弹性模量 E 和泊松比 μ 无关，亦即与材料的特性无关。其他几个应力分量也只与泊松比 μ 有

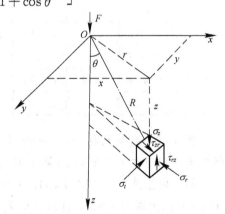

图 4-13　用极坐标表示的土中应力状态

关,且比较容易确定。所以,利用上述应力表达式计算具有非线性性质的土中应力在工程上是完全可行的。但位移表达式中涉及弹性模量 E,而 E 的大小与土的工程性质密切相关;故一般不直接用上述公式计算土中的变形或沉降,具体计算方法可见第5章。

需要指出,按弹性理论得到的应力及位移分量计算公式,在集中力作用点处是不适用的。事实上,当 $R \to 0$ 时,按上述公式计算的应力及位移均趋于无穷大,此时地基土已发生塑性变形,已不再满足弹性理论的基本假定。

在上述应力及位移的表达式中,对工程应用意义最大的是竖向法向应力 σ_z 的计算。为方便起见,式(4-11)可改写为

$$\sigma_z = \frac{3Fz^3}{2\pi R^5} = \frac{3F}{2\pi z^2} \frac{1}{[1+(r/z)^2]^{\frac{5}{2}}} = \alpha \frac{F}{z^2} \text{。} \qquad (4-25)$$

式中,

$$\alpha = \frac{3}{2\pi} \cdot \frac{1}{[1+(r/z)^2]^{\frac{5}{2}}}$$

称为应力分布系数,无因次,是 r/z 的函数,可由表4-1查得。

表4-1 集中荷载作用下的应力系数 α

r/z	α	r/z	α	r/z	α	r/z	α	r/z	α
0.00	0.477 5	0.50	0.273 3	1.00	0.084 4	1.50	0.025 1	2.00	0.008 5
0.05	0.474 5	0.55	0.246 6	1.05	0.074 4	1.55	0.022 4	2.20	0.005 8
0.10	0.465 7	0.60	0.221 4	1.10	0.065 8	1.60	0.020 0	2.40	0.004 0
0.15	0.451 6	0.65	0.197 8	1.15	0.058 1	1.65	0.017 9	2.60	0.002 9
0.20	0.432 9	0.70	0.176 2	1.20	0.051 3	1.70	0.016 0	2.80	0.002 1
0.25	0.410 3	0.75	0.156 5	1.25	0.045 4	1.75	0.014 4	3.00	0.001 5
0.30	0.384 9	0.80	0.138 6	1.30	0.040 2	1.80	0.012 9	3.50	0.000 7
0.35	0.357 7	0.85	0.122 6	1.35	0.035 7	1.85	0.011 6	4.00	0.000 4
0.40	0.329 4	0.90	0.108 3	1.40	0.031 7	1.90	0.010 5	4.50	0.000 2
0.45	0.301 1	0.95	0.095 6	1.45	0.028 2	1.95	0.009 5	5.00	0.000 1

例4-2 在半无限土体表面作用一集中力 $F=200$ kN,计算地面深度 $z=3$ m 处水平面上的竖向法向应力 σ_z 分布,以及距 F 作用点 $r=1$ m 处竖直面上的竖向法向应力 σ_z 分布。

解 可按式(4-25)计算各点的竖向应力 σ_z,计算结果列于表4-2及表4-3中。图4-14给出深度 $z=3$ m 处水平面上及 $r=1$ m 处竖直面上 σ_z 的分布曲线。由 σ_z 的分布曲线可以看出,在半无限土体内任一水平面上,随着与集中力作用点距离的增大,σ_z 值迅速减

小。在不通过集中力作用点的任一竖向剖面上,在土体表面处 $\sigma_z = 0$,随着深度的增加,σ_z 逐渐增大,在某一深度处达到最大值,此后又逐渐减小。

表 4-2　$z = 3\,m$ 处水平面上竖向应力 σ_z 的计算

r/m	0	1	2	3	4	5
r/z	0	0.33	0.67	1	1.33	1.67
α	0.478	0.369	0.189	0.084	0.038	0.017
σ_z/kPa	10.6	8.2	4.2	1.9	0.8	0.4

表 4-3　$r = 1\,m$ 处竖直面上竖向应力 σ_z 的计算

z/m	0	1	2	3	4	5	6
r/z	∞	1	0.5	0.33	0.25	0.20	0.17
α	0	0.084	0.273	0.369	0.410	0.433	0.444
σ_z/kPa	0	16.8	13.7	8.2	5.1	3.5	2.5

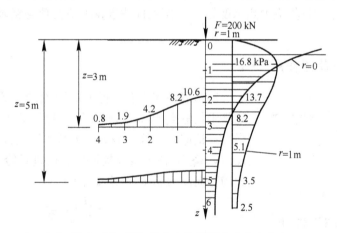

图 4-14　竖向集中力作用下土中应力分布

进一步分析可知,σ_z 值在集中力 F 作用线上最大(图 4-14),并随着 r 的增加而逐渐减小。随着深度 z 的增加,集中力作用线上的 σ_z 减小,而水平面上应力的分布趋于均匀。如果在空间上将 σ_z 值相同的点连接成曲面,则可以得到如图 4-15 所示的 σ_z 等值线分布图,其空间曲面的形状如泡状,所以也称为应力泡。图 4-15 表明,集中力 F 在地基中引起的附加应力 σ_z 随距作用点距离的增大而无限扩散。应该注意,集中力作用点 $z = 0$ 处为奇异点,无法计算其附加应力值。

当地基表面作用有多个集中力时,可分别计算出各集中力在地基中引起的附加应力,然后根据弹性理论的应力叠加原理求出地基中附加应力的总和。图 4-16 中曲线 a 表示集中力 F_1 在深度 z 处水平线上引起的应力分布,曲线 b 表示集中力 F_2 在同一水平线上引起的应力分布,把曲线 a 和曲线 b 引起的应力进行相加,即可得到该水平线上总的应力分布(曲线 c)。

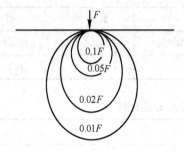

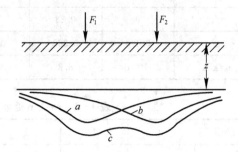

图 4-15　σ_z 等值线分布规律(应力泡)　　　　图 4-16　多个集中力作用下土中应力的叠加

　　在工程实践中,当基础底面较大、形状不规则或荷载分布较复杂时,可将基底划分为若干个小面积,把小面积上的荷载当成集中力,然后利用式(4-25)计算附加应力。分析表明,如果小面积的最大边长小于计算应力点深度的 1/3,则用此法求得的应力值与精确值相比,其误差不超过 5%。

4.4.2　水平集中荷载作用

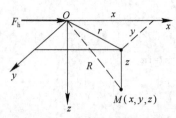

图 4-17　水平集中荷载作用
土中应力计算

地基表面作用有平行于 xOy 面的水平集中力 F_h,求解地基中任意点 $M(x,y,z)$ 处所引起的附加应力。该课题是弹性理论应力计算中的另一个基本课题,已由西罗提(Cerruti V)解出,称为西罗提课题。这里只给出与沉降关系最大的竖向应力 σ_z 的表达式,即

$$\sigma_z = \frac{3F_h}{2\pi} \cdot \frac{xz^2}{R^5} \text{。} \qquad (4-26)$$

式(4-26)中符号意义如图 4-17 所示。

4.5　分布荷载作用下土中应力计算

　　工程实践中,荷载往往是通过一定面积的基础传给地基的。如果基础底面的形状及分布荷载可以用某一函数来表示时,则可应用积分方法解得相应的土中应力。下面分别讨论空间问题和平面问题的计算方法。

4.5.1 空间问题的附加应力

如前所述,若作用荷载分布在有限面积范围内,那么土中应力与计算点处的空间坐标(x, y, z)有关,这类问题属于空间问题。集中荷载作用下的布西奈斯克课题及下面将介绍的矩形面积分布荷载、圆形面积分布荷载下的解均为空间问题。

1. 矩形面积上作用均布荷载时土中竖向应力计算

1) 角点处土中竖向应力 σ_z 的计算

图 4-18 表示在弹性半空间地基表面 $l \times b$ 面积上作用有均布荷载 p 的作用。为了计算矩形面积角点 O 下某深度处 M 点的竖向应力值 σ_z,可在基底范围内取单元面积 $dA = dxdy$,作用在单元面积上的分布荷载可以用集中力 dF 表示,即有 $dF = pdxdy$。集中力 dF 在土中 M 点处引起的竖向附加应力 $d\sigma_z$ 为

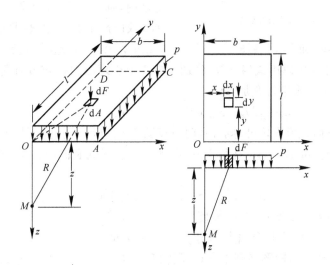

图 4-18 矩形面积均布荷载作用下角点处竖向应力 σ_z 的计算

$$d\sigma_z = \frac{3}{2\pi} \frac{pz^3}{(x^2+y^2+z^2)^{\frac{5}{2}}} dxdy,$$

则在矩形面积均布荷载 p 作用下,土中 M 点的竖向应力 σ_z 值可以通过在基底面积范围内进行积分求得,即

$$\sigma_z = \iint_A d\sigma_z = \frac{3z^3}{2\pi} p \int_0^l \int_0^b \frac{1}{(x^2+y^2+z^2)^{\frac{5}{2}}} dxdy =$$

$$\frac{p}{2\pi} \left[\frac{mn(1+n^2+2m^2)}{(m^2+n^2)(1+m^2)\sqrt{1+m^2+n^2}} + \arctan\frac{n}{m\sqrt{1+m^2+n^2}} \right] = \alpha_a p, \qquad (4-27)$$

式中,$\alpha_a = \dfrac{1}{2\pi} \left[\dfrac{mn(1+n^2+2m^2)}{(m^2+n^2)(1+m^2)\sqrt{1+m^2+n^2}} + \arctan\dfrac{n}{m\sqrt{1+m^2+n^2}} \right]$。

称为角点应力系数,是 $n=\dfrac{l}{b}$ 和 $m=\dfrac{z}{b}$ 的函数,可由附录D中表D-1查得。这里应特别注意,l 为矩形面积的长边,b 为矩形面积的短边。

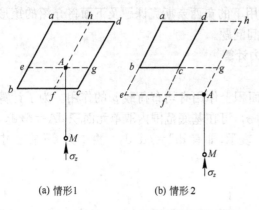

(a) 情形1　　　　　　(b) 情形2

图 4-19　角点法示意图

2) 土中任意点的竖向应力 σ_z 的计算

如图 4-19 所示,在矩形面积 $abcd$ 上作用有均布荷载 p,计算任意点 M 处的竖向应力 σ_z。M 点的竖直投影点 A 可能在矩形面积 $abcd$ 范围之内,也可能在矩形面积 $abcd$ 范围之外。此时可以用式(4-27)按下述叠加方法进行计算,这种计算方法即所谓"角点法"。

如图 4-19(a)所示,若 A 点在矩形面积范围之内,则计算时可以通过 A 点将受荷面积 $abcd$ 划分为 4 个小矩形面积 $aeAh$、$ebfA$、$hAgd$ 和 $Afcg$。这时 A 点分别在 4 个小矩形面积的角点上,这样就可以用式(4-27)分别计算 4 个小矩形面积均布荷载在角点 A 下 M 点处引起的竖向应力 σ_{zi},再进行叠加,即

$$\sigma_z=\sum\sigma_{zi}=\sigma_{z,aeAh}+\sigma_{z,ebfA}+\sigma_{z,hAgd}+\sigma_{z,Afcg}。$$

若 A 点在矩形面积范围之外,则计算时可按图 4-19(b)进行面积划分,分别计算出矩形面积 $aeAh$、$beAg$、$dfAh$ 和 $cfAg$ 在角点 A 下 M 点处引起的竖向应力 σ_{zi},然后按下述叠加方法计算,即

$$\sigma_z=\sigma_{z,aeAh}-\sigma_{z,beAg}-\sigma_{z,dfAh}+\sigma_{z,cfAg}。$$

例 4-3　如图 4-20 所示,在一长度为 $l=6$ m、宽度为 $b=4$ m 的矩形面积基础上作用大小为 $p=100$ kN/m² 的均布荷载。试计算:(1)矩形基础中点 O 下深度 $z=8$ m 处 M 点竖向应力 σ_z 值;(2)矩形基础外 k 点下深度 $z=6$ m 处 N 点竖向应力 σ_z 值。

解　(1) 将矩形面积 $abcd$ 通过中心点 O 划分成 4 个相等的小矩形面积($afOe$、$Ofbg$、$eOhd$ 及 $Ogch$),此时 M 点位于 4 个小矩形面积的角点下,可按角点法进行计算。

考虑矩形面积 $afOe$,已知 $\dfrac{l_1}{b_1}=\dfrac{3}{2}=1.5$,$\dfrac{z}{b_1}=\dfrac{8}{2}=4$,

由附录D中表D-1查得应力系数 $\alpha_a=0.038$;故得

$$\sigma_z=4\sigma_{z,afOe}=4\times0.038\times100=15.2\text{ kPa}。$$

(2) 将 k 点置于假设的矩形受荷面积的角点处,按角点法计算 N 点的竖向应力。可以将 N 点的竖向应力看

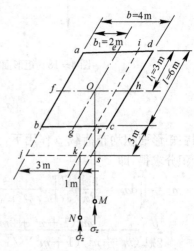

图 4-20　例 4-3 附图

作是由矩形受荷面积 *ajki* 与 *iksd* 引起的竖向应力之和,再减去矩形受荷面积 *bjkr* 与 *rksc* 引起的竖向应力,即

$$\sigma_z = \sigma_{z,ajki} + \sigma_{z,iksd} - \sigma_{z,bjkr} - \sigma_{z,rksc} \text{。}$$

附加应力系数计算结果列于表 4 - 4,而 *N* 点的竖向应力为

$$\sigma_z = 100 \times (0.131 + 0.051 - 0.084 - 0.035) = 100 \times 0.063 = 6.3 \text{ kPa。}$$

表 4 - 4　用角点法计算不同面积在 N 点的竖向应力系数 α_a 值

荷载作用面积	$\dfrac{l}{b} = n$	$\dfrac{z}{b} = m$	α_a
ajki	$\dfrac{9}{3} = 3$	$\dfrac{6}{3} = 2$	0.131
iksd	$\dfrac{9}{1} = 9$	$\dfrac{6}{1} = 6$	0.051
bjkr	$\dfrac{3}{3} = 1$	$\dfrac{6}{3} = 2$	0.084
rksc	$\dfrac{3}{1} = 3$	$\dfrac{6}{1} = 6$	0.035

2. 矩形面积上作用三角形分布荷载时土中竖向应力计算

如图 4 - 21 所示,在地基表面矩形面积 $l \times b$ 上作用有三角形分布荷载,计算荷载为 0 的角点下深度 z 处 M 点的竖向应力 σ_z 值。为此,将坐标原点取在荷载为 0 的角点上,z 轴通过 M 点。取单元面积 $\mathrm{d}A = \mathrm{d}x\mathrm{d}y$,其上作用集中力 $\mathrm{d}F = \dfrac{x}{b}p\mathrm{d}x\mathrm{d}y$,则同样可利用式(4 - 11)在基底面积范围内进行积分求得 σ_z 为

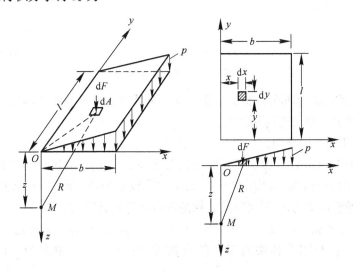

图 4 - 21　矩形面积上作用三角形分布荷载时 σ_z 计算

$$\sigma_z = \frac{3z^3}{2\pi}p\int_0^l\int_0^b \frac{\frac{x}{b}\mathrm{d}x\mathrm{d}y}{(x^2+y^2+z^2)^{\frac{5}{2}}} =$$

$$\frac{mn}{2\pi}\left[\frac{1}{\sqrt{n^2+m^2}}-\frac{m^2}{(1+m^2)\sqrt{1+m^2+n^2}}\right]p = \alpha_t p \text{。} \qquad (4-28)$$

式中，$\alpha_t = \frac{mn}{2\pi}\left[\frac{1}{\sqrt{n^2+m^2}}-\frac{m^2}{(1+m^2)\sqrt{1+m^2+n^2}}\right]$ 称为应力系数，为 $n=\frac{l}{b}$ 和 $m=\frac{z}{b}$ 的函数，可由附录 D 中表 D-2 查得。

这里应注意上述 b 值不是指基础的宽度，而是指三角形荷载分布方向的基础边长，l 为另一方向的长度，如图 4-21 所示。

例 4-4 如图 4-22 所示，有一矩形面积基础长 $l=5$ m，宽 $b=3$ m，三角形分布的荷载作用在地基表面，荷载最大值 $p=100$ kPa。试计算在矩形面积内 O 点下深度 $z=3$ m 处的竖向应力 σ_z 值。

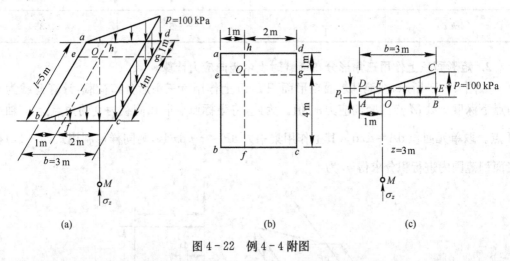

图 4-22 例 4-4 附图

解 求解时需要通过两次叠加来计算。第一次是荷载作用面积的叠加，可利用前面的角点法计算；第二次是荷载分布图形的叠加。

（1）荷载作用面积的叠加。

如图 4-22(a)、(b) 所示，由于 O 点位于矩形面积 $abcd$ 内。通过 O 点将矩形面积划分为 4 块，假定其上作用均布荷载 p_1，即图 4-22(c) 中的荷载 $DABE$。而 $p_1=100/3=33.3$ kPa。则在 M 点处产生的竖向应力 σ_{z1} 可用前面介绍的角点法进行计算，即

$$\sigma_{z1} = \sigma_{z1,aeOh}+\sigma_{z1,bfO}+\sigma_{z1,Ofcg}+\sigma_{z1,hOgd} = p_1(\alpha_{a1}+\alpha_{a2}+\alpha_{a3}+\alpha_{a4})\text{，}$$

其中，α_{a1}、α_{a2}、α_{a3}、α_{a4} 分别为各块面积的应力系数，可由附录 D 中表 D-1 查得，结果列于表 4-5。

于是可得

$$\sigma_{z1} = p_1 \sum \alpha_{ai} = 33.3 \times (0.045 + 0.093 + 0.156 + 0.073) = 33.3 \times 0.367 = 12.2 \text{ kPa}.$$

表 4-5 应力系数 α_{ai} 计算

编　　号	荷载作用面积	$\dfrac{l}{b} = n$	$\dfrac{z}{b} = m$	α_{ai}
1	$aeOh$	$\dfrac{1}{1} = 1$	$\dfrac{3}{1} = 3$	0.045
2	$ebfO$	$\dfrac{4}{1} = 4$	$\dfrac{3}{1} = 3$	0.093
3	$Ofcg$	$\dfrac{4}{2} = 2$	$\dfrac{3}{2} = 1.5$	0.156
4	$hOgd$	$\dfrac{2}{1} = 2$	$\dfrac{3}{1} = 3$	0.073

（2）荷载分布图形的叠加。

由角点法求得的应力 σ_{z1} 是由均布荷载 p_1 引起的，但实际作用的荷载是三角形分布。为此，可以将图 4-22(c) 所示的三角形分布荷载 ABC 分割成 3 块，即均布荷载 $DABE$、三角形荷载 AFD 和 CFE。三角形荷载 ABC 等于均布荷载 $DABE$ 减去三角形荷载 AFD，再加上三角形荷载 CFE。这样，将此三块分布荷载产生的附加应力进行叠加即可。

三角形分布荷载 AFD，其最大值为 p_1，作用在矩形面积 $aeOh$ 及 $ebfO$ 上，并且 O 点在荷载为 0 处。因此，它在 M 点引起的竖向应力 σ_{z2} 是两块矩形面积上三角形分布荷载引起的附加应力之和，可按式 (4-28) 计算，即

$$\sigma_{z2} = \sigma_{z2,aeOh} + \sigma_{z2,ebfO} = p_1(\alpha_{t1} + \alpha_{t2}),$$

其中，应力系数 α_{t1}、α_{t2} 可由附录 D 中表 D-2 查得，结果列于表 4-6 中。于是可求得 σ_{z2} 为

$$\sigma_{z2} = 33.3 \times (0.021 + 0.045) = 2.2 \text{ kPa}.$$

表 4-6 应力系数 α_{ti} 计算

编　　号	荷载作用面积	$\dfrac{l}{b} = n$	$\dfrac{z}{b} = m$	α_{ti}
1	$aeOh$	$\dfrac{1}{1} = 1$	$\dfrac{3}{1} = 3$	0.021
2	$ebfO$	$\dfrac{4}{1} = 4$	$\dfrac{3}{1} = 3$	0.045
3	$Ofcg$	$\dfrac{4}{2} = 2$	$\dfrac{3}{2} = 1.5$	0.069
4	$hOgd$	$\dfrac{1}{2} = 0.5$	$\dfrac{3}{2} = 1.5$	0.032

三角形分布荷载 CFE 的最大值为 $p - p_1$，作用在矩形面积 $Ofcg$ 及 $hOgd$ 上，同样 O 点也在荷载为 0 处。因此，它在 M 点处产生的竖向应力 σ_{z3} 是这两块矩形面积上三角形分布荷载引起的附加应力之和，按式 (4-28) 计算，即

$$\sigma_{z3} = \sigma_{z3,Ofcg} + \sigma_{z3,hOgd} = (p - p_1)(\alpha_{t3} + \alpha_{t4}) = (100 - 33.3) \times (0.069 + 0.032) = 6.7 \text{ kPa}.$$

将上述计算结果进行叠加，即可求得三角形分布荷载 ABC 在 M 点产生的竖向应力 σ_z，即

$$\sigma_z = \sigma_{z1} - \sigma_{z2} + \sigma_{z3} = 12.2 - 2.2 + 6.7 = 16.7 \text{ kPa}.$$

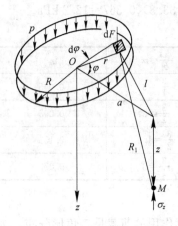

图 4 - 23　圆形面积均布荷载
作用下土中应力

3. 圆形面积上作用均布荷载时土中竖向应力计算

如图 4 - 23 所示,在半径为 R 的圆形面积上作用有均布荷载 p,计算土中任一点 $M(a, z)$ 的竖向应力。采用极坐标表示,原点取在圆心 O 处。在圆形面积内取单元面积 $dA = r d\varphi dr$,其上作用集中荷载 $dF = p dA = pr d\varphi dr$。同样可利用式(4 - 11)在圆面积范围内进行积分求得竖向附加应力 σ_z 值。这里应注意式(4 - 11)中的 R 在图 4 - 23 中用 R_1 表示,即

$$R_1 = \sqrt{l^2 + z^2} = (r^2 + a^2 - 2ra\cos\varphi + z^2)^{\frac{1}{2}}。$$

竖向附加应力 σ_z 值为

$$\sigma_z = \frac{3pz^3}{2\pi} \int_0^{2\pi} \int_0^R \frac{r}{(r^2 + a^2 - 2ra\cos\varphi + z^2)^{\frac{5}{2}}} dr d\varphi = \alpha_c p。$$

$$(4 - 29)$$

式中,α_c——应力系数,它是 $\dfrac{a}{R}$ 和 $\dfrac{z}{R}$ 的函数,可由附录 D 中表 D - 3 查得;

　　　　R——圆面积的半径;

　　　　a——应力计算点 M 到 z 轴的水平距离。

取 $a = 0$,则可得中心点下任意深度 z 处竖向应力系数的表达式为

$$\alpha_c = 1 - \frac{1}{\left[1 + \left(\dfrac{R}{z}\right)^2\right]^{\frac{3}{2}}}。$$

例 4 - 5　有一圆形基础,半径 $R = 1$ m,其上作用中心荷载 $F = 200$ kN,求基础边缘下的竖向应力 σ_z 的分布,并将计算结果与例 4 - 2 的计算结果进行比较。

解　基础底面上的压力为

$$p = \frac{F}{A} = \frac{200}{\pi \times 1^2} = 63.7 \text{ kPa}。$$

按式(4 - 29)计算圆形基础边缘点下的竖向应力 σ_z,即

$$\sigma_z = \alpha_c p。$$

将计算结果列于表 4 - 7,同时给出例 4 - 2 中表 4 - 3 的结果。

表 4 - 7　圆形面积边缘点下竖向应力值 σ_z 计算

z/m	集中力 F 作用时		圆形面积作用均布荷载 p 时	
	α	σ_z/kPa	α_c	σ_z/kPa
0	0	0	0.500	31.8
0.5	0.008 5	6.8	0.418	26.6
1.0	0.084	16.8	0.332	21.1
2.0	0.273	13.7	0.196	12.5
3.0	0.369	8.2	0.118	7.5
4.0	0.410	5.1	0.077	4.9
6.0	0.444	2.5	0.038	2.4

对比表 4-7 中的两种计算结果,可以看出,当深度 $z \geqslant 4$ m 后,两种计算的结果已相差很小,说明当 $\dfrac{z}{2R} \geqslant 2$ 后,荷载分布形式对土中应力的影响已不太明显。

4. 矩形面积上作用水平均布荷载时土中应力 σ_z 计算

如图 4-24 所示,当矩形面积上作用有水平均布荷载 p_h 时,可利用西罗提解在整个矩形面积上进行积分,求出矩形面积角点下任意深度 z 处的附加应力 σ_z,即

$$\sigma_z = \pm \alpha_h p_h。 \qquad (4-30)$$

式中,应力分布系数

$$\alpha_h = \frac{1}{2\pi}\left[\frac{n}{\sqrt{m^2+n^2}} - \frac{nm^2}{(1+m^2)\sqrt{1+m^2+n^2}}\right]$$

是 $n=\dfrac{l}{b}$ 和 $m=\dfrac{z}{b}$ 的函数,可由附录 D 中表 D-4 查得。

应该注意,b 为平行于水平荷载作用方向的边长,l 为垂直于水平荷载作用方向的边长。

计算表明,在地表下同一深度 z 处,4 个角点下的附

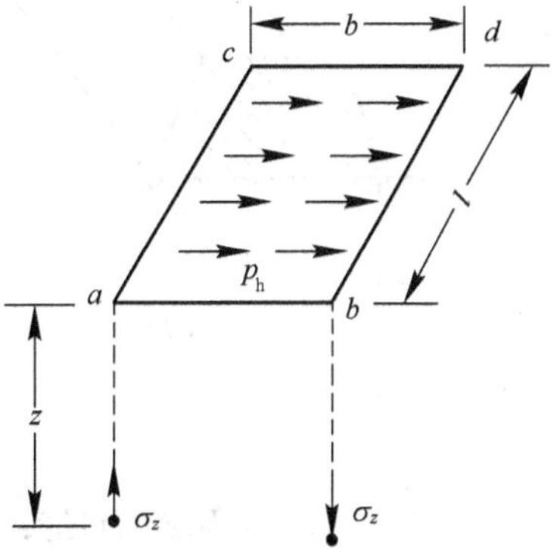

图 4-24　矩形面积作用水平均布荷载时角点下附加应力

加应力 σ_z 的绝对值相等,但应力符号不同。在图 4-24 所示的情况下,c、a 点下取负值,b、d 点下取正值。

对于矩形面积作用水平均布荷载的情形,同样可利用角点法和叠加原理计算矩形面积内外任意点处的附加应力 σ_z 值。

4.5.2　平面应变问题的附加应力

如图 4-25 所示,在半无限体表面作用有无限长的条形荷载,荷载在宽度方向分布是任意的,但在长度方向的分布规律是相同的。此时土中任一点 M 的应力只与该点的平面坐标 (x,z) 有关,而与荷载长度方向 y 轴坐标无关,属于平面应变问题。实际上,在工程实践中不存在无限长条分布荷载,但一般把路堤、土坝、挡土墙基础及长宽比 $l/b \geqslant 10$ 的条形基础等视作平面应变问题来进行分析,其计算结果完全能满足工程需要。

1. 线荷载作用下土中应力计算

如图 4-26 所示,在弹性半空间地基土表面无限长直线上作用有竖向均布线荷载 p,计算地基土中任一点 M 处的附加应力。该课题的解答首先由弗拉曼(Flamant)得到,故又称弗拉曼解。可通过布西奈斯克公式在线荷载分布方向上进行积分来计算土中任一点 M 的应力。具体求解时,在线荷载上取微分长度 $\mathrm{d}y$,可以将作用在上面的荷载 $p\mathrm{d}y$ 看成是集中力,它在地基 M 点处引起的附加应力为 $\mathrm{d}\sigma_z = \dfrac{3pz^3}{2\pi R^5}\mathrm{d}y$,则

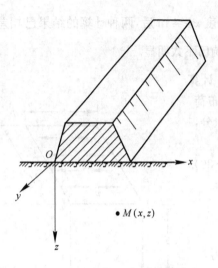

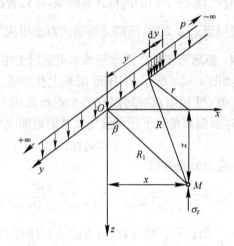

图 4 - 25   平面应变问题实例   图 4 - 26   均布线荷载作用时土中应力计算

$$\sigma_z = \frac{3z^3}{2\pi}p\int_{-\infty}^{\infty} \frac{\mathrm{d}y}{(x^2+y^2+z^2)^{\frac{5}{2}}} = \frac{2pz^3}{\pi(x^2+z^2)^2} \, 。 \tag{4-31}$$

类似地,有

$$\sigma_x = \frac{2px^2z}{\pi(x^2+z^2)^2}, \tag{4-32}$$

$$\tau_{xz} = \tau_{zx} = \frac{2pxz^2}{\pi(x^2+z^2)^2} \, 。 \tag{4-33}$$

如图 4 - 26 所示,当采用极坐标表示时,$z = R_1\cos\beta$, $x = R_1\sin\beta$,代入式(4 - 31)~式(4 - 33),可得

$$\sigma_z = \frac{2p}{\pi R_1}\cos^3\beta, \tag{4-34}$$

$$\sigma_x = \frac{p}{\pi R_1}\sin\beta\sin 2\beta, \tag{4-35}$$

$$\tau_{xz} = \frac{p}{\pi R_1}\cos\beta\sin 2\beta \, 。 \tag{4-36}$$

虽然线荷载只在理论意义上存在,但可以把它看做是条形面积在宽度趋于 0 时的特殊情况。以线荷载为基础,通过积分即可以推导出条形面积上作用有各种分布荷载时地基土中附加应力的计算公式。

2. 条形荷载作用下土中应力计算

1) 土中任一点竖向应力的计算

如图 4 - 27 所示,在土体表面宽度为 b 的条形面积上作用均布荷载 p,计算土中任一点

$M(x,z)$ 的竖向应力 σ_z。为此,在条形荷载的宽度方向上取微分宽度 $\mathrm{d}\xi$,将其上作用的荷载 $\mathrm{d}p = p\mathrm{d}\xi$ 视为线荷载,$\mathrm{d}p$ 在 M 点处引起的竖向附加应力为 $\mathrm{d}\sigma_z$。利用式(4-31),在荷载分布宽度范围 b 内进行积分,即可求得整个条形荷载在 M 点处引起的附加应力 σ_z 为

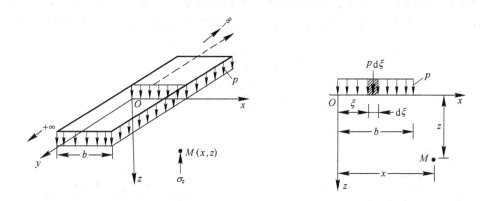

图 4-27　均布条形荷载作用下土中应力计算

$$\sigma_z = \int_0^b \mathrm{d}\sigma_z = \int_0^b \frac{2z^3 p}{\pi[(x-\xi)^2 + z^2]^2}\mathrm{d}\xi =$$

$$\frac{p}{\pi}\left[\arctan\frac{n}{m} - \arctan\frac{n-1}{m} + \frac{mm}{m^2+n^2} - \frac{m(n-1)}{m^2+(n-1)^2}\right] = \alpha_u p。 \quad (4-37)$$

式中,α_u——应力系数,它是 $n = \dfrac{x}{b}$ 和 $m = \dfrac{z}{b}$ 的函数,可从附录 D 中的表 D-5 中查得。

如图 4-28 所示,当采用极坐标表示时,记 M 点到条形荷载边缘的连线与竖直线之间的夹角分别为 β_1 和 β_2,并作如下的正负号规定:从竖直线 MN 到连线逆时针旋转时为正,反之为负。可见,在图 4-28 中的 β_1 和 β_2 均为正值。

取单元荷载宽度 $\mathrm{d}x$,则有

$$\mathrm{d}x = \frac{R_1\mathrm{d}\beta}{\cos\beta}。$$

利用极坐标表示的弗拉曼公式(式(4-34)~式(4-36)),在荷载分布宽度 b 范围内积分,同样可求得 M 点的应力表达式,即

$$\sigma_z = \frac{2p}{\pi R_1}\int_{\beta_2}^{\beta_1}\cos^3\beta\frac{R_1}{\cos\beta}\mathrm{d}\beta =$$

$$\frac{2p}{\pi}\int_{\beta_2}^{\beta_1}\cos^2\beta\mathrm{d}\beta = \frac{p}{\pi}\left[\beta_1 + \frac{1}{2}\sin 2\beta_1 - \beta_2 - \frac{1}{2}\sin 2\beta_2\right], \quad (4-38)$$

$$\sigma_x = \frac{p}{\pi}\left[\beta_1 - \frac{1}{2}\sin 2\beta_1 - \beta_2 + \frac{1}{2}\sin 2\beta_2\right], \quad (4-39)$$

$$\tau_{xx} = \frac{p}{2\pi}(\cos 2\beta_2 - \cos 2\beta_1)。 \tag{4-40}$$

2) 土中任一点主应力的计算

如图 4-29 所示,在地基土表面作用有均布条形荷载 p,计算土中任一点 M 的最大、最小主应力 σ_1 和 σ_3。根据材料力学中关于主应力与法向应力及剪应力之间的相互关系,可得

$$\begin{cases} \sigma_1 = \dfrac{\sigma_x + \sigma_z}{2} + \sqrt{\left(\dfrac{\sigma_x - \sigma_z}{2}\right)^2 + \tau_{xx}^2}\,, \\[3mm] \sigma_3 = \dfrac{\sigma_x + \sigma_z}{2} - \sqrt{\left(\dfrac{\sigma_x - \sigma_z}{2}\right)^2 + \tau_{xx}^2}\,; \end{cases} \tag{4-41}$$

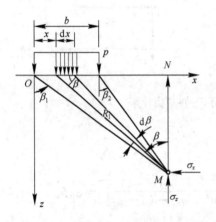

图 4-28 用极坐标表示的均布
条形荷载作用下土中应力计算

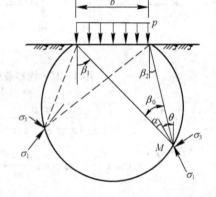

图 4-29 均布条形荷载作用下土中主应力计算

$$\tan 2\theta = \frac{2\tau_{xx}}{\sigma_z - \sigma_x}。 \tag{4-42}$$

式中,θ——最大主应力的作用方向与竖直线间的夹角。

将式(4-38)~式(4-40)代入式(4-41)、式(4-42),即可得到 M 点的主应力表达式及其作用方向,即

$$\begin{cases} \sigma_1 = \dfrac{p}{\pi}[(\beta_1 - \beta_2) + \sin(\beta_1 - \beta_2)], \\[3mm] \sigma_3 = \dfrac{p}{\pi}[(\beta_1 - \beta_2) - \sin(\beta_1 - \beta_2)]; \end{cases} \tag{4-43}$$

$$\tan 2\theta = \tan(\beta_1 + \beta_2); \tag{4-44}$$

即

$$\theta = \frac{1}{2}(\beta_1 + \beta_2)。 \tag{4-45}$$

由图 4-29 可知,假定 M 点到荷载宽度边缘连线的夹角为 β_0(一般称为视角),则 $\beta_0 = \beta_1 - \beta_2$,代入式(4-43),即可得到 M 点的主应力为

$$\begin{cases} \sigma_1 = \dfrac{p}{\pi}(\beta_0 + \sin\beta_0), \\[2mm] \sigma_3 = \dfrac{p}{\pi}(\beta_0 - \sin\beta_0)。 \end{cases} \tag{4-46}$$

可以看出,在荷载 p 确定的条件下,式(4-46)中仅包含一个变量 β_0,即表明地基土中视角 β_0 相等的各点,其主应力也应相等。这样,土中主应力的等值线将是通过荷载分布宽度两个边缘点的圆,如图 4-29 所示。此外,根据式(4-45)可知,最大主应力 σ_1 的作用方向正好在视角 β_0 的等分线上。图 4-30 给出放射状的最大主应力 σ_1 线和与其正交的半圆形的最小主应力 σ_3 线的变化情况,同时也可以看到在均布垂直荷载的正下方,最大剪应力与垂直方向几乎成 45°角。这些分析在以后地基承载力的计算中有十分重要的意义。

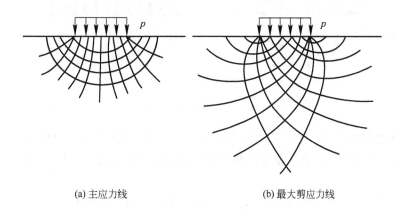

(a) 主应力线　　　　　　　　　　　　(b) 最大剪应力线

图 4-30　均布条形荷载作用下主应力线和最大剪应力线

3. 三角形分布条形荷载作用下土中应力计算

图 4-31 给出三角形分布条形荷载作用下的情形,坐标轴原点取在三角形荷载的零点处,荷载分布最大值为 p,计算地基土中 $M(x,z)$ 点的竖向应力 σ_z。此时,也可按式(4-31)在条形荷载宽度范围 b 内积分。为此,在条形荷载的宽度方向上取微分单元 $\mathrm{d}\xi$,将其上作用的荷载 $\mathrm{d}p = \dfrac{\xi}{b}p\,\mathrm{d}\xi$ 视为线荷载,而 $\mathrm{d}p$ 在 M 点处引起的竖向附加应力为 $\mathrm{d}\sigma_z$,则三角形分布条形荷载在 M 点处引起的附加应力 σ_z 为

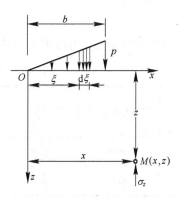

图 4-31　三角形分布条形荷载
作用下土中应力计算

$$\sigma_z = \frac{2z^3 p}{\pi b} \int_0^b \frac{\xi d\xi}{[(x-\xi)^2 + z^2]^2} =$$

$$\frac{p}{\pi} \left[n\left(\arctan \frac{n}{m} - \arctan \frac{n-1}{m} \right) - \frac{m(n-1)}{(n-1)^2 + m^2} \right] = \alpha_s p_o \qquad (4-47)$$

式中,α_s——应力系数,是 $n=\dfrac{x}{b}$ 和 $m=\dfrac{z}{b}$ 的函数,可从附录 D 中表 D-6 中查得。

例 4-6　如图 4-32 所示,一路堤高度为 5 m,顶宽为 10 m,底宽为 20 m,已知填土重度 $\gamma = 20 \text{ kN/m}^3$。试求路堤中心线下 O 点($z=0$)及 M 点($z=10$ m)处的竖向应力 σ_z 值。

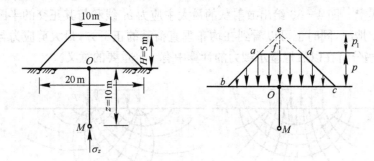

图 4-32　例 4-6 附图

解　路堤填土的重力产生的荷载为梯形分布,其强度最大值 $p = \gamma H = 20 \times 5 = 100$ kPa。将梯形荷载($abcd$)划分为三角形荷载(ebc)与三角形荷载(ead)之差,然后利用式(4-47)进行叠加计算,即

$$\sigma_z = 2[\sigma_{z,ebO} - \sigma_{z,eaf}] = 2[\alpha_{s1}(p+p_1) - \alpha_{s2}p_1]_o$$

式中,p_1——三角形荷载(eaf)的最大值。

由三角形几何关系可知

$$p_1 = p = 100 \text{ kPa}_o$$

应力系数 α_{s1}、α_{s2} 可由附录 D 中表 D-6 查得,其结果列于表 4-8 中。

表 4-8　应力系数 α_s 计算表

编　号	荷载作用面积	$\dfrac{x}{b}$	O 点($z=0$)		M 点($z=10$ m)	
			$\dfrac{z}{b}$	α_s	$\dfrac{z}{b}$	α_s
1	ebO	$\dfrac{10}{10}=1$	0	0.500	$\dfrac{10}{10}=1$	0.241
2	eaf	$\dfrac{5}{5}=1$	0	0.500	$\dfrac{10}{5}=2$	0.153

于是可得 O 点的竖向应力 σ_z 为

$$\sigma_z = 2\times[0.5\times(100+100)-0.5\times100]=100 \text{ kPa}。$$

同样，M 点的竖向应力 σ_z 为

$$\sigma_z = 2\times[0.241\times(100+100)-0.153\times100]=65.8 \text{ kPa}。$$

4.5.3　关于土中应力的一些讨论

1. 地基附加应力的影响范围

图 4-33 为地基中附加应力的等值线图。可以看出，地基中的竖向附加应力 σ_z 具有如下的分布规律。

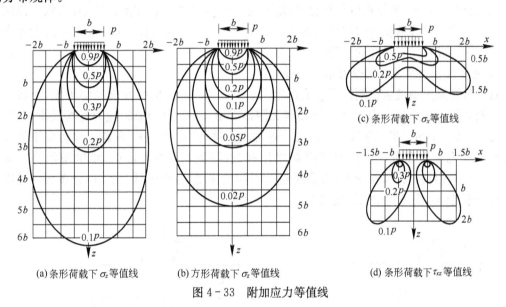

(a) 条形荷载下 σ_z 等值线　　(b) 方形荷载下 σ_z 等值线　　(c) 条形荷载下 σ_x 等值线

(d) 条形荷载下 τ_{xz} 等值线

图 4-33　附加应力等值线

（1）σ_z 的分布范围相当大，它不仅发生在荷载面积之内，而且还分布到荷载面积以外，这就是所谓的附加应力扩散现象。

（2）在离基础底面（地基表面）不同深度 z 处的各个水平面上，以基底中心点下轴线处的 σ_z 为最大，并随离中心轴线距离的增大而减小。

（3）在荷载分布范围内任意点的竖直线上，竖向附加应力 σ_z 随深度的增大而逐渐减小。

（4）由图 4-33(a)与图 4-33(b)的比较可以看出，方形荷载所引起的 σ_z 的影响深度要比条形荷载小得多。例如，方形荷载中心下 $z=2b$ 处，$\sigma_z\approx0.1p$，而在条形荷载下，$\sigma_z=0.1p$ 等值线则约在中心下 $z=6b$ 处通过。在基础工程中，一般把基础底面至 $\sigma_z=0.2p$ 深度处（对条形荷载该深度约为 $3b$，对方形荷载约为 $1.5b$）的这部分土层称为主要受力层，其含义是：建筑物荷载主要由该层土来承担，而地基沉降的绝大部分是由该部分土层的压缩所引起的。

由图 4-33(c)、(d)可见，水平向附加应力 σ_x 的影响范围较浅，表明基础下地基土的侧向变形主要发生在浅层，而剪应力 τ_{xz} 的最大值则出现于荷载边缘，故位于基础边缘下的土容易

发生剪切破坏。

2. 成层地基的影响

前面介绍的地基附加应力的计算一般均是考虑柔性荷载和均质各向同性土体的情况，因而求得的土中附加应力与土的性质无关。而实际上往往并非如此，例如，有的地基是由不同压缩性土层组成的成层地基。研究表明，由两种压缩特性不同的土层所构成的双层地基的应力分布与各向同性地基的应力分布相比较，对地基的竖向应力有较大影响。一般可分为两种情况：一种是坚硬土层上覆盖有较薄的可压缩土层；另一种是软弱土层上覆盖有一层压缩模量较高的硬壳层。

天然土层的松密、软硬程度往往很不相同，变形特性可能差别较大。例如，在软土地区常会遇到一层硬黏土或密实的砂层覆盖在软弱的土层上；而在一些山区，则常会遇到厚度不大的可压缩土层覆盖在绝对刚性的岩层上。

1）可压缩土层覆盖在刚性岩层上的情形

对于可压缩土层覆盖在刚性岩层上的情况（图 4-34(a)），由弹性理论解可知，上层土中荷载中轴线附近的附加应力 σ_z 将比均质半无限体时增大；离开中轴线，应力逐渐减小，至某一距离后，应力小于均匀半无限体时的应力。这种现象称为"应力集中"现象。应力集中的程度主要与荷载宽度 b 和可压缩土层厚度 h 之比有关，即随 h/b 增大，应力集中现象将减弱。图 4-35 为条形均布荷载作用下，当岩层位于不同的深度时，中轴线上的 σ_z 分布图。可以看出，h/b 比值愈小，应力集中的程度愈高。

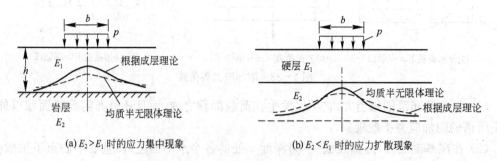

(a) $E_2 > E_1$ 时的应力集中现象　　　　　　(b) $E_2 < E_1$ 时的应力扩散现象

图 4-34　成层地基对附加应力分布的影响

2）硬土层覆盖在软弱土层上的情形

对于硬土层覆盖在软弱土层上的情况（图 4-34(b)），荷载中轴线附近附加应力将有所减小，即出现应力扩散现象。由于应力分布比较均匀，地基的沉降也相应较为均匀。图 4-36 表示地基土层厚度为 h_1、h_2、h_3，而相应的变形模量为 E_1、E_2、E_3，地基表面受半径 $r_0 = 1.6h_1$ 的圆形荷载 p 作用时，荷载中心下土层中的附加应力 σ_z 分布情况。可以看出，当 $E_1 > E_2 > E_3$ 时（曲线 A、B），荷载中心下土层中的应力 σ_z 明显低于 E 为常数时（曲线 C）均质土的情况。

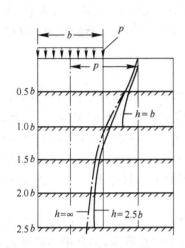

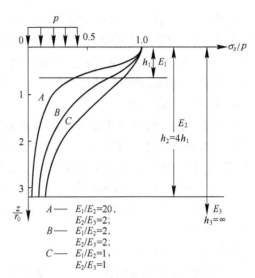

图 4 - 35　岩层在不同深度时基础
　　　　　　轴线下的竖向应力分布

图 4 - 36　变形模量不同时圆形均布荷载
　　　　　　中心线下的竖向应力分布

随上覆硬土层厚度的增大,下层软弱土层的应力扩散现象将更为显著,而且它还与上覆硬土层的变形模量 E_1 和泊松比 μ_1 及软弱下卧层的变形模量 E_2 和泊松比 μ_2 有密切的关系。现定义一参数 f 为

$$f=\frac{E_1}{E_2}\cdot\frac{1-\mu_2^2}{1-\mu_1^2}, \tag{4-48}$$

则应力扩散现象随 f 的增加而更加显著。由于土的泊松比变化不大(一般 $\mu=0.2\sim0.4$),影响较小,一般不予考虑。所以,参数 f 值的大小主要取决于变形模量的比值 E_1/E_2。

双层地基中应力集中和扩散的概念有很大的实用意义。例如,在软土地区,当表面有一层硬壳层时,由于应力扩散作用,可以减少地基的沉降,所以在设计中基础应尽量浅一些,在施工中也应采取一定的保护措施,避免其遭受破坏。

3. 变形模量随深度增大时地基中的附加应力

在工程应用中还会遇到另一种非均质现象,即地基土变形模量 E 随深度逐渐增大的情况,这在砂土地基中是十分常见的。弗罗利克(Frohlich O K,1942)对这一问题进行了研究,给出在集中力 F 作用下地基中附加应力 σ_z 的半经验计算公式,即

$$\sigma_z=\frac{\upsilon F}{2\pi R^2}\cos^\upsilon\theta, \tag{4-49}$$

式中符号意义参见图 4 - 13,υ 为一大于 3 的应力集中系数。对于 E 为常数的均质弹性体,例如,对于均匀的黏土,取 $\upsilon=3$,其结果即为布西奈斯克解;对于较密实的砂土,可取 $\upsilon=6$;对于介于黏土与砂土之间的土,可取 $\upsilon=3\sim6$。

　　此外,当 R 相同,$\theta=0$ 或很小时,υ 愈大,σ_z 愈高;而当 θ 很大时则相反,即 υ 愈大,σ_z 愈小。换言之,这类土的非均质现象将使地基中的应力向荷载的作用线附近集中。事实上,地面上作用的一般不可能是集中荷载,而是不同类型的分布荷载,此时根据应力叠加原理也可得到应力 σ_z 向荷载中心线附近集中的结论。

4. 各向异性的影响

　　天然沉积的土层因沉积条件和应力状态的原因而常常呈现各向异性的特征。例如,层状结构的水平薄层交互地基,在垂直方向和水平方向的变形模量 E 就有所不同,从而影响到土层中附加应力的分布。研究表明,在土的泊松比 μ 相同的条件下,当水平方向的变形模量 E_h 大于竖直方向的变形模量 E_v 时(即 $E_h>E_v$),在各向异性地基中将出现应力扩散现象;而当水平方向的变形模量 E_h 小于竖直方向的变形模量 E_v 时(即 $E_h<E_v$),地基中将出现应力集中现象。

　　沃尔夫(Wolf,1935)假定 $n=E_h/E_v$ 为一大于1的常数,得到均布条形荷载 p 作用下竖向附加应力系数 α_u 与相对深度 z/b 的关系,如图 4-37(a)中实线所示,而其中的虚线则表示相应于均质各向同性时的解答。可见,当 $E_h>E_v$ 时,附加应力系数 α_u 随 n 值的增加而减小。

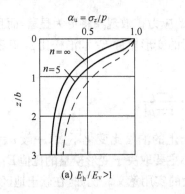
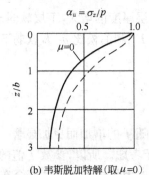

(a) $E_h/E_v>1$　　　　　　　　(b) 韦斯脱加特解(取 $\mu=0$)

图 4-37　土的各向异性对应力系数的影响

　　韦斯脱加特(Westergaard,1938)假设半空间体内夹有间距极小的、完全柔性的水平薄层,这些薄层只允许产生竖向变形,在此基础上得出集中荷载 F 作用下附加应力 σ_z 的计算公式,即

$$\begin{cases} \sigma_z=\dfrac{C}{2\pi}\dfrac{1}{\left[C^2+\left(\dfrac{r}{z}\right)^2\right]^{\frac{3}{2}}}\dfrac{F}{z^2}, \\[4mm] C=\sqrt{\dfrac{1-2\mu}{2(1-\mu)}}。 \end{cases} \tag{4-50}$$

式中,μ——柔性薄层的泊松比,如取 $\mu=0$,则有 $C=1/\sqrt{2}$。

　　图 4-37(b)给出均布条形荷载 p 作用下,中心线下的竖向附加应力系数 α_u 与 z/b 之间的关系。其中,实线表示有水平薄层存在时的解,而虚线表示均质各向同性条件下的解。

4.6　有效应力原理

4.6.1　有效应力原理的基本思想

　　太沙基(Terzaghi)1923 年提出了饱和土中的有效应力原理,阐明了松散颗粒的土体与连续固体材料的区别,从而奠定了现代土力学变形和强度计算的基础,使土力学从一般固体力学中分离出来,成为一门独立的分支学科。

　　土力学中的有效应力原理告诉我们:在外荷载或力的作用下,土体产生了变形和破坏,这种变形和破坏是由有效应力所导致的。为何如此? 原因是:土是一种黏聚力很弱的摩擦性材料,其颗粒和集聚体本身的强度远远大于它们之间的联结强度。在外力作用下,土颗粒或其集聚体本身的变形很小,因此土体的变形主要是由土颗粒或集聚体之间接触处的摩擦滑移所产生的孔隙体积变化而导致的;另外,土颗粒或集聚体产生的破坏也不太可能出现在其内部,当土颗粒或集聚体之间接触处移动、滑移过大而产生破坏时,通常只能出现在它们的联结处,即在联结处发生过大的摩擦剪切滑移导致破坏(除了压力非常大,而使其本身产生压碎或剪坏)。而联结处的正压力是土这种摩擦材料产生摩擦抗力的驱动或外部原因。这种联结处的应力或粒间力通过平均化后所形成的应力就是土骨架应力或有效应力。因此,有效应力决定了土的变形和强度。而土体的破坏通常主要是颗粒接触之间的摩擦剪切破坏。

　　有效应力原理并没有告诉我们,有效应力是控制土体变形和强度的唯一因素。但已有的土力学教材或很多研究文献中所给出的变形和强度表达式则是有效应力(唯一的变量)的函数,也就是说土的变形和强度是仅受一个有效应力变量的影响,例如后面将要讲述的摩尔-库伦强度理论。土作为摩擦性材料,它的变形和强度主要取决于土颗粒之间的骨架应力(有效应力)、摩擦系数和联结强度。也就是说,土的变形和强度并不唯一地取决于土颗粒之间的骨架应力;对土的摩擦作用有影响的土的密实程度以及对土颗粒联结强度有影响的其他因素(例如物理-化学作用、吸力和饱和度等)也会影响它的变形和强度。

　　如图 4-38(a)所示,在土体中 M 点处截取一土柱,取弯曲截面 $a-a$,该面沿土颗粒接触面之间穿过。为何取 $a-a$ 为弯曲截面,并沿土颗粒接触面之间穿过。原因是:土颗粒或土的集聚体本身的强度远大于颗粒或集聚体之间接触面的抗剪强度,土的变形和强度是由颗粒或集聚体之间的接触面的滑移或破坏所引起的。而接触面的应力才是导致土体产生变形或破坏的应力。因此,采用穿过接触面的截面并考虑接触面上的应力。截面 $a-a$ 竖直方向的投影面积为 A。截面上作用的竖向应力为 σ,它是由上面土体的重力、水压力及外荷载 p 所产生的应力,称为总应力。这一应力的一部分由土颗粒间的接触面积承担,称为有效应力;而另一部分是由土体孔隙内的水及气体来承担,称为孔隙应力(孔隙水压力或孔隙气压力)。

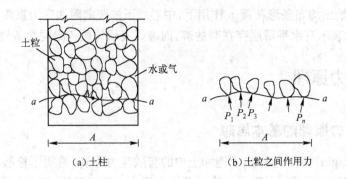

图 4 - 38　有效应力原理示意图

假定截面 $a-a$ 上各土颗粒之间的接触力分别为 $P_1, P_2, P_3, \cdots, P_n$(图 4 - 38(b))。设 $P_{1v}, P_{2v}, P_{3v}, \cdots, P_{nv}$ 是 $P_1, P_2, P_3, \cdots, P_n$ 在竖直方向的分力。假定孔隙内的水压力为 u_w,气体压力为 u_a,A 为截面总面积,A_s 为土颗粒间接触面的水平投影面积,A_w 和 A_a 为弯曲截面中水和气的水平投影面积。$A = A_s + A_w + A_a$,则

$$\sigma A = u_w A_w + u_a A_a + P_{1v} + P_{2v} + \cdots + P_{nv} 。 \qquad (4-51)$$

对于饱和土体,A_a 为 0,式(4-51)可改写为

$$\sigma A = u_w (A - A_s) + P_{1v} + P_{2v} + \cdots + P_{nv} 。$$

或

$$\sigma = \frac{P_{1v} + P_{2v} + \cdots + P_{nv}}{A} + u_w \left(1 - \frac{A_s}{A}\right), \qquad (4-52)$$

式中,$(P_{1v} + P_{2v} + \cdots + P_{nv})/A$——土颗粒接触面间的接触应力在截面积 A 上的平均应力,定义为土的有效应力,有时也称为骨架应力,通常用 σ' 表示。

研究表明,土颗粒间的接触面积 A_s 是很小的,毕肖普(Bishop,1950)等根据粒状土的试验结果认为 A_s/A 一般小于 0.03,甚至小于 0.01。因此,式(4-52)中第二项中的 A_s/A 可略去不计。对于饱和土体,常用 u 表示孔隙水压力 u_w,则式(4-52)可写成

$$\sigma = \sigma' + u 。 \qquad (4-53)$$

式(4-53)为饱和土中有效应力原理的基本公式,称为有效应力公式。

土中任意点的孔隙水压力 u 在各个方向上的作用力大小是相等的,即处于球应力状态,它只能使土颗粒产生压缩(但由于土颗粒本身的压缩量是很微小的,这里不予考虑),而不能使土颗粒产生位移。而土颗粒接触面间的有效应力作用,则会引起土颗粒间的相对错动和位移,使孔隙体积发生改变,土体发生压缩变形。根据有效应力原理可给出如下两个基本结论。

(1) 土的有效应力 σ' 等于总应力 σ 减去孔隙水压力 u。这里,σ 和 σ' 分别表示总正应力和有效正应力。对于一般的应力条件,共有 6 个应力分量($\sigma_1, \sigma_2, \sigma_3, \tau_{12}, \tau_{23}, \tau_{31}$),其中前 3 个应力分量为正应力分量,后 3 个应力分量为剪应力分量。此时,有效应力可定义为 $\sigma'_1 = \sigma_1 - u$,$\sigma'_2 = \sigma_2 - u$,$\sigma'_3 = \sigma_3 - u$,$\tau'_{12} = \tau_{12}$,$\tau'_{23} = \tau_{23}$,$\tau'_{31} = \tau_{31}$。

（2）土的有效应力控制了土体的变形及强度。亦即，土颗粒间的接触应力（即土骨架应力）是产生土体变形或破坏的真正原因，而孔隙水压力本身并不能使土的变形和强度发生变化。实际上，由于孔隙水压力均匀地作用在土颗粒的周围，而土颗粒本身的压缩模量很大，因此孔隙水压力本身的作用并不会使土颗粒发生移动或产生明显的压缩变形。另外，水不能承受剪应力，孔隙水压力的变化也不会直接引起土的抗剪强度发生变化。为此，孔隙水压力也常被称为中性应力。关于这一思想将在后面的章节中结合一些具体问题进行详细的讨论。

对于非饱和土，由式（4-51）可得

$$\sigma = \sigma' + u_w \frac{A_w}{A} + u_a \frac{A - A_w - A_s}{A}$$

$$= \sigma' + u_a - \frac{A_w}{A}(u_a - u_w) - u_a \frac{A_s}{A}, \qquad (4-54)$$

略去 $u_a \dfrac{A_s}{A}$ 一项，即可得到非饱和土的有效应力公式为

$$\sigma' = \sigma - u_a + \chi(u_a - u_w)。 \qquad (4-55)$$

式中，参数 $\chi = A_w/A$ 可由试验确定，取决于土的类型及饱和度。

式（4-56）早年由毕肖普等（1961）提出，后来又有许多学者基于各自的试验结果提出过一些十分有意义的理论公式。但总体而言，非饱和土的有效应力公式目前尚不成熟，还处于探索阶段，仍是今后相当长一段时间内土力学学科发展中的一个重点和热点课题。

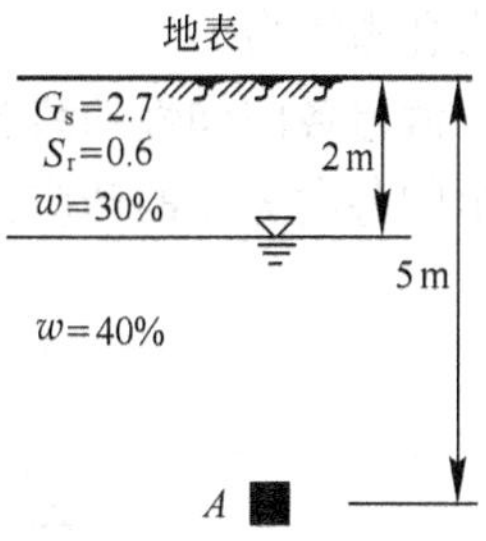

例 4-7　如图 4-39 所示，土层中有地下水位存在，土的物理力学性质指标见图。计算地层中 A 点处的有效应力。

图 4-39　例 4-7 附图

解　由 $S_r = wG_s/e$，得

$$e = \frac{wG_s}{S_r} = \frac{0.3 \times 2.7}{0.6} = 1.35,$$

则地下水位以上土的重度

$$\gamma = \frac{G_s + S_r e}{1 + e} \cdot \gamma_w = \frac{2.7 + 0.6 \times 1.35}{1 + 1.35} \times 9.8 = 14.6 \text{ kN/m}^3。$$

地下水位以下土的饱和度 $S_r = 1.0$，相应孔隙比 $e = wG_s = 0.4 \times 2.7 = 1.08$，则

$$\gamma_{sat} = \frac{G_s + S_r e}{1 + e} \cdot \gamma_w = \frac{2.7 + 1.08}{1 + 1.08} \times 9.8 = 17.8 \text{ kN/m}^3。$$

单元 A 点的总应力为

$$\sigma = 2\gamma + 3\gamma_{sat} = 2 \times 14.6 + 3 \times 17.8 = 82.6 \text{ kPa}。$$

孔隙水压力为

$$u = 3\gamma_w = 3 \times 9.8 = 29.4 \text{ kPa}。$$

有效应力为

$$\sigma' = \sigma - u = 82.6 - 29.4 = 53.2 \text{ kPa}_o$$

有效应力也可以直接计算,即

$$\sigma' = 2\gamma + 3(\gamma_{sat} - \gamma_w) = 2\gamma + 3\gamma' = 2 \times 14.6 + 3 \times (17.8 - 9.8) = 53.2 \text{ kPa}_o$$

4.6.2 孔隙压力系数的概念

根据上述有效应力原理,外部荷载作用下土体内部要产生孔隙压力。斯肯普顿(Skempton A W,1954)首先利用三轴压缩仪,对非饱和土体在不排水和不排气条件下三向压缩所产生的孔隙压力进行了研究,给出复杂应力状态下孔隙压力的表达式,并提出了各向等压作用下孔隙压力系数 B 和偏压应力作用下孔隙压力系数 A 的概念。

对于非饱和土体,土孔隙中既有气又有水。由于水-气界面上表面张力和弯液面的存在,孔隙气压力 u_a 和孔隙水压力 u_w 是不相等的,且 $u_a > u_w$。当土的饱和度较高时,可不考虑表面张力的影响,并认为 $u_a = u_w$。为简单起见,在本节后面的分析中,不再区分 u_a 和 u_w,而将其统称为孔隙压力 u。

假定各向同性的线弹性土体内某点处于轴对称的应力状态,则可以将它分解为如图4-40所示的各向等压的球应力状态和偏压应力状态。

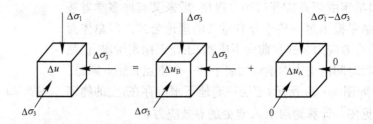

图 4-40 土体中的应力状态

1. 各向等压作用下的孔隙压力系数 B

在各向等压应力增量 $\Delta\sigma_1 = \Delta\sigma_2 = \Delta\sigma_3$ 作用下,土体中产生的孔隙压力为 Δu_B。根据有效应力原理,土体单元中的有效应力增量 $\Delta\sigma'_3 = \Delta\sigma_3 - \Delta u_B$。由弹性力学理论可知,在各向等压条件下,有效应力所引起的土骨架的体积压缩为

$$\Delta V = \frac{3(1-2\mu)}{E}\Delta\sigma'_3 V = C_s(\Delta\sigma_3 - \Delta u_B)V_o \tag{4-56}$$

式中,E 和 μ 分别为材料的弹性模量和泊松比;$C_s = \dfrac{3(1-2\mu)}{E}$ 为土骨架的体积压缩系数,表征有效应力作用下土骨架的体积应变;V 为土样体积。

在土中孔隙压力的作用下,孔隙体积的压缩量为

$$\Delta V_v = C_v \Delta u_B n V, \tag{4-57}$$

式中，C_v 为孔隙的体积压缩系数，n 为孔隙率。

如果忽略土颗粒本身的压缩量，则土骨架体积的变化应等于孔隙体积的变化，即有 $\Delta V = \Delta V_v$。于是根据式（4-56）和式（4-57）相等的条件，有

$$C_s(\Delta\sigma_3 - \Delta u_B)V = C_v\Delta u_B nV \tag{4-58}$$

或

$$\Delta u_B = \frac{1}{1 + \dfrac{nC_v}{C_s}}\Delta\sigma_3 = B\Delta\sigma_3, \tag{4-59}$$

式中，$B = \dfrac{1}{1 + \dfrac{nC_v}{C_s}}$ 称为各向等压条件下的孔隙压力

系数。

对于孔隙中充满水的完全饱和土，由于孔隙水的体积压缩与土骨架的体积压缩相比可以忽略，即 $C_v/C_s \to 0$；故有 $B = 1.0$，此时周围压力增量完全由孔隙水来承担。对于孔隙中充满气体的干土，孔隙中气体的压缩是很大的，即 $C_v/C_s \to \infty$，故有 $B = 0$。对于一般非饱和土，有 $B = 0 \sim 1.0$，而且饱和度愈大，B 值愈大。所以，B 值可以作为反映土体饱和程度的指标，一般可通过三轴试验来确定。图 4-41 给出典型土类的孔隙压力系数 B 与饱和度 S_r 的变化关系，可供参考。

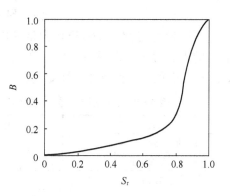

图 4-41　孔隙压力系数 B 与
饱和度 S_r 的关系

2. 偏压应力作用下的孔隙压力系数 A

假定土样在偏压应力增量 $(\Delta\sigma_1 - \Delta\sigma_3)$ 作用下的孔隙压力增量为 Δu_A，则轴向和侧向有效应力增量分别为 $\Delta\sigma_1' = \Delta\sigma_1 - \Delta\sigma_3 - \Delta u_A$ 和 $\Delta\sigma_2' = \Delta\sigma_3' = -\Delta u_A$。根据弹性理论，土样的体积变化为

$$\Delta V = C_s \cdot \frac{1}{3}(\Delta\sigma_1' + \Delta\sigma_2' + \Delta\sigma_3') \cdot V$$

$$= \frac{1}{3}C_s V(\Delta\sigma_1 - \Delta\sigma_3 - 3\Delta u_A)。 \tag{4-60}$$

在孔隙压力 Δu_A 作用下，孔隙体积的变化为

$$\Delta V_v = C_v\Delta u_A nV。 \tag{4-61}$$

同样，土样体积的变化应等于孔隙体积的变化，则有

$$C_v\Delta u_A nV = \frac{1}{3}C_s V(\Delta\sigma_1 - \Delta\sigma_3 - 3\Delta u_A), \tag{4-62}$$

于是可得

$$\Delta u_A = \frac{1}{1+\frac{nC_v}{C_s}} \cdot \frac{1}{3}(\Delta\sigma_1 - \Delta\sigma_3) = B \cdot \frac{1}{3}(\Delta\sigma_1 - \Delta\sigma_3)。 \tag{4-63}$$

将式(4-59)和式(4-63)叠加,则可得轴对称三向应力状态下孔隙压力为

$$\Delta u = \Delta u_B + \Delta u_A = B\left[\Delta\sigma_3 + \frac{1}{3}(\Delta\sigma_1 - \Delta\sigma_3)\right]。 \tag{4-64}$$

由于土并不是理想的弹性体,为此可将式(4-64)中的系数 1/3 用一个更具有普遍意义的系数 A 来代替,则式(4-64)可以写成

$$\Delta u = B\left[\Delta\sigma_3 + A(\Delta\sigma_1 - \Delta\sigma_3)\right]。 \tag{4-65}$$

可以看出,土体中的孔隙压力是平均正应力增量和偏应力增量的综合函数。研究表明,饱和土的 B 值完全可以视为 1.0,而孔隙压力系数 A 的大小则受许多因素的影响,它随偏应力 $(\Delta\sigma_1 - \Delta\sigma_3)$ 的变化而呈非线性变化。

表 4-9 孔隙压力系数 A 参考值

土　类	A 值
松的细砂	2～3
高灵敏度软黏土	0.75～1.5
正常固结黏土	0.5～1
压实砂质黏土	0.25～0.75
轻微超固结黏土	0.2～0.5
一般超固结黏土	0～0.2
重超固结黏土	-0.5～0

对于高压缩性的土,A 值比较大。对于超固结土,当其受剪切作用时会发生剪胀现象并产生负的孔隙压力,此时 $A<0$。实际上,即使对于同一种土,A 值也并不是常数,而与土样所受应变的大小、初始应力状态、应力历史及应力路径等诸多因素有关。斯肯普顿根据大量的三轴试验结果,给出其经验参考值,见表4-9。

对于非轴对称的三向应力状态的情形,主应力之间满足关系 $\Delta\sigma_1 > \Delta\sigma_2 > \Delta\sigma_3$。为此,亨克尔(Henkel,1960)考虑了中主应力的影响,并引入应力不变量和八面体应力,提出了确定饱和土体孔隙压力的计算公式,即

$$\Delta u = \frac{1}{3}(\Delta\sigma_1 + \Delta\sigma_2 + \Delta\sigma_3) + \frac{a}{3}\sqrt{(\Delta\sigma_1 - \Delta\sigma_2)^2 + (\Delta\sigma_2 - \Delta\sigma_3)^2 + (\Delta\sigma_3 - \Delta\sigma_1)^2}$$

$$= \Delta\sigma_{oct} + 3a\Delta\tau_{oct}, \tag{4-66}$$

式中,a——亨克尔孔隙压力系数。

对于三轴压缩试验,有 $\Delta\sigma_2 = \Delta\sigma_3$,代入式(4-66),可得

$$\Delta u = \Delta\sigma_3 + \left(\frac{1+\sqrt{2}a}{3}\right)(\Delta\sigma_1 - \Delta\sigma_3)。 \tag{4-67}$$

可见,Skempton 孔隙压力系数 A 与 Henkel 孔隙压力系数 a 的关系为

$$A = \frac{1+\sqrt{2}a}{3}。$$

一般认为,Henkel 孔隙压力计算公式可以更好地反映剪切应力对孔隙压力影响的物理本

质,因而具有更为普遍的意义。

4.6.3　毛细现象作用下的有效应力

对于粉土或细砂,地下水位以上部分的土体可能会由于毛细现象而处于饱和状态。可以把土中孔隙假定为一理想化的毛细管,则毛细管内的水将受到重力和毛细吸力的共同作用(图 4-42)。根据力的平衡条件,有

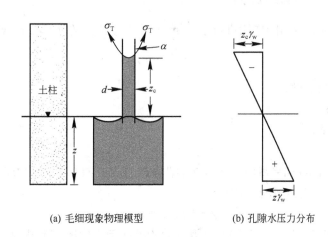

(a) 毛细现象物理模型　　　　　　(b) 孔隙水压力分布

图 4-42　毛细现象作用下的有效应力

$$\frac{\pi d^2}{4} z_c \gamma_w - \pi d \sigma_T \cos \alpha = 0, \tag{4-68}$$

于是可得

$$z_c = \frac{4\sigma_T \cos \alpha}{d \gamma_w} 。 \tag{4-69}$$

式中,σ_T——表面张力,与温度有关;

　　d——毛细管的直径,表征土体中孔隙的大小;

　　z_c——毛细水上升的高度;

　　γ_w——毛细水的重度;

　　α——湿润角,与管壁材料和液体的性质有关。

当温度为 20℃时,水的表面张力可取 $\sigma_T = 0.073\ \mathrm{N/m}$,而对于毛细管内的水柱可取 $\alpha = 0$。由式(4-69)可知,毛细水上升的高度与毛细管的直径,亦即土孔隙的大小成反比。换言之,细砂中可能产生的毛细区高度将大于中砂或砾的毛细区高度。

由于毛细吸力的作用,毛细水上升区内将出现负的孔隙水压力(图 4-42),其吸力的大小与土孔隙的大小及含水率有关。在地下水位处,孔隙水压力为 0,并随毛细水上升的高度而逐渐减小(为负值),在 $z = z_c$ 处其大小为 $-z_c \gamma_w$。而对应的有效应力则线性增大,在 $z = z_c$ 处有

效应力达到最大值,即

$$\sigma' = \sigma - (-z_c\gamma_w) = \sigma + z_c\gamma_w。 \tag{4-70}$$

上述关于土中毛细现象作用下有效应力的分析是十分初步的,但可以解释土力学中的一些问题,有一定的工程意义。但对毛细现象的深入认识和理解,需要使用非饱和土力学的理论。

4.6.4　渗流作用下的有效应力

第 3 章中已经对渗透力的作用进行了分析,并给出渗透力的计算公式,即

$$j = \frac{\gamma_w\Delta h}{L} = \gamma_w i。 \tag{4-71}$$

式中,L——渗流路径长度;

　　Δh——水头差;

　　　i——水力梯度;

　　γ_w——水的重度。

如图 4-43(a)所示,如果渗流由上向下,则渗透力的方向与重力的方向相同。根据静力平衡条件,土中的有效应力将增大,即

$$\sigma'_z = \gamma'z + iz\gamma_w = \gamma'z + jz。 \tag{4-72}$$

如果渗流由下向上(图 4-43(b)),则渗透力的方向与重力的方向相反。土中的有效应力将减小,即

$$\sigma'_z = \gamma'z - iz\gamma_w = \gamma'z - jz。 \tag{4-73}$$

在岩土工程中,渗透力的影响是十分重要的。例如,对于图 4-44 所给出的基坑支挡结构物,由于渗透力的存在,将会减小其稳定性。一方面,支挡结构物左侧土体中的渗流方向向下,增大了土体中的有效应力,从而增大了导致结构物向右滑动的侧向压力;另一方面,支挡结构物右侧土体中的渗流方向向上,减小了土体的有效应力,亦即减小了抵抗结构物向右滑动的侧向压力作用。这两者的作用均对支挡结构物的稳定产生不利的影响。

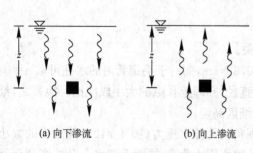

(a) 向下渗流　　　　　(b) 向上渗流

图 4-43　土中的渗流作用

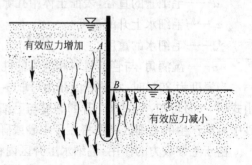

图 4-44　渗流对有效应力的影响

例 4 - 8　如图 4 - 45 所示,地表水由上向下渗流。在 A 点和 B 点分别设置两个孔隙水压力探头,A 点和 B 点之间的距离为 2 m,水头损失为 0.2 m。计算离地表 6 m 处土单元的有效应力。

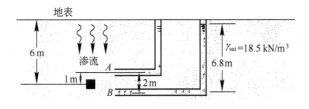

图 4 - 45　例 4 - 8 附图

解　A 点和 B 点之间的水头损失为 $\Delta H = 0.2$ m,渗流路径 $L = 2$ m。于是可得水头梯度为

$$i = \frac{\Delta H}{L} = \frac{0.2}{2} = 0.1,$$

离地表 6 m 处土单元的有效应力为

$$\sigma_z' = (\gamma_{sat} - \gamma_w)z + i\gamma_w z = (18.5 - 9.8) \times 6 + 0.1 \times 9.8 \times 6 = 58.1 \text{ kPa}。$$

思考题

4 - 1　什么是自重应力和附加应力? 空间问题和平面问题的附加应力各有什么特点?

4 - 2　什么是柔性基础? 什么是刚性基础? 这两种基础的基底压力分布有何不同?

4 - 3　在基底总压力不变的条件下,增大基础埋置深度对土中应力分布有什么影响?

4 - 4　地基中竖向附加应力的分布有什么规律? 相邻两基础下附加应力是如何相互影响的?

4 - 5　地下水位的升降对土中应力分布有什么影响?

4 - 6　布西奈斯克课题假定荷载作用在地表面上,而实际上基础都有一定的埋置深度,问这一假定对土中附加应力的计算有何影响?

4 - 7　有效应力原理的基本思想是什么,它在土力学学科发展中有何重要意义?

习　题

4 - 1　如图 4 - 46 所示,已知地表下 1 m 处有地下水位存在,地下水位以上砂土层的重度为 $\gamma = 17.5$ kN/m³,地下水位以下砂土层饱和重度为 $\gamma_{sat} = 19$ kN/m³;黏土层饱和重度为 $\gamma_{sat} = 19.2$ kN/m³,含水率 $w = 22\%$,液限 $w_L = 48\%$,塑限 $w_P = 24\%$。(1)根据液性指数的大小判断是否应考虑黏土层中水的浮力的影响;(2)计算地基中的自重应力并绘出其分布图。

4-2　如图 4-47 所示基础,已知基础底面宽度为 $b=4$ m,长度为 $l=10$ m。作用在基础底面中心处的竖直荷载为 $F=4\,200$ kN,弯矩为 $M=1\,800$ kN·m。(1)试计算基础底面的压力分布;(2)说明用简化公式进行计算的理由。

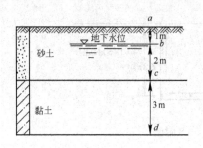

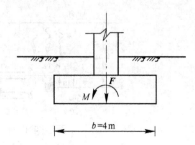

图 4-46　习题 4-1 附图　　　　　　图 4-47　习题 4-2 附图

4-3　如图 4-48 所示,矩形面积 $ABCD$ 的宽度为 5 m,长度为 10 m,其上作用均布荷载 $p=150$ kPa,试用角点法计算 G 点下深度 6 m 处 M 点的竖向应力 σ_z 值。

4-4　有相邻两个基础,它们的尺寸和相对位置及基底压力分布如图 4-49 所示,试求基础 O 点下 2 m 深度处的竖向附加应力。

4-5　某条形基础下基底压力分布如图 4-50 所示,荷载最大值 $p=150$ kPa。利用叠加原理计算边缘 G 点下深度 $z=3$ m 处的竖向应力 σ_z 值。

4-6　如图 4-51 所示,某黏土层位于两砂土层之间,离地表 1 m 处有地下水位存在,下层砂土受承压水作用,其水头高出地面 2 m。假定地下水位以上砂土重度为 $\gamma=16.5$ kN/m³,地下水位以下饱和重度 $\gamma_{sat}=19.2$ kN/m³;黏土层的饱和重度 $\gamma_{sat}=18.2$ kN/m³。试给出土中总应力 σ、孔隙水压力 u 及有效应力 σ' 分布图。

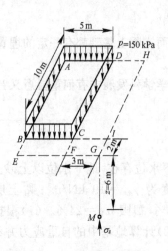

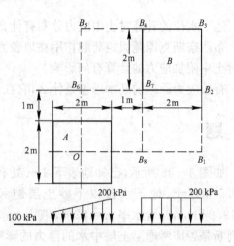

图 4-48　习题 4-3 附图　　　　　　图 4-49　习题 4-4 附图

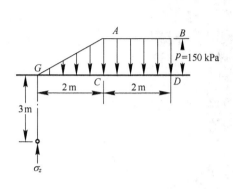

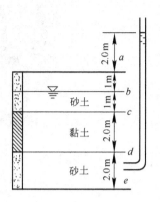

图 4-50 习题 4-5 附图   图 4-51 习题 4-6 附图

4-7 对一圆柱形非饱和土样进行不排水条件下的三轴压缩试验。先施加周围压力 $\sigma_3=100$ kPa,测得孔压系数 $B=0.7$。(1)试求试样内的孔隙水压力 u 和有效应力 σ_3';(2)然后再施加 $\Delta\sigma_3=50$ kPa,$\Delta\sigma_1=150$ kPa 的应力,测得孔压系数 $A=0.5$。假定此时 B 值保持不变,计算土样内的孔隙水压力 u 和有效应力 σ_1'、σ_3'。

Ralph Peck

Ralph Peck 于 1912 年 6 月 23 日生于加拿大,并在 Rensselaer 工业大学和哈佛大学接受教育。1939 年在哈佛,Peck 博士开始作为太沙基(Terzaghi)的助手和代表参加了芝加哥地铁的初期建设的咨询与监测工作。Peck 博士负责管理土力学试验室和现场的测试,而在这一大规模的地铁建设中,土力学发挥了重要的作用。

Ralph Peck 在土力学的应用方面做出了巨大的努力,例如,把土力学应用在土工结构的设计、施工建造和评估中,他还努力把研究成果表述为工程师所容易接受的形式。Peck 是世界上最受人尊敬的咨询顾问之一。作为一名出色的教师,Peck 教授在 Illinois 大学给他的学生留下了深刻的印象。

Ralph Peck 教授与太沙基合作出版了土力学名著《工程实用土力学》,并于 1996 年在他的主持下进行了修订,出版了第 3 版。他的另一本书《基础工程》(1974 年第 2 版)一直到现在还作为世界上许多大学的教科书或教学参考书。

第 **5** 章

土的压缩与固结

5.1 概述

地基中的土体在荷载作用下会产生变形,在竖直方向的变形称为沉降。沉降的大小称为沉降量,取决于附加应力大小与分布、地基土层的种类、各土层的厚度及土的压缩性等。

土体的变形分为两部分:(1)体积变形;(2)剪切变形。土的沉降主要是由竖直方向的体积变形引起的,当然体积变形还包括水平方向的变形。土体竖直方向的体积变化涉及两方面内容:(1)压缩变形;(2)固结变形。通常土体压缩变形是借助于土样的压缩实验进行描述的,这种实验是土样竖向变形稳定后的变形结果,因此它是稳定后并且不考虑时间效应的沉降或称为最终沉降。固结变形则是描述土体整个沉降过程中某一瞬间的沉降,它是时间的函数。

土体的变形或沉降主要由以下 3 个方面原因引起:

(1) 固体颗粒自身的压缩或变形;

(2) 土中孔隙水(有时还包括封闭气体)的压缩;

(3) 土中孔隙体积的减小,即土中孔隙水和气体被排出。

试验表明:对于饱和土来说,固体颗粒和孔隙水的压缩量很小。在一般压力作用下,固体颗粒和孔隙水的压缩量与土的总压缩量之比非常小,完全可以忽略不计。由此可以假定,饱和土的体积压缩是由孔隙的减小引起的。由于假定水不可压缩,因此饱和土的体积压缩量就等于孔隙水的排出量。

在荷载作用下,土体的沉降通常由 3 部分沉降组成,即

$$S = S_d + S_c + S_s。$$

式中,S_d——瞬时沉降;

S_c——主固结沉降;

S_s——次固结沉降。

(1) 瞬时沉降:施加荷载后,土体在很短的时间内产生的沉降。一般认为,瞬时沉降是土骨架在荷载作用下产生的弹性变形,通常根据弹性理论公式对其进行估算。

(2) 主固结沉降:它是由饱和黏性土在荷载作用下产生的超静孔隙水压力逐渐消散,孔隙

水排出,孔隙体积减小而产生的,一般会持续较长的一段时间。对总沉降,可根据压缩曲线采用分层总和法进行计算,对沉降的发展过程需根据固结理论计算。

(3) 次固结沉降:指孔隙水压力完全消散,主固结沉降完成后的那部分沉降。通常认为次固结沉降是由于土颗粒之间的蠕变及重新排列而产生的。对不同的土类,次固结沉降在总沉降量中所占的比例不同。有机质土、高压缩性黏土的次固结沉降量较大,大多数土类次固结沉降量很小。

本章主要讨论把有效应力作为唯一控制变量所产生的固结与沉降变形的分析方法。但也应该注意,有效应力并不是影响土体沉降和固结变形的唯一原因,也还有很多其他影响因素没有考虑。这是一种简化的方法。实际上,土的变形和固结受到很多因素的影响,这些影响和6.1节中式(6-1)关于影响强度因素的讨论完全相同,仅需要把方程左端的强度变换为变形或应变。此处不再论述,感兴趣的读者可以参考6.1节中的讨论。

需要注意的是,不同类型的土,其沉降特征也不一样。对于透水性好的沙性土,不论是饱和的还是非饱和的,受力后孔隙水、气迅速排出,所需的固结时间很短,一般不按固结问题考虑,其沉降主要是瞬时沉降;对于非饱和黏性土,由于孔隙中含有大量气体,受力后气体体积压缩,产生的超静孔压较小,基本上没有孔隙水排出,其沉降也以瞬时沉降为主;对一般的饱和黏性土,其沉降以主固结沉降为主。

对地基和基础的沉降,特别是在建筑物基础不同部位之间,由于荷载不同或土层压缩性不同会引起不均匀沉降(沉降差)。沉降差过大会影响建筑物的安全和正常使用。例如,比萨斜塔和一些房屋墙体开裂就是由地基不均匀沉降引起的。

为了保证建筑物的安全与正常使用,设计时必须计算和估计基础可能发生的沉降量和沉降差,并设法将其控制在容许范围内。必要时还需采取相应的工程措施,以确保建筑物的安全和正常使用。

在实际工程中,有时不仅需要地基的最终沉降量,往往还需要知道沉降随时间的变化过程,即沉降与时间的关系,以便控制施工速度或考虑保证建筑物正常使用的安全措施。此外,在研究土体稳定性时,还需要知道土体中孔隙水压力,特别是超静孔隙水压力大小。这两个问题需要依赖土体固结理论方能得到解决。

学完本章后应掌握以下内容:
(1) 利用固结仪确定土的压缩性和压缩性指标;
(2) 用分层总和法和规范法计算土的沉降;
(3) 固结沉降的概念和一维固结理论及边界条件对固结沉降解的影响;
(4) 一维固结沉降的计算。
学习中应注意回答以下问题:
(1) 土体固结的原理和机制是什么?

（2）固结与压缩有何区别？

（3）主固结与次固结有何不同？

（4）压缩性指标有哪些？如何用这些压缩性指标描述土的压缩性？

（5）如何计算土层的固结沉降？土的固结沉降与排水路径和排水条件是否有关？

（6）分层总和法中，为何要把土层进行分层？

（7）什么是平均固结度？什么是时间因数？什么是体积压缩系数？

（8）什么是先期固结压力？如何确定？

（9）什么是正常固结、欠固结、超固结？

5.2　土体的压缩特征

土体的沉降通常是借助于土样的压缩实验进行定量描述的，一般采用一维的压缩仪或三维轴对称的三轴仪进行实验，并基于这种实验结果进行分析计算。而实验中所采用的土样就是 2.6 节所讨论的表征体元的具体形式。因此土样的选择应该满足表征体元的要求，详见 2.6.1 节中表征体元的三个基本特征。通常借助于某一土样在压缩仪或三轴仪的实验中所表现的力学行为去描述某一建筑场地的某一土层中某一点的土的力学性质。这种描述是否合适、是否满足工程要求，主要取决于以下 3 个方面。

（1）施加在土样上的荷载与现场土层中该空间点处的应力情况应该尽量一致。通常试图用该点土样的力学性质描述该土层的力学性质，这就要求该点的应力状态应该代表该土层的应力情况。一般取用该土层的平均压应力作为一维压缩仪中土样的竖向受力状态，而水平方向则采用刚性环箍，使其水平方向的应变近似为零。这种受力状态与水平地表受到结构物竖向重力作用的实际情况略有不同，主要是水平方向应变一般不为零。但这种水平方向应变不为零的影响不太大，通常被忽略。

（2）土样本身的性质和内部结构状态与现场土层中该空间点处的土的实际情况应该保持尽量一致。

（3）土样的边界条件与现场土层中该空间点处的土的实际边界条件（例如排水条件和温度条件、受力条件、饱和度及其他环境条件）应该尽量一致。

只有在土样外界的各种作用以及土样内部的各种性质和结构状态与现场的实际情况尽可能保持一致或者接近时，其实验结果才有意义。否则就会产生很大的不确定性。而这种不确定性只有靠长期的经验积累和工程判断才能够近似地把握。当然不确定性很大程度上也可能是由于理论过于简化，难以描述复杂的实际情况而产生的，例如现有的土力学理论难以很好地描述降雨导致土体含水率循环变化时其力学性质的变化。

5.2.1　土的压缩试验与压缩性指标和压缩计算

1. 压缩试验与压缩曲线

　　土的压缩试验采用压缩仪如图 5－1(a)所示,压缩容器部分见图 5－1(b)。试验时,用环刀切取原状土样,并置于压缩容器的刚性护环内,使土样在压缩过程中不产生侧向变形,仅产生垂直压缩。这与地基中对称面处的情况相似。土样上、下各垫有一块透水石,土样受压后土中水可以自由排出。在天然状态下或经人工饱和后,对土样进行逐级加压固结,通过百分表对竖向变形量进行量测。每一级荷载通常保持 24 小时,或者在竖向变形达到稳定后施加下一级荷载,一般施加多级荷载,必要时,可做加载→卸载→再加载试验。试验完成后,烘干土样,测其干重。

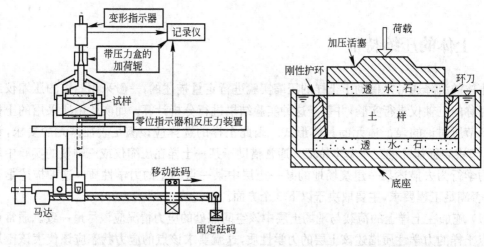

(a) 压缩仪示意图　　　　　　　　　　　　　　(b) 压缩容器示意图

图 5－1　压缩仪示意图

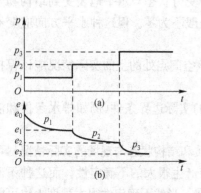

图 5－2　压缩试验资料整理

　　压缩试验中施加荷载 p(压应力)随时间 t 的变化过程如图 5－2(a)所示。

　　根据压缩试验的数据,可以得到在每一级荷载作用下竖向变形量 Δh(或孔隙比 e)随时间 t 的变化过程[图 5－2(b)]。由此即可以得到孔隙比与所施荷载之间的关系,即压缩曲线,如图 5－3 所示。

　　压缩曲线可按两种方式绘制,一种是 e－p 曲线,如图 5－3(a)所示;另一种是 e－$\lg p$ 曲线,如图 5－3(b)所示。近年来也发展出一些新的绘制方法。

　　设施加 Δp 前试件的高度为 H_1,孔隙比为 e_1;施加 Δp 后试件的压缩变形量为 S,如图 5－4 所示。施加 Δp 前试件中的土粒体积 V_{s_1} 和施加 Δp

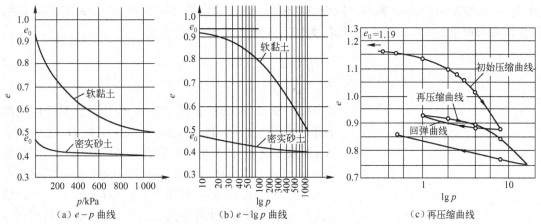

（a）$e-p$ 曲线　　　　　（b）$e-\lg p$ 曲线　　　　　（c）再压缩曲线

图 5-3　压缩试验所得的压缩曲线

后试件中土粒体积 V_{S_2} 分别为

$$V_{S_1}=\frac{1}{1+e_1}H_1A_1, \qquad (5-1)$$

$$V_{S_2}=\frac{1}{1+e_2}(H_1-S)A_2。 \qquad (5-2)$$

由于侧向应变为 0，$A_1=A_2$，土粒体积不变，$V_{S_1}=V_{S_2}$；因此

$$\frac{H_1}{1+e_1}=\frac{H_1-S}{1+e_2}, \qquad (5-3)$$

即

$$\frac{1+e_2}{1+e_1}=1-\frac{S}{H_1}。 \qquad (5-4)$$

所以

$$-\Delta e=e_1-e_2=(1+e_1)\frac{S}{H_1}。 \qquad (5-5)$$

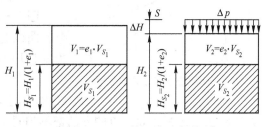

图 5-4　土体压缩示意图

利用式（5-5）计算每级 Δp 作用下达到稳定时孔隙比 e，绘制 $e-p$ 或 $e-\lg p$ 曲线。

如果在压缩过程中卸载后再压缩，就可以得到回弹曲线和再压缩曲线。回弹曲线和再压缩曲线也可以在半对数坐标上绘制，如图 5-3(c) 所示。由图 5-3(c) 中可以看到在这种试验条件下土体体积变化的另一些特征：(1) 卸载曲线与初始压缩曲线不重合，回弹量远小于当初的压缩量，说明土体的变形是由可恢复的弹性变形和不可恢复的塑性变形两部分组成；(2) 回弹和再压缩曲线比压缩曲线平缓得多，说明土在侧限条件下经过一次加载、卸载后的压缩性要比初次加载时的压缩性小很多，由此可见，应力历史对土的压缩性有显著的影响；(3) 当再加荷的压力超过初始压缩曾经达到的最大压力后，再压缩曲线逐渐与初次加载的曲线重合。

2. 土样的沉降计算

土样的变形可以利用前述压缩试验结果进行计算。压缩试验的结果可以用两种方式表示,即 $e-p$ 曲线和 $e-\lg p$ 曲线。因而有两种相应的土样沉降计算方法。无论采用何种方法,其沉降量都可借公式(5-5)进行计算,为使用方便把式(5-5)变换为

$$S = \frac{-\Delta e}{1+e_1} \cdot H_1,\qquad(5-6)$$

$$\Delta e = e_2 - e_1 。$$

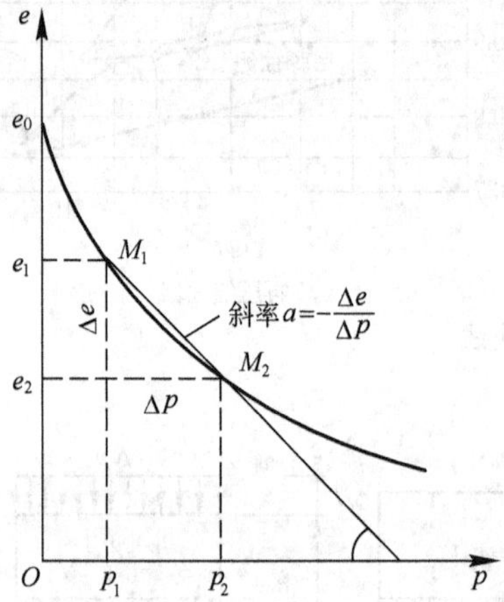

式中,e_1 和 H_1 都是初始时刻在 p_1 作用下所对应的孔隙比和土样高度。当初始应力 p_1 一定,e_1 和 H_1 也就确定了;所以 S 是 Δe 的单值线性函数,一旦确定了 Δe,利用式(5-6)就可得到土样的沉降量 S 值。因此,计算的关键在于如何得到 Δe。实际上利用上述压缩试验结果 $e-p$ 曲线和 $e-\lg p$ 曲线,就可得到 Δe,下面分别讨论如何利用这两种试验曲线计算 Δe 值。

1) 利用 $e-p$ 曲线计算 Δe 值

图 5-5 给出了压缩试验用 $e-p$ 曲线表示的试验结果。曲线上任意一点切线的斜率值 a 表示了位于该点压力 p 作用下土的压缩性的大小,即

$$a = -\mathrm{d}e/\mathrm{d}p 。\qquad(5-7)$$

图 5-5 压缩系数计算示意图

式中,负号表示随着压力 p 的增加,e 逐渐减小。由于 $e-p$ 关系为曲线,所以每一点的 a 值都不相同,在工程应用中很不方便。因此,在实际应用中,将 $e-p$ 曲线用分段直线来表示,即用 $e-p$ 曲线的割线斜率的绝对值来代替切线斜率的绝对值,此时 a 可表示为

$$a = -\mathrm{d}e/\mathrm{d}p \approx -\frac{\Delta e}{\Delta p} = \frac{e_1-e_2}{p_2-p_1} 。\qquad(5-8)$$

式中,a——土的压缩系数(kPa^{-1} 或 MPa^{-1})。在一般工程勘察报告中仅提供 a_{1-2} 的值,a_{1-2} 代表 $p=100\sim200\ \mathrm{kPa}$ 的割线斜率的绝对值;

p_1——一般指地基某深度处土中竖向自重应力(kPa 或 MPa);

p_2——一般指地基某深度处土中竖向自重应力与附加应力之和(kPa 或 MPa);

e_1——相应于 p_1 作用下压缩稳定时的孔隙比;

e_2——相应于 p_2 作用下压缩稳定时的孔隙比。

式(5-8)也可表示为

$$-\Delta e = a\Delta p = a(p_2-p_1) 。\qquad(5-9)$$

可以根据 a_{1-2} 的大小来评价土的压缩性,即

$$a_{1-2} < 0.1\ \mathrm{MPa}^{-1},\qquad 低压缩性土;$$

$$0.1\ \mathrm{MPa}^{-1} \le a_{1-2} < 0.5\ \mathrm{MPa}^{-1},\qquad 中压缩性土;$$

$$a_{1-2} \ge 0.5\ \mathrm{MPa}^{-1},\qquad 高压缩性土。$$

2）利用 $e\text{-}\lg p$ 曲线计算 Δe 值

图 5-6 给出了压缩试验用 $e\text{-}\lg p$ 曲线表示的试验
结果。在较高的压力范围内，$e\text{-}\lg p$ 曲线中存在比较明
显的直线段，该直线段表达了正常固结土的变形特征，其
斜率为 C_c（图5-6），可表示为

$$C_c = \frac{e_1 - e_2}{\lg p_2 - \lg p_1} \text{。} \qquad (5-10)$$

式（5-10）也可表示为

$$-\Delta e = C_c(\lg p_2 - \lg p_1) = C_c \lg \frac{p_1 + \Delta p}{p_1} \text{。} \qquad (5-11)$$

这里仅讨论正常固结土样 Δe 的计算，对超固结和欠
固结土样 Δe 的计算见 5.2.3 节。

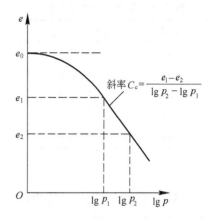

图 5-6　压缩指数计算示意图

讨论： 利用 $e\text{-}p$ 曲线计算土样的沉降虽然计算简单，并被我国岩土工程界所熟悉，但这种方
法有一个很大的缺点，即它的压缩曲线是一曲线而非直线；所以不同压力 p 所对应的土的压缩系
数 a 是不同的，而不是常量。如果假定其为常量就会带来较大的误差。在实际计算中，如果利用
$e\text{-}p$ 曲线计算土的沉降量，应尽可能采用实际土层的 p 所对应的 a 值。

利用 $e\text{-}\lg p$ 曲线计算土的沉降，是因它具有直线的特点，便于建立解析关系，使用也很方
便，并且还可以考虑应力历史对土的压缩性的影响，针对正常固结、超固结和欠固结情况，采用
不同的计算方法，这也是该方法的优点。因取对数的量必须是纯数量，而不应是有量纲的物理
量，为此可令 $p = \overline{p}/p_0$，p_0 为数值为 1 的压力。$\overline{p}$ 为实际应力值，p 变为无量纲的纯数量。

3）压缩模量

在完全侧限条件下，土体竖向附加应力增量与相应的应变增量之比为土的压缩模量，用
E_s 表示。E_s 可以根据压缩试验通过 $e\text{-}p$ 曲线求得。

如图 5-4 所示，在附加压力 Δp 作用下，土体产生竖向变形量 ΔH，则竖向应变增量为
$\Delta H / H_1$。因此

$$E_s = \frac{\Delta p}{\Delta H / H_1} \text{。} \qquad (5-12)$$

由　$a = \dfrac{\Delta e}{\Delta p}$，可得

$$\Delta p = \frac{\Delta e}{a} \text{。} \qquad (5-13)$$

又因为　$\Delta H = (e_1 - e_2)H_s$，所以

$$\Delta H = \Delta e \cdot H_s \text{。} \qquad (5-14)$$

由于　　　　　　　　　　　　　$H_1 = (1 + e_1)H_s$， $\qquad (5-15)$

故将式（5-13）～式（5-15）代入式（5-12），得

$$E_s = \frac{1 + e_1}{a} \text{。} \qquad (5-16)$$

表 5-1　室内压缩试验数据

p/kPa	百分表读数/cm
0	2.00
50	1.983 4
100	1.968 8
200	1.912 4
400	1.828 2

式(5-16)代表 E_s 与 a 间的换算关系。在实际计算时可根据压缩试验所得数据直接进行计算。需要注意的是，E_s 与 a 一样，在不同竖向压力条件下的值不同。E_s 越小表示土的压缩性越高。

例 5-1　已知一组室内压缩试验数据如表 5-1 所示。试验结束后，烘干后试样的质量 $m_s=116.74$ g，试样初始高度为 2 cm，颗粒比重 $G_s=2.72$，试样的直径为 7.98 cm，绘出该土样的压缩曲线 $e-p$、$e-\lg p$，并计算 a_{1-2}、C_c、$E_{s(1-2)}$。

解　因为百分表的初读数与试样的高度相同，所以每一级荷载稳定后的百分表读数也同样代表了此时试样的高度。

而

$$H_s=\frac{m_s/(G_s\rho_w)}{A}=\frac{m_s g}{AG_s\gamma_w}=\frac{116.74}{\frac{\pi}{4}(7.98)^2\times2.72\times1}=0.858 \text{ cm},$$

计算结果见表 5-2。

表 5-2　计算结果

p/kPa	每一级荷载稳定后试样的高度 H/cm	孔隙体积的高度$(H-H_s)$/cm	孔隙比	Δe	ΔH/cm
0	2.000	1.142 0	1.331 0		
50	1.983 4	1.125 4	1.311 7	0.019 3	0.016 6
100	1.968 8	1.110 8	1.294 6	0.017 1	0.014 6
200	1.912 4	1.054 4	1.228 9	0.065 7	0.056 4
400	1.828 2	0.970 2	1.130 8	0.098 1	0.084 2

因此，

$$a_{1-2}=\frac{\Delta e}{\Delta p}=\frac{0.065 7}{100}=0.657\times10^{-3} \text{kPa}^{-1}=0.657 \text{ MPa}^{-1}。$$

根据 $e-p$ 数据绘制 $e-p$ 与 $e-\lg p$ 关系曲线，如图 5-7 所示。

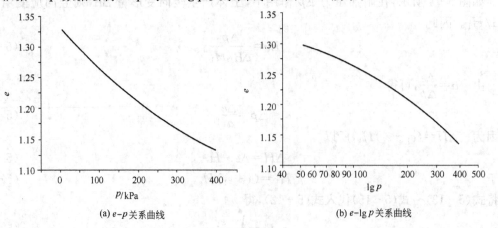

(a) $e-p$ 关系曲线　　　　(b) $e-\lg p$ 关系曲线

图 5-7　试验曲线

取直线段计算 C_c，得

$$C_c = \frac{0.098\ 1}{\lg 400 - \lg 200} = 0.325\ 9,$$

$$E_{s(1-2)} = \frac{\Delta p}{\Delta H/H} = \frac{100}{0.056\ 4/1.968\ 8} = 3.49 \times 10^3\ \text{kPa},$$

或者

$$E_{s(1-2)} = \frac{1+e_1}{a_{1-2}} = \frac{1+1.294\ 6}{0.657 \times 10^{-3}} = 3.49 \times 10^3\ \text{kPa}.$$

5.2.2 土的变形模量

对土的压缩性指标，除由室内压缩试验测定外，还可以通过现场原位测试取得。例如，可以通过载荷试验或旁压试验所测得的地基沉降（或土的变形）与压力之间近似的比例关系，利用地基沉降的弹性力学公式来反算土的变形模量。变形模量反映了土体在侧向自由膨胀条件下应力与应变之间的相互关系，可根据广义胡克定律得到。它与弹性理论中弹性模量的物量意义相同，只是其中的变形既包括可恢复的弹性应变又包括不可恢复的塑性应变。

1. 载荷试验中土的变形模量的确定

载荷试验是一种常用的、比较可靠的现场测定土的压缩性（变形模量）和地基承载力的方法。试验装置一般如图 5 - 8 所示。

在待测土层上挖坑到适当深度，放置一圆形或方形的承压板（底面积通常不小于 $0.25\ \text{m}^2$ 或 $0.50\ \text{m}^2$）。浅层平板载荷试验的试坑的直径或宽度应不小于承压板直径或宽度的 3 倍。挖土及放置承压板时，应尽量保护坑底的土少受扰动。在承压板的上方设置刚度足够大的横梁、锚锭木桩、千斤顶和支柱，由承压板施加单位面积静压力 p 于土层上，测读承压板的相应沉降 S，直至土体达到或接近破坏（沉降急剧增加）。

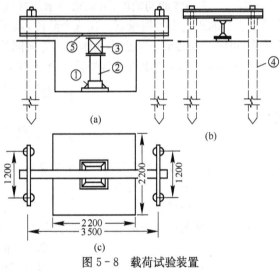

图 5 - 8 载荷试验装置
①—承压板；②—支柱；③—千斤顶；④—锚锭木桩；⑤—横梁

对较松软的土，荷载一般按 $10 \sim 25$ kPa；对较坚硬的土，按 50 kPa 的等级依次增加。每加一级荷载，须等候一段时间，待沉降基本稳定时，再加下一级荷载（这一段时间的长短依土的种类而异，黏土一般要 24 小时或更长一些）。

另一种常用的做法是直接在承压板上设置加荷台，通过在加荷平台上堆放铁块等重物逐级加载。这种方法工作量大，做起来很费劲。

载荷试验结果可以绘成：(1) 各级荷载下的沉降与时间关系曲线（$S - t$ 曲线），见图 5 - 9 (a)；(2) 单位面积压力与总沉降量关系曲线（$p - S$ 曲线），见图 5 - 9(b)。

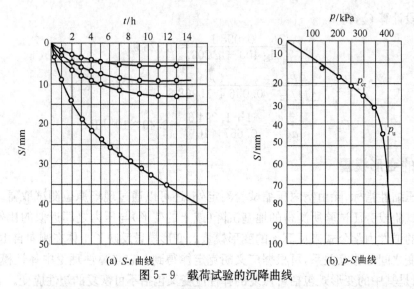

(a) $S\text{-}t$ 曲线   (b) $p\text{-}S$ 曲线

图 5-9 载荷试验的沉降曲线

根据 p-S 曲线的初始段,可以求得承压板底下 $(2\sim3)B$(B 为承压板的边长或直径)深度范围内土层的平均变形模量 E。在这个阶段,承压板底下土体的应力-应变关系基本上保持线性关系,可将承压板底下的土体视作均质各向同性的半空间线弹性体,利用弹性理论解答,求得浅层平板载荷试验中承压板沉降量 S 和土体变形模量 E_0 之间的关系为

$$S = \frac{\omega p B (1-\mu^2)}{E_0}$$

或

$$E_0 = \frac{\omega p B (1-\mu^2)}{S}。$$

$$(5-17)$$

式中,ω——与承压板的刚度和形状有关的系数,对刚性承压板,$\omega=0.88$(方形),$\omega=0.79$(圆形);

$\quad\quad B$——承压板的边长或直径;

$\quad\quad \mu$——土的泊松比;

p、S——分别为初始段曲线上某点的压力值和沉降值。

2. 变形模量与压缩模量的关系

土的变形模量 E_0 是土体在无侧限条件下得到的,而压缩模量 E_s 则是土体在完全侧限条件下的应力与应变的比值。E_0 与 E_s 两者在理论上是可以互相换算的。

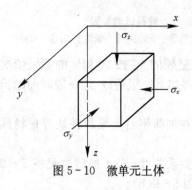

图 5-10 微单元土体

从侧向不允许膨胀的压缩试验土样中取一微单元体进行分析(图 5-10)。在 z 轴方向的压力作用下,试样中的竖向正应力为 σ_z,由于试样的受力条件属轴向对称问题;所以相应的水平向正应力 $\sigma_x=\sigma_y$,即

$$\sigma_x = \sigma_y = K_0 \sigma_z。$$

$$(5-18)$$

式中，K_0——土的侧压力系数，一般通过侧限条件下的试验测定，当无试验条件时，可采用表5-3所列的经验值。其值一般小于1，如果地面是经过剥蚀后遗留下来的，或者所考虑的土层曾受到其他超固结作用，则 K_0 值可大于1。

表 5-3　土性参数 K_0、μ、β 的经验值

土的种类和状态	K_0	μ	β
碎石土	0.18~0.33	0.15~0.25	0.95~0.90
砂土	0.33~0.43	0.25~0.30	0.90~0.83
粉土	0.43	0.30	0.83
粉质黏土:坚硬状态	0.33	0.25	0.83
可塑状态	0.43	0.30	0.74
软塑及流塑状态	0.53	0.35	0.62
黏土:坚硬状态	0.33	0.25	0.83
可塑状态	0.53	0.35	0.62
软塑及流塑状态	0.72	0.40	0.39

首先，分析沿 x 轴方向的应变 ε_x。由于是在不允许侧向膨胀条件下进行土样试验的，所以 $\varepsilon_x = \varepsilon_y = 0$，于是

$$\varepsilon_x = \frac{\sigma_x}{E_0} - \mu\frac{\sigma_y}{E_0} - \mu\frac{\sigma_z}{E_0} = 0。 \qquad (5-19)$$

将式(5-18)代入式(5-19)，得土的侧压力系数 K_0 与泊松比 μ 的关系为

$$K_0 = \frac{\mu}{1-\mu} \qquad (5-20)$$

或

$$\mu = \frac{K_0}{1+K_0}。 \qquad (5-21)$$

其次，分析沿 z 轴方向的应变 ε_z，可得

$$\varepsilon_z = \frac{\sigma_z}{E_0} - \mu\frac{\sigma_y}{E_0} - \mu\frac{\sigma_x}{E_0} = \frac{\sigma_z}{E_0}(1-2\mu K_0)。 \qquad (5-22)$$

根据侧限条件 $\varepsilon_z = \sigma_z/E_s$，有

$$E_0 = E_s\left(1 - \frac{2\mu^2}{1-\mu}\right) = E_s(1-2\mu K_0)， \qquad (5-23)$$

令 $\beta = 1 - \dfrac{2\mu^2}{1-\mu} = 1 - 2\mu K_0$，可得

$$E_0 = \beta E_s。 \qquad (5-24)$$

必须指出，式(5-24)只不过是 E_0 与 E_s 之间的理论关系。实际上，由于在现场载荷试验测定 E_0 和室内压缩试验测定 E_s 时，各有些无法考虑到的因素，使得式(5-24)不能正确反映 E_0 与 E_s 之间的实际关系。这些因素主要是：用于压缩试验的土样容易受到较大的扰动(尤其是低压缩性土)；载荷试验与压缩试验的加荷速率、压缩稳定标准都不一样；μ 值不易精确确定

等。根据统计资料知道，E_0 值可能是 E_s 值的几倍，一般来说，土愈坚硬则倍数愈大，而软土的 E_0 值与 E_s 值比较接近。

5.2.3　应力历史对土的压缩性的影响

1.　应力历史及先期固结压力的概念

所谓应力历史是指天然土层在形成过程及其地质历史中，土中有效应力的变化过程。所谓先期固结压力，是指天然土层在其应力历史中所受过的最大有效应力。

根据先期固结压力与土层现有上覆压力的对比，可将土分为正常固结土、超固结土和欠固结土 3 类，即正常固结土，$p_c = p_1$；超固结土，$p_c > p_1$；欠固结土，$p_c < p_1$。

其中，p_c 为土体的先期固结压力，p_1 为土体目前的上覆土重。

将 p_c 与 p_1 之比称为超固结比（OCR），即

$$OCR = p_c / p_1。 \tag{5-25}$$

同样，可以根据 OCR 来划分正常固结、超固结和欠固结土（或状态），即正常固结土（或状态），OCR＝1；超固结土（或状态），OCR＞1；欠固结土（或状态），OCR＜1。

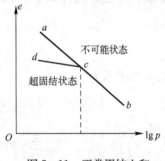

图 5-11　正常固结土和
超固结土的压缩特性

由压缩试验结果可知，回弹和再压缩曲线比压缩曲线平缓得多，说明应力历史对土的压缩性有显著的影响。因而，对于同一土来说，分别处于正常固结、超固结和欠固结状态时，其压缩曲线是不同的。正常固结土是一种历史上没有出现过卸载的土。因为没有出现过卸载，正常固结土实际上是处于一种最疏松的状态（与出现过卸载的土相比，另外没有考虑土的结构性，即土是重塑土），所以正常固结土的压缩曲线右侧是一种不可能的状态。如图 5-11 所示，图中 ab 段为正常固结土的压缩曲线。当土的初始状态点处于正常固结土的压缩曲线（左侧）以下时，这种状态的土必然发生过卸载，即处于超固结状态。

卸载点（图 5-11 中 c 点）所对应的压力即为超固结土的先期固结压力。当压力小于超固结土的先期固结压力时，超固结土的压缩曲线（图 5-11 中 dc 线段）位于正常固结土的压缩曲线左侧，且斜率较正常固结土的压缩曲线小；当压力大于超固结土的先期固结压力时，其压缩曲线（图 5-11 中 cb 线段）与正常固结土的压缩曲线重合。与正常固结土相比，超固结土通常也会更加密实。

工程中遇到的土一般都是经过漫长的地质年代而形成的，在土的自重应力作用下已达到固结稳定状态。所以工程中的土大多是正常固结或超固结土。欠固结土比较少见，主要包括如下两种情况：

（1）新近沉积或堆填土层；

（2）在正常固结土层中施工时，采取降水措施，使得土中的有效应力增加，土层从正常固结状态转化到欠固结状态。

2. 先期固结压力的确定

由于先期固结压力是区分土为正常固结土、超固结土和欠固结土的关键指标，因此如何确定土的先期固结压力是很重要的。卡萨格兰德（Casagrande，1936）提出了根据 e-$\lg p$ 曲线，采用作图法来确定先期固结压力的方法。其作图步骤如下（图 5-12）：

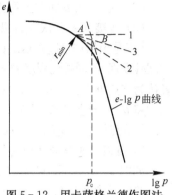

图 5-12　用卡萨格兰德作图法确定先期固结压力

（1）在 e-$\lg p$ 曲线上找出曲率半径最小的一点 A，过 A 点作水平线 $A1$ 及切线 $A2$；

（2）作 $\angle 2A1$ 的角平分线 $A3$；

（3）作 e-$\lg p$ 曲线中直线段的延长线，与 $A3$ 交于 B 点。B 所对应的应力即为先期固结压力 p_c。

根据卡萨格兰德作图法可以看出，先期固结压力实际上是一个压力限值，在该值两侧，土体的压缩性差别很大。也就是说，对超固结土而言，如果附加压力 p' 与自重压力 p_1 的和小于 p_c，那么根据 C_c 计算所得的土体变形量会远大于实际可能发生的变形量。在进行正常固结土室内压缩试验时，由于取样时对土样的扰动是不可避免的（至少会出现卸载），这也会使室内试验所得土的压缩性指标与实际土层的情况不符。因此，有必要对室内压缩曲线进行修正，以使其更加符合实际情况。

3. 压缩曲线的修正

土的沉降通常是根据土的压缩曲线计算的；但室内试验所用的土样均是扰动过的土样（至少经历了卸载过程），所以通过室内试验得到的压缩曲线与土的原位压缩曲线是有区别的。因此确定土的原位压缩曲线是土的沉降分析与计算的基础。如图 5-3(c) 所示，土的压缩曲线分为正常固结曲线与超固结曲线（再压缩曲线）两种，正常固结意味着现在的有效压力等于历史上最大的有效压力，在继续增加压力时，它将沿原压缩曲线的斜率而变化；超固结意味着现在的有效压力小于历史上最大的有效压力，它处于卸载后的再压缩曲线上，将沿再压缩曲线（或回弹曲线）的斜率而变化。因此，根据土的压缩曲线的试验结果，对其进行适当的修正，以确定变形计算中所采用的参数和曲线形式。下面分 3 种情况对压缩曲线进行修正。

1）正常固结土压缩曲线的修正

如图 5-13 所示，已知室内压缩曲线，由作图法得到先期固结压力 p_c，根据 p_c 与土样现存的实际上覆压力 p_1，可以判定该土样为正常固结土，即 $p_c = p_1$。此时可根据施默特曼（Schmertmann H. J.，1955）提出的方法对室内压缩曲线进行修正，从而得到土层的原位压缩曲线，具体步骤如下：

（1）作点 b，其坐标为 (p_c, e_0)，e_0 为土样的初始孔隙比；

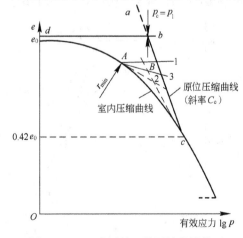

图 5-13　正常固结土的压缩曲线修正

（2）在 $e - \lg p$ 曲线上取点 c，其纵坐标为 $0.42\,e_0$；

（3）连接 b、c，并认为 bc 即为土层的原位压缩曲线，其斜率为土层原位的压缩指数 C_c。

c 点是根据许多室内压缩试验发现的。因为室内试验所用的土样都是受到扰动的，但是通过试验发现，不同扰动程度的土样的压缩曲线均大致相交于一点，该点纵坐标为 $0.42\,e_0$（有些学者认为该点纵坐标为 $0.40\,e_0$）；因此未扰动土样（原位）压缩曲线也应该相交于这一点。

将 bc 线向上延长，认为 ab 段代表现场成土的历史过程。

过 b 点作水平线 bd，认为 bd 段代表取土时的卸载过程，即假定卸载不引起土样孔隙比的变化。

2）超固结土压缩曲线的修正

如图 5-14 所示，超固结土压缩曲线的修正需要室内回弹曲线与室内再压缩曲线。因此，在试验时要通过加荷—卸荷—再加荷的过程来得到所需的回弹曲线与再压缩曲线，而且根据压缩试验已知再压缩曲线会趋向于与压缩曲线重合。

超固结土的原位压缩曲线可按以下步骤确定。

（1）作 b_1 点，其坐标为 $(p_1，e_0)$，p_1 为现场实际上覆压力，e_0 为土样初始孔隙比。

（2）根据室内压缩曲线求先期固结压力 p_c。作直线 $mn(p=p_c)$。这就要求卸荷时的压力要大于 p_c，所以一般需先通过压缩试验得出 p_c 值，再用另一个试样进行回弹与再压缩试验。

（3）确定室内回弹曲线与再压缩曲线的平均斜率。因回弹曲线与再压缩曲线一般并不重合，可以采用图 5-14 中所示的方法，取 gf 的连线斜率作为平均斜率。

（4）过 b_1 点作 b_1b 平行于 gf，交 mn 于 b 点。

（5）在室内再压缩曲线上取点 c，其纵坐标为 $0.42\,e_0$（或 $0.40\,e_0$）。

（6）连接 bc。

b_1bc 即为超固结土的原位压缩曲线。因为 b_1bc 为分段直线，所以在计算变形量时应根据附加压力的大小分段进行计算。

3）欠固结土压缩曲线的修正

欠固结土压缩曲线的修正方法与正常固结土相同，如图 5-15 所示。但是，由于欠固结土

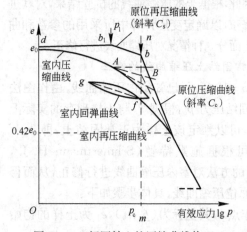

图 5-14 超固结土的压缩曲线修正

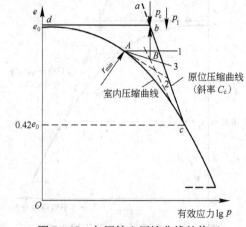

图 5-15 欠固结土压缩曲线的修正

在自重应力作用下还没有完全达到固结稳定,土层现有的上覆压力已超过土层先期固结压力,即使没有外荷载作用,该土层仍会产生沉降量。因此,欠固结土的沉降不仅仅包括地基受附加应力所引起的沉降,而且还包括地基土在自重作用下尚未固结的那部分沉降。

4. 利用 e-$\lg p$ 曲线计算超固结与欠固结土的 Δe 值

在 5.2.1 节中介绍了正常固结土样的 Δe 值的计算。下面将介绍超固结土和欠固结土 Δe 值的计算方法。

1) 超固结土 Δe 值的计算

当历史上最大有效压力 p_c 大于目前土的自重压力 p_1 时,为超固结土。它处于卸载后压缩曲线上的再压曲线段(图 5-3(c)),也就是说它在历史上发生过卸载。虽然正常固结段和再压段的试验曲线在 e-$\lg p$ 坐标中都可以近似地认为是线性的,但它们的斜率却不一样。超固结土样在施加附加荷载时,它首先沿再压曲线段路径向右走,直到到达 p_c 后,才开始沿正常固结线的路径继续变形。因此,超固结土样的变形计算分两个阶段进行:第一阶段为按再压段(或回弹段)线性直线段计算,其斜率为 C_s(见图 5-14 中的 b_1-b 线段,其斜率等于 g-f 线的斜率);第二阶段为当压力 p 超过 p_c 时,按正常固结的原始压缩段线性直线段计算。实际计算是按图 5-14 的修正压缩曲线进行的。

当压力 p 小于 p_c 时,变形处于第一阶段,采用式(5-26)计算 Δe,即

$$-\Delta e = C_s[\lg p - \lg p_1] = C_s \lg \frac{p_1 + \Delta p}{p_1}。 \tag{5-26}$$

当压力 p 大于 p_c 时,变形处于第二阶段,p 先通过第一阶段路径(此阶段的孔隙增加量为 Δe_1),然后才到达第二阶段(此阶段的孔隙增加量为 Δe_2);而总孔隙增量 Δe 为第一阶段孔隙增量 Δe_1 和第二阶段孔隙增量 Δe_2 之和,可用式(5-27)计算,即

$$-\Delta e = -\Delta e_1 - \Delta e_2 = C_s \lg \frac{p_c}{p_1} + C_c \lg \frac{p_1 + \Delta p}{p_c}。 \tag{5-27}$$

2) 欠固结土 Δe 的计算

欠固结土的孔隙增量 Δe 是欠固结土在自重应力作用下的欠固结应力($p_1 - p_c$)所引起的孔隙增量 Δe_1 和由附加应力引起的孔隙增量 Δe_2 之和,两部分都处于正常固结压缩段(因没有发生过卸载),如图 5-15 所示。即

$$\Delta e_1 = C_c \lg \frac{p_1}{p_c}, (p_c < p_1)$$

$$\Delta e_2 = C_c \lg \frac{p_2}{p_1}, (p_2 > p_1)$$

$$\Delta e = \Delta e_1 + \Delta e_2 = C_c \left(\lg \frac{p_1}{p_c} + \lg \frac{p_2}{p_1}\right) = C_c \lg \frac{p_1 + \Delta p}{p_c}。 \tag{5-28}$$

通过上述针对不同情况得到的 Δe 的计算公式(5-9)、(5-11)、(5-26)、(5-27)和式(5-28),就可计算出具体的 Δe 值,再把 Δe 代入式(5-6)就可计算得到该土样的沉降量 S。应该注意的是:欠固结所采用的计算公式中 C_c 与正常固结土没有不同;它们的区别仅在于有

效应力是不同的。

5.3 地基沉降计算

如前所述,地基的沉降由瞬时沉降、主固结沉降和次固结沉降 3 部分组成,下面分别介绍其计算方法。

5.3.1 弹性理论公式计算瞬时沉降

当地基土层很厚时,常用弹性理论公式估算地基瞬时沉降。当基础面积形状为圆形、方形或矩形,且基底压力假定为均匀分布时,计算公式为

$$S_d = \frac{pb}{E_0}(1-\mu^2) \cdot G_d \text{。} \tag{5-29}$$

式中,p——基底均布压力;

b——基底宽度(矩形)或直径(圆形);

E_0,μ——地基土的变形模量和泊松比;

G_d——考虑基底形状和沉降点位置的函数,可查表 5-4。

表 5-4 均布面积荷载下弹性半无限体表面沉降影响系数 G_d

形　状		中 心 点	短边中心	长边中心	平　　均
圆　形		1.00	0.64	0.64	0.85
方　形		1.12	0.76	0.76	0.95
矩形	$\frac{a}{b}=1.5$	1.36	0.89	0.97	1.15
	$\frac{a}{b}=2.0$	1.52	0.98	1.12	1.30
	$\frac{a}{b}=3.0$	1.78	1.11	1.35	1.52
	$\frac{a}{b}=5.0$	2.10	1.27	1.68	1.83
	$\frac{a}{b}=10.0$	2.53	1.49	2.12	2.25
	$\frac{a}{b}=100.0$	4.00	2.20	3.60	3.70

用式(5-29)计算沉降的准确度,主要取决于弹性参数 E_0 和 μ 的选取。对于饱和黏土,取 $\mu=0.5$ 一般都是可靠的,对于其他类土的 μ 值,在无实测资料情况下,可参考表 5-3。关于 E_0 值可以按前面所述的方法求取。

5.3.2 分层总和法计算地基沉降

由室内压缩试验所得的 $e\text{-}p$ 曲线和 $e\text{-}\lg p$ 曲线反映了每级荷载作用下变形稳定时的孔

隙比变化(相当于土体体积的变化),所以由压缩试验所得的压缩曲线可用来计算土层在荷载作用下的总沉降量。由于根据压缩试验所得的每一级荷载作用下的 e - $\lg p$ 曲线中包含有次固结段,所以根据压缩试验结果计算所得的沉降量是包括主固结沉降与次固结沉降的总沉降量。但由于大多数情况下次固结沉降在总沉降中所占的比例很小,所以一般都把根据压缩试验数据计算所得的沉降量作为主固结沉降量。对于次固结沉降较大的土,一般需根据其次固结曲线单独计算次固结沉降,计算方法见本书 5.3.4 节。

1. 基本假定

基本假定如下:

(1) 认为基底附加应力 p_0 是作用于地表的局部荷载;

(2) 假定地基为弹性半无限体,地基中的附加应力按第 4 章所述计算;

(3) 土层压缩时不发生侧向变形;

(4) 只计算竖向附加应力作用下产生的竖向压缩变形,不计剪应力的影响。

根据上述假定,地基中土层的受力状态与压缩试验中土样的受力状态相同,所以可以采用压缩试验得到的压缩性指标来计算土层压缩量。上述假定比较符合基础中心点下土体的受力状态,所以分层总和法一般只用于计算基底中心点的沉降。

2. 基本原理

利用压缩试验成果计算地基沉降,实际上就是在已知 e - p 曲线的情况下,根据附加应力 Δp 来计算土层的竖向变形量 ΔH,也就是土层的沉降量 S。

式(5-6)是土中单元体在受到附加应力作用下产生的沉降,由于在地基中的附加应力随深度衰减;所以总沉降应为各点产生的沉降的总和,即

$$S = \int_0^\infty \varepsilon \mathrm{d}z = \int_0^\infty \frac{\Delta p}{E_\mathrm{s}} \mathrm{d}z \, 。 \tag{5-30}$$

定义体积压缩系数 $m_\mathrm{v} = \dfrac{a}{1+e_1}$,则 $E_\mathrm{s} = \dfrac{1+e_1}{a} = \dfrac{1}{m_\mathrm{v}}$;故公式(5-30)也可以写成

$$S = \int_0^\infty m_\mathrm{v} \cdot \Delta p \mathrm{d}z = \int_0^\infty \frac{e_1 - e_2}{1+e_1} \mathrm{d}z \, 。 \tag{5-31}$$

式中,Δp、E_s、e_1、e_2 均为深度 z 的函数,为了简化计算,将式(5-30)离散化后进行计算,即

$$S = \sum_{i=1}^n \varepsilon_i H_i = \sum_{i=1}^n \frac{\Delta p_i}{E_{\mathrm{s}i}} H_i = \sum_{i=1}^n \frac{e_{1i} - e_{2i}}{1+e_{1i}} H_i \, 。 \tag{5-32}$$

式中,S——总沉降量;

　　n——地基分层的层数;

　　e_{1i}——根据第 i 层土的自重应力平均值(p_{1i})从土的压缩曲线上得到的孔隙比;

　　e_{2i}——根据第 i 层土的自重应力平均值与附加应力平均值之和,即 $p_{2i} = p_{1i} + \Delta p_i$,从土的压缩曲线上得到的孔隙比;

　　H_i——第 i 层土的厚度;

E_{si}——第 i 层土的压缩模量,根据 Δp_i、p_{1i} 计算所得。

天然地基土都是不均匀的。最常见的水平成层地基,其土性参数和附加应力是随深度而变化的。前面讲述的土样沉降的计算都是假定土样的应力和力学性质(土性参数)在竖向没有变化。为利用土样压缩试验的结果,最好把土层分成许多层,分层后的每一层其应力和力学性质变化不大,可用平均值作为代表。分别计算每一层的压缩变形后,最后求每一层沉降的总和,得到总沉降,如图 5-16 所示。这是一种近似的计算方法。

如图 5-16 所示,式(5-31)相当于把自重应力与附加应力曲线采用分段的直线来代替,E_{si}、a_i 在分层范围内假定为常数。

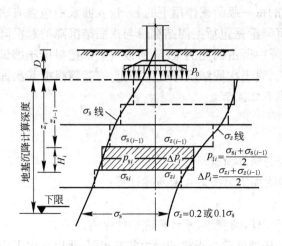

图 5-16 分层总和法计算示意图

3. 计算方法与步骤

(1)掌握设计资料。包括基础平面尺寸与埋深,总荷载大小、分布形式及其在基底上的作用点,地质剖面图,在压缩层范围内不同性质土层的压缩曲线或压缩性指标,各土层的各种物理指标,地下水位。

(2)根据地质剖面图把沉降计算深度范围内的土进行分层。为使地基沉降计算比较精确,分层厚度一般取 $0.4b$(b 为基础宽度)或 $1\sim2\,\mathrm{m}$。天然土层的分界面和地下水位面应为分层面。对每一分层,可认为压力是均匀分布的。

(3)计算基础中心轴线上各分层界面上的原存压力(土的自重压力)。土的自重应力由天然地面起算,根据4.2节,第 i 层土底面上的自重应力为

$$\sigma_{si} = \gamma d + \sum_{k=1}^{i} \gamma_k H_k \qquad (5-33)$$

式中,γ——基底以上土的平均重度;

d——基础埋深;

γ_k——第 k 层土的重度;

H_k——第 k 层土的厚度。

(4)根据总荷载的大小、分布和作用点及基础的埋深计算基底附加应力 p_0 及其分布。

$$p_0 = \frac{F}{A} - \gamma d。 \qquad (5-34)$$

式中,F——基础总荷载;

A——基础底面积。

(5)根据基底附加应力 p_0 及其分布计算基础中心垂线与各层界面交点处的附加应力 σ_{zi}。

（6）确定压缩层厚度 z_n。由于自重应力随着深度增大，一般情况下 E_{si}、a_i 亦随深度增加，附加应力随深度衰减；所以随着埋深增加土体的变形减小。因此，实际上超过一定深度处的土体的变形，对总沉降已经基本上没有影响，该深度称为地基沉降计算深度，亦称压缩层厚度。该深度以上土层称为地基压缩层。

地基沉降计算深度一般取地基附加应力等于自重应力的 20% 处，当该深度以下存在高压缩性土层时，则计算深度应满足地基附加应力等于自重应力的 10%。

（7）计算各分层 i 的平均自重应力 $\bar{\sigma}_{si}=\frac{1}{2}(\sigma_{s(i-1)}+\sigma_{si})$ 和平均附加应力 $\bar{\sigma}_{zi}=\frac{1}{2}(\sigma_{z(i-1)}+\sigma_{zi})$。

（8）利用每层土的压缩曲线 e-p，由 $\bar{\sigma}_{si}$ 可以查出对应的孔隙比 e_{1i}，由 $(\bar{\sigma}_{si}+\bar{\sigma}_{zi})$ 查得对应的 e_{2i}，代入式（5-6）计算每一层的沉降量 S_i，

$$S_i=\frac{e_{1i}-e_{2i}}{1+e_{1i}}H_i。 \tag{5-35}$$

也可以利用修正后的 e-$\lg p$ 曲线。对于正常固结土，运用式（5-11）计算 Δe，再代入式（5-6）计算 S_i，

$$S_i=\frac{H_i}{1+e_{1i}}C_{ci}\lg\frac{\bar{\sigma}_{si}+\bar{\sigma}_{zi}}{\bar{\sigma}_{si}}。 \tag{5-36}$$

如为超固结土，当 $\bar{\sigma}_{si}+\bar{\sigma}_{zi}<p_{ci}$（$p_{ci}$ 为第 i 层土的前期固结压力），运用式（5-26）计算 Δe，再代入式（5-6）计算 S_i，

$$S_i=\frac{H_i}{1+e_{1i}}C_{si}\lg\frac{\bar{\sigma}_{si}+\bar{\sigma}_{zi}}{\bar{\sigma}_{si}}。 \tag{5-37}$$

当 $\bar{\sigma}_{si}+\bar{\sigma}_{zi}\geqslant p_{ci}$ 时，运用式（5-27）计算 Δe，再代入式（5-6）计算 S_i，

$$S_i=\frac{H_i}{1+e_{1i}}\left(C_{si}\lg\frac{p_{ci}}{\bar{\sigma}_{si}}+C_{ci}\lg\frac{\bar{\sigma}_{si}+\bar{\sigma}_{zi}}{p_{ci}}\right)。 \tag{5-38}$$

（9）计算压缩层的总沉降量：

$$S=\sum_{i=1}^{n}S_i \tag{5-39}$$

例 5-2　设有一矩形（8 m×6 m）混凝土基础，埋置深度为 2 m，基础垂直荷载（包括基础自重）为 9 600 kN，地基为细砂和饱和黏土层，有关地质资料、荷载和基础平剖面如图 5-17 所示。试用分层总和法求算基础平均沉降。

解　按地质剖面，把基底以下土层分成若干薄层。基底以下细砂层厚 4.4 m，可分为两层，每层厚 2.2 m，以下的饱和黏土层按 2.4 m（0.4×6）分层。

（1）计算各薄层顶底面的自重应力 σ_s。

细砂天然重度 $\gamma=20$ kN/m³，则

$\sigma_{s0}=2\times20=40$ kPa，

$\sigma_{s1}=40+2.2\times20=84$ kPa，

$\sigma_{s2}=84+2.2\times20=128$ kPa，

$\sigma_{s3}=128+2.4\times18.5=172.4$ kPa，

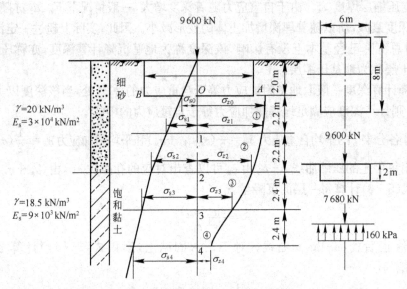

图 5-17　地基、基础及荷载情况

$\sigma_{s4} = 172.4 + 2.4 \times 18.5 = 216.8$ kPa。

(2) 计算基础中心垂直轴线上的附加应力 σ_z，并决定压缩层底位置。

① 计算基底附加荷载 F，

$$F = 9\,600 - 20 \times 2 \times 6 \times 8 = 7\,680 \text{ kN}。$$

② 计算基底附加平均压力 p_0，

$$p_0 = \frac{F}{A} = \frac{7\,680}{6 \times 8} = 160 \text{ kPa}。$$

③ 计算基础中心垂直轴线上的 σ_z，以决定受压层底位置，如表 5-5 所示。

表 5-5　压缩层计算厚度的确定

位　置	z_i/m	z_i/b	L/b	α_{ai}	$\sigma_{zi} = 4\alpha_{ai} p_0$/kPa
0	0	0	4/3	0.250 0	160
1	2.2	2.2/3	4/3	0.225 0	144
2	4.4	4.4/3	4/3	0.142 2	91
3	6.8	6.8/3	4/3	0.844	54
4	9.2	9.2/3	4/3	0.054 7	35

由表 5-5 可知中心垂直线上的压缩层底应在第 4 层底面上。

(3) 计算垂直线上各分层的平均荷载压力。

根据 $\bar{\sigma}_{zi} = \dfrac{\sigma_{z(i-1)} + \sigma_{zi}}{2}$ 可求得第 i 层平均荷载压力，并列于表 5-6 中。

(4) 计算各垂直土柱上各分层的变形 S_i 和总沉降 S。

根据已知条件和式(5 - 32)计算沉降量,如表 5 - 6 所示。

表 5 - 6　各土层沉降量计算

	$\bar{\sigma}_{zi}/kPa$	E_{si}/kPa	H_i/m	S_i/m
1	152	3×10^4	2.2	0.011 147
2	117.5	3×10^4	2.2	0.008 617
3	72.7	0.9×10^4	2.4	0.019 387
4	44.7	0.9×10^4	2.4	0.011 92
$\sum S_i$				0.051 07

由表 5 - 6 可知,总沉降为 0.051 m。

5.3.3　规范法计算地基沉降

《建筑地基基础设计规范》所推荐的地基最终沉降量计算方法是另一种形式的分层总和法。它也采用侧限条件下的压缩性指标,并运用了平均附加应力系数计算;还规定了地基沉降计算深度的标准,提出了地基的沉降计算经验系数,使得计算成果接近于实测值。

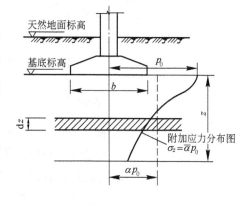

图 5 - 18　平均附加应力系数的物理意义

规范所采用的平均附加应力系数,其概念为:首选不妨假想地基是均质的,即所假定的土在侧限条件下的压缩模量 E_s 不随深度而变,则从基底至地基任意深度 z 范围内的压缩量为(图 5 - 18)

$$S = \int_0^z \varepsilon dz = \int_0^z \frac{\sigma_z}{E_s} dz = \frac{A}{E_s}。 \quad (5 - 40)$$

式中,ε——土的侧限压缩应变,$\varepsilon = \sigma_z/E_s$;

A——深度 z 范围内的附加应力分布图所包围的面积,$A = \int_0^z \sigma_z dz$。

因为附加应力 σ_z 可以根据基底应力与附加应力系数计算,所以 A 还可以表示为

$$A = \int_0^z \sigma_z dz = p_0 \int_0^z \alpha dz = p_0 z \bar{\alpha}。 \quad (5 - 41)$$

式中,p_0——基底的附加应力;

α——附加应力系数;

$\bar{\alpha}$——深度 z 范围内的竖向平均附加应力系数。

将式(5 - 41)代入式(5 - 40),则地基最终沉降量可以表示为

$$S=\frac{p_0 z \bar{\alpha}}{E_s}\,。 \tag{5-42}$$

式(5-42)就是用平均附加应力系数表达的从基底至任意深度 z 范围内地基沉降量的计算公式。由此可得成层地基中第 i 层沉降量的计算公式(图5-19)为

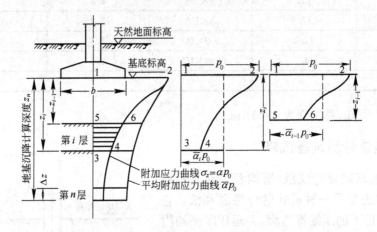

图5-19 规范法计算地基沉降示意图

$$\Delta S=\frac{\Delta A_i}{E_{si}}=\frac{A_i-A_{i-1}}{E_{si}}=\frac{p_0}{E_{si}}(z_i \bar{\alpha}_i - z_{i-1} \bar{\alpha}_{i-1})\,。 \tag{5-43}$$

式中，A_i 和 A_{i-1}——z_i 和 z_{i-1} 范围内的附加应力面积；

$\bar{\alpha}_i$ 和 $\bar{\alpha}_{i-1}$——与 z_i 和 z_{i-1} 对应的竖向平均附加应力系数。

E_{si}——基础底面下第 i 层土的压缩模量，应取土的自重压力至土的自重压力、附加应力之和的压力段计算。

规范用符号 z_n 表示地基沉降计算深度，并规定 z_n 应满足下列条件：

由该深度处向上取按表5-7规定的计算厚度 Δz(图5-19)所得的计算沉降量 ΔS_n 不大于 z_n 范围内总的计算沉降量的 2.5%，即应满足(包括考虑相邻荷载的影响)。

表5-7 计算厚度 Δz 值

$b\leqslant 2$	$2<b\leqslant 4$	$4<b\leqslant 8$	$8<b$
0.3	0.6	0.8	1.0

$$\Delta S_n \leqslant 0.025 \sum_{i=1}^{n} \Delta S_i\,。 \tag{5-44}$$

在按式(5-44)所确定的沉降计算深度下如有较软弱土层时，尚应向下继续计算，直至软弱土层中所取规定厚度 Δz 的计算沉降量满足式(5-44)为止。

当无相邻荷载影响，基础宽度在 1~30 m 范围内时，基础中点的地基沉降计算深度也可按简化公式(5-45)计算，即

$$z_n = b(2.5 - 0.4 \ln b)。 \tag{5-45}$$

式中，b——基础宽度。

在沉降计算深度范围内有基岩存在时，取基岩表面为计算深度。

为了提高计算准确度，计算所得的地基最终沉降量尚需乘以一个沉降计算经验系数 Ψ_s。Ψ_s 按式（5-46）确定，即

$$\Psi_s = S_\infty / S。 \tag{5-46}$$

式中，S_∞——利用地基观测资料推算的最终沉降量。

因此，各地区宜按实测资料制定适合于本地区各种地基情况的 Ψ_s 值；无实测资料时，可采用规范提供的数值，见表 5-8。

表 5-8　沉降计算经验系数 Ψ_s

基底附加压力 ＼ $\overline{E}_s$/MPa	2.5	4.0	7.0	15.0	20.0
$p_0 \geqslant f_{ak}$	1.4	1.3	1.0	0.4	0.2
$p_0 \leqslant 0.75 f_{ak}$	1.1	1.0	0.7	0.4	0.2

注：$\overline{E}_s$ 为沉降计算深度范围内压缩模量的当量值，其计算公式为

$$\overline{E}_s = \frac{\sum A_i}{\sum \dfrac{A_i}{E_{si}}}$$

式中，$A_i = p_0 (z_i \bar{\alpha}_i - z_{i-1} \bar{\alpha}_{i-1})$。

综上所述，规范推荐的地基最终沉降量 S_∞（单位：mm）的计算公式为

$$S_\infty = \Psi_s S = \Psi_s \sum_{i=1}^n \frac{p_0}{E_{si}} (z_i \bar{\alpha}_i - z_{i-1} \bar{\alpha}_{i-1})。 \tag{5-47}$$

规范中提供了各种荷载形式下地基中的平均附加应力系数表，计算时可根据要求查表计算，查表方法与附加应力系数表相同。

附录 D 中表 D-7 和表 D-8 分别为均布的矩形荷载角点下（b 为荷载面宽度）和三角形分布的矩形荷载角点下（b 为三角形分布方向荷载面的边长）的地基平均竖向附加应力系数表，借助于该两表可以运用角点法求算基底附加压力为均布、三角形分布或梯形分布时地基中任意点的平均竖向附加应力系数 α 值。《建筑地基基础设计规范》还附有均布的圆形荷载中点下和三角形分布的圆形荷载边点下地基竖向平均附加应力系数表。

5.3.4　次固结沉降的计算

次固结沉降是地基土中超静孔隙水压力全部消散，土的主固结完成后继续产生的那部分

沉降。以孔隙水压力消散为依据的经典太沙基固结理论未考虑次固结导致的沉降。许多学者研究过这一问题,建立了一些土的次固结数学模型。由于这些成果比较复杂,计算参数用常规试验又很难测定,所以目前工程实用时仍然按照布依斯曼(Buisman)建议的方法估算次固结沉降量。

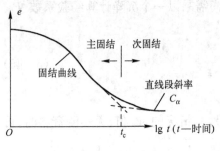

图 5-20 次固结指数 C_α 曲线

大量的固结试验成果表明,在一级荷载下的固结曲线如图 5-20 所示。它表明,试验完成主固结后的次固结曲线绘在半对数坐标中基本上是一条直线,该直线的斜率为次固结指数 C_α,即

$$C_\alpha = \frac{-\Delta e}{\lg t - \lg t_c} = \frac{-\Delta e}{\lg (t/t_c)}。 \qquad (5-48)$$

式中,t, t_c 分别为从固结开始起算的时间和主固结完成时的时间。如果压缩土层的厚度为 H,显然 t 时间地基的次固结沉降估算公式可以采用

$$S_s = \frac{C_\alpha}{1+e_0} \lg\left(\frac{t}{t_c}\right) H, \qquad (5-49)$$

式中,e_0 为试样的初始孔隙比。

5.4 沉降差和倾斜

沉降差是指在同一建筑中两相邻基础沉降量的差。有时对于一个单独基础,由于偏心荷载或其他原因,使基础两端产生不相等的沉降,这就是沉降差的另一种表现形式,一般都是用两端沉降差被基础边长除而得到的倾斜度 $\tan\theta$ 或用倾斜角 θ 来表示。基础的沉降差和倾斜对上部建筑物影响是很明显的,许多建筑物的破坏,不是由于沉降量过大,而是由于沉降差或倾斜超过某一限度所致。故沉降差或倾斜的计算是基础设计中的一个重要内容。

两相邻基础之间的沉降差的计算,是在沉降计算中将相邻荷载在基础中点下各个深度处引起的附加应力叠加到基础自身引起的附加应力中去,然后按 5.3 节所述方法求基础总沉降量,最后求它们的差。对于一个单独基础的沉降差或倾斜的计算比较复杂,但可根据其产生的具体原因采用不同的近似方法。

5.4.1 由于偏心荷载引起的倾斜

假定引起基础倾斜的主要原因是荷载偏心,如图 5-21(a)所示。其在对称轴 x 上的荷载偏心距为 e,则在偏心力作用下,基础将会产生不均匀沉降,靠偏心一侧的边点 A 比另一侧的边点 B 的下沉要多些。设 A 点下沉量为 S_A,B 点为 S_B,中心点为 S_O,基础的倾斜为 θ 角或 $\tan\theta$。首先计算 S_O,它的计算方法已在 5.3 节讨论过。下面采用分层总和法计算 S_A、S_B 和 $\tan\theta$。

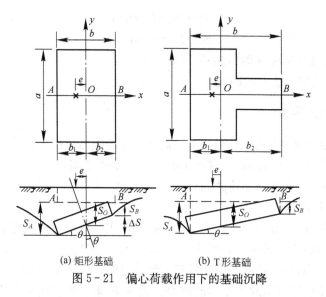

(a) 矩形基础　　　(b) T形基础

图 5-21　偏心荷载作用下的基础沉降

如图 5-22 所示,把土层分成若干薄层,根据基底梯形压力图,用应力系数表求算 A 点和 B 点垂线上各薄层分界面的 σ_{zi},与相应位置的自重应力 q_{zi} 对比,按条件 $\alpha_{zi}=0.1$ 或 $0.2q_{zi}$ 来确定两端的压缩层底,再利用式(5-32)或式(5-47)计算 A 点和 B 点的相对沉降量 ρ_A 和 ρ_B。但上述沉降量并不是 A 和 B 两点的真正沉降值 S_A 和 S_B;因为按分层总和法的原则计算沉降时 A、B 两点下的土柱被看做无侧向膨胀的土柱,实际上它们很容易向外侧挤出,所求出的沉降量 ρ_A 和 ρ_B 必

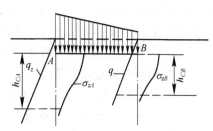

图 5-22　分层总和法计算偏心荷载下沉降差

然要小于真正的沉降量 S_A 和 S_B。真正沉降量的计算可采用近似方法,即假定 ρ_A 和 S_A 之差与 ρ_B 和 S_B 之差相等,即 $S_A-\rho_A=S_B-\rho_B$,或者 $S_A-S_B=\rho_A-\rho_B=\Delta S$,如图 5-21(a)所示。由于基础平均沉降 S_O 已经求出,则

$$\begin{cases} S_A=S_O+\dfrac{\Delta S}{2}=S_O+\dfrac{\rho_A-\rho_B}{2}, \\[2mm] S_B=S_O-\dfrac{\Delta S}{2}=S_O-\dfrac{\rho_A+\rho_B}{2}, \end{cases} \tag{5-50}$$

$$\tan\theta=\frac{\Delta S}{b}=\frac{\rho_A-\rho_B}{b}。 \tag{5-51}$$

如基础平面的一个轴是非对称轴,如图 5-21(b)所示,则两端沉降差仍为 $\Delta S=\rho_A-\rho_B$,而 $\tan\theta$ 可用式(5-51)求得,但 S_A 和 S_B 则改用式(5-52)表示,即

$$\begin{cases} S_A = S_O + b_1 \tan \theta, \\ S_B = S_O - b_2 \tan \theta. \end{cases} \tag{5-52}$$

式中，b_1——由中性轴到基端 A 的距离；

b_2——由中性轴到基端 B 的距离。

5.4.2 相邻基础的影响

当两个基础相距很近时，其中一个基础的荷载产生的应力将扩散到另一个基础底部，从而影响相邻基础的平均沉降量和倾斜。这种影响除了与基础之间距离远近、荷载大小和土层性质等因素有关外，还取决于基础修建的先后。

1. 两相邻基础同时修建

当两相邻基础甲和乙同时修建时，则乙基础荷载产生的应力将扩散到甲基础底下，使得甲基础之下的附加压力将有所增加。如图 5-23(a)所示，甲基础中心点 O 下面的 σ_{zO} 是由甲基础荷载引起的附加应力，$\Delta\sigma_{zO}$ 是由乙基础荷载引起的附加应力，这两者之和将使甲基础产生更多的平均沉降。乙基础还会引起甲基础的倾斜。因为甲基础两边的点 A、B 下面受到乙基础荷载引起的附加应力大小不一样。距离乙基础近的 B 点，所增加的附加应力 $\Delta\sigma_{zB}$ 要比距离乙基础远的 A 点增加的附加应力大得多，故 B 点的沉降量将大于 A 点的沉降量，从而产生沉降差，使得甲基础向乙基础方向倾斜。甲基础对乙基础的影响是完全相同的。

2. 在旧基础旁边建新基础

如图 5-23(b)所示的甲、乙两相邻基础，甲基础为旧基础，沉降已经稳定，土中的原存应力除了自重应力外，还要加上本身荷载所产生的压力，即 $q_z + \sigma_z$。至于甲基础下面能引起地基沉降的附加应力则是由新建的乙基础所引起的 $\Delta\sigma_z$，它可以使甲基础产生新的较小的沉降。甲基础边缘两点 A、B 也将受到乙基础荷载的影响产生不均匀沉降，同时由于 B 点距离乙基础近，B 点的沉降量将大于 A 点的沉降量，从而使得甲基础向乙基础方向倾斜。新建的乙基础，只是在原存压力方面受到甲基础的影响，其原存压力除了土的自重应力以外，还应该加上甲基础荷载在乙基础下面引起的压力。乙基础下的附加应力，则仅仅来自本身的荷载。由于靠近甲基础一侧的原存压力大，按理乙基础应该背离甲基础方向倾斜，但是乙基础两侧的附加应力没有差别，仅由于原存压力不相等，对乙基础的影响并不显著。

3. 在沉降尚未稳定的旧基础旁边建新基础

由于旧基础下沉并没有稳定，又在其旁边建新的基础，需要先估计旧基础荷载在土中引起的荷载压力中有效压力和超静孔隙水压力各为多少。对于有效压力，则应算成原存压力，因为在有效压力作用下已经产生变形，即相应沉降已经完成，故该应力已经转变为原存压力；而超静孔隙水压力则应该算作使地基产生新变形的附加应力，由于这牵涉地基的沉降过程，不像一般沉降问题那样简单，这里将不多述。

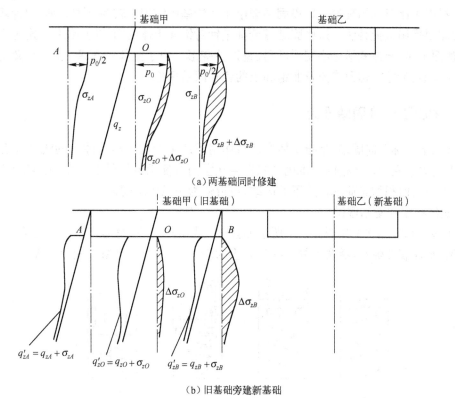

（a）两基础同时修建

（b）旧基础旁建新基础

图 5 - 23　相邻基础的影响

5.5　土体的固结理论

饱和土体受荷后，一般都需要经历随时间发展的固结过程，压缩变形才能逐渐完成。这里所谓固结，是指在荷载作用下，土体产生超静孔隙水压力（超静孔隙水压力指由荷载所引起的那部分孔隙水压力，它随时间而变），导致土中孔隙水逐渐排出，随着时间的推移，超静孔隙水压力逐步消散，土中有效应力逐步增大，直至超静孔隙水压力完全消散的这一过程。所以固结过程实际上是压缩量或沉降随时间增长的过程，在固结过程中，随着孔隙水的排出，土体产生压缩。前面介绍的沉降计算方法得出的是固结终了时达到的最终沉降量，而在工程设计中，除了要知道最终沉降量外，往往还需要知道沉降与时间的关系，以及固结过程中超静孔隙水压力的大小。解决这两个问题就需要借助于土体的固结理论。

通常认为太沙基提出的一维固结理论和有效应力原理标志着土力学学科的诞生，因此固结理论在土力学中有着重要地位。对固结过程的数学描述首先归功于太沙基，他在一系列假定的基础上，建立了著名的一维固结理论。伦杜立克（1936）将太沙基一维固结理论推广到二维或三维的情况。比奥（1941）考虑了土体固结过程中孔隙水压力消散和土骨架变形之间的耦合作用,提出了比奥固结理论。比奥固结理论比太沙基固结理论较为合理完整;但计算较为困难,通常需要采用数值解法。这些固结理论都是针对饱和土体的固结问题,并假定土中水的渗流服从达西定律,土体变形是小变形,而且是弹性变形。由于土体的复杂性,人们又发展了考虑土体大变形、考虑非达西渗流及非饱和土的各种固结理论。

5.5.1 太沙基一维固结理论

一维固结又称单向固结,是指土体在荷载作用下产生的变形与孔隙水的流动仅发生在一个方向上的固结问题。严格的一维固结只发生在室内有侧限的固结试验中,在实际工程中并不存在;但在大面积均布荷载作用下的固结,可近似为一维固结问题。

1. 固结模型和基本假设

太沙基(1925)建立了如图 5-24 所示的模型。图 5-24 中,整体代表一个土单元,弹簧代表土骨架,水代表孔隙水,活塞上的小孔代表土的渗透性,活塞与筒壁之间无摩擦。

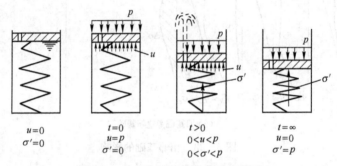

图 5-24　土体固结的弹簧活塞模型

在外荷载 p 刚施加的瞬时,水还来不及从小孔中排出,弹簧未被压缩,荷载 p 全部由孔隙水所承担,水中产生超静孔隙水压力 u,此时,$u=p$。随着时间的推移,水不断从小孔中向外排出,超静孔隙水压力逐渐减小,弹簧逐步受到压缩,弹簧所承担的力逐渐增大。弹簧中的应力代表土骨架所受的力,即等效为土体中的有效应力 σ',在这一阶段 $u+\sigma'=p$。有效应力与超静孔隙水压力之和作为总应力 σ。当水中超静孔隙水压力减小到 0,水不再从小孔中排出,全部外荷载由弹簧承担,即有效应力 $\sigma'=p$。在整个过程中,总应力 σ、有效应力 σ' 和超静孔隙水压力 u 之间关系为

$$u+\sigma'=\sigma。 \tag{5-53}$$

太沙基针对土体仅受外荷载作用时采用这一物理模型,并作出如下假设:

(1) 土体是饱和的;

(2) 土体是均匀、各向同性的;

(3) 土颗粒与孔隙水在固结过程中不可压缩;

(4) 土中水的渗流服从达西定律;

（5）在固结过程中，土的渗透系数 k 是常数；

（6）在固结过程中，土体的压缩系数 a 是常数；

（7）外部荷载是一次瞬时施加的，并保持不变；

（8）土体的固结变形是小变形；

（9）土中水的渗流与土体变形只发生在一个方向。

在以上假设的基础上，太沙基建立了一维固结理论。许多新的固结理论是在减少上述假设的条件下发展起来的。

2. 固结方程

根据上述物理模型与基本假定，取土体中距排水面某一深度处的土单元体 $\mathrm{d}x\mathrm{d}y\mathrm{d}z$，如图 5-25 所示，此处假定单元竖向压应力不随深度变化。由于不同的边界条件对超静孔隙水压力的消散和孔隙水的渗流的作用是不同的，因此除了在荷载施加的瞬时及固结完成时刻以外，在固结过程中土单元的上、下表面处的超静孔隙水压力是不同的。因此，超静孔隙水压力是时间和深度的函数，即 $u=u(z,t)$。在固结过程中，单元体 $\mathrm{d}x\mathrm{d}y\mathrm{d}z$ 在 $\mathrm{d}t$ 时间内沿竖向排出的水量等于单元体在 $\mathrm{d}t$ 时间内竖向压缩量。

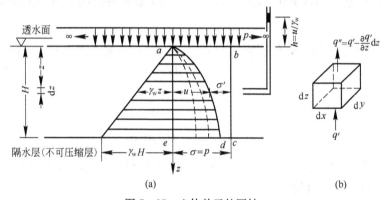

图 5-25　土体单元的固结

单元体在 $\mathrm{d}t$ 时间内排水量 $\mathrm{d}Q$ 表达式为

$$\mathrm{d}Q=\frac{\partial v}{\partial z}\mathrm{d}z\mathrm{d}x\mathrm{d}y\mathrm{d}t。 \tag{5-54}$$

根据达西定律，有

$$v=ki=-\frac{k}{\gamma_{\mathrm{w}}}\frac{\partial u}{\partial z}。 \tag{5-55}$$

式中，v——水在土体中的渗流速度（m/s）；

$\quad i$——水力梯度；

$\quad k$——渗透系数（m/s）；

$\quad u$——超静孔隙水压力（kPa）；

$\quad \gamma_{\mathrm{w}}$——水的重度（kN/m³）。

将式(5-55)代入式(5-54),得

$$dQ = -\frac{k}{\gamma_w}\frac{\partial^2 u}{\partial z^2}dzdxdydt。 \tag{5-56}$$

单元体在 dt 时间内的压缩量,即土中孔隙体积的变化量 dV 表达式为

$$dV = \frac{d}{dt}\left(\frac{-e}{1+e_0}\right)dxdydzdt。 \tag{5-57}$$

式中,e——t 时刻土体的孔隙比;

e_0——土体初始孔隙比。

土体孔隙比是有效应力与时间的函数,即 $e=e(\sigma', t)$,它的改变与土体受到的有效应力以及时间相关,所以有下式:

$$\frac{de}{dt} = \frac{\partial e}{\partial \sigma'}\bigg|_t\frac{\partial \sigma'}{\partial t} + \frac{\partial e}{\partial t}\bigg|_{\sigma'} \approx -a\frac{\partial \sigma'}{\partial t}。 \tag{5-58}$$

式中,a——土体的竖向压缩系数($\mathrm{kPa^{-1}}$);

σ'——土中有效应力(kPa)。

式(5-58)中 $\frac{\partial e}{\partial t}\big|_{\sigma'}$ 与次固结变形有关,在主固结中通常忽略,根据前述压缩曲线可得 $\frac{\partial e}{\partial \sigma'} = -a$。

将式(5-58)结合下面有效应力原理并代入式(5-57),并考虑前述假设(7)有:

$$\sigma' + u = \sigma, \Rightarrow \frac{\partial \sigma'}{\partial t} = -\frac{\partial u}{\partial t},$$

得

$$dV = \frac{-a}{1+e_0}\frac{\partial u}{\partial t}dxdydzdt。 \tag{5-59}$$

假定饱和土流出孔隙的水等于土的孔隙或土的体积的改变,所以有 $dQ=dV$,根据式(5-56) 与式(5-59)可得

$$\frac{k(1+e_0)}{\gamma_w a}\frac{\partial^2 u}{\partial z^2} = \frac{\partial u}{\partial t}。 \tag{5-60}$$

定义 $C_v = \frac{k(1+e_0)}{a\gamma_w} = \frac{k}{m_v \cdot \gamma_w}$,则式(5-60)可写成

$$C_v \cdot \frac{\partial^2 u}{\partial z^2} = \frac{\partial u}{\partial t}。 \tag{5-61}$$

式中,C_v——固结系数($\mathrm{m^2/s}$)。

式(5-61)称为太沙基一维固结方程,它与热传导方程具有同样的形式。

3. 固结方程的解

根据给定的边界条件和初始条件,可以求解微分方程式(5-61),从而得到超静孔隙水压力随时间沿深度的变化规律。

图5-25所示土层厚度为 H,固结系数为 C_v,排水条件为单面排水,表面作用瞬时施加的

大面积均布荷载 p。

如图 5 - 25(a)所示的边界条件(可压缩土层顶底面排水条件)和初始条件(开始固结时的附加应力分布情况)如下。

边界条件为

$$z=0, u=0 \ (t>0);$$

$$z=H, \frac{\partial u}{\partial z}=0 \ (t>0)。$$

初始条件为

$$t=0, u=p \ (0 \leqslant z \leqslant H);$$

结束条件为　　　　$t=\infty, u=0 \ (0 \leqslant z \leqslant H)。$

采用分离变量法求解式(5 - 61)。令

$$u=F(z) \cdot G(t)。 \tag{5 - 62}$$

将式(5 - 62)代入式(5 - 61),可得

$$C_v F''(z) \cdot G(t)=F(z) \cdot G'(t),$$

即

$$\frac{F''(z)}{F(z)}=\frac{1}{C_v}\frac{G'(t)}{G(t)};$$

因此

$$\frac{F''(z)}{F(z)}=\frac{1}{C_v}\frac{G'(t)}{G(t)}=常数。$$

令该常数为 $-A^2$,可得

$$F(z)=C_1 \cos Az+C_2 \sin Az, \tag{5 - 63}$$

$$G(t)=C_3 \exp(-A^2 C_v t)。 \tag{5 - 64}$$

把式(5 - 63)与式(5 - 64)代入式(5 - 62),得

$$u=(C_1 \cos Az+C_2 \sin Az)C_3 \exp(-A^2 C_v t)=(C_4 \cos Az+C_5 \sin Az)\exp(-A^2 C_v t)。$$

$$\tag{5 - 65}$$

根据边界条件和初始条件可得

$$u=\frac{4p}{\pi}\sum_{m=1}^{\infty}\frac{1}{m}\sin\frac{m\pi z}{2H}\exp(-m^2\pi^2 T_v/4)。 \tag{5 - 66}$$

式中,m——正整数,且 $m=1,3,5,\cdots$;

　　H——排水最长距离,当土层为单面排水时,H 等于土层厚度;当土层上下双面排水时,H 采用一半土层厚度;

　　T_v——时间因数,且 $T_v=\dfrac{C_v t}{H^2}$。

根据式(5 - 66)可以计算图 5 - 25 中任一点任一时刻的超静孔隙水压力 $u(z,t)$。

4. 固结度

在某一荷载作用下经过时间 t 后土体固结过程完成的程度称为固结度,通常用 U 表示。

土体在固结过程中完成的固结变形和土体抗剪强度增长均与固结度有关,所以固结度可根据有效应力的增长和变形的发展分别进行定义和计算。土体中某点的固结度可表示为

$$U = \frac{\sigma'}{\sigma} = \frac{\sigma - u}{\sigma} = 1 - \frac{u}{\sigma}。 \tag{5-67}$$

式中,σ——在一定荷载作用下,土体中某点总应力(kPa);

$\quad\sigma'$——土体中某点有效应力(kPa);

$\quad u$——土体中某点超静孔隙水压力(kPa)。

在实际应用中,人们更关心的是土层的平均固结度。地基土层在某一荷载作用下,经过时间 t 后所产生的固结变形量 S_{ct} 与该土层固结完成时最终固结变形量 S_c 之比称为平均固结度,也称地基固结度,即

$$U = \frac{S_{ct}}{S_c} = \frac{\int_0^H m_v(p_0 - u)\mathrm{d}z}{Hm_v p_0} = \frac{Hm_v p_0 - m_v\int_0^H u\mathrm{d}z}{Hm_v p_0} = 1 - \frac{\frac{1}{H}\int_0^H u\mathrm{d}z}{p_0} = 1 - \frac{u_t}{p_0} \tag{5-68}$$

式中,H——土层厚度(m)。

对图 5-25 所示情况,平均固结度可以表示为

$$U = 1 - \frac{8}{\pi^2}\sum_{m=1}^{\infty}\frac{1}{m^2}\exp(-m^2\pi^2 T_v/4)(m = 1, 3, 5, 7, \cdots)。 \tag{5-69}$$

公式(5-69)的级数收敛很快,计算时可根据情况近似地取级数前几项,一般情况下当 U 值估计在 30% 以上时,可考虑仅取前一项,即 $m=1$,则

$$U \approx 1 - \frac{8}{\pi^2}\exp(-\pi^2 T_v/4)。 \tag{5-70}$$

由式(5-69)可以看出,土层的平均固结度是时间因数 T_v 的单值函数,它与所加的附加应力的大小无关。对于单面排水,各种直线型附加应力分布下的土层平均固结度与时间因数的关系理论上仍可用同样方法得到。典型直线型附加应力分布有 5 种,如图 5-26 所示,其中,α 为一反映附加应力分布形态的参数,定义为透水面上的附加应力 σ_z' 与不透水面上附加应力

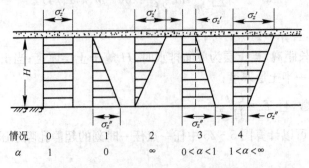

情况	0	1	2	3	4
α	1	0	∞	$0 < \alpha < 1$	$1 < \alpha < \infty$

图 5-26 典型直线型附加应力(或初始超静孔压)分布

σ''_z 之比，即 $\alpha = \sigma'_z / \sigma''_z$。因而，对不同的附加应力分布，$\alpha$ 值不同，式(5-61)解也不尽相同，所求得的土层的平均固结度当然也不一样。因此，尽管土层的平均固结度与附加应力大小无关，但其与 α 值有关，即与土层中附加应力的分布形态有关。

从式(5-70)可知，若两土层的土质相同(即 C_v 相等)，附加应力的分布及排水条件也相同，只是土层厚度不同，则两土层要达到相同的固结度，其时间因数 T_v 应相等。

式(5-70)是在图 5-25 所示的边界条件下得到的。原则上，对于各种情况的初始条件和边界条件，式(5-61)均可求解，从而得到类似于式(5-69)的土层平均固结度。如图 5-26 所示的情况 1，其附加应力随深度呈逐渐增大的正三角形分布。其初始条件为：当 $t=0$ 时，$0 \leqslant z \leqslant H, u_0 = \sigma''_z z / H$。据此，对式(5-61)可求解得

$$U = 1 - \frac{32}{\pi^3} \sum_{n=1}^{\infty} \frac{(-1)^{n-1}}{(2n-1)^3} \exp\left[-(2n-1) \frac{2\pi^2}{4} T_v \right] (n=1,2,3,\cdots)。 \quad (5-71)$$

式(5-71)中级数收敛得比式(5-69)更快，实际上一般也只取级数的第一项。

研究表明，在某种分布图形的附加应力作用下，任一历时内均质土层的变形相当于此应力分布图各组成部分在同一历时内所引起的变形的代数和，亦即在固结过程中，有效应力与孔隙应力分布图形可根据叠加原理来确定。如图 5-26 中情况 2，在任一历时 t 内所产生的沉降量 S_t，应等于该图中情况 0 和情况 1 在相同历时内所引起的沉降量之差。可以证明，图 5-26 所示的直线分布各种附加应力作用下土层的平均固结度可以用情况 0 和情况 1 的固结度来表示，即

$$U = \frac{2\alpha U_R + (1-\alpha) U_T}{1+\alpha}。 \quad (5-72)$$

式中，U_R——均匀分布附加应力下的土层固结度，由式(5-69)求得；

U_T——三角形分布附加应力下的土层固结度，由式(5-71)求得。

为了使用的方便，已将各种附加应力呈直线分布(不同 α 值)情况下土层的平均固结度与时间因数之间的关系绘制成曲线，如图 5-27 所示。

利用图 5-27 和式(5-68)，可以解决下列两类沉降计算问题。

(1) 已知土层的最终沉降量 S_c，求某一固结历时 t 已完成的沉降 S_{ct}。

对于这类问题，首先根据土层的 k, a, e_1, H 和给定的 t，算出土层平均固结系数 C_v 和时间因数 T_v，然后利用图 5-27 中的曲线查出相应的固结度 U，再由式(5-68)求得 S_{ct}。

(2) 已知土层的最终沉降量 S_c，求土层产生某一沉降量 S_{ct} 所需的时间 t。

对于这类问题，首先求出土层平均固结度 $U = S_{ct} / S_c$，然后从图 5-27 中的曲线查得相应的时间因数 T_v，再按式 $t = H^2 T_v / C_v$ 求出所需的时间。

以上所述均为单面排水情况。若土层为双面排水，则不论土层中附加应力分布为哪一种情况，只要是线性分布，均可按情况 0(即 $\alpha = 1$)计算。这是根据叠加原理而得到的结论，具体论证过程不再赘述，可参考有关文献。但对双面排水情况，时间因数中的排水距离应取土层厚度的一半。

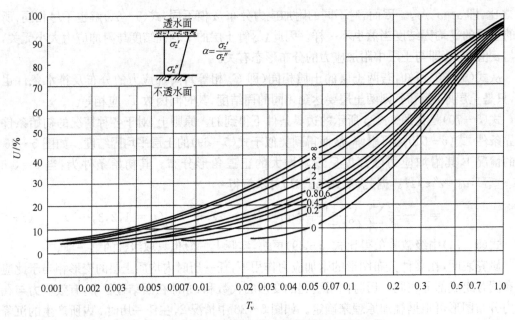

图 5-27 平均固结度 U 与时间因数 T_v 关系曲线

5.5.2 荷载随时间变化时的固结计算

上述固结度的计算方法都是假定基础荷载是一次突然施加到地基上去的,实际上,工程的施工期相当长,基础荷载是在施工期内逐步施加的。一般可以假定在施工期间荷载随时间增加是线性增加的,工程完成后荷载就不再增加。如施工期为 t_1,荷载随时间增长的曲线可用图 5-28(a)表示。如在施工期内有较长时间的停顿,则荷载随时间增长的曲线可以用图 5-28(b)表示。对这种情况,在实际工程计算中将逐步加荷的过程简化为在加荷起讫时间中点一次瞬时加载。然后用太沙基固结理论计算其固结度。对图 5-28(a)所示的加载过程,当 $t < t_1$ 时,匀速加载;$t \geqslant t_1$ 时,保持恒载 p。其固结度为

$$\begin{cases} U_t = U_{\frac{t}{2}} \cdot \dfrac{p'}{p} & (0 < t < t_1), \\ U_t = U_{\left(t - \frac{t_1}{2}\right)} & (t_1 \leqslant t)。\end{cases} \tag{5-73}$$

式中,U_t——t 时刻对荷载 p 而言的固结度;

p'——当 $t < t_1$ 时 t 时刻的荷载;

$U_{\frac{t}{2}}$,$U_{\left(t - \frac{t_1}{2}\right)}$——瞬时荷载为 p,加荷载时间为 $t/2$ 和 $t - \dfrac{t_1}{2}$ 时的固结度。

如多级加载,如图 5-28(b),可采用叠加法计算,即

$$U_t = U_{t_1} \frac{p_1}{\sum p} + U_{t_2} \frac{p_2}{\sum p} + \cdots。 \tag{5-74}$$

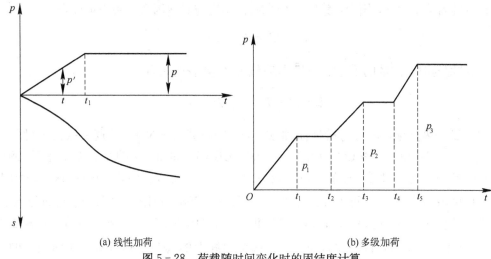

(a) 线性加荷　　　　　　　　　　(b) 多级加荷

图 5 - 28　荷载随时间变化时的固结度计算

式中，U_t——t 时刻对荷载 $\sum p$ 而言的固结度；

　　　$\sum p$——各级荷载之和；

　　　U_{t_i}——t 时刻对荷载 p_i 而言的固结度，可采用式(5-73)计算。

5.5.3　固结系数的试验确定

　　由式(5-69)可知，当土层厚度确定后，某一时刻土层的固结度由固结系数决定，土的固结系数越大，土体固结越快。因此，正确测定固结系数对估计固结速率有重要意义。固结系数的表达式为

$$C_v = \frac{k}{m_v \gamma_w} = \frac{k(1+e_0)}{\gamma_w a}。 \tag{5-75}$$

式中，k——土体的渗透系数(m/s 或 cm/s)；

　　　m_v——体积压缩系数(kPa^{-1})；

　　　γ_w——水的重度(kN/m^3)；

　　　a——压缩系数(kPa^{-1})；

　　　e_0——土体初始孔隙比。

　　由于式(5-75)中的参数不易选用，特别是 a 不是定值；所以采用式(5-75)计算固结系数，难以得到满意的结果。因此，常采用试验方法测定固结系数，一般是通过压缩试验，绘制在一定压力下的时间-压缩量曲线，再结合理论公式来确定固结系数 C_v。有关的方法很多，本书主要介绍两种方法，即时间平方根拟合法与时间对数拟合法。

　　1. 时间平方根拟合法

　　时间平方根拟合法是根据土的常规压缩试验下某级压力下的垂直变形与时间平方根的关系曲线来确定土的固结系数的方法，它是由泰勒(Taylor)提出的。

在一维固结条件下,当固结度 $U<60\%$ 时,固结度与时间因数的关系可以表示为

$$T_\text{v}=\frac{\pi}{4}U^2。 \tag{5-76}$$

因此,固结度与时间因数的平方根 $\sqrt{T_\text{v}}$ 呈直线关系,其表达式为

$$U=\sqrt{\frac{4}{\pi}T_\text{v}}=1.128\sqrt{T_\text{v}}。 \tag{5-77}$$

如以 U 为纵坐标,$\sqrt{T_\text{v}}$ 为横坐标,把式(5-77)与式(5-69)绘于同一张图上(图5-29(a)),则式(5-77)成一直线 OA_1,而式(5-69)成为图(5-29(a))中的 OA 段,其中 $U<60\%$ 的一段 OA 与 OA_1 基本吻合,其余一段分离。当 $U=90\%$ 时,由式(5-69)可得 $T_\text{v}=0.848$,$\sqrt{T_\text{v}}=0.920$;由式(5-76)可得 $T_\text{v}=0.636$,$\sqrt{T_\text{v}}=0.798$。在图5-29(a)上通过原点(0,0)作两条直线,分别通过点(0.798,0.9)和点(0.920,0.9)。两条直线的斜率之比为 $0.920/0.798=1.15$,即当 $U=90\%$ 时,理论固结曲线上的 $\sqrt{T_\text{v90}}$ 是近似固结曲线上的1.15倍。根据这个关系,可在实测曲线上按下述方法找到 $U=90\%$ 的点的位置。

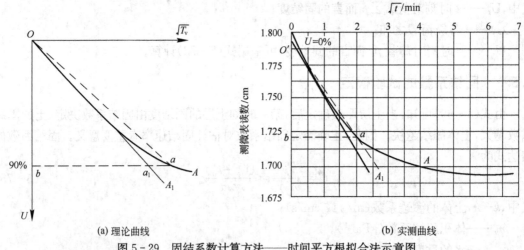

(a) 理论曲线 (b) 实测曲线

图5-29 固结系数计算方法——时间平方根拟合法示意图

首先,将某级压力下压缩试验的数据绘成测微表读数 d 与 $\sqrt{t}$ 的关系曲线(图5-29(b))。该曲线的前面部分呈直线关系,将直线部分延长与纵轴交于 O' 点,坐标为 $(0,d_0)$(该点与试验开始时的初读数 d_1 不完全重合,两者之差为瞬时变形)。然后从 O' 点引另一直线,使其斜率等于试验曲线直线部分斜率的1.15倍。直线与试验曲线交于 a 点,a 点所对应的时间即为土样达到90%固结度所对应的时间平方根值 $\sqrt{t_{90}}$。根据上述关系,此时 $T_\text{v}=0.848$。故土的固结系数 C_v 可按式(5-78)计算,即

$$C_\text{v}=\frac{0.848H^2}{t_{90}}。 \tag{5-78}$$

式中,H——土体中孔隙水最大渗径(m)。

2. 时间对数拟合法

根据土的常规压缩试验在某级压力下垂直变形与时间对数的关系曲线确定土的固结系数的方法,称为时间对数拟合法。

在某级压力下,常规压缩试验测微表读数 d 与时间 t 的对数之间的关系曲线($d-\lg t$)如图 5-30 所示。该曲线可大致分为 3 段,初始段为曲线,中间一段和后面一段为直线段,两直线段间有一过渡曲线。当 $U<60\%$ 时的一段曲线近似为抛物线 $U^2=\dfrac{4}{\pi}T_{\mathrm{v}}$;因此实测曲线的初始段应符合这一规律,即沉降增加一倍,时间将增加 4 倍。故在初始段曲线上任找两点 A 和 B,使 B 点的横坐标为 A 点的 4 倍,即 $t_B=4t_A$,此时 A、B 两点间纵坐标的差 Δ 应等于 A 点与起始点纵坐标的差,据此可以定出 $U=0$ 时刻的纵坐标 d_{01}。依同样方法可得到多个初始坐标 d_{02}、d_{03} 等,然后取平均值得到 d_0 值。通常认为两直线段交点所对应的时间代表 $U=100\%$ 时的时间 t_{100},对应的测微表读数为 d_{100}。

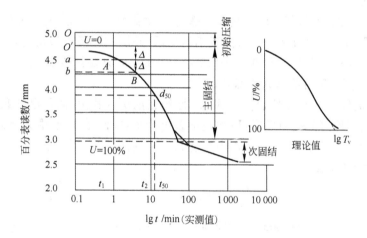

图 5-30　时间对数拟合法固结系数计算示意图

当固结度 $U=50\%$ 时,时间因数 $T_{\mathrm{v}}=0.197$,对应的时间为 t_{50},测微表读数为 d_{50},取 $d_{50}=(d_0+d_{100})/2$,则可按式(5-79)计算土的固结系数 C_{v},即

$$C_{\mathrm{v}}=\frac{0.197H^2}{t_{50}}。 \tag{5-79}$$

式中,H——土中孔隙水的最大渗径(m)。

例 5-3　有一饱和黏土层,厚 2 m,上下两面均为透水层,测得该黏土层的平均固结系数 $C_{\mathrm{v}}=0.3\ \mathrm{cm^2/h}$,当大面积均布荷载(60 kPa)一次加上后,测得该土层最终沉降为 3.25 cm。问经过多长时间该土层的压缩量可达 1.5 cm?这时土中最大超静水压为多少?

解　该黏土层最终沉降为 3.25 cm,当压缩量达 1.5 cm 时,其固结度为

$$U=\frac{S_{ct}}{S_c}=\frac{1.5}{3.25}=0.462。$$

根据式(5-76)可以求得时间因数 T_v,即

$$T_v = \frac{\pi}{4}U^2 = \frac{\pi}{4} \times 0.462^2 = 0.167。$$

因此,所求的时间为

$$t = \frac{T_v H^2}{C_v} = \frac{0.167 \times 100^2}{0.3} = 5566.7 \text{ h} = 231.9 \text{ d}。$$

最大超静水压发生在土层中部,即 $z=1.0$ m 处,可用式(5-66)计算,由于该式级数收敛很快;故取第一项,得最大超静水压为

$$u_{max} = \frac{4p}{\pi} \cdot \left[\sin\frac{\pi}{2} \cdot \exp\left(-\frac{\pi^2}{4} \times 0.167\right) \right] = \frac{4 \times 60}{\pi}[1 \times 0.663] = 50.64 \text{ kPa}。$$

例 5-4 按例 5-2 所示的地质和基础资料,用分层总和法已算出各分层的最终沉降,若假定垂直荷载(9 600 kN)是一次突然施加的,并测得黏土层 $C_v = 0.2 \times 10^{-7}$ m²/s。问加载一年后,基础下沉多少?

解 按例 5-2 的计算,基底以下共分 4 薄层,上面细砂共为两层,厚 $2 \times 2.2 = 4.4$ m;下面黏土层取两层,厚 $2 \times 2.4 = 4.8$ m。当荷载刚施加后,砂层的沉降很快稳定,只剩下黏土层产生随时间而发展的固结效应。已知 $C_v = 0.2 \times 10^{-7}$ m²/s,只要计算出黏土层一年后的固结度,就可进一步计算一年后地基的总沉降 S_t 了。

4 个薄土层的最终压缩量 S_1、S_2、S_3 和 S_4 已经在前例中算出,而且已知黏土的被压缩层厚 4.8 m,其应力图形可简化为梯形,顶面是细砂可排水,底面是黏土,假定不透水,顶面应力 $\sigma'_z = 91$ kPa,底面应力 $\sigma''_z = 35$ kPa,这相当于情况 4,可应用图 5-27 求解。

设其固结度为 U,则

$$\alpha = \frac{\sigma'_z}{\sigma''_z} = \frac{91}{35} = 2.6,$$

$$t = 365 \times 24 \times 3600 = 315 \times 10^5 \text{ s},$$

$$T_v = \frac{C_v t}{H^2} = \frac{0.2 \times 10^{-7} \times 315 \times 10^5}{4.8^2} = 0.0273。$$

如图 5-27,根据 $\alpha = 2.6$,$T_v = 0.0273$ 可查得 $U = 0.244$,则

$$S_t = S_1 + S_2 + U(S_3 + S_4) = 11.15 + 8.62 + 0.244 \times (19.35 + 11.92) = 27.4 \text{ mm}。$$

📖 思考题

5-1 根据有效应力原理,在地基土的最终沉降量计算中,土中附加应力是指有效应力还是总应力。

5-2 试述压缩系数、压缩指数、压缩模量和固结系数的定义、用途和确定方法。

5-3 先期固结压力代表什么意义?如何用它来判别土的固结情况?

5-4 黏性土和砂土地基在受荷载后,其沉降特性是否相同?

5-5　在正常固结(压密)土层中,如果地下水位下降,对建筑物的沉降有什么影响? 为什么?

5-6　为何在分层总和法沉降计算中,要分层?

5-7　采用压缩仪或三轴仪确定沉降计算中的参数,其理由和适用性是什么?

习　题

5-1　某工程钻孔 3 号的土样 3-1 粉质黏土和 3-2 淤泥质黏土的压缩试验数据列于表 5-9,试绘制压缩曲线,并计算 a_{1-2} 和评价其压缩性。

表 5-9　习题 5-1 附表

垂直压力/kPa		0	50	100	200	300	400
孔隙比	土样 3-1	0.866	0.799	0.770	0.736	0.721	0.714
	土样 3-2	1.085	0.960	0.890	0.803	0.748	0.707

5-2　设有一基础,其底面积为 5 m×10 m,埋深为 2 m,中心垂直荷载为 12 500 kN(包括基础自重),地基的土层分布及有关指标见图 5-31。试利用分层总和法(或工民建规范法,并假定基底附加压力 p_0 等于承载力标准值 f_k),计算地基总沉降。

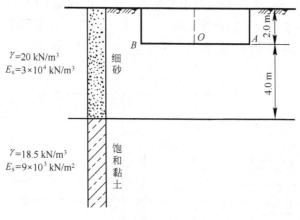

图 5-31　习题 5-2 附图

5-3　在厚而均匀的砂土表面用 0.5 m×0.5 m 方形压板做载荷试验,得基床系数(单位面积压力/沉降量)为 20 MPa/m,假定砂层泊松比 $\mu=0.2$,求该土层变形模量 E_0。后改用 2 m×2 m 大压板进行载荷试验,当压力在直线段内加到 140 kPa 时,沉降量达 0.05 m,试计算土层的变形模量。

5-4　有一矩形基础(4 m×8 m),埋深为 2 m,受 4 000 kN 中心荷载(包括基础自重)的作用,地基为细砂层,其 $\gamma=19$ kN/m³,压缩资料示于表 5-10,试用分层总和法计算基础的总沉降。

表 5-10 细砂的 e-p 曲线资料

p/kPa	50	100	150	200
e	0.680	0.654	0.635	0.620

5-5 某土样置于压缩仪中,两面排水,在压力 p 作用下压缩,经 10 min 后,固结度达 50%,试样厚 2 cm。试求:

(1) 加载 8 min 后的超静水压分布曲线;

(2) 20 min 后试样的固结度;

(3) 若使土样厚度变成 4 cm(其他条件不变),要达到同样的 50% 的固结度需要多少时间?

5-6 某饱和土层厚 3 m,上下两面透水,在其中部取一土样,于室内进行固结试验(试样厚 2 cm),在 20 min 后固结度达 50%。求:

(1) 固结系数 C_v;

(2) 该土层在大面积均布荷载 p 作用下,达到 90% 固结度所需的时间。

5-7 如图 5-32 所示,饱和黏土层 A 和 B 的性质与 5-6 题所述的黏土性质完全相同,A 厚 4 m,B 厚 6 m,两层土上均覆有砂层。B 土层下为不透水岩层。求:

(1) 设在土层上作用大面积均布荷载 200 kPa,经过 600 天后,土层 A 和 B 的最大超静水压力各多少?

(2) 当土层 A 的固结度达 50% 时,土层 B 的固结度是多少?

5-8 设有一砾砂层,厚 2.8 m,其下为厚 1.6 m 的饱和黏土层,再下面为透水的卵石夹砂(假定不可压缩),各土层的有关指标如图 5-33 所示。现有一条形基础,宽 2 m,埋深 2 m,埋于砾砂层中,中心荷载为 300 kN/m,并且假定为一次加上。试求:

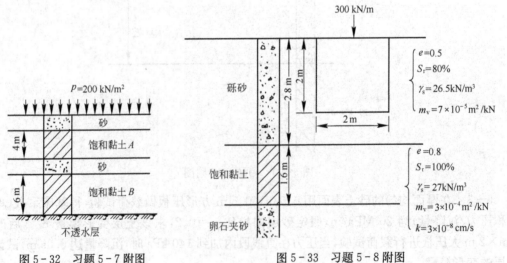

图 5-32 习题 5-7 附图　　　　图 5-33 习题 5-8 附图

(1) 总沉降量;

(2) 下沉 1/2 总沉降量时所需的时间。

Charles-Augustin de Coulomb

Charles-Augustin de Coulomb(1736—1806)是法国力学家、物理学家。1736 年 6 月生于昂古莱姆,1806 年 8 月 23 日卒于巴黎。库仑曾就读于巴黎马扎兰学院和法兰西学院,服过兵役。

库仑直接从事工程实践,并善于从中归纳出理论规律。他对力学有多方面的贡献。他最早给出挡土墙竖直面所受土压力的计算公式及砂土的强度公式,指出矩形截面梁弯曲时中性轴的位置和内力分布。

此外,库仑对机械及电磁学均有研究。他是最早研究电现象的科学家之一,1875 年他用扭秤推导出两静止电荷间相互作用力的定律(现称库仑定律)。他在电磁学方面的主要著作有《电气与磁性》。国际单位制中电荷的单位(库仑)即以其姓氏命名。

库仑于 1774 年当选为法国科学院院士。1784 年任洪水委员会监督官,后任地图委员会监督官。1802 年,拿破仑任命他为教育委员会委员,1805 年升任教育监督主任。

第6章

土的抗剪强度

6.1 概述

岩土工程实践表明：土体的破坏通常都是剪切破坏。之所以会产生剪切破坏，是因为与土颗粒自身压碎破坏相比，土体更容易产生相对滑移的剪切破坏。土的强度通常是指土体抵抗剪切破坏的能力。土的抗剪强度是土的重要力学指标之一，建筑物地基、各种结构物的地基（包括路基、坝、塔、桥等）的承载力，挡土墙、地下结构的土压力，以及各类结构（如堤坝、路基、路堑、基坑等）的边坡和自然边坡的稳定性等均由土的抗剪强度控制。就土木工程中各种地基承载力和边坡稳定分析而言，土的抗剪强度指标是最重要的计算参数。能否正确地确定土的抗剪强度，往往是设计和工程成败的关键所在。

本章仅讨论在力的作用下土体的强度问题。实际上，外部环境变化所引起的温度、含水率、浓度等的变化，也会导致土的破坏，并引起强度问题。但这些内容已经超出了本书所讨论的范围。

土体的强度：土体破坏时，土体破坏面上某一点的应力状态或应力组合称为土体的强度（破坏时一点的应力状态）。关于土体破坏的定义见 6.2.1 节。

土体的强度通常是指在某种破坏状态时的某一点上由各种外界环境和荷载作用所引起的组合应力中的最大广义剪应力。例如，在平面应变情况下的稳定分析中，若某点的剪应力达到其抗剪强度（其破坏定义为产生滑动破坏面），在剪切面两侧的土体将产生相对位移且产生滑动破坏，该剪切面也称滑动面或破坏面。随着荷载的继续增加，土体中的剪应力达到抗剪强度的区域也愈来愈大，最后各滑动面连成整体，土体发生整体剪切破坏而丧失稳定性，图 6-1 给出了土体失稳的两个例子。

通过试验研究，人们发现饱和土体中一点的抗剪强度取决于很多因素，考虑多种影响因素的土的抗剪强度的抽象函数表达式（仅考虑力和温度的作用）为：

$$\tau_f = F(\sigma'_{ij}, e, \varepsilon_{ij}, \dot{\varepsilon}_{ij}, C, S, H, S_p, t, T, E)。 \tag{6-1}$$

式中，σ'_{ij} 为有效应力，e 为孔隙比，ε_{ij} 为应变，$\dot{\varepsilon}_{ij}$ 为应变率，C 为土的成分，S 为土的结构，H 为

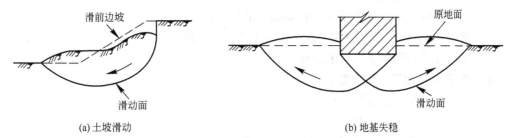

图 6-1　土体失稳的两个例子

应力历史，S_p 为应力路径，t 为时间，T 为温度，E 为环境和生成条件的影响。式(6-1)中各种影响因素可能不是相互独立的，并且其具体的函数形式也是未知的。

　　通过长期的研究和实验，人们认识到：就某一确定的饱和土而言，在式(6-1)诸多影响土的抗剪强度因素中，有效应力 σ'_{ij} 是影响最大的因素，其次是孔隙比(忽略温度与时间的影响)。如果在式(6-1)诸多因素中仅选择一个因素作为影响土的抗剪强度的决定性因素，那就只能

选择有效应力。有效应力原理就是这种选择的结果(仅从强度角度考虑)，其代表性的结果之一就是用有效应力表示的莫尔-库仑破坏准则。值得注意的是，由于目前土的抗剪强度仅考虑了式(6-1)中的一个因素，而忽略了其他因素的影响。这种关系就不会具有唯一性，有效应力与强度的关系此时不能用唯一的一条曲线代表，而必须用一个条形区间来表示，见图 6-2。图 6-2 中这一区间的带宽的幅值大体上表示了忽略掉的因素的影响。

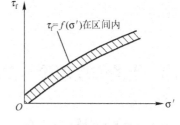

图 6-2　有效应力与抗剪强度之间的关系

　　仅用有效应力 σ'_{ij} 确定土的抗剪强度是一种近似的方法，但对于大多数工程问题来说，只要积累了足够的工程经验，是能够利用这一方法得到工程上满意的结果。但同时也应认识到：(1)有效应力与抗剪强度之间的关系不是唯一的；(2)在很多工程问题中，很难精确地预测有效应力在将来的变化。这两点实质上也是有效应力原理的缺陷。

　　几十年来，在对土的抗剪强度进行了大量的试验和研究；但由于土的性质十分复杂，这个问题仍没能很好地解决，它仍然是土力学中的一个重要的研究方向。本章仅介绍工程中最常使用的强度理论和相应参数的确定方法。

学完本章后应掌握以下内容：

(1)确定土的抗剪强度的方法；

(2)排水和不排水强度的意义和区别；

(3)如何根据现场的实际情况选择适当的试验方法；

（4）如何确定土的抗剪强度指标及其影响因素；

（5）应力路径的基本概念及其对抗剪强度的影响；

（6）莫尔-库仑强度理论的局限性及确定土的真实强度的困难；

（7）土体在剪切作用下强度的性质。

学习中应注意回答以下问题：

（1）何为土的抗剪强度？

（2）影响土的抗剪强度有哪些因素？

（3）土的抗剪强度是怎样确定的？

（4）什么是峰值强度？什么是临界状态强度？什么是残余强度？什么是极限应变强度？

（5）松砂和密砂的强度有何区别？正常固结土和超固结土的强度有何区别？

（6）排水和不排水剪切强度有何区别？

（7）在何种现场条件下采用排水试验的抗剪强度参数？在何种现场条件下采用不排水试验的抗剪强度参数？

（8）土体的破坏为何是剪切破坏？

6.2 土的强度理论与破坏

6.2.1 土的屈服与破坏

屈服是与塑性变形密切相连的,初始屈服是塑性变形初始发生的点或面（在应力-应变曲线中为点,在三维应力空间中为面）,称为初始屈服点或初始屈服面。所谓的塑性变形是指加荷又卸荷后,而产生的不可恢复的变形。

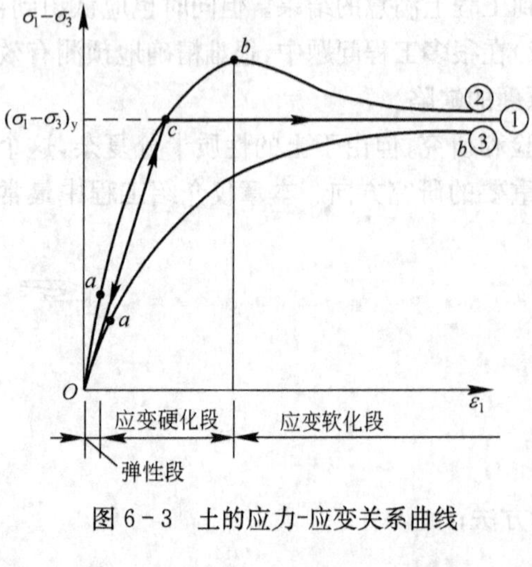

最简单的弹塑模型为理想弹塑性模型。图6-3中的曲线①是由一根斜线和一根水平线所组成。斜线表示材料处于弹性阶段,其特点为：（1）应力-应变呈线性关系；（2）变形是完全弹性的,即没有不可恢复的塑性变形。所以,应力与应变的关系是唯一的,不受应力路径和应力历史的影响。水平线段表示理想弹塑性材料处于塑性变形阶段,其特点为：（1）此段应变都是不可恢复的塑性变形；（2）一旦发生塑性应变,应力不再继续增加,塑性应变持续发展,直至破坏。斜线与水平线的交点c所对应的应力是开始发生塑性应变的应力,称

图6-3 土的应力-应变关系曲线

为屈服应力$(\sigma_1 - \sigma_3)_y$，同时该应力又是导致材料破坏的应力，所以也是破坏应力$(\sigma_1 - \sigma_3)_f$。因此，c点既是屈服点，又是破坏点。

土既不是弹性材料，也不是理想弹塑性材料，而是一种弹塑性材料。在应力的作用下，弹性变形和塑性变形几乎同时发生。图6-3中曲线②表示超固结土或密砂的应力-应变关系曲线。与理想的弹塑性模型的曲线相比，不但曲线的形状不同，其性质也有很大差异。鉴于土开始发生屈服的应力很小，在图6-3中应力-应变关系曲线③的起始阶段$\overline{Oa}$，可以认为接近于线弹性的性状。以后，在应力增加所产生的应变中，既有可恢复的弹性应变，也有显著的不可恢复的塑性应变。由于出现了显著的塑性变形，表明土已进入屈服阶段；但与理想弹塑性模型不同，塑性应变增加了土对继续变形的阻力，所以开始屈服以后，不是应力保持不变，而是能够继续承受更大的应力，屈服点的位置不断提高。这种现象称为应变硬化或加工硬化。屈服点提高到峰值b点，土体才发生破坏。曲线②和曲线③中$\overline{ab}$段为土的应变硬化阶段，该段上的每一点都可以认为是土的屈服点。另外，到达峰值b以后，应变再继续发展，应力反而下降。在这一阶段，土的强度随应变的增加而降低，称为应变软化或加工软化。在应变软化阶段，土处于失稳或破坏阶段。所以，对于超固结土或密砂（见图6-3中曲线②的$\overline{ab}$段），土的屈服点并不是一个单一值，而是与应变的发展程度有关的值。

通常认为土体的塑性变形是由于土颗粒之间的位置或颗粒结构发生了不可恢复的变化而产生的。松砂剪缩，是由于在较小的应力作用下，应变不大，颗粒可能挤入土体的孔隙中，导致体积变小。而密砂剪胀，通常是由于应变较大，较大颗粒之间产生翻转或滚动而引起。因而剪胀肯定有塑性变形存在。

本章仅讨论土的抗剪强度，而不再研究土的应力-应变关系曲线及应力、应变的发展与变化过程。实际上破坏是整个变形发展过程的某一特殊点或特殊阶段。这种不管土的应变或变形过程如何，而直接研究土的破坏或强度的方法，是一种高度的简化。实际上土的破坏，总是和它以前所受到的应力与应变的发展过程密切相关。割断这种联系而仅讨论其最终的强度或破坏，是为了工程应用的方便所采取的一种简化。例如，后面将要讨论的土体失稳的问题，就不管土体的应力和应变的发展过程如何，而仅研究产生滑动面时的强度和失稳应力状态。随着土力学理论、土工试验技术及数值计算方法的发展，国内外学者已逐步开始建立能够按照土的真实应力-应变关系（如弹塑性关系）特征来研究土体应力、变形发展乃至破坏的理论分析方法。所以，读者对土的应力-应变关系特征、屈服和破坏等基本概念应有一个简要的了解，知道经典土力学中强度理论的局限性，才能进一步吸收现代土力学的新理论和新知识。

研究土的强度或破坏准则，首先必须定义"破坏"。土的破坏形式有：很短时间急剧发展的脆性破坏，缓慢发展的塑性破坏，长期缓慢发展的流变破坏以及由加速度引起的动力破坏。本章主要论述在静力作用下土体的塑性破坏。实际上土体的破坏是土的整个发展变形过程中的某一特殊点或特殊阶段。通常的强度理论是基于静力作用下土体变形急剧发展或持续变化的破坏，或者是不能稳定、持续地承担外力作用的破坏而建立的。而其他特殊形式的破坏，例如动力破坏、脆性破坏、流变破坏等，超出通常土的强度理论的范围，需要特殊研究。

从不同的工程角度,破坏的定义也不相同。从应力的角度考虑,土体不能继续承受某种应力,或不能继续稳定地抵抗外力的作用称为破坏(这种破坏通常伴随有较大的应变或变形);从应变的角度考虑,当土体的应变或变形超过了工程正常使用所允许的值,也可称为破坏。从这两种角度出发,最常用的土体中一点破坏的定义有以下 5 种。

1. 最大偏应力

所谓偏应力定义为 $\sigma_1 - \sigma_3$。在剪切试验中,随着应变 ε 的增加,偏应力 $\sigma_1 - \sigma_3$ 也随之增加,随后到达峰值,见图 6-4(a)。正是这一最大主应力的差值构成了土的破坏条件,即认为偏应力到达最大值就是破坏。这种峰值主应力的差值可写为 $(\sigma_1 - \sigma_3)_f$,而相应的应变可写为 ε_f,相应的不排水孔隙压力写为 u_f。

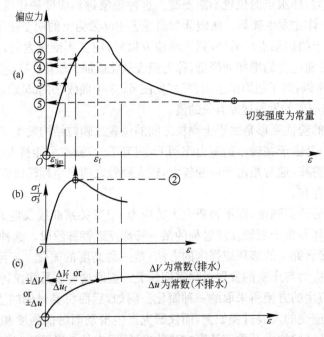

①—偏应力峰值;②—最大主应力比;③—极限应变状态;④—临界状态;⑤—残余状态

图 6-4 土的理想破坏准则

2. 最大主应力比

通常在不排水剪切试验中才使用主应力比,定义为 σ'_1/σ'_3。以 σ'_1/σ'_3 为纵坐标,ε 为横坐标,剪切试验的结果可用图 6-4(b)表示。试验开始时主应力比为 1(因为 $\sigma'_1 = \sigma'_3$),当 σ'_1/σ'_3 到达最大值时,认为土体发生了破坏,即破坏的条件为 $(\sigma'_1/\sigma'_3)_{max}$。从图 6-4(a)、(b)中可以看到最大主应力比 $(\sigma'_1/\sigma'_3)_{max}$ 所对应的应变值 ε_f 不必与最大偏应力 $(\sigma_1 - \sigma_3)_f$ 所对应的应变值 ε_f 相同。

采用最大主应力比 $(\sigma'_1/\sigma'_3)_{max}$ 作为破坏条件的优点(与最大偏应力相比)是:它能提供剪切强度与其他参数或不同试验所获得的剪切强度的更好的相关性。特别是黏土在大应变时,偏应力持续增加,这时可采用最大主应力比作为破坏条件。

3. 极限应变

某些对变形要求比较严格的工程,如高铁路基和某些基础沉降,有时路基和地基剪应力远没到达抗剪强度,但因沉降超过允许值而造成路基上部轨道变形过大或上部结构破坏或丧失使用功能;因而对土体的应变也提出要求和限制。通常,根据不同结构物的使用功能制定不同的许用极限应变值。

4. 临界状态

临界状态是 Roscoe 等人(1958)提出来的,它是现代临界状态土力学的基石,它的定义为:"临界状态是土体在常应力和常孔隙比下的连续变形"。这里常孔隙比就意味着常体积,见图 6-4(c)中曲线,以及图 6-4(a)所对应的偏应力。土的临界状态是土的基本性质,它仅与临界状态下的有效法向压力有关,而与初始密实程度无关。与此相反,前述的峰值强度(最大偏应力和最大主应力比)却与初始密实程度密切相关,初始孔隙比越小,其峰值强度越高。这时的峰值强度所对应的摩擦角由两部分组成,一部分为内摩擦角 φ,另一部分是因与初始孔隙比相关的土体体积的膨胀或缩小而产生的。详细讨论见 6.2.5 节。

5. 残余状态

残余状态是指在图 6-4 中土的法向压力不变,而剪应变 ε 超过临界状态,剪切抗力 $(\sigma_1-\sigma_3)$ 持续降低,直至常数值。此时剪切抗力保持不变,但其应变 ε 却不断增加,这种状态称为残余状态,而相应的剪切抗力称为残余强度。应该注意的是,残余状态要经过很大的变形或应变后才能达到。

强度是针对某种特定的破坏(例如上述定义的 5 种破坏)而定义的。因此,采用不同的破坏定义,相应的强度本质上是不同的。应根据具体的工程要求选用不同的破坏定义。另外,也应该看到,屈服与破坏是不同的两个概念,它们既有联系,又有区别。破坏是屈服变形发展的结果,但有时为了简化,也可以把破坏函数取成与屈服函数相同的形式。

6.2.2　土的破坏准则

土的破坏通常是剪切破坏,在前面有效应力原理部分中已经指出,土是一种黏聚力很弱的摩擦性材料,其颗粒和集聚体本身的强度远远大于它们之间的联结强度,土颗粒或集聚体产生的破坏不太可能出现在其内部,而只可能出现在它们之间的接触处;土颗粒或集聚体中较大的移动和滑移也只能出现在它们之间的接触处;当这种接触处的移动、滑移过大而产生破坏时,其破坏只能是接触处由剪切摩擦滑移导致的剪切破坏(除了压力非常大,而使其本身产生压碎或剪坏)。所以把抵抗这种剪切破坏的强度称为抗剪强度。

所谓破坏准则(failure criterion)就是如果满足其应力状态就会产生上述某种破坏的条件公式。对于土的常规破坏来说,就是抗剪强度(破坏时滑动面上的最大剪应力)的表达式。应当注意:强度公式可以选定一个(如库仑强度公式),但土破坏的条件却可以根据工程需要的不同而选定(可从上述 5 种破坏的定义中选择一种)。土的抗剪强度取决于很多因素,但为了实际应用的方便,土力学中应用最多的抗剪强度是仅考虑有效应力的影响并具有两个参数的莫尔-库仑破坏准则。

由于土是离散颗粒的集合体,因而土与其他工程材料相比具有很大的不同,我们可以认为土质材料最初就是已被破碎了的散粒。与其他材料相比,土体基本粒子间的黏聚力很小,它主要依靠土颗粒间的摩擦力承受荷载;所以土的变形与破坏主要受"摩擦法则"的控制。土的抗拉强度非常小,而且在长期荷载作用下是不稳定的,具有不断减小的特性;因此实用上不考虑土的抗拉强度。通常假定破坏面为一平面,则在此平面上土的强度如果是由于土颗粒之间的摩擦力引起的,那么可以认为它服从摩擦准则,即

$$F = \mu F_N, \tag{6-2}$$

式中,F 为摩擦力,F_N 为作用于土粒间的垂直力,μ 为摩擦系数。

把式(6-2)两边同时除以横截面面积 A 得应力,并设 $F/A = \tau_f$,$F_N/A = \sigma$,$\mu = \tan \varphi$,可得

$$\tau_f = \sigma \tan \varphi, \tag{6-3}$$

式中,τ_f 为抗剪强度,σ 为破坏面(滑动面)上的垂直压应力,φ 为内摩擦角。

如果除考虑摩擦力外,还考虑 $\sigma = 0$ 时的黏着力(或黏聚力)对抗剪强度的影响,可得到更为一般的表达式,即

$$\tau_f = c + \sigma \tan \varphi, \tag{6-4}$$

式中,c 为黏聚力。c 和 φ 称为土的抗剪强度参数。

式(6-3)是库仑(Coulomb)于 1776 年根据砂土剪切试验而提出的砂土抗剪强度公式。后来又给出了适用于黏性土的抗剪强度公式(6-4),从式(6-3)和式(6-4)中可以看出,土颗粒之间的垂直压应力 σ 越大,土的强度就越高。如大家所熟知的,放在手上的一把干砂子,只要轻轻一吹,就可以飞扬起来(干砂处于散粒状,其强度为 0);而位于地下 10m 深的砂层则可以作为桩的持力层。应该注意,即使是同样的土,在不同的深处,其抗剪强度也不同。式(6-3)和式(6-4)是由总应力表达的抗剪强度公式。Schofield(2005 年)指出,库仑抗剪强度公式有一个缺点,即忽略了咬合摩擦的影响,它严格地说仅适用于没有剪胀的情况。详细讨论见 6.2.5 节。

后来,随着有效应力原理的发展,人们认识到只有有效应力的变化才能引起强度的变化,因此库仑公式(6-4)用有效应力的概念可表示为

$$\tau_f = c' + \sigma' \tan \varphi' = c' + (\sigma - u) \tan \varphi'. \tag{6-5}$$

由此可知,土的抗剪强度有两种表达方式,土的 c 和 φ 统称为土的总应力强度指标,直接应用这些指标进行土体稳定性分析的方法称为总应力法;而 c' 和 φ' 统称为土的有效应力强度指标,应用这些指标进行土体稳定性分析的方法称为有效应力法。

用库仑公式表示土的抗剪强度是一种高度简化的结果,它仅取决于土的有效应力 σ'_{ij},而真实土的抗剪强度取决于很多因素,例如,孔隙比和土的结构性就是很重要的影响因素,公式(6-1)还给出了其他一些因素的影响。试验表明,密实砂土的抗剪强度大。这是因为同样的土,越密实,土颗粒之间相互咬合得越紧密,其接触面积越大,这时的摩擦力不仅包括滑动摩擦力,还包括滚动和咬合摩擦,因而摩擦力也越大。Hvorslev 除了考虑有效应力外,还给出了

包括破坏时孔隙比 e_f 的抗剪强度公式,称为应力-孔隙比破坏准则。但是,若将这一准则用于实际问题时,需要估算破坏时的孔隙水压力和孔隙比,这在许多情况下是不方便或不可能的,因而没有被工程界普遍接受。此外,如第 2 章所述,土的结构性对土的强度也有重要影响;但因没有较好定量手段描述土的结构性,因而在土的强度理论中目前还没有考虑土的结构性的影响。

　　库仑强度准则公式中的 c 和 φ 值,虽然具有一定表观的物理意义,即黏聚力和摩擦角,但最好把 c 和 φ 值理解为是将破坏试验结果整理后的两个参数。因为即使是同一种土样,其 c 和 φ 值也并非常数(产生这种现象的部分原因是抗剪强度忽略了很多其他因素的影响,而仅用有效应力作为唯一的控制因素带来的结果),它们会因试验方法和试验条件(如固结与排水条件)等的不同而变化。但从这种表观的物理意义上讲,黏聚力和内摩擦角不应随外界试验条件或试验方法而发生变化。另外应该指出,许多土类的抗剪强度并非都呈线性,而是随着应力水平的增大而逐渐呈现出非线性。莫尔(Mohr)在 1910 年指出,当法向应力范围较大时,抗剪强度线往往呈曲线形状。这一现象可用图 6-5 说明。由于土的 σ-τ_f 关系是曲线而非直线,其上各点的抗剪强度指标 c 和 φ 并非恒定值,而应由该点的切线性质决定。此时就不能用库仑公式来概括土的抗剪强度特性。通常把试验所得的不同形状的抗剪强度线统称为抗剪强度包线。而库仑公式仅是抗剪强度包线的一种线性表达式。因它是最常用于表达抗剪强度包线的,所以经常也把库仑公式的线性表达式称为抗剪强度包线。

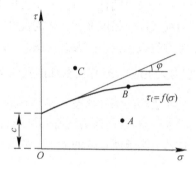

图 6-5　抗剪强度包线

6.2.3　莫尔-库仑强度准则

　　莫尔继续进行库仑的研究工作,提出材料的破坏是剪切破坏的理论,认为在破裂面上,法向应力与抗剪强度 τ_f 之间存在函数关系

$$\tau_f = f(\sigma)。$$

这一函数所定义的曲线见图 6-5。它就是抗剪强度包线,也可称为莫尔破坏包线。

　　如果代表土单元体中某一个面上的法向应力 σ 和剪切应力 τ 的点落在图 6-5 中破坏包线下面,如 A 点,表明在该法向应力 σ 作用下,该截面上的剪应力 τ 小于土的抗剪强度 τ_f,土体不会沿该截面发生剪切破坏。如果点正好落在强度包线上,如 B 点,表明剪应力等于抗剪强度,土体单元处于临界破坏状态。如果点落在强度包线以上的区域,如 C 点,表明土体已经破坏。实际上,这种应力状态是不会存在的,因为剪应力 τ 增加到 τ_f 时,就不可能再继续增加了。

　　土单元体中只要有一个方向上的截面发生了剪切破坏,该单元体就进入破坏状态。这种状态称为极限平衡状态。试验证明,一般土体在应力变化范围不大时,莫尔破坏包线可以用库仑强度公式(6-3)、式(6-4)、式(6-5)表示,即土的抗剪强度与法向应力呈线性函数关系。这种以库仑公式作为抗剪强度公式,根据剪应力是否达到抗剪强度作为破坏标准的理论就称为莫尔-库仑破坏理论。通常应力状态和土体抗剪切破坏的能力是随空间的位置而变化的,所以土体强度一般是指空间某一点的强度。

6.2.4 土中一点应力的极限平衡条件

如果可能发生剪切破坏面的位置已经预先确定,只要算出作用于该面上的正应力和剪应力,就可根据库仑强度公式判断剪切破坏是否发生。但在实际问题中,可能发生剪切破坏的平面一般不能预先确定。通常只能计算土体中垂直于坐标平面上的应力(包括正应力与剪应力)或各点的主应力,故尚无法直接判定土体单元是否破坏。最好的办法是在 $\tau-\sigma$ 坐标系上用摩尔应力圆把一点的应力状态表示出来,一般只要知道某点的大小主应力,或两个相互垂直的面上的应力,便可绘制成应力圆,见图 6-6。应力圆上任一点坐标 (σ,τ) 代表某一方向截面上的应力,因此一个应力圆把一点的各个方向上的应力全部表示出来了。当应力圆(见图 6-6 圆 I)处于强度包线或库仑强度线的下方时,说明该点在各方向的应力均在强度包线的下方,小于抗剪强度,不会发生破坏;当应力圆(见图 6-6 圆 II)有一点正好与强度包线相切,说明土中这一点有一截面(它与大主应力 σ_1 作用截面的夹角为 $45°+\dfrac{\varphi}{2}$),该截面上的剪应力正好等于其抗剪强度。该截面处于破坏的临界状态,该应力圆称为极限应力圆,该点所处的应力状态,称为极限应力状态。但必须注意,任何应力圆都不可能与强度线相割,否则,一部分圆弧将处于强度包线之上,这意味着这部分圆弧所代表的截面上的剪应力将超过其抗剪强度,这在实际中是不可能发生的事情。

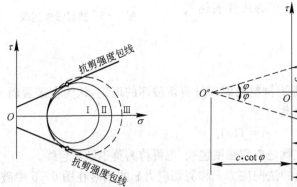

图 6-6 莫尔圆与抗剪强度包线的关系　　图 6-7 极限平衡状态时的莫尔圆与强度包线

根据前面所述,判断一点的应力是否达到了极限平衡条件(破坏的临界状态),主要看这点的应力圆是否与强度包线(库仑公式表达的强度线)相切。也就是说,在图 6-6 中,应力圆与强度线相切,表明土体在该点处于极限平衡状态,即(图 6-7)

$$\sin\varphi=\frac{O'A}{O''O'}=\frac{\dfrac{\sigma_1-\sigma_3}{2}}{\dfrac{\sigma_1+\sigma_3}{2}+c\cdot\cot\varphi}=\frac{\sigma_1-\sigma_3}{\sigma_1+\sigma_3+2c\cdot\cot\varphi},\qquad(6-6)$$

化简得

$$\sigma_1 = \sigma_3 \frac{1+\sin\varphi}{1-\sin\varphi} + 2c\frac{\cos\varphi}{1-\sin\varphi} \tag{6-7}$$

或

$$\sigma_3 = \sigma_1 \frac{1-\sin\varphi}{1+\sin\varphi} - 2c\frac{\cos\varphi}{1+\sin\varphi}, \tag{6-8}$$

进一步整理,得

$$\sigma_1 = \sigma_3 \frac{1+\sin\varphi}{1-\sin\varphi} + 2c\sqrt{\left(\frac{\cos\varphi}{1-\sin\varphi}\right)^2} = \sigma_3 \frac{1+\sin\varphi}{1-\sin\varphi} + 2c\sqrt{\frac{1+\sin\varphi}{1-\sin\varphi}} =$$

$$\sigma_3 \frac{1-\cos(90°+\varphi)}{1+\cos(90°+\varphi)} + 2c\sqrt{\frac{1-\cos(90°+\varphi)}{1+\cos(90°+\varphi)}} =$$

$$\sigma_3 \frac{2\sin^2\left(45°+\dfrac{\varphi}{2}\right)}{2\cos^2\left(45°+\dfrac{\varphi}{2}\right)} + 2c\sqrt{\frac{2\sin^2\left(45°+\dfrac{\varphi}{2}\right)}{2\cos^2\left(45°+\dfrac{\varphi}{2}\right)}};$$

所以

$$\sigma_1 = \sigma_3 \tan^2\left(45°+\frac{\varphi}{2}\right) + 2c \cdot \tan\left(45°+\frac{\varphi}{2}\right)。 \tag{6-9}$$

同理可得

$$\sigma_3 = \sigma_1 \tan^2\left(45°-\frac{\varphi}{2}\right) - 2c \cdot \tan\left(45°-\frac{\varphi}{2}\right)。 \tag{6-10}$$

式(6-7)~式(6-10)都表示土单元体达到破坏的临界状态时大、小主应力应满足的关系。这就是莫尔-库仑理论的破坏准则,也是土体达到极限平衡状态的条件,故也称之为极限平衡条件。显然,仅知道一个主应力,并不能确定土体是否处于极限平衡状态,必须知道一对主应力 σ_1 和 σ_3 才能进行判断。由图 6-7 可知,当 σ_1 一定时,σ_3 越小,土越接近破坏;反之,当 σ_3 一定时,σ_1 越大,土越接近破坏。

在实际中,若已知地基土中的应力状态和抗剪强度指标,就可以利用库仑定律式(6-4)、式(6-5)或莫尔-库仑极限平衡条件式(6-7)或式(6-8)判断土体单元是否破坏。对于平面应变问题,土中一点应力状态可用它的 3 个应力分量 σ_x,σ_y,τ_{xy} 表示,也可以用这一点的主应力分量 σ_1 和 σ_3 表示。当用莫尔-库仑极限平衡条件式(6-7)或式(6-8)进行土体是否破坏的判断时,需要知道主应力 σ_1 和 σ_3。若 σ_x,σ_y,τ_{xy} 已知,主应力可表示为

$$\begin{cases} \sigma_1 = \dfrac{\sigma_x+\sigma_y}{2} + \sqrt{\left(\dfrac{\sigma_x-\sigma_y}{2}\right)^2 + \tau_{xy}^2}, \\ \sigma_3 = \dfrac{\sigma_x+\sigma_y}{2} - \sqrt{\left(\dfrac{\sigma_x-\sigma_y}{2}\right)^2 + \tau_{xy}^2}. \end{cases} \tag{6-11}$$

当已知主应力 σ_1 和 σ_3 时,若求与大主应力作用面成 α 角的斜面上的法向应力 σ_α 和剪应力 τ_α 时,见图 6-8,可得

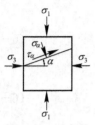

图 6-8　一点的
应力状态

$$\sigma_\alpha = \frac{\sigma_1 + \sigma_3}{2} + \frac{\sigma_1 - \sigma_3}{2} \cos 2\alpha, \tag{6-12}$$

$$\tau_\alpha = \frac{\sigma_1 - \sigma_3}{2} \sin 2\alpha. \tag{6-13}$$

由图 6-7 中的几何关系，可以得到破坏面与大主应力 σ_1 作用面间的夹角 α_f 的关系式为

$$\varphi + 90° = 2\alpha_f,$$

所以

$$\alpha_f = \frac{1}{2}(\varphi + 90°) = \frac{\varphi}{2} + 45°. \tag{6-14}$$

有了破坏面与大主应力 σ_1 作用面间的夹角 α_f，就可利用式(6-12)、式(6-13)计算出破坏面上的法向应力 σ_α 和剪应力 τ_α。

从式(6-7)和式(6-8)可以看到，根据莫尔-库仑破坏准则，破坏时的极限平衡状态仅与大主应力 σ_1 和小主应力 σ_3 有关，而与中主应力 σ_2 的大小无关；但试验资料表明，σ_2 对土的抗剪强度有一定的影响。例如，图 6-9 给出了平面应变试验(试件在 $\sigma_1 > \sigma_2 > \sigma_3$ 的状态下剪切破坏)结果和常规三轴试验(试件在 $\sigma_1 > \sigma_2 = \sigma_3$ 的状态下剪切破坏)结果。两种试验结果得出的抗剪强度指标 φ 有明显的差别，见图 6-9。这种差别就是由 σ_2 不同引起的。由于莫尔-库仑理论存在这种缺点，所以人们不断地致力于更完善的强度理论的研究与探索。

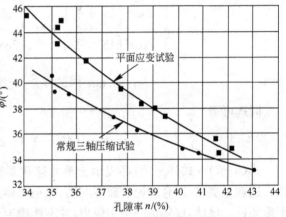

图 6-9　平面应变状态和常规三轴状态的内摩擦角 φ

莫尔-库仑理论本质上是二维应力状态下的破坏准则，所以没有考虑 σ_2 的影响。而三维应力状态下的破坏准则是可以考虑 σ_2 的影响的。其中，松冈元准则不但是三维应力模型，还是莫尔-库仑准则的平方再开平方根的形式。莫尔-库仑准则是由两个主应力确定的二维摩擦准则，松冈元准则确是三维空间的摩擦准则，也可以说是在 3 个主应力下平均化了的莫尔-库仑准则。当然还有其他三维应力下的破坏准则，如俞茂宏提出的广义双剪破坏准则等。

例 6-1　已知地基土中某点的最大主应力 $\sigma_1 = 580$ kPa，$\sigma_3 = 190$ kPa。

(1) 试绘出表示该点应力状态的摩尔圆。

(2) 求出最大剪应力 τ_{max} 值及其作用的方向。

(3) 计算与小主应力作用面夹角成 85° 的斜面上的正应力和剪应力。

解　(1) 建立坐标系，按比例在横轴上点出 σ_3 和 σ_1，以 $\sigma_1 - \sigma_3$ 为直径画圆，这就是代表该点应力状态的摩尔圆，如图 6-10 所示。

（2）从物理意义和几何关系上看，最大剪应力是摩尔圆的半径。所以，$\tau_{max} = \dfrac{\sigma_1 - \sigma_3}{2} = \dfrac{580 - 190}{2} = 195$ kPa，在摩尔圆上 τ_{max} 点是摩尔圆的最高点，τ_{max} 的作用面与横轴（大主应力作用面）夹角为 90°，则实际 τ_{max} 的作用面与大主应力作用面夹角为 $\dfrac{90°}{2} = 45°$。

（3）与小主应力作用面夹角为 85°，则与大主应力作用面的夹角必然为 90° − 85° = 5°；所以相应面上的正应力和剪应力为

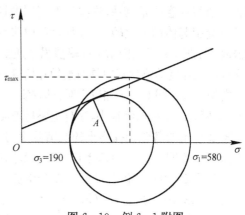

图 6-10　例 6-1 附图

$$\sigma_\alpha = \frac{\sigma_1 + \sigma_3}{2} + \frac{\sigma_1 - \sigma_3}{2}\cos 2\alpha = \frac{580 + 190}{2} + \frac{580 - 190}{2}\cos(2 \times 5°) = 577.6 \text{ kPa},$$

$$\tau_\alpha = \frac{\sigma_1 - \sigma_3}{2}\sin 2\alpha = \frac{580 - 190}{2}\sin(2 \times 5°) = 30.5 \text{ kPa}.$$

6.2.5　考虑剪胀摩擦的抗剪强度

库仑抗剪强度公式(6-4)或式(6-5)严格地说仅适用于滑动面为平面的情况，这时的滑动不会产生剪胀；一旦滑动面不是平面，尤其出现剪胀时，Schofield(2005)指出，库仑抗剪强度公式不能考虑由于剪胀产生的抗剪强度分量的影响。

研究表明，土的摩擦强度包括两部分：滑动摩擦与咬合摩擦。当滑动面为一平面时，通常仅有滑动摩擦。一旦滑动面不再是平面时，土体沿该面滑动则必会产生剪胀（体积膨胀）。这种剪胀主要是由土颗粒之间的咬合摩擦引起的。咬合摩擦(interlocking)是指相邻的土颗粒之间对相对移动的约束作用，它主要存在于密实砂土中。由于土颗粒之间的接触面不可能是一平面，颗粒之间是交错排列的。当密实的土体沿某一剪切面产生剪切破坏时，土颗粒之间的咬合或排列受到破坏，使剪切面处的土颗粒产生错动或转动，并造成颗粒的升降，甚至脱出。由于土颗粒排列紧密，在剪切面处的土颗粒要产生较大的移动必然要围绕相邻颗粒而转动，从而造成土体的膨胀，通常称之为剪胀。这一现象可以根据图 6-11 来理解。在密实的情况下，颗粒在剪应力作用下要产生相对位移，它不得不翻越其正下方的土颗粒而向上移动，从而体积增大。当然密砂在剪切初期会有一定的剪缩现象，这主要是因为剪切初期剪切变形较小，此时土颗粒不会发生翻滚或转动，而仅会产生微小的滑动，这时土颗粒会挤入颗粒之间的孔隙中，从而使土的体积产生压缩，一旦剪切变形较大，土颗粒就会发生相互之间的滚动或翻转。这时密实土体就会产生

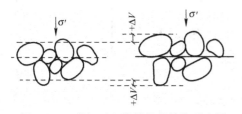

图 6-11　剪切时土体结构的剪胀示意图

体胀。值得注意的是,剪胀现象是不能用弹性理论解释的。原因很简单,在弹性理论中的剪应力是不会引起体积变化的。一般而言,剪胀变形最后到达稳定时通常对应着土的临界状态时的强度;而密砂或强超固结土的峰值强度通常是由于土的剪胀耗能产生的,所以 Schofield(2005)称这种峰值强度的物理现象是由土的几何变化导致的,而不是由化学的凝聚力导致的;这一点同黏土类似地可由图 6-47 加以说明,即密实土(包括黏土与砂土)在峰值附近的区段内,由于应变较大,凝聚力的作用已经很小,这时主要是剪胀在发挥作用,由此证实了 Schofeild 的论述。

　　密实砂土的剪胀会提高土的抗剪强度,这一现象可以用 Taylor(1948,pp.344−347)给出的模型加以说明。图 6-12 给出了该模型描述。图 6-12(a)给出了密实砂土其剪切变形的滑移面不是平面,而是锯齿错动面。在产生剪切滑移时,矩形土体单元产生体胀。这种现象可抽象为图 6-12(b)。图 6-12(b)中,σ'_y 和 τ'_{yx} 是该土体单元受到的外应力作用,σ'_y 为竖向有效压应力,τ'_{yx} 为水平剪切应力。土体单元的变形为:δu 为单元顶面水平位移,描述单元的剪切变形,δv 为单元顶面竖向位移,描述单元的体积膨胀。假定单元外力所做的功全部由单元内部的剪切摩擦而耗散。即外力功为 $\tau'_{yx}A\delta u - \sigma'_y A\delta v$,假定这一外力功全部由剪切摩擦耗散并且

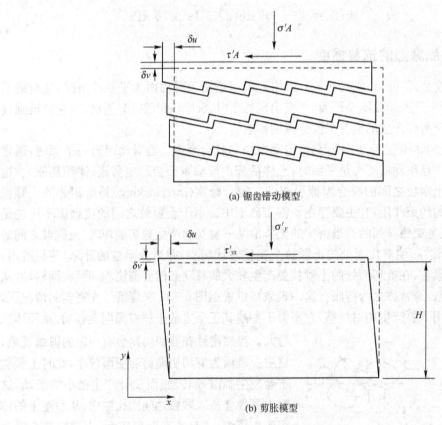

(a) 锯齿错动模型

(b) 剪胀模型

图 6-12　Taylor 模型示意图

耗散功与摩擦系数 μ 成正比,则有

$$\tau'_{yx} A\delta u - \sigma'_y A\delta v = \mu\sigma'_y A\delta u \tag{6-15}$$

成立,式中 A 为单元顶面面积。把式(6-15)整理后得

$$\tau_f = \tau'_{yx} = \sigma_y \cdot \mu + \sigma_y \cdot \left(\frac{\delta v}{\delta u}\right)。 \tag{6-16}$$

式(6-16)中 $\dfrac{\delta v}{\delta u}$ 表示了平均剪胀率。式(6-16)右端第二项描述了剪胀产生的抗剪强度。当忽略该式右端第二项由剪胀产生的附加抗剪强度的影响时,它与前述砂土的库仑强度公式(6-3)完全相同。式(6-16)也可以作为建立原始剑桥模型的基础或出发点。把式(6-16)中的相应的应力与变形用三轴情况下的应力与变形替换后,该式就变为式(7-40)。

6.3　土的抗剪强度的测定方法

土的抗剪强度是决定建筑物地基和土工结构稳定的关键因素,因而正确测定土的抗剪强度指标对工程实践具有重要的意义。经过数十年来的不断发展,目前已有多种类型的仪器、设备可用于测定土的抗剪强度指标。土的剪切试验可分为室内试验和现场试验。室内试验的特点是边界条件比较明确,且容易控制;但室内试验要求必须从现场采取试样,在取样的过程中不可避免地引起应力释放和土的结构扰动。为弥补室内试验的不足,可在现场进行原位试验。原位试验的优点是试验直接在现场原位置进行,不需取试样;因而能够很好地反映土的结构和构造特性。对无法进行或很难进行室内试验的土,如粗粒土、极软黏土及岩土接触面等,可进行原位试验,以取得必要的力学指标。总之,每种试验仪器都有一定的适用性和局限性,在试验方法和成果整理等方面也有各自不同的做法。

6.3.1　直接剪切试验

直剪试验是测定土的抗剪强度指标的室内试验方法之一,它可直接测出给定剪切面上土的抗剪强度。它所使用的仪器称为直接剪切仪或直剪仪,分为应变控制式和应力控制式两种。前者对试样采用等速剪应变测定相应的剪应力,后者则是对试样分级施加剪应力测定相应的剪切位移。我国普遍采用应变控制式直剪仪。其结构构造见图 6-13,其受力状态见图 6-14。仪器由固定的上盒和可移动的下盒构成,试样置于上、下盒之间的盒内。试样上、下各放一块透水石以利于试样排水。试验时,首先由加荷架对试样施加竖向压力 F_N,水平推力 F_S 则由等速前进的轮轴施加于下盒,使试样在沿上、下盒水平接触面产生剪切位移,见图 6-14。总剪力 F_S(水平推力)由量力环测定,切变形由百分表测定。在施加每一种法向应力后($\sigma = \dfrac{F_N}{A}$,A 为试件面积),逐级增加剪切面上的剪应力 $\tau\left(\tau = \dfrac{F_S}{A}\right)$,直至试件破坏。将试验结果绘制成剪应力 τ 和剪应变 γ 的关系曲线如图 6-15。一般由曲线的峰值作为该法向应力 σ 下相应的抗剪强度 τ_f,必要时也可取终值作为抗剪强度。

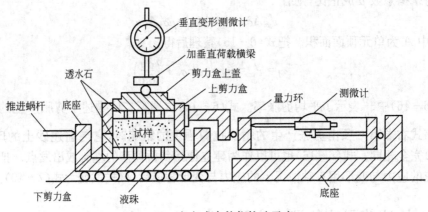

图 6-13　应变式直剪仪构造示意

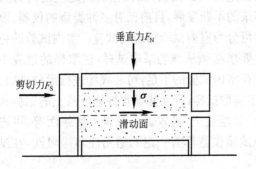

图 6-14　直接剪切试验的概念图

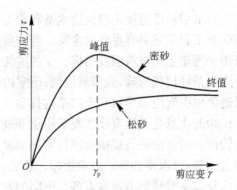

图 6-15　剪应力-剪应变关系曲线

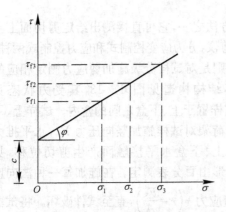

图 6-16　直剪试验结果

采用几种不同的法向应力,测出相应的几个抗剪强度 τ_f。在 σ-τ 坐标上绘制 σ-τ_f 曲线,即为土的抗剪强度曲线,也就是莫尔-库仑破坏包线,如图 6-16 所示。

直剪仪具有构造简单,操作简便,并符合某些特定条件,至今仍是实验室常用的一种试验仪器;但该试验也存在如下缺点。

(1) 剪切过程中试样内的剪应变和剪应力分布不均匀。试样剪破时,靠近剪力盒边缘应变最大,而试样中间部位的应变相对小得多。此外,剪切面附近的应变又大于试样顶部和底部的应变。基于同样的原因,试样中的剪应力也是很不均匀的。

（2）剪切面人为地限制在上、下盒的接触面上，而该平面并非是试样抗剪最弱的剪切面。

（3）剪切过程中试样面积逐渐减小，且垂直荷载发生偏心；但计算抗剪强度时却按受剪面积不变和剪应力均匀分布计算。

（4）不能严格控制排水条件，因而不能量测试样中的孔隙水压力。

（5）根据试样破坏时的法向应力和剪应力，虽可算出大、小主应力 σ_1，σ_3 的数值，但中主应力 σ_2 无法确定。

6.3.2　三轴剪切试验

土工三轴仪是一种能较好地测定土的抗剪强度的试验设备。与直剪仪相比，三轴仪试样中的应力相对比较均匀和明确。三轴仪也分为应变控制和应力控制两种，但目前由计算机和传感器等组成的自动化控制系统可同时具有应变控制和应力控制两种功能。图 6-17 给出了三轴仪的简图，图 6-18 给出了三轴仪的照片。三轴仪的核心部分是压力室，它是由一个金属活塞、底座和透明有机玻璃圆筒组成的封闭容器；轴向加压系统用以对试样施加轴向附加压力，并可控制轴向应变的速率；周围压力系统则通过液体（通常是水）对试样施加围压；试样为圆柱形，并用橡皮膜包裹起来，以使试样中的孔隙水与膜外液体（水）完全隔开。试样中的孔隙水通过其底部的透水面与孔隙水压力量测系统连通，并由孔隙水压力阀门控制。

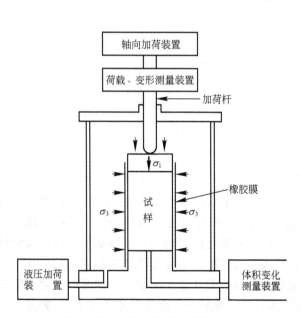

图 6-17　三轴压缩试验机简图

图 6-18　三轴压缩试验机的照片

试验时,先打开围压系统阀门,使试样在各向受到的围压达 σ_3,并维持不变(图 6-19(a)),然后由轴压系统通过活塞对试样施加轴向附加压力 $\Delta\sigma$($\Delta\sigma = \sigma_1 - \sigma_3$,称为偏应力)。试验过程中,$\Delta\sigma$ 不断增大而 σ_3 维持不变,试样的轴向应力(大主应力)σ_1($\sigma_1 = \sigma_3 + \Delta\sigma$)也不断增大,其应力莫尔圆亦逐渐扩大至极限应力圆,试样最终被剪破(图 6-19(b))。极限应力圆可由试样剪破时的 σ_{1f} 和 σ_3 作出(图 6-19(c)中实线圆)。破坏点的确定方法为,量测相应的轴向应变 ε_1,点绘 $\Delta\sigma$-ε_1 关系曲线,以偏应力 $\sigma_1 - \sigma_3$ 的峰值为破坏点(图 6-20);无峰值时,取某一轴向应变(如 $\varepsilon_1 = 15\%$)对应的偏应力值作为破坏点。

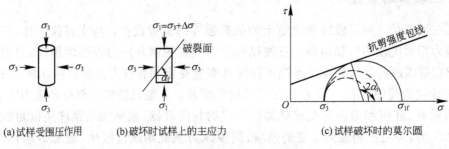

(a)试样受围压作用　　(b)破坏时试样上的主应力　　　(c)试样破坏时的莫尔圆

图 6-19　三轴压缩试验原理

在给定的围压 σ_3 作用下,一个试样的试验只能得到一个极限应力圆。同种土样至少需要 3 个以上试样在不同的 σ_3 作用下进行试验,方能得到一组极限应力圆。由于这些试样均被剪破,绘极限应力圆的公切线,即为该土样的抗剪强度包线。它通常呈直线状,其与横坐标的夹角即为土的内摩擦角 φ,与纵坐标的截距即为土的黏聚力 c(图 6-21)。

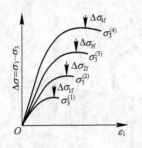

图 6-20　三轴试验的 $\Delta\sigma$-ε_1 曲线

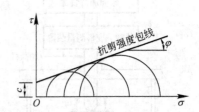

图 6-21　三轴试验的强度破坏包线

三轴压缩试验可根据工程实际情况的不同,采用不同的排水条件进行试验。在试验中,既能令试样沿轴向压缩,也能令其沿轴向伸长。通过试验,还可测定试样的应力、应变、体积应变、孔隙水压力变化和静止侧压力系数等。如试样的轴向应变可根据其顶部刚性试样帽的轴向位移量和起始高度算得,试样的侧向应变可根据其体积变化量和轴向应变间接算得,那么对饱和试样而言,试样在试验过程中的排水量即为其体积变化量。排水量可通过打开量水管阀门,让试样中的水排入量水管,并由量水管中水位的变化算出。在不排水条件下,如要测定试样中的孔隙水压力,可关闭排水阀,打开孔隙水压力阀门,对试样施加轴向压力后,由于试样中孔隙水压力增加而迫使零位指示器中水银面下降,此时可用调压筒施反向压力,调整零位指示器的水银面始终保持原来的位置,从孔隙水压力表中即可读出孔隙水压力值。

三轴压缩试验可供在复杂应力条件下研究土的抗剪强度特性之用,其突出优点如下:

(1) 试验中能严格控制试样的排水条件,准确测定试样在剪切过程中孔隙水压力的变化,从而可定量获得土中有效应力的变化情况;

(2) 与直剪试验相比,试样中的应力状态相对地较为明确和均匀,不硬性指定破裂面位置;

(3) 除抗剪强度指标外,还可测定,如土的灵敏度、侧压力系数、孔隙水压力系数等力学指标。

但三轴压缩试验也存在试样制备和试验操作比较复杂,试样中的应力与应变仍然不均匀的缺点。由于试样上、下端的侧向变形分别受到刚性试样帽和底座的限制,而在试样的中间部分却不受约束;因此当试样接近破坏时,试样常被挤压成鼓形。此外,目前所谓的"三轴试验",一般都是在轴对称的应力应变条件下进行的。许多研究报告表明,土的抗剪强度受到应力状态的影响。在实际工程中,油罐和圆形建筑物地基的应力分布属于轴对称应力状态,而路堤、土坝和长条形建筑物地基的应力分布属于平面应变状态($\varepsilon_2 = 0$),一般方形和矩形建筑物地基的应力分布则属三向应力状态($\sigma_1 \neq \sigma_2 \neq \sigma_3$)。有人曾利用特制的仪器进行 3 种不同应力状态下的强度试验,发现同种土在不同应力状态下的强度指标并不相同。例如,对砂土进行的许多对比试验表明,平面应变的砂土的 φ 值比轴对称应力状态下要高出约 3°。因而,三轴压缩试验结果不能全面反映中主应力(σ_2)的影响。若想获得更合理的抗剪强度参数,须采用真三轴仪或扭剪仪,其试样可在 3 个互不相同的主应力($\sigma_1 \neq \sigma_2 \neq \sigma_3$)作用下进行试验。

6.3.3　无侧限抗压强度试验

无侧限抗压强度试验是三轴压缩试验中 $\sigma_3 = 0$ 时的特殊情况。试验时,将圆柱形试样置于图 6-22 所示无侧限压缩仪中,对试样不加周围压力,仅对它施加垂直轴向压力 σ_1(图 6-23(a)),剪切破坏时试样所承受的轴向压力称为无侧限抗压强度。由于试样在试验过程中在侧向不受任何限制,故称无侧限抗压强度试验。无黏性土在无侧限条件下试样难以成型,故该试验主要用于黏性土,尤其适用于饱和软黏土。

无侧限抗压强度试验中,试样破坏时的判别标准类似三轴压缩试验。坚硬黏土的 $\sigma_1 - \varepsilon_1$ 关系曲线常出现 σ_1 的峰值破坏点(脆性破坏),此时的 σ_{1f} 即为 q_u;而软黏土的破坏常呈现为塑流变形,$\sigma_1 - \varepsilon_1$ 关系曲线常无峰值破坏点(塑性破坏),此时可取轴向应变 $\varepsilon_1 = 15\%$ 处的轴向应力值作为 q_u。无侧限抗压强度 q_u 相当于三轴压缩试验中试样在 $\sigma_3 = 0$ 条件下破坏时的大主应力 σ_{1f},故由式(6-9)可得

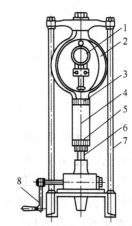

图 6-22　无侧限压缩仪
1—测微表;2—量力环;3—上加压板;
4—试样;5—下加压板;6—升降螺杆;
7—加压框架;8—手轮

$$q_u = 2c \tan\left(45° + \frac{\varphi}{2}\right), \tag{6-17}$$

式中，q_u——无侧限抗压强度(kPa)。

无侧限抗压强度试验结果只能做出一个极限应力圆($\sigma_{1f} = q_u$, $\sigma_3 = 0$)，因此，对一般黏性土难以作出破坏包线。试验中若能测得试样的破裂角 α_f(图 6-23(b))，则理论上可根据式(6-14)，由 $\alpha_f = 45° + \varphi/2$ 推算出黏性土的内摩擦角 φ，再由式(6-17)推得土的黏聚力 c。但一般 α_f 不易量测，要么因为土的不均匀性导致破裂面形状不规则；要么由于软黏土的塑流变形而不出现明显的破裂面，只是被挤压成鼓形(图 6-23(c))。而对于饱和软黏土，在不固结不排水条件下进行剪切试验，可认为 $\varphi = 0$(见后面所述)，其抗剪强度包线与 σ 轴平行。因而，由无侧限抗压强度试验所得的极限应力圆的水平切线，即为饱和软黏土的不排水抗剪强度包线。

由图 6-24 可知，其不排水抗剪强度 c_u 为

$$c_u = \frac{q_u}{2}。 \tag{6-18}$$

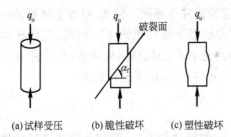

图 6-23 无侧限抗压强度试验原理

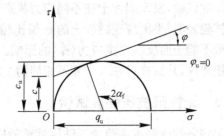

图 6-24 无侧限抗压强度试验的强度包线

但在使用这种方法时应该注意，由于取样过程中土样受到扰动，原位应力被释放，用这种土样测得的不排水强度并不能够完全代表土样的原位不排水强度。一般而言，它低于原位不排水强度。

6.3.4 十字板剪切试验

在土的抗剪强度现场原位测试方法中，最常用的是十字板剪切试验。它无须钻孔取得原状土样，使土少受扰动，试验时土的排水条件、受力状态等与实际条件十分接近；因而特别适用于难于取样和高灵敏度的饱和软黏土。

十字板剪切仪的构造如图 6-25 所示，其主要部件为十字板头、轴杆、施加扭力设备和测力装置。近年来已有用自动记录显示和数据处理的微机代替旧有测力装置的新仪器问世。十字板剪切试验的工作原理是将十字板头插入土中待测的土层标高处，然后在地面上对轴杆施加扭转力矩，带动十字板旋转。十字板头的四翼矩形片旋转时与土体间形成圆柱体表面形状的剪切面图 6-26。通过测力设备测出最大扭转力矩 M，据此可推算出土的抗剪强度。

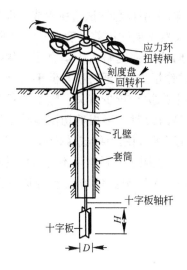

图 6 - 25 十字板剪力仪

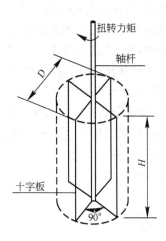

图 6 - 26 十字板剪切原理

土体剪切破坏时,其抗扭力矩由圆柱体侧面和上、下表面土的抗剪强度产生的抗扭力矩两部分构成。

1) 圆柱体侧面上的抗扭力矩 M_1

$$M_1 = \left(\pi DH \cdot \frac{D}{2} \right) \tau_f \text{。} \tag{6-19}$$

式中,D——十字板的宽度,即圆柱体的直径(m);

H——十字板的高度(m);

τ_f——土的抗剪强度(kPa)。

2) 圆柱体上、下表面上的抗扭力矩 M_2

$$M_2 = \left(2 \times \frac{\pi D^2}{4} \times \frac{D}{3} \right) \tau_f, \tag{6-20}$$

式中,$D/3$——力臂值(m),由剪力合力作用在距圆心三分之二的圆半径处所得。

应该指出,实用上为简化起见,式(6 - 19)和式(6 - 20)的推导中假设了土的强度为各向相同,即剪切破坏时圆柱体侧面和上、下表面土的抗剪强度相等。

由土体剪切破坏时所量测的最大扭矩,应与圆柱体侧面和上、下表面产生的抗扭力矩相等,可得

$$M = M_1 + M_2 = \left(\frac{\pi HD^2}{2} + \frac{\pi D^3}{6} \right) \tau_f, \tag{6-21}$$

于是,由十字板原位测定的土的抗剪强度 τ_f 为

$$\tau_f = \frac{2M}{\pi D^2 \left(H + \dfrac{D}{3} \right)} \text{。} \tag{6-22}$$

对饱和软黏土来说,与室内无侧限抗压强度试验一样,十字板剪切试验所得成果即为不排水抗剪强度 c_u,且主要反映土体垂直面上的强度。由于天然土层的抗剪强度是非等向的,水平面上的固结压力往往大于侧向固结压力;因而水平面上的抗剪强度略大于垂直面上的抗剪强度。十字板剪切试验结果理论上应与无侧限抗压强度试验相当(甚至略小);但事实上十字板剪切试验结果往往比无侧限抗压强度值偏高,这可能与土样扰动较少有关。除土的各向异性外,土的成层性、十字板的尺寸、形状、高径比、旋转速率等因素对十字板剪切试验结果均有影响。此外,十字板剪切面上的应力条件十分复杂,例如,有人曾利用衍射成像技术,发现十字板周围土体存在因受剪影响使颗粒重新定向排列的区域。这表明十字板剪切不是简单沿着一个面产生,而是存在着一个具有一定厚度的剪切区域。因此,十字板剪切的 c_u 值与原状土室内的不排水剪切试验结果有一定的差别。

6.4　应力路径

土体单元在外荷载变化的过程中,应力将随之而变化。如果是弹性体,其应力与应变关系总是一一对应的。其变形与应力和应变的变化过程无关,而仅取决于初始应力状态与最终应力状态。在 6.2.1 节中已经论述过土是一种弹塑性材料,同一应力状态因加载、卸载、重新加载或重新卸载的过程不同,所对应的应变及相应的土的性质都不一样。所以,研究土的性质,不仅需要知道土的初始和最终应力状态,而且还需要知道它的应力的变化过程。

土在其形成的地质年代中所经受的应力变化情况称为应力历史。而应力路径与应力历史相比,主要差别在于其时间较短,其应力变化的描述也较细致。

在二维平面应变问题中,应力的变化过程可以用若干个应力圆表示,见图 6-27。但是,这种用若干应力圆表示应力变化过程的方法显然很不方便,特别是对应力不是单调增加,而是有时增加、有时减小的情况。用应力圆来表示应力变化过程,不但不方便,而且极易发生混乱。

表示应力变化过程的较为简单的方法是选择土体某一特定截面上的应力变化来表示土单元的应力变化。因为该面的应力在应力圆上表示为一个点,因此这个面上的应力变化过程即可用该点在应力坐标上移动轨迹来表示。这个应力点的移动轨迹就称为应力路径。

通常选择与主应力面成 45° 的斜面作为特定截面,该斜面的法向应力等于相应应力圆的圆心横坐标值,剪应力等于该应力圆的半径值。这样,每一应力圆都可用该圆的圆心位置 $p=\frac{1}{2}(\sigma_1+\sigma_3)$ 和应力圆半径 $q=\frac{1}{2}(\sigma_1-\sigma_3)$ 来唯一确定。即表示该斜面的应力的 C 点同时也代表该单元体的应力状态。因而,C 点的变化轨迹 $C_1,C_2,\cdots,C_n$ 就代表单元土体的应力路径,见图 6-27(a)。

对三维轴对称问题(如三轴仪中土样的受力状态),表示应力的坐标取横坐标为 $p=\frac{1}{2}(\sigma_1+\sigma_3)$,纵坐标为 $q=\frac{1}{2}(\sigma_1-\sigma_3)$。与主应力成 45° 斜面上的相应的应力点 C 及 C 的变化轨迹 C_1,

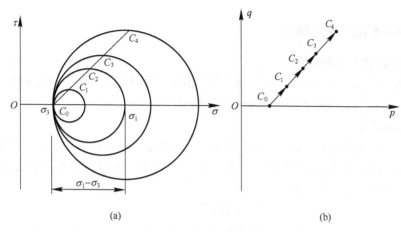

(a)　　　　　　　　　　　　　　　(b)

图 6-27　应力路径概念

$C_2, \cdots, C_n$ 可在该坐标上表示成图6-27(b)所示的形式。

　　土体的应力路径也可用有效应力表示,这时称为有效应力路径。对三维轴对称问题,其横坐标 p' 和纵坐标 q' 可按如下公式计算:

$$p' = \frac{1}{2}(\sigma'_1 + \sigma'_3) = \frac{1}{2}(\sigma_1 - u + \sigma_3 - u) = \frac{1}{2}(\sigma_1 + \sigma_3) - u = p - u; \qquad (6-23)$$

$$q' = \frac{1}{2}(\sigma'_1 - \sigma'_3) = \frac{1}{2}(\sigma_1 - u - \sigma_3 + u) = \frac{1}{2}(\sigma_1 - \sigma_3) = q。 \qquad (6-24)$$

　　单元土体在应力发展过程中的任一阶段,用有效应力表示的应力圆与用总应力表示的应力圆大小相等,但圆心位置相差一个孔隙水压力值,如图6-28所示。也就是说,通过单元土体的任意平面,用总应力表示的法向应力 σ_n 与用有效应力表示的 σ'_n 的差值也是孔隙水压力值 u。而剪应力则不论是以总应力表示还是以有效应力表示,其值不变。因为水不能承受剪应力,所以孔隙水压力的大小不会影响土骨架所受的剪应力值。

　　已有的研究成果表明,应力路径对土体的强度和变形都有重要影响,希望读者予以重视。现有试验结果揭示,不同应力路径所获得的内摩擦角大致相同,误差最多不超过 $1° \sim 2°$;但不同应力路径其剪切破坏时的偏应力差 $(\sigma_1 - \sigma_3)$ 却相差悬殊。应力路径对变形的影响也是明显的,例如,6.4.2节将讲到,应力路径的斜率大于 k_0 线时土单元发生侧向膨胀;而小于 k_0 线时,则土单元发生侧向压缩。另外,本章所述的应力路径都是假定在平面应变情况下(二维问题)或三维轴对称时,不考虑 σ_2 的影响而讨论的。对于三维更一般情况下应力路径影响的讨论可参考土塑性力学的书或临界状态土力

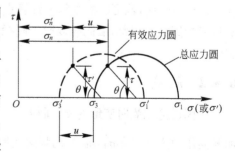

图 6-28　总应力圆与有效应力圆

学的教材。

6.4.1　几种典型的应力路径

1. 孔隙水压力为 0 的情况

因为孔隙水压 $u=0$，所以 $\sigma=\sigma'$。通常先让试样在围压 σ_3 作用下排水固结。这时，$p=\sigma_3=\sigma'_3$，p 为常量，然后再按下列几种应力路径加载。

（1）增加围压 σ_3。

这时的应力增量为 $\Delta\sigma_1=\Delta\sigma_2=\Delta\sigma_3$，且 $\Delta\sigma_3$ 不断增加。在图 6-29 的 p-q 坐标上，表示为应力路径①，其特点是：p 不断增加，q 始终等于 0，试件中只有压应力而无剪应力。应力圆恒是一个点圆，其位置在 σ 轴上移动。

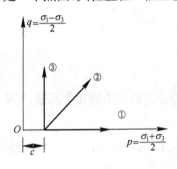

图 6-29　总应力路径与有效应力路径

（2）增加偏差应力 $(\sigma_1-\sigma_3)$。

这时 σ_3 不变，围压增量 $\Delta\sigma_3=0$；但 σ_1 不断增加。p 的增加可以表示为 $\Delta p=\frac{1}{2}(\Delta\sigma_1)$，$q$ 的增加可表示为 $\Delta q=\frac{1}{2}(\Delta\sigma_1)$。因此，应力路径是 45°的斜线，如图 6-29 中直线②所示。

（3）增加 σ_1 相应减小 σ_3。

当试件上 σ_1 的增加等于 σ_3 的减小，即 $\Delta\sigma_3=-\Delta\sigma_1$ 时，p 的增量 $\Delta p=\frac{1}{2}(\Delta\sigma_1+\Delta\sigma_3)=0$，而 q 的增量 $\Delta q=\frac{1}{2}(\Delta\sigma_1-\Delta\sigma_3)=\Delta\sigma_1$。显然，这种情况的应力路径是 $p=c$ 的竖直向上发展的直线，如图 6-29 中直线③。应力圆的变化是圆心位置不动而半径不断增大。

2. 有超静孔隙水压力的情况

如果在加载过程中，试件内有超静孔隙水压力产生，则绘制应力路径就比较复杂。首先要区分是总应力路径还是有效应力路径。如果是总应力路径，因为可以不考虑孔隙水压力的作用，只需考虑作用在试件上的总应力，所以应力路径的绘制方法与上述没有孔隙水压力是一样的。如果绘制的是有效应力路径，则需要求出总应力增加时所产生的孔隙水压力 u，再根据 $p'=p-u$，$q'=q$，就可以根据每一计算点的总应力 p、q，计算出相应的有效应力 p'、q'，并绘出有效应力路径。因此，绘制有效应力路径的关键在于求总应力变化所引起的孔隙水压力 u 的变化。

6.4.2　k_0 线

下面讨论无侧向变形的 k_0 固结。这种方法就是在压缩仪中对土施加垂直固结压力 σ'_1，而侧向压力为 $\sigma'_3=k_0\sigma'_1$，k_0 为无侧向变形的侧压力系数，$k_0=\dfrac{\sigma'_3}{\sigma'_1}$。如果由 O 点开始进行 k_0 固结加载，见图 6-30，则其应力路径为一过原点的 k_0 线，它的斜率为

$$\frac{\Delta q}{\Delta p} = \frac{\Delta\sigma'_1 - \Delta\sigma'_3}{\Delta\sigma'_1 + \Delta\sigma'_3} = \frac{1-k_0}{1+k_0} = \tan\beta, \tag{6-25}$$

式中，β——k_0 线的倾角。

如果试验由 A 点开始进行 k_0 固结加载，则应力路径为 AB，它与 k_0 线平行，见图 6-30。利用 k_0 线可以对各种不同的有效应力路径进行土样变形方式的判断，例如，某一有效应力路径与 k_0 线平行，则说明土样在该应力路径作用下的侧向应变为 0；若应力路径的倾角大于 k_0 线的 β 角，则意味着土样产生侧向膨胀；若应力路径的倾角小于 k_0 线的 β 角，则意味着土样产生侧向收缩。

6.4.3　k_f 线

把具有不同围压 σ_3 作用，但却都到达破坏的不同应力圆的顶点连接起来形成 k_f 线，称为强度线或破坏线，见图 6-31。

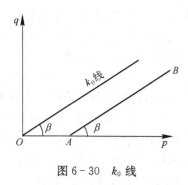

图 6-30　k_0 线

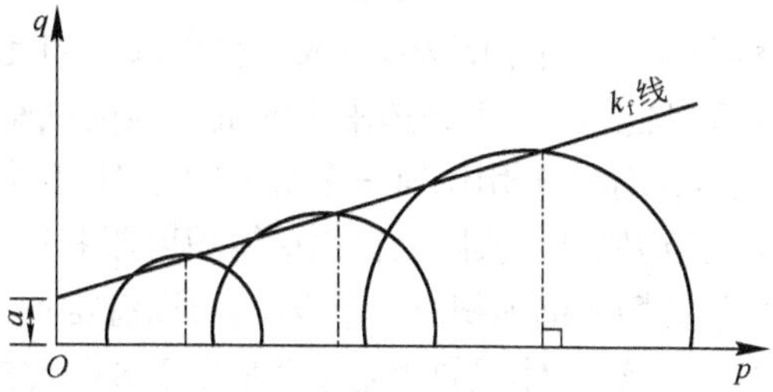

图 6-31　k_f 线

下面将给出强度线 k_f 与破坏包线 τ_f 的关系。由图 6-32 可知强度线 k_f 与 p 轴的倾角为 α，与 q 轴的截距为 a；而 τ_f 破坏包线的 φ 和 c 与 k_f 线的 α 和 a 的关系可以从图 6-32 的应力圆推导如下。

图 6-32 中应力圆为极限状态应力圆，若破坏包线（τ_f 线）已知，则破坏包线必与应力圆相切，切点为 B。破坏主应力线是几个极限状态应力圆的最大剪应力面，即图中 C 点的连线。每一个应力圆都有 B 和 C 两点。当应力圆的半径无限缩小而趋于 0 时，变成聚集于 O' 的点圆，也就是说 τ_f 线和 k_f 线都通过 O' 点，于是有

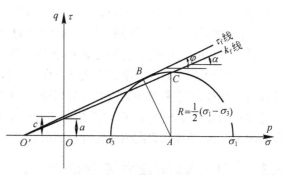

图 6-32　破坏包线和破坏主应力线

$$R = \overline{O'A}\tan\alpha = \overline{O'A}\sin\varphi;$$

故

$$\alpha = \arctan\sin\varphi。 \tag{6-26}$$

又 $\overline{OO'} = \dfrac{a}{\tan \alpha} = \dfrac{c}{\tan \varphi}$,

故 $a = \tan \alpha \dfrac{c}{\tan \varphi} = \sin \varphi \dfrac{c}{\dfrac{\sin \varphi}{\cos \varphi}} = c \cdot \cos \varphi$。 (6-27)

因此,从应力路径图做出 k_f 线后,利用式(6-26)和式(6-27)即可直接求得抗剪强度指标 c 和 φ,绘出莫尔破坏包线。

6.5 土的排水和不排水条件下的剪切性质

应该着重指出,同一种土,即便使用同一台仪器做试验,如果试验方法不一样,特别是在排水条件不同时,试验的结果会产生很大差别,有时甚至相差悬殊,这是土有别于其他材料的一个重要特点。因此,如果不理解在不同条件下土的剪切过程中的性状及测得的指标的含义,就随便用于工程实践中,可能因低估土的抗剪强度造成浪费,或因不恰当地高估土的抗剪强度,导致地基或土工结构破坏,造成工程事故。因此,明确土的剪切性状及各类试验方法所测得的指标的物理意义,对正确选用土的抗剪强度试验方法和确定试验指标甚为重要。

土与金属材料相比,有一个重要的区别,就是受剪时不仅产生形状的变化,还要产生体积的变化,称为剪胀性。实际上它包括体积剪胀和体积剪缩两种性质,把这两种性质统称为剪胀性。土颗粒和孔隙水的体积压缩量极小,可以忽略不计;所以近似认为土颗粒与孔隙水的体积是不可压缩的。因此,土体积的变化完全是由于孔隙比的变化或孔隙流体体积的变化引起的。剪胀时,体积和孔隙比增大,孔隙流体的体积增加,土变松。剪缩时,体积和孔隙比变小,孔隙流体的体积减小,土变密。如果土体是非饱和的,孔隙流体体积的变化首先表现为气体体积的变化。土的透气性很大,一般气体的排出与吸入不需要很长时间;不过,如果气体中存在密闭气体,它的体积变化就需要一定时间。如果是饱和土,要使土体体积变化就得排水或吸水。土中水的流出或吸入受土渗透性的限制,需要适当的时间。粗粒土的渗透系数大,需要的时间短,在加剪切荷载的过程中就可以完成。细粒土,特别是黏土,渗透系数小,需要很长时间,如果想在加剪切荷载的过程中完成,则加剪切荷载的速率就得很慢。所以,剪切过程中的体积变化能否在加载中完成,取决于体积变化量、渗透系数和试验中的剪切速率。在试验中,通常把试验分为两种极端情况,这就是排水剪切和不排水剪切。排水剪指剪切过程中因体积变化而引起的孔隙水流动,有充分的时间排出或吸入;不排水剪则指剪切过程中水完全不能流出或吸入,体积保持恒定。

6.5.1 砂土剪切时应力-应变特性

下面讨论一下松砂和密砂的剪切变形特性,即应力-应变特性。图6-33、图6-34分别是对于松砂和密砂在排水条件下(允许体积变化)的三轴压缩试验结果得出的具有代表性的偏应力$(\sigma'_1 - \sigma'_3)$-轴向应变 ε_1-体积应变 ε_v 三者的关系曲线(此时偏应力是一种剪切作用),由图可知,不论是松砂还是密砂,随着约束应力 σ'_3 的增大,偏应力$(\sigma'_1 - \sigma'_3)$与其呈一定比例增加,而且可以看到,密砂在σ_3'小的情况下,在偏应力作用的同时容易产生体积膨胀。对这种现象可以这样理解,密实的土颗粒间要产生相对错动就不得不向上翻越,约束压力越小就越容易翻越和膨胀。还可以看到密砂受偏应力作用,当轴向应变ε_1很小时,体积先收缩,变得更为密实。由于密砂能承受很大的剪应力,表现为$(\sigma_1'-\sigma_3')-\varepsilon_1$曲线的前段偏差应力升值很快。但这一阶段很短,随即变成剪胀状态,体积膨胀,密度降低;因此应力增长的速度随之减缓。当体积膨胀到一定程度后,承受剪应力的能力反而降低,于是在$(\sigma_1'-\sigma_3')-\varepsilon_1$曲线上出现峰值,称为土的峰值强度。再继续剪切,体积仍然不断膨胀,密度不断减小,偏应力不断松弛,最后趋于稳定,称为土的临界状态强度。

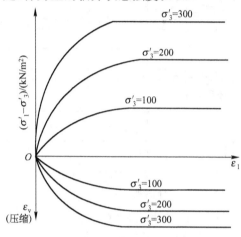

图6-33　在3种围压下松砂的偏应力-轴向应变-体积应变关系

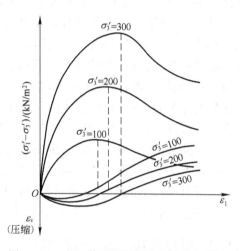

图6-34　在3种围压下密砂的偏应力-轴向应变-体积应变关系

松砂则表现为另一种性状,在剪切的整个过程中,都处于剪缩状态,体积一直不断缩小,密度不断增加,$(\sigma_1'-\sigma_3')-\varepsilon_1$曲线类似于双曲线,最后也趋于一个稳定值。

如果这两种不同密实状态的砂的组成相同,则当剪应变很大时两种砂的密度和残余强度都将趋于一致。简言之,在排水条件下受剪切作用,松砂要变密,而密砂则变松,最后趋向于一种稳定不变的密度和强度。相应于这种密度的孔隙比,称为临界孔隙比e_{cr}。它表示土处于这种密实状态时,受剪切作用只产生剪应变而不产生体应变。

不排水剪切是另一种类型的试验,即剪切中不让土样排水,控制体积固定不变。因为剪切要引起体积变化是土的基本特性;人为控制排水条件,不让试件体积发生变化,并不能改变这种特性,即"体变势"仍然存在,但它表现为使土样中孔隙水压力发生变化,如图6-35所示。当土的体积有膨胀的趋势但受不排水限制不让其膨胀时,其内在的机制是土中产生负值孔隙水压力,它使作用于骨架上的有效应力增加,从而使土体膨胀趋势与有效应力增加引起的收缩相平衡,体积保持不变。相反,当土体有收缩的趋势而不排水控制不让其收缩时,则土体内要产生正值的孔隙水压力,减小作用于骨架上的有效应力,因为土体的收缩趋势与有效应力的减小引起的膨胀相平衡,从而使土体不发生收缩而保持体积不变。根据这种内在的机制,密砂在不排水条件下受剪切,初始时产生正的孔隙水压力,但很快变成负值孔隙水压力。负值孔隙水压力增加土骨架的有效应力,使土样承受剪应力的能力提高;所以$(\sigma_1-\sigma_3)$-ε_1曲线几乎是直线上升,直至破坏。极松砂在剪切中都是具有体缩的趋势,孔隙水压力不断增加直至稳定值。相应的,土样中的有效应力不断减小,强度不断降低,很松的砂或粉土最后可以达到接近于0的很低的强度,甚至发生流动。海底中极松散的沉积物或很松散的水力冲填土体,如尾矿坝、粉煤灰坝等,都有可能因为发生过大的变形,导致土体内累积很高的孔隙水压力,结果产生流动性滑坡。总之,土体在不排水条件下受剪切,体变的趋势转化为孔隙水压力的变化。密砂剪切时产生负孔隙水压力,增加土的抗剪强度;松砂剪切时则产生正孔隙水压力,降低土的抗剪强度。

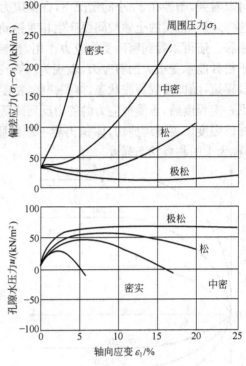

图 6 - 35　不排水剪切的偏应力-
轴向应变-孔压关系曲线

6.5.2　黏土剪切时应力-应变特性

黏土,特别是正常固结黏土,从矿物的晶格构造也可以想象到黏土与砂土相比是非常松的构造。实际上,黏土的孔隙比通常是砂土孔隙比的3倍左右。图6-36和图6-37分别是对于正常固结黏土和超固结黏土,在排水条件下的三轴压缩试验得出的具有代表性的偏应力$(\sigma'_1-\sigma'_3)$-轴向应变ε_1-体积应变ε_v三者的关系曲线。试验中为了满足排水条件,在打开排水阀门的同时还使轴向变形速度非常慢(试件高度是80 mm时,轴向变形速度大致是每天0.5 mm)。从图6-36中可以看出,正常固结黏土的应力-应变关系呈单调增加,体积应变也只是压缩。由此可知,正常固结黏土是非常松的构造。图6-37中所示的强超固结黏土(超固结比很大),到达峰值强度时的应变小,并且可以看到体积膨胀(剪胀)现象。这里的超固结比是图6-38中所示的历史上曾经受到过的最大固结压力p_0与现在的固结压力p_1的比值。

图6-39和图6-40分别是对于正常固结黏土和超固结黏土,在不排水条件下的三轴试验得出的具有代表性的有效路径。图6-39所示的正常固结黏土具有非常松的构造,体积容易压缩;所以在不排水条件(体积一定)下有效约束压力σ'_m一直减少到破坏。图6-40中所示的超固结土,其体积变化规律可在图6-37中反映出来,最初σ'_m减少,后来增加,有效应力路径也改变了方向。

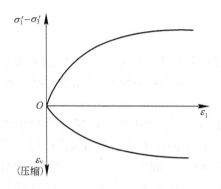

图 6-36　正常固结土的应力-应变-剪胀关系

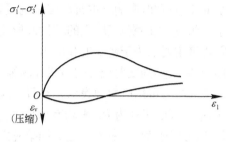

图 6-37　强超固结土的应力-应变-剪胀关系

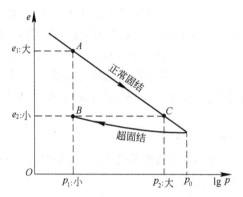

图 6-38　在相同固结压力 p_1 作用下正常固结
状态和超固结状态孔隙比的比较和在相同孔隙
比 e_2 时固结压力的比较

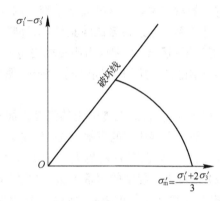

图 6-39　正常固结土的有效应力路径

根据以上的试验结果可知,正常固结黏土和超固结黏土在排水条件及不排水条件下的应力-应变关系分别与非常松的砂和密砂的应力-应变情况类似。超固结黏土比正常固结黏土密实的事实可以这样来理解:图 6-38是固结时的 e-$\lg p$ 关系图(e 为孔隙比,p 为固结压力),在相同的固结压力 p_1 下,比较正常固结曲线上点 A 的孔隙比 e_1 和卸荷曲线上(超固结状态)点 B 的孔隙比 e_2,可以看到,点 B 的孔隙比 e_2 小,处于更密实的状态。在相同的孔隙比 e_2 时,比较正常固结曲线上点 C 的固结压力 p_2 和卸荷曲线上的点 B 的固结压力 p_1,当然点 B 的固

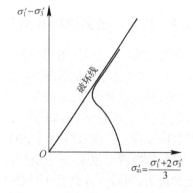

图 6-40　超固结土的有效应力路径

结压力 p_1 小,因为施加的压应力小,所以,试样在剪切的过程中容易膨胀(这与密砂的情况相对应)。综上所述,容易理解正常固结黏土与非常松的砂土、超固结黏土与密砂的应力-应变状态类似。

6.5.3 密实度-有效应力-抗剪强度之间的关系

从 6.1 节可知,影响土的抗剪强度的因素很多,特别是黏性土更复杂。其中,最主要的因素是土的组成、土的密实度、土的结构及所受的应力状态。对于同一种土,其组成与结构相同,则抗剪强度主要取决于密实度和应力。

前面讲述过,强度包线(τ_f 线)或破坏强度线(k_f 线)上一点,代表某一破坏时的应力状态。这时的应力状态可用应力圆表示。对每一应力圆,破坏面上的应力就是土的抗剪强度 τ_f 和正应力 σ_f;应力圆的半径为 R_f,平均有效应力为 p_f'(下角标 f 表示破坏时的应力)。对某一特定的土,每个应力圆还表示土样在一定的固结应力 σ_3 下固结,在一定的偏应力 $\Delta\sigma_{1f}$ 下剪切至破坏,显而易见,每个圆所对应的土的密实度也是一定的。若以孔隙比 e_f 代表破坏时的密实度,则可以说,每一个应力圆代表一种固定的 $\tau_f - \sigma_f' - e_f$ 或 $q_f - p_f' - e_f$ 关系。破坏包线上的每一个点,都有一组这样的对应关系。这种关系是唯一的,与应力路径无关,称为密实度-有效应力-抗剪强度的唯一性关系。经过很多试验验证,这种唯一性关系对于正常固结土恒成立。进一步研究还表明,对于超固结土,只要应力历史相同,$q_f - p_f' - e_f$ 唯一性关系的原则也仍然可以适用。因此,可以得出结论:应力历史相同的同一种土,密度愈高,抗剪强度愈大;有效应力愈高,抗剪强度也愈大。

由以上讨论可知,在理解土的强度方面有以下两种思考方法。

(1) 基于摩擦法则的理解方法:有效应力 σ' 越大,把它乘以摩擦系数 $\tan\varphi'$ 得到的 $\sigma'\tan\varphi'$ 也越大;所以抗剪强度 τ_f 就越大(σ':大→$\sigma'\tan\varphi'$:大→τ_f:大)。

(2) 根据密实程度的理解方法:由固结时 $e-\lg\sigma'$ 的关系可知,有效应力 σ' 越大,e 越小,土体越密实,越密实则强度越高;所以 τ_f 就越大(σ':大→e:小→τ_f:大)。

掌握了以上两种理解土的强度的方法,在现场大概就不会有太大的问题了。

6.5.4 总应力抗剪强度和有效应力抗剪强度

虽然对同一个土样,用同一种试验方法,测得的抗剪强度只有一个值;但却有两种强度表达形式,一种为总应力抗剪强度(见式(6-4)),另一种为有效应力抗剪强度(见式(6-5))。若土样为松砂或正常固结土,破坏时孔隙水压力 $u>0$,$\sigma'<\sigma$,$\varphi'>\varphi$。反之,若土样为密实砂或强超固结土样,破坏时 $u<0$,则 $\varphi'<\varphi$。可见有效应力强度指标与总应力强度指标的差别,实质上是反映试样中孔隙水压力对土的抗剪强度的影响。

根据有效应力原理,只有有效应力才能引起土的抗剪强度的变化。σ' 是真正作用在土骨架上的应力,因而 φ' 才是真正反映土的内摩擦特性的指标。所以,理论上有效应力法才能确切地表示土的抗剪强度的实质,是较为合理且应该尽可能采用的方法。但是用这种方法分析实际土体的抗剪强度时,除总应力外,还必须知道土体中的孔隙水压力;而土体中的孔隙水压力并不是任何情况下都能获得。例如,在地震期间,因地震动而产生的孔隙水压力就较难准确计算;另外土坡在剪切破坏时的孔隙水压力,目前还难以估计。由于实际工程中孔隙水压力难以估算,所以有效应力法难以完全替代总应力法而获得普遍使用。

　　抗剪强度总应力法是用试验方法模拟原位土体的工作条件。剪切过程中所产生的孔隙水压力虽无法得知,但其影响可以在强度指标 c、φ 中得到反映。它是通过控制试样的排水条件,使其尽量与原位土体的排水条件相似,从而达到土样的孔隙水压与实际土体的孔隙水压相似,以使土样与实际土体在剪切过程中性状相同。例如,原位土体在剪切过程中排水很困难,就用不排水剪切试验;原位土体在剪切过程中排水很容易就采用排水试验。这样测得的总应力指标能在一定程度上模拟孔隙水压力的影响。显然,原位土体的排水和工作条件介于排水与不排水之间。所以,总应力方法所得到的 c 和 φ 指标只能是近似的。试验表明,用总应力表达时,其参数 c、φ 的变化是相当大的。其近似的程度取决于所选择的试验方法(如应力变化、应力历史、排水条件与时间等)在多大程度上能够反映原位土体的实际工作状况,取决于工程师的工程经验和判断。总之,以总应力表示抗剪强度并用于解决实际问题常常是方便的,但是必须认识到其局限性。

　　原则上对于孔隙水压力能够较为可靠地确定的问题,都应该采用有效应力法,而对孔隙压力不能确定的问题,采用总应力法。采用总应力法时,应尽可能地选择与原位土体相同的条件和试验方法测定土的总应力抗剪强度指标。

6.6　无黏性土的抗剪强度

6.6.1　无黏性土抗剪强度机理

　　砂土、砾石、碎石等均属于无黏性土,也称为粒状土。无黏性土通常认为不存在凝聚力 c,而仅有摩擦力存在。早在 1776 年,库仑就提出砂土的抗剪强度为

$$\tau_f = \sigma \tan \varphi。$$

　　实际上无黏性土的 φ 值并不是一常量,它是随无黏性土的密实程度而变化的。Lee 和 Seed(1967)把无黏性土的抗剪强度表示为

　　　　试验测得的强度＝滑动摩擦强度土剪胀效应＋颗粒破碎重新排列和定向效应。

　　滑动摩擦是由于颗粒接触面粗糙不平而形成的微细咬合作用,它并不产生明显的体积膨胀。

　　剪胀效应,它主要产生于紧密砂土中,通常是由于颗粒相互咬合,阻碍相对移动。当紧密砂一旦受到剪切作用,颗粒之间的咬合受到破坏,由于颗粒排列紧密,在剪力作用下,颗粒要产生相对移动,必然要围绕相邻颗粒转动,从而造成土体的膨胀。这就是所谓的剪胀。土体膨胀所做的功,需要一部分剪应力去抵偿;因而提高了抗剪强度。这里应该指出,砂土体中的剪切破坏面,并非是一理想的平整滑动面,而是沿着剪力方向连接的颗粒接触点形成的不规则的弯曲面,见图 6-41。在常规压力下,颗粒本身强度大于颗粒之间的摩擦阻力,所以剪切面不可能穿过颗粒本身。在剪力作用下,颗粒只能沿着接触面翻转,这种沿不规则弯曲面的移动,必然要牵动附近所有颗粒;因此很难形成一个单一的剪切平面,而是形成具有一定厚度的剪切扰动带。

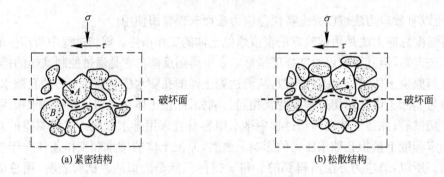

图 6-41　粒状土剪切时颗粒的位移

挤碎作用是指无黏性土在高压力作用下,土颗粒将产生破碎。而颗粒破碎将吸收能量,而且颗粒要移动,必然要重新排列和转动。这些作用所需的能量,是由剪切力做功来提供。在高压力下的破坏应变也增大,这又进一步增加了颗粒重新定向和排列所需的能量,这也是剪切强度的组成部分。影响颗粒破碎的因素很多,其中有:①颗粒大小、形状和强度;②土颗粒的级配曲线和形状;③应力条件和剪应变的大小。试验表明,颗粒粒径越大,棱角越锐,级配越均匀,主应力比 σ_1/σ_3 越大,则颗粒越易破碎,而且破碎量越大。

6.6.2　影响无黏性土抗剪强度的因素

影响无黏性土抗剪强度的因素有以下几种。

1. 沉积条件

天然的无黏性土常常是近于水平层沉积,由于长期的自重作用,促成土颗粒排列有一定的方向性,这就形成了土层的各向异性结构。土结构的各向异性必然导致土的力学性质上的各向异性。通常表现为:竖向压缩模量大于水平向压缩模量;水平向平面抗剪强度高于竖向平面抗剪强度(这主要是因为土的竖向比水平向更密实,因而其竖向咬合作用也大于水平向)。

2. 孔隙比

孔隙比对内摩擦角的影响,反映在以下几个方面。

1) 峰值内摩擦角

根据应力-应变曲线的峰值确定 φ,φ 的大小取决于施加剪切力之前土的初始孔隙比 e_0。尽管在峰值剪切应力到达之前土体已产生一些体积变化,但仍与初始孔隙比 e_0 存在一定关联。对于这种现象,可以用颗粒的咬合作用来解释。e_0 越小表明土体越紧密,咬合摩擦作用越大,剪切时就需要更多的能量来克服;因而就具有较高的 φ 值。然而,这种关系只在较低围压下存在。如果围压超过一定限度,例如高过土固有的破碎应力 σ_B,初始孔隙比 e_0 就不起作用,剪胀性也消失;因而无论 e_0 是大是小,内摩擦角都接近滑动摩擦角。所以,φ 只能作为材料强度的参数,而不是固有的性质。

2) 最终内摩擦角

在应力-应变曲线中,在大应变情况下,剪应力和孔隙比都不受初始孔隙比 e_0 和土的初始结构的制约。这时体积不再变化,剪切应力和孔隙压力都保持为常数。此条件下的摩擦角定义为最终内摩擦角。试验表明,最终摩擦角仍比滑动摩擦角大。这意味着整个试样体积虽已无剪胀;但仍存在一些咬合作用,产生局部体积变化。因而大应变下仍然不能完全消除咬合摩擦作用。

3) 常体积下的剪切强度

如果试样在临界孔隙比条件下剪切,则体积不产生膨胀或收缩,测得的强度就是常体积下的强度。但这种强度是一种很特殊状态下的强度,即孔隙比为临界孔隙比状态下的强度。另外,临界孔隙比也不是常量,它通常是随着围压的增大而减小。三轴排水试验表明,对同一土样围压与临界孔隙比具有一一对应的关系。如果饱和试样在某一围压下的剪前孔隙比大于临界孔隙比,那么在不排水试验的剪切过程中为了不使体积剪缩,必须增加孔隙水压力,从而降低了有效应力并导致体积膨胀,膨胀与剪缩相互抵消,体积不发生变化;但因孔隙水压力升高,有效应力降低,使土体的抗剪强度也随之降低。反之,如果饱和土样的孔隙比小于临界孔隙比,则为了在剪切过程中阻止体积剪胀,必须减小孔隙水压力,增加有效应力,这就提高了土体的抗剪强度。

4) 围压

围压对强度的影响,以摩尔强度包线表示得很清楚。从图6-42可以看到,粒状土在排水试验时的强度包线随着围压的增加,先由陡逐渐向下弯曲,继而又慢慢变陡。但当高压时(出现压碎时)就多少呈直线变化,而且此段直线延伸可通过坐标原点。例如,就砂而言,密砂的强度包线较之松砂有明显的弯曲。当围压较低时,二者的内摩擦角相差较大,随着压力的增高,差别逐渐缩小,最后趋于一致,密砂和松砂的包线接近重合。这种情况通过图6-43可以看得很清楚。

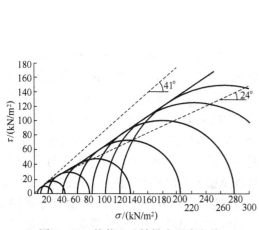

图6-42 粒状土三轴排水强度包线

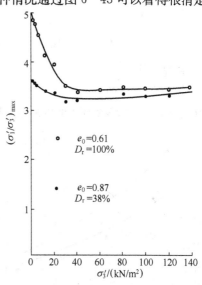

图6-43 松、密砂强度与围压力的关系

不排水试验时强度包线与围压的关系如图6-44所示,该图表示饱和砂的总应力强度包线。图6-44曲线表明,在较大的范围内,饱和砂的常体积强度包线有两条直线段,其交点处的围压即为以剪前孔隙比作为临界孔隙比而相对应的临界围压。

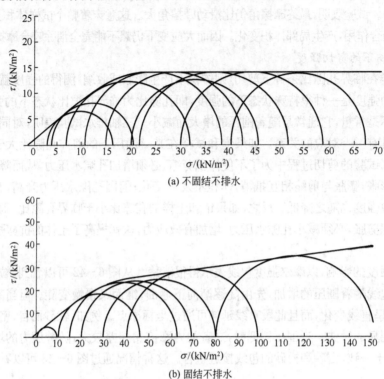

(a) 不固结不排水

(b) 固结不排水

图 6-44 粒状土三轴不排水强度包线

3. 加载条件

1) 中主应力 σ_2 的影响

中主应力 σ_2 对粒状土强度的影响,很多研究者对此做了对比试验研究。图 6-45 给出了砂在排水伸长和压缩的三轴试验结果及平面应变情况下的试验结果。从图 6-45 中可以看出,砂的排水三轴压缩($\sigma_2 = \sigma_3$)和三轴伸长($\sigma_2 = \sigma_1$)的试验结果表明,它们的内摩擦角 φ' 基本一致。但平面应变的内摩擦角大于三轴排水试验的内摩擦角,并且紧密砂的内摩擦角大得更多一些。这是因为在平面应变条件下,土颗粒在克服咬合作用时,需要更大的能量。

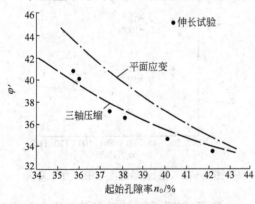

图 6-45 砂的排水伸长、压缩和平面
应变试验成果的比较

2) 加载速率和受力时间对土体强度的影响

一般室内的常规试验是在几十分钟或几小时或更长一些的时间内完成的,但实际工程的加载速率和受力时间与此不同。

用干砂做冲击试验得到的结果整理出最大主应力比$(\sigma_1/\sigma_3)_{max}$与加载时间 t 的关系如图 6 - 46 所示。图 6 - 46 表明加载时间对干砂强度的影响不超过 20%。

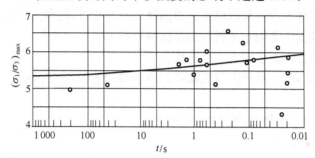

图 6 - 46　瞬态试验中干砂的最大主应力比与加荷时间的关系

饱和砂受冲击荷载作用,由于加载时间很短,相当于不排水条件;因此密砂和松砂表现出不同的特性。密砂由于有剪胀趋势,产生负孔隙水压力,强度有较明显的提高。松砂则相反,由于剪缩趋势产生正孔隙水压力,动强度较静强度有所降低。

在长期受力条件下土体的强度却只有常规试验强度的 60%~80%。

3) 应力路径

6.4 节已经讨论过,不同的加载条件形成不同的应力路径,达到破坏时其强度具有显著的差异。三轴排水试验结果表明,各试样的初始孔隙比都相同,但剪切过程的应力路径不同;各试样到达破坏时的内摩擦角虽然相差不多(最多相差不超过 1°~2°),但各自破坏时的偏应力$(\sigma_1-\sigma_3)_f$却迥然不同。

4. 土体的结构

不论是砂土还是黏土,不论是强度或是变形,土的结构对它们影响是明显的,这在本书第 2 章已经讨论过,Mitchell(1993)在《土性原理》一书中专门做过论述,这里不再赘述。

5. 土的组分

粒状土的组分包括颗粒矿物成分、颗粒形状和颗粒级配等。粒状土矿物成分对强度的影响,主要来自矿物表面摩擦力。例如,石英的表面摩擦角为 26°,长石也为 26°左右,但云母仅为 13.5°;故长石和石英砂的强度比云母高。颗粒形状和级配对强度的影响也是明显的,例如,多棱角的颗粒和级配良好的颗粒,会增加颗粒之间的咬合作用,从而能提高砂土的内摩擦角 φ。通常认为内摩擦角是由滑动摩擦和咬合产生的摩擦组成。

6.7　黏性土的抗剪强度

在第 5 章,已经把黏性土按照其应力历史划分为正常固结和超固结黏土。这两类黏土不但变形特征不同,它们的强度也有很大的区别。在三轴试验中,在加剪力前土样所受压力室的固结压力小于土样的前期固结压力(土样在历史上所受到的最大固结压力),可称为超固结土;若压力室的固结压力大于前期固结压力,则称为正常固结土。为了研究方便,可以把黏土样搅拌成泥糊,即所谓重塑土,这种土的先期固结压力为0;故对任何固结压力来说,都大过其先期固结压力,因之,称这种土为正常固结土。当固结压力为0时,这种土的强度也为0;故强度线必过原点。在以后谈到正常固结土就指的是这种重塑土。

黏性土的强度大致来源于以下3个方面:

第一,颗粒间的凝聚力,这里面包括颗粒间的胶结物的胶结力、黏粒间的电荷吸力和分子吸力等;

第二,为了克服剪胀所做的功而需付出的力;

第三,颗粒间的摩擦力。

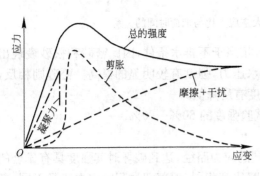

图6-47 黏性土抗剪强度3个分量
的变化示意图

其中凝聚力在较小的轴应变下即可达到峰值,随着应变继续发展而急速消失,这是由于胶结物脆裂和电引力的消失所致。但剪胀所需的剪应力在凝聚力消失的同时,却很快上升到峰值,可以认为强超固结土的强度峰值主要是由剪胀而产生的。随后剪胀逐渐消减,而摩擦力则在随轴向应变的增加而逐渐地增长直到最大值。黏性土的强度是由这3个方面综合叠加而成。它可由图6-47加以定性的说明。

正常固结土,不会出现剪胀的问题,故在一定围压下剪切应力或强度随应变的变化将出现峰值。对于超固结黏土,则在剪应变中出现剪胀现象,其凝聚力也很高;因此在相同固结压力下,强度随应变的发展将出现较大峰值,随后出现软化并逐步降到与正常固结黏土相同的临界状态的强度。黏土强度通常是根据峰值确定。对于软黏土,变形很大时可能强度尚未达到峰值,在三轴试验时可取轴向应变达15%作为破坏点。

根据库仑理论,反映土体抗剪强度大小的是 c 和 φ 两个强度指标,对同一种土样这些指标可能有不同的测试结果,这与试验过程中的排水条件有关。下面将利用三轴试验的不同排水条件对饱和黏土的强度进行讨论。

6.7.1 土的抗剪强度标准试验方法简介

针对工程中的固结和排水情况,统一规定了3种标准的试验方法,用于控制试样不同的固结和排水条件。这3种标准试验方法为:(1)不固结不排水剪,又称为快剪,用符号 UU 表示,其中第一个 U 为 unconsolidated 的缩写,第二个 U 为 undrained 的缩写;(2)固结不排水剪,又称固结快剪,用符号 CU 表示,其中 C 为 consolidated 的缩写,U 为 undrained 的缩写;(3)固结排水剪,又称慢剪,用符号 CD 表示,其中 C 为 consolidated 的缩写,D 为 drained 的缩写。

需要指出的是,只有三轴试验才能严格控制试样固结和剪切过程中的排水条件;而直剪试验因仪器条件的限制只能近似地模拟工程中可能出现的固结和排水情况。

1. 不固结不排水剪切试验

用三轴压缩仪进行快剪试验时,无论施加围压 σ_3 还是轴向压力 σ_1,直至剪切破坏均关闭排水阀。整个试验过程自始至终试样不能固结排水,故试样的含水率保持不变。试样在受剪前,围压 σ_3 会在土内引起初始孔隙水压力 u_1,施加轴向附加压力 $\Delta\sigma$ 后,便会产生一个附加孔隙水压力 u_2。至剪破时,试样的孔隙水压力 $u_f = u_1 + u_2$。

用直剪仪进行快剪试验时,试样上下两面可放不透水薄片。在施加垂直压力后,立即施加水平剪力,为使试样尽可能接近不排水条件,以较快的速度(如 3~5 min)将试样剪破。

2. 固结不排水剪切试验

用三轴压缩仪进行固结快剪试验时,打开排水阀,让试样在施加围压 σ_3 时排水固结,试样的含水率将发生变化。待固结稳定后(至 $u_1 = 0$)关闭排水阀,在不排水条件下施加轴向附加压力 $\Delta\sigma$ 后,产生附加孔隙水压力 u_2。剪切过程中,试样的含水率保持不变。至剪破时,试样的孔隙水压力 $u_f = u_2$,破坏时的孔隙水压力完全由试样受剪引起。

用直剪仪进行固结快剪试验时,在施加垂直压力后,应使试样充分排水固结,再以较快的速度将试样剪破,尽量使试样在剪切过程中不再排水。

3. 固结排水剪切试验

用三轴压缩仪进行慢剪试验时,整个试验过程中始终打开排水阀,不但要使试样在围压 σ_3 作用下充分排水固结(至 $u_1 = 0$),而且在剪切过程中也要让试样充分排水固结(不产生 u_2);因而剪切速率应尽可能缓慢,直至试样剪破。

用直剪仪进行慢剪试验时,同样是让剪切速率应尽可能地缓慢,使试样在施加垂直压力充分排水固结,并在剪切过程中充分排水。

以上 3 种三轴试验方法中,试样在固结和剪切过程中的孔隙水压力变化、剪破时的应力条件和所得到的强度指标如表 6-1 所示。

表 6-1　三种试验方法中的应力条件、孔隙水压力变化和强度指标

试验方法	孔隙水压力 u 的变化		剪破时的应力条件		强度指标
	剪　前	剪切过程中	总　应　力	有效应力	
CU 试验	$u_1 = 0$	$u = u_2 \neq 0$ (不断变化)	$\sigma_{1f} = \sigma_3 + \Delta\sigma$ $\sigma_{3f} = \sigma_3$	$\sigma'_{1f} = \sigma_3 + \Delta\sigma - u_f$ $\sigma'_{3f} = \sigma_3 - u_f$	c_{cu}, φ_{cu}
UU 试验	$u_1 > 0$	$u = u_1 + u_2 \neq 0$ (不断变化)	$\sigma_{1f} = \sigma_3 + \Delta\sigma$ $\sigma_{3f} = \sigma_3$	$\sigma'_{1f} = \sigma_3 + \Delta\sigma - u_f$ $\sigma'_{3f} = \sigma_3 - u_f$	c_u, φ_u
CD 试验	$u_1 = 0$	$u = u_2 = 0$ (任意时刻)	$\sigma_{1f} = \sigma_3 + \Delta\sigma$ $\sigma_{3f} = \sigma_3$	$\sigma'_{1f} = \sigma_3 + \Delta\sigma$ $\sigma'_{3f} = \sigma_3$	c_d, φ_d

6.7.2 抗剪强度指标

土在剪切过程中的性状和抗剪强度在一定程度上受到应力历史的影响。天然土层中的土体或多或少受到一定的上覆压力作用而固结到某种程度。以三轴压缩试验为例,试验中常用各向等压的围压 σ_c 来代替和模拟历史上曾对试样所施加的先期固结压力。因此,凡试样所受到的围压 $\sigma_3 < \sigma_c$,试样就处于超固结状态;反之,当 $\sigma_3 \geqslant \sigma_c$,则试样就处于正常固结状态。两种不同固结状态的试样,在剪切试验中的孔隙水压力和体积变化规律完全不同,其抗剪强度特性亦各异。

为简单起见,针对饱和黏性土这一典型情况,研究土的强度时,仅考虑土在剪切过程中的孔隙水压力和体积的变化。

1. 不固结不排水剪强度指标

不固结不排水剪切试验中的"不固结"是指在三轴压力室内不再固结,而试样仍保持着原有的现场有效固结压力不变。图 6-48 中 3 个实线圆 Ⅰ、Ⅱ、Ⅲ,分别表示 3 个试样在不同的 σ_3 作用下 UU 试验的极限总应力圆,虚线圆则表示极限有效应力圆。其中,圆 Ⅰ 的 $\sigma_3 = 0$,相当于无侧限抗压试验。试验结果表明,在含水率恒定条件下的 UU 试验,无论在多大的 σ_3 作用下,试样破坏时所得的极限偏应力 $(\sigma_1 - \sigma_3)_f$ 恒为常数。图 6-48 中 3 个总应力圆

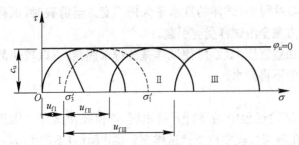

图 6-48 饱和黏性土的不固结不排水试验结果

直径相同,故抗剪强度包线为一条水平线。即

$$\begin{cases} \tau_f = c_u = \dfrac{1}{2}(\sigma_1 - \sigma_3), \\ \varphi_u = 0。 \end{cases} \tag{6-28}$$

式中,c_u——土的不排水黏聚力(kPa);

φ_u——土的不排水内摩擦角(°)。

试验中若分别量测试样破坏时的孔隙水压力 u_f,并按有效应力整理,3 个试样只能得到同一个有效应力圆。由于试样总具有一定的现场固结压力;因此对圆 Ⅰ($\sigma_3 = 0$)来说,是在超固结状态下的剪切破坏,会产生负的孔隙水压力,有效应力圆在总应力圆的右边。上述试验现象可归结为,在不排水条件下,试样在试验过程中的含水率和体积均保持不变,改变 σ_3 数值只能引起孔隙水压力等数值变化,试样受剪前的有效固结应力却不发生改变;因而抗剪强度也就始终不变。无论是超固结土还是正常固结土,其 UU 试验的抗剪强度包线均是一条水平线,即 $\varphi_u = 0$。

从以上分析可知,c_u 值反映的正是试样原始有效固结压力作用所产生的强度。天然土层

的有效固结压力是随埋藏深度增加的,所以 c_u 值也随所处的深度增加。均质的正常固结天然黏土层的 c_u 与其有效固结压力之比值基本保持常数,故 c_u 值大致随有效固结压力呈线性增加。超固结土因其先期固结压力大于现场有效固结压力,它的 c_u 值比正常固结土大。

2. 固结不排水剪强度指标

从不固结不排水试验中得知,土样经受某种先期固结应力,不排水试验将得出一种相应的不排水强度。因此,如果让几个试件分别在几种不同的周围应力 σ_3 作用下固结,将固结后的试件进行不排水剪切试验,就得到几种不同的不排水强度,或者说,得出几个直径不同的极限应力圆,如图 6-49 所示。这几个应力圆的公切线就是固结不排水试验的破坏包线。此包线与 σ 轴的倾角为 φ_{cu},与 τ 轴的截距为 c_{cu}。φ_{cu} 和 c_{cu} 称为固结不排水抗剪强度指标。φ_{cu} 值一般在 $10°\sim25°$。

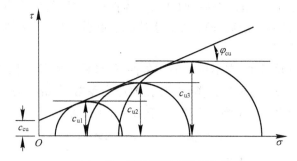

图 6-49　固结不排水强度包线

图 6-50 中 BC 线为正常固结土的试验结果。若试样是从未固结过的土样(如泥浆状土),则不排水强度显然为 0,直线 BC 的延长段将通过原点。实际上,从天然土层取出的试样,总具有一定的先期固结压力(反映在图 6-50 中 B 点对应的横坐标 σ_c 处)。因此,若室内剪前固结围压 $\sigma_3<\sigma_c$,则属超固结土的不排水剪切,其强度要比正常固结土的强度大,强度包线为一条略平缓的曲线(图 6-50 中 AB 线)。由此可见,饱和黏土试样的 CU 试验所得到的是一条曲折状的抗剪强度包线(图 6-50 中 ABC 线),前段为超固结状态,后段为正常固结状态。实用上一般不做如此复杂的分析,只要按 6.3.2 节中介绍的作多个极限应力圆的公切直线(图 6-50 中 AD 线),即可获得固结不排水剪的总应力强度包线和强度指标 c_{cu} 和 φ_{cu}。

应指出的是,CU 试验的总应力强度指标随试验方法的不同而具有一定的离散性。由图 6-50 可看出,如果试样的先期固结压力较高,以致试验中所施的围压 σ_3 都小于 σ_c,那么试验所得的极限应力圆切点都落在超固结段(图 6-51 中 $A''B''$ 线),由它推算的 c_{cu} 就较大,而 φ_{cu} 则并不一定大;反之,若试样原来所受的先期固结压力较低,各试样试验时所施的 σ_3 大都超过 σ_c,则试验所得圆切点都落在正常固结段上。于是由此推算的 c_{cu} 就会很小(图 6-51 中 $A'B'$ 线),甚至接近于 0,土呈现正常固结性质,而得到的 φ_{cu} 则较大。因此,往往需对原状试样进行室内固结试验,求得其先期固结压力,选择适当的围压 σ_3 后,再进行 CU 试验。

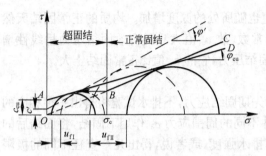

图 6-50　饱和黏性土的固结不排水试验结果

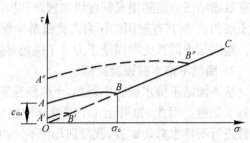

图 6-51　固结不排水试验结果

从三轴 CU 试验结果推求 c' 和 φ' 的方法可利用图 6-50 加以说明。根据表 6-1 中试样剪破时的应力关系,将 CU 试验所得的总应力条件下的极限应力圆(图 6-50 中的各个实线圆),向左移动一个相应的 u_f 值的距离,而圆的直径保持不变,就可获得有效应力条件下的极限应力圆(图 6-50 中的各个虚线圆)。按各虚线圆求其公切线,即为该土的有效应力强度包线,据之可确定 c' 和 φ'。

饱和黏性土的 CU 试验中,在不排水剪切条件下,试样体积始终保持不变。若控制 σ_3 不变($\Delta\sigma_3=0$)而不断增加 σ_1,直至试样剪破,其孔隙压力系数 B 始终为 1.0,而系数 A 则随着 $\Delta\sigma_1$ 的增加呈非线性变化。对于饱和土样,由于 $B=1.0$,于是有

$$\Delta u = \Delta\sigma_3 + A(\Delta\sigma_1 - \Delta\sigma_3)。 \tag{6-29}$$

将 $\Delta\sigma_3=0$ 代入式(6-29),可得

$$A = \frac{\Delta u}{\Delta\sigma_1} = \frac{\Delta u}{\sigma_1 - \sigma_3}。 \tag{6-30}$$

而在 CU 试验中,因试样在 σ_3 作用下固结稳定,所以 $\Delta u_1=0$;故 $\Delta u = \Delta u_2$。

试样剪破时,对式(6-30)中各物理量添加下脚标 f 表示,可得

$$A_f = \frac{\Delta u_f}{\Delta\sigma_{1f}} = \frac{\Delta u_f}{(\sigma_1 - \sigma_3)_f}。 \tag{6-31}$$

从图 6-52 中看出,正常固结土的孔隙水压力 Δu 随 $\Delta\sigma_1$ 稳步上升,始终产生正的孔隙水压力,A 值始终大于 0,且在试样剪破时 A_f 为最大。而超固结土在开始剪切时只出现微小的

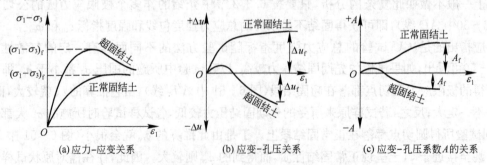

(a) 应力-应变关系　　　　(b) 应变-孔压关系　　　　(c) 应变-孔压系数 A 的关系

图 6-52　固结不排水剪试验的应力-应变关系、孔隙水压力和系数 A 的变化

孔隙水压力正值(A 为正值)，随之孔隙水压力下降，并在一定的 $\Delta\sigma_1$ 作用下就趋于负值(A 亦为负值)，至试样剪破时 A_f 负值最大。

表 6-2 为某些饱和黏性土类($B=1$)在破坏状态下的 A_f 值，从中可看出，A_f 值随其固结程度而变。超固结土的超固结比 OCR(σ_c/σ_3)愈大，A_f 值愈低。对强超固结土而言，A_f 值出现负值。土的剪胀作用愈强，A_f 的负值愈大。因此，根据 A_f 值的变化，可以评价土的固结状态。如果 $A_f>1.0$，原因或是由于在围压作用下土体未完全排水固结，以致残留有超静孔隙水压力；或是由于土体结构破坏后，原来存在于结构单元内微孔隙中的孔隙压力释放出来。

表 6-2　饱和黏性土破坏时的 A_f 值

土　类	A_f
高灵敏度黏土	$0.75\sim1.5$
正常固结黏土	$0.5\sim1.0$
弱超固结黏土	$0.25\sim0.5$
一般超固结黏土	$0\sim0.25$
强超固结黏土	$-0.5\sim0$

孔隙压力系数 A 对研究土的三维固结与沉降同样具有重要的意义。但须指出，在研究土体强度理论中所用破坏时的孔隙压力系数 A_f，在数值上不同于研究土体变形课题中的系数 A；因为随着 $\Delta\sigma_1$ 的增大，Δu 值并不呈线性增长。

如果将某一组饱和黏土试样先在不同的周围压力 σ_3 下排水固结，然后再施加轴向偏应力作不排水剪切，可获得 CU 试验的抗剪强度包线。

如前所述，正常固结土在不排水剪切试验中产生正的孔隙水压力，其有效应力圆在总应力圆的左边；而超固结土在不排水剪切试验中产生负的孔隙水压力，故有效应力圆在总应力圆的右边。CU 试验的有效应力强度指标与总应力强度指标相比，通常 $c'<c_{cu}$，$\varphi'>\varphi_{cu}$。

3. 固结排水剪切强度指标

饱和黏性土的三轴压缩试验中，在排水剪切条件下，孔隙水压力始终为 0，试样体积随 $\Delta\sigma_1$ 的增加而不断变化(图 6-53)。正常固结黏土的体积在剪切过程中不断减小(称为剪缩)，而超固结黏土的体积在剪切过程中则是先减小，继而转向不断增加(称为剪胀)。如同前述，土体在不排水剪中孔隙水压力值的变化趋势，也可根据其在排水中的体积变化规律得到验证。如正常固结土在排水剪中有剪缩趋势，因而当它进行不排水剪时，由于孔隙水排不出来，剪缩趋势就转化为试样中的孔隙水压力不断增长；反之，超固结土在排水剪中不但不排出水分，反而因剪胀而有吸水的趋势，但它在不排水剪过程中却无法吸水，于是就产生负的孔隙水压力。

饱和黏土试样的 CD 试验结果与 CU 试验类似(图 6-50)。但由于试样在固结和剪切的全过程中始终不产生孔隙水压力，其总应力指标应该等于有效应力强度指标，即 $c'=c_d$，$\varphi'=\varphi_d$，如图 6-54 所示。

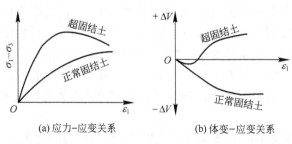

(a) 应力-应变关系　　　　(b) 体变-应变关系

图 6-53　CD 试验的应力-应变关系和体积变化

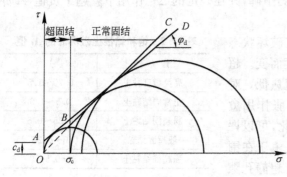

图 6-54　饱和黏性土的固结排水剪试验结果

如果将某种饱和软黏土的 2 组试样先在同一 $\sigma_3 = \sigma_c$（先期固结压力）下排水固结，然后对一组中的若干试样施加新的围压 $\sigma_3（>\sigma_c）$，使各试样分别进行 UU、CU 和 CD 试验，并将试验结果综合表示在一张 $\sigma-\tau$ 坐标图上（图 6-55），则可看出 3 种试验结果之间的关系。很显然，正常固结土的 $\varphi_d > \varphi_{cu} > \varphi_u$，且 $\varphi_u = 0$。

若对另一组中若干试样的围压从 σ_c 减低至 $\sigma_3（\sigma_c）$，同样进行上述 3 种试验，此时土具有超固结特征。超固结土在其

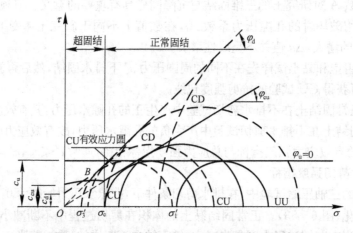

图 6-55　饱和黏性土的 UU、CU、CD 的试验结果

卸载回弹过程中；UU 试验因不容许吸水，含水率保持不变；故其不固结不排水剪强度比固结不排水剪和排水剪强度都高。此外，对比 CU 和 CD 试验，虽然二者在卸载回弹过程中，产生的负孔隙水压力均会导致试样吸水软化（含水率增加）；但由于超固结土的剪胀特性，CD 试验中的试样在排水剪切过程中有可能进一步吸水软化，含水率还要增加，而 CU 试验则无此可能。因此，排水剪强度比固结不排水剪强度要低，这可从图 6-55 中 UU、CU 和 CD 试验中的各强度包线在超固结状态所处位置比较而知，其情形与右边的正常固结状态正好相反。

上述试验还可证明，同一种黏性土在 UU、CU 和 CD 试验中的总应力强度包线和强度指标各不相同，但都可得到近乎同一条有效应力强度包线。因而，不同试验方法下的有效应力强度存在唯一性关系的特征。

直剪试验在上述 3 种方法中因受仪器条件限制，不能测定试样中孔隙水压力的变化，一般只能用总应力强度指标来表示其试验结果。

6.7.3　黏性土抗剪强度指标的选择

　　从前面分析可看出,总应力强度指标的3种试验结果各不相同,一般来讲,$\varphi_u < \varphi_{cu} < \varphi_d$,所得的 c 值亦不相同。表6-3列出3种剪切方法的大致适用范围,可供参考。但应指出,总应力强度指标仅能考虑3种特定的固结情况,由于地基土的性质和实际加载情况十分复杂,地基在建筑物施工阶段和使用期间却经历了不同的固结状态,要准确估计地基土的固结度相当困难。此外,即使是在同一时间,地基中不同部位土体的固结程度亦不尽相同;但总应力法对整个土层均采用某一特定固结度的强度指标,这与实际情况相去甚远。因此,在确定总应力强度指标时还应结合工程经验。在工程设计的计算分析中,应尽可能采用有效应力强度指标的分析方法。

表6-3　3种试验方法的适用范围

试验方法	适　用　范　围
UU 试验	地基为透水性差的饱和黏性土,排水不良,且建筑物施工速度快。常用于施工期的强度与稳定验算
CU 试验	建筑物竣工较长时间后,突遇荷载增大,如房屋加层、天然土坡上堆载等
CD 试验	地基的透水性较佳(如砂土等低塑性土),排水条件良好(如黏土层中夹有砂层),而建筑物施工速度又较慢

　　如前所述,一种土的 c' 和 φ' 应该是常数。无论是用 UU、CU 或 CD 的试验结果,都可获得相同的 c' 和 φ' 值,它们不随试验方法而变。但实践上一般按 CU 试验并同时测定 u 的方法来求 c' 和 φ'。其原因是做 UU 试验时,无论总应力 σ_1、σ_3 增加多少,σ'_1、σ'_3 均保持不变,即无论做多少个不同围压 σ_3 的试验,所得出的有效极限应力圆只有一个,因而确定不了有效应力强度包线,也就得不出 c' 和 φ' 值;而做 CD 试验时,因试样中不产生 u,总应力即为有效应力,其总应力结果 c_d 和 φ_d 实际上就是 c' 和 φ',但 CD 试验时间较长,故通常不用它来求土的 c' 和 φ'。但应指出,在 CU 试验剪切过程中试样因不能排水而使体积保持不变,而在 CD 试验排水剪切过程中试样的体积要发生变化。二者得出的 c'、φ' 和 c_d、φ_d 会有一些差别,一般 c_d、φ_d 略大于 c'、φ';但实用上可忽略不计。

　　土的抗剪强度性质极其复杂,其抗剪强度指标变化也较大。如前所述,粒状的无黏性土的抗剪强度,决定于土的原始密度(初始孔隙比)、有效法向应力、加荷条件和应力历史。实际上,其强度还受到,如土的颗粒组成、沉积条件等诸因素影响。如紧密砂的内摩擦角较大,强度也高;松砂的内摩擦角较小,其强度也较低。级配良好的土,由于粒间接触点多,比均匀土的咬合作用强;所以其内摩擦角比均匀土的大。又如有棱角的砂要比圆粒砂有更多咬合,故其内摩擦角也比较大;但对砾石而言,由于在高压力作用下的颗粒破碎作用,棱角对强度的影响相对较小。饱和黏性土的强度性质比无黏性土更为复杂。除如黏性土的结构性、固结与排水条件、孔隙水压力、应力历史、应力应变状态、应力水平及应力路径(详见 6.5 节)等影响因素外,还包括如土的含水量、各向异性、加荷速率与受荷时间、动力特性和流变性质等因素影响。

　　此外,天然地层一般是水平层沉积,在垂直方向的自重应力作用下,形成各向异性应力(一般是垂直方向最大,水平方向最小),促成了土颗粒按有选择的方向排列;因而所形成的土体在不同方向具有不同的力学性质,使之具有各向异性的变形特性。因此,天然土层在沉积过程中和沉积以后形成的各向异性结构,影响了土的抗剪强度性状。如受荷时的加荷方向和沉积方向一致,就可产生较大的抗剪强度;反之,若加荷方向垂直于沉积方向,则抗剪强度最低。

　　由此可见,只有当室内试验的应力状态、应力水平和应力路径与实际工程的应力条件完全相同时,试验所得的强度指标才能符合实际,而这只能近似做到。因此,在选择某种土的抗剪强度指标 c 和 φ 时,必须同时指出土样的原始固结状态和所用的试验方法,才能正确判断这种指标的意义及如何用于计算分析。与此同时,应对所选的抗剪强度指标的性质和变化规律有一个清楚的认识,并对各种指标数值的范围有一个大致的了解,只有这样才能对实际问题作出正确的判断和选择。另外,土是易变的材料,它的强度还会随时间和环境的变化而变异。

　　例 6 - 2　基本条件同例 6 - 1,通过直剪试验测得地基土的抗剪强度指标分别为 $c=20\ \mathrm{kPa}$, $\varphi=22°$。

　　(1) 试判断该点所处的状态。

　　(2) 如果发生破坏,求破坏面与大主应力作用面的夹角,并说明破坏面与最大剪应力作用面是否一致?

　　解　(1)利用极限平衡条件判断。

　　由　$\sigma_{1f}=\sigma_3\tan^2\left(45°+\dfrac{\varphi}{2}\right)+2c\cdot\tan\left(45°+\dfrac{\varphi}{2}\right)=190\tan^2\left(45°+\dfrac{22°}{2}\right)+$

$$2\times20\tan\left(45°+\frac{22°}{2}\right)=476.92\mathrm{kPa}$$

可知,　　　　　　　　　　　$\sigma_1=580\ \mathrm{kPa}>\sigma_{1f}=476.92\ \mathrm{kPa}$,

即实际大主应力高于维持极限平衡状态所需要的大主应力;故土体破坏。

　　或由　$\sigma_{3f}=\sigma_1\tan^2\left(45°-\dfrac{\varphi}{2}\right)-2c\cdot\tan\left(45°-\dfrac{\varphi}{2}\right)=580\tan^2\left(45°-\dfrac{22°}{2}\right)-$

$$2\times20\tan\left(45°-\frac{22°}{2}\right)=236.89\ \mathrm{kPa}$$

可知,　　　　　　　　　　　$\sigma_3=190\ \mathrm{kPa}<\sigma_{3f}$。

即实际小主应力小于维持极限平衡状态所需要的小主应力;故土体破坏。

　　(2) 破坏面与大主应力作用面的夹角是

$$\alpha_f=45°+\frac{\varphi}{2}=45°+\frac{22°}{2}=56°。$$

最大剪应力作用面与大主应力作用面的夹角为 $\dfrac{90°}{2} = 45°$。

由计算结果和图 6-10 所示均可知,破坏面与最大剪应力作用面不一致。在图 6-10 上,表示破坏面的点在摩尔圆上偏离最高点向左一点,而表示最大剪应力作用面的点在摩尔圆上最高点处。

例 6-3　某无黏性土饱和试样进行三轴排水试验,测得其总应力抗剪强度指标为 $c_d = 0$ kPa,$\varphi_d = 28°31'$。如果对同一种试样进行三轴固结不排水试验,施加周围压力 $\sigma_3 = 200$ kPa,试样破坏时的轴向偏应力为 $(\sigma_1 - \sigma_3)_f = 160$ kPa。试求试样的固结不排水抗剪强度指标 φ_{cu} 和破坏时的孔隙水压力 u_f 及孔隙压力系数 A_f。

解　由试验结果可知,$\sigma_{1f} = 200 + 160 = 360$ kPa,$\sigma_{3f} = \sigma_3 = 200$ kPa。

排水剪的孔隙水压力始终为 0;所以必然有 $c' = c_d = 0$,$\varphi' = \varphi_d = 28°31'$。而饱和无黏性土的 $c_{cu} = 0$,由无黏性土极限平衡条件得

$$\sigma_{1f} = \sigma_{3f}\tan^2\left(45° + \dfrac{\varphi_{cu}}{2}\right),$$

即

$$360 = 200\tan^2\left(45° + \dfrac{\varphi_{cu}}{2}\right),$$

解得

$$\varphi_{cu} = 16°36'。$$

同理,由有效应力表示的极限平衡条件可知,

$$\sigma'_{1f} = \sigma'_{3f}\tan^2\left(45° + \dfrac{\varphi'}{2}\right),$$

即

$$\dfrac{\sigma'_{1f}}{\sigma'_{3f}} = \tan^2\left(45° + \dfrac{\varphi'}{2}\right) = \tan^2\left(45° + \dfrac{28°31'}{2}\right) = 2.827,$$

$$\sigma'_{1f} = 2.827\sigma'_{3f}。 \tag{6-32}$$

又知

$$(\sigma'_1 - \sigma'_3)_f = (\sigma_1 - \sigma_3)_f = 160 \text{ kPa}。 \tag{6-33}$$

由式(6-30)和式(6-31)可得 $\sigma'_{1f} = 247.59$ kPa,$\sigma'_{3f} = 87.58$ kPa。

那么,破坏时的孔隙水压力 $u_f = \sigma_{1f} - \sigma'_{1f} = 360 - 247.59 = 112.41$ kPa。

因此,破坏时的孔隙压力系数为

$$A_f = \dfrac{\Delta u_f}{(\sigma_1 - \sigma_3)_f} = \dfrac{u_f}{(\sigma_1 - \sigma_3)_f} = \dfrac{112.41}{160} = 0.703。$$

例 6-4　一饱和黏土试样在三轴压缩仪中进行固结不排水剪试验,施加的围压 $\sigma_3 = 100$ kPa,试样破坏时的轴向偏应力 $(\sigma_1 - \sigma_3)_f = 180$ kPa,孔隙水压力 $u_f = 90$ kPa,CU 试验的强度指标为 $c_{cu} = 13.9$ kPa,$\varphi_{cu} = 24°$,试求试样破裂面上的法向应力和剪应力,以及破裂面与水平面的夹角 α_f。如果试样在同样的围压下进行固结排水剪切试验,并且依据 CU 试验的结果,推出 $c' = 6$ kPa,$\varphi' = 36°$,试推算破坏时的大主应力 σ_{1f}。

解　由题目条件可知 $\sigma_{1f} = 100 + 180 = 280$ kPa,$\sigma_{3f} = 100$ kPa。

由前述知识可知,破裂面与大主应力作用面的夹角为

$$\alpha_f = 45° + \frac{\varphi_{cu}}{2} = 45° + \frac{24°}{2} = 57°,$$

大主应力作用面就是水平面。

破裂面上的法向应力 σ_f 和 τ_f 分别为

$$\sigma_f = \frac{\sigma_{1f} + \sigma_{3f}}{2} + \frac{\sigma_{1f} - \sigma_{3f}}{2}\cos 2\alpha_f = \frac{280+100}{2} + \frac{280-100}{2}\cos(2\times57°) = 153.4 \text{ kPa},$$

$$\tau_f = \frac{\sigma_{1f} - \sigma_{3f}}{2}\sin 2\alpha = \frac{280-100}{2}\sin(2\times57°) = 82.2 \text{ kPa}。$$

排水剪试验的孔隙水压力始终为零，故试样破坏时，

$$\sigma'_{3f} = \sigma_{3f} = 100 \text{ kPa}, \sigma'_{1f} = \sigma_{1f}。$$

又知 $c' = 6\text{kPa}, \varphi' = 36°$，由有效应力表示的极限平衡条件可得

$$\sigma_{1f} = \sigma'_{1f} = \sigma'_{3f}\tan^2\left(45° + \frac{\varphi'}{2}\right) + 2c' \cdot \tan\left(45° + \frac{\varphi'}{2}\right) =$$

$$100\tan^2\left(45° + \frac{36°}{2}\right) + 2\times6\times\tan\left(45° + \frac{36°}{2}\right) = 408.73 \text{ kPa}。$$

思考题

6-1　库仑抗剪强度定律是怎样表示的？

6-2　什么叫强度和土的抗剪强度？

6-3　什么叫土的破坏，有几种破坏的定义？

6-4　土的破坏准则是怎样表达的？

6-5　何谓莫尔-库仑破坏准则？

6-6　何谓极限平衡条件？极限平衡条件与土的破坏准则是否一回事？

6-7　土的破坏既然是由剪切应力所引起的，那么它的破坏为什么不发生在最大剪应力面上，而是发生在 $\alpha_f = 45 + \varphi/2$ 的面上？

6-8　如何判断土所处的状态？

6-9　试述直接剪切试验的一般原理、方法和优缺点。

6-10　试述三轴压缩试验的一般原理、方法和优缺点。

6-11　试述无侧限压缩试验的一般原理、方法和强度表达式。

6-12　试述十字板剪切试验的一般原理、方法和强度表达式。

6-13　何谓不固结不排水（快剪）、固结不排水（固结快剪）及固结排水（慢剪）剪试验？为什么要提出这3种试验方法？其实质如何？

6-14　影响砂土抗剪强度的因素有哪些？

6-15　试述密砂和松砂在剪切时的应力-应变和强度的特性并解释其原因。

6-16　试述正常固结和超固结黏土在剪切时的应力-应变和强度的特性并解释其原因。

6-17 黏性土的强度由哪几部分组成？

6-18 何谓正常固结和超固结试样？

6-19 试述正常固结黏土在 UU、CU、CD 3 种试验中的应力-应变、孔隙水压力-应变(或体积变化-应变)和强度特性。

6-20 试述超固结黏土在 UU、CU、CD 3 种试验中的应力-应变、孔隙水压力-应变(或体积变化-应变)和强度特性。

6-21 试述正常固结和超固结土的总应力强度包线与有效应力强度包线的关系。

6-22 何谓应力路径？应力路径有哪两种表示方法？这两种方法之间的关系如何？

6-23 试用两种方法(两种坐标系)分别绘制正常固结和超固结黏土的总应力和有效应力路径。

习 题

6-1 已知某黏性土的 $c=0$，$\varphi=35°$，对该土取样做试验。

(1) 如果施加的大小主应力分别为 400 kPa 和 120 kPa，该试样破坏吗？为什么？

(2) 如果维持小主应力不变，你认为能否将大主应力加到 500 kPa？为什么？

6-2 假设黏性土地基内某点的大主应力为 480 kPa，小主应力为 200 kPa，土的内摩擦角 $\varphi=18°$，黏聚力 $c=35$ kPa。试判断该点所处的状态。

6-3 已知某饱和砂土试样的有效内摩擦角为 25°，进行三轴固结排水试验。首先施加 $\sigma_3=200$ kPa 的围压，然后使大主应力和小主应力按一定的比例增加。如果 $\Delta\sigma_1=3\Delta\sigma_3$，试求该试样破坏时的 σ_1 值。

6-4 用一种非常密实的砂土试样进行常规的排水压缩三轴试验，围压分别为 100 kPa 和 4000 kPa，试问用这两个试验的摩尔圆的破坏包线确定强度参数有什么不同？

6-5 一系列饱和黏土的剪切试验结果表明土的 $c'=10$ kPa，$\tan\varphi'=0.5$，另做一个慢剪试验，垂直固结应力 $\sigma_v=100$ kPa，破坏时的剪应力 $\tau_f=60$ kPa，问其孔隙水压力 u_f 是多少？

6-6 对某一饱和正常固结黏土地基土样进行三轴固结排水剪切试验，测得其有效内摩擦角和固结排水剪的内摩擦角为 $\varphi'=\varphi_d=28°$。现又将土样进行固结不排水剪切试验，破坏时 $\sigma_3=195$ kPa，轴向应力增量 $\Delta\sigma=180$ kPa。试计算在固结不排水剪切破坏时的孔隙水压力 u_f 值。

6-7 某饱和正常固结黏土试样，在周围压力 $\sigma_3=100$ kPa 下固结稳定。然后进行不排水剪切试验，测得破坏时的孔隙水压力 $u_f=27$ kPa。采用点应力强度指标，测得剪裂面与大主应力作用面的夹角为 $\alpha_f=54°$。求内摩擦 φ_{cu} 和剪切破坏时的孔压系数 A_f。

6-8 某高层住宅地基为饱和黏土，进行三轴固结不排水试验，测得 4 个试样剪坏时的最大主应力 σ_{1f}、最小主应力 σ_{3f} 及孔隙水压力 u_f 的数值如表 6-4 所示。试分别用总应力法和有效应力法确定该地基土的抗剪强度指标。

表 6－4 习题 6－8 附表

土 样 编 号	所测应力/kPa		
	σ_{1f}	σ_{3f}	u_f
1	145	60	31
2	218	100	57
3	310	150	92
4	401	200	126

K. H. Roscoe

K. H. Roscoe(1914—1970)于 1914 年 12 月出生于英国,他于 1934 年在剑桥大学的伊曼纽尔学院(Emmanuel College)接受大学本科教育。

第二次世界大战后,K. Roscoe 返回剑桥大学,作为土力学的一名研究生从事土力学的学习与研究,建立了土力学实验室。他致力于土的基本性质及其力学原理的研究,这是当时剑桥学派研究的热门课题。他于 1958 年所提交的论文《关于土体的屈服》奠定了临界状态土力学的基础,被英国土力学会授予成就奖。他的研究成果主要包括:所设计的剪切仪(S. S. A.)成为以后土力学平面剪切仪器的先驱;提出了土体临界状态的概念;提出的剑桥模型创建了临界状态土力学,为现代土力学的诞生和发展做出了重要贡献。他在捷克、丹麦、法国、德国、希腊、墨西哥、荷兰和挪威等地进行了广泛的学术交流和演讲。在 K. Roscoe 领导下,剑桥大学关于土力学基本性质的研究成果得到国际岩土工程界的普遍认可。以 K. Roscoe 为奠基者的剑桥学派在现代土力学的发展历史中占有重要的位置。

K. H. Roscoe 于 1970 年 4 月 10 日死于车祸。

第 **7** 章

土的基本性质和临界状态理论简介

7.1 概述

　　本章编写目的是简单地介绍土的临界状态理论和剑桥模型。土的临界状态理论和剑桥模型能够提供一个统一的理论框架用于描述和预测土的变形和破坏行为,它把土的弹性和塑性变形及土的强度有机地联系起来,建立了土的最基本的关系,即土的本构关系。土的本构关系通常指土的应力-应变关系,它可以通过对半空间地基中某一点取土样并进行试验来建立,因而这种关系反映了土体中一点的情况。所以,对地基中的不同位置点,土的本构关系或其中的参数可能并不相同。目前土的弹塑性本构模型大多数都是以土的临界状态理论和剑桥模型为基础而建立的,因此临界状态土力学是现代土力学的基石。

　　临界状态土力学理论初期的发展可简要做如下描述:Roscoe,Schofield 和 Wroth(1958)提出了土的临界状态的概念;Roscoe,Schofield 和 Thurairajah(1963)提出了原始剑桥模型;Roscoe 和 Burland(1968)建立了修正的剑桥模型。Schofield 和 Wroth(1968)出版了第一本临界状态土力学的专著。从那以后临界状态土力学的理论及土的本构理论得到迅速的发展,直到目前这种发展还在继续。Atkinson 和 Bransby(1978)出版了一本较早并且比较权威的临界状态土力学的教科书。Wood(1990)出版了一本内容较为丰富的临界状态土力学的专门教材。

　　通过本章学习,可以简单地了解临界状态土力学的理论体系和框架,以便于理解、描述和预测土的力学行为。不能仅仅认为临界状态土力学的理论是一些数学公式,而应该透过这些抽象的数学公式认识隐藏在后面的土的行为的本质。

　　临界状态模型是土的一种理想和简化的模型。然而,它却抓住了土的最重要的行为和特征。因此,当不能做足够的土工试验以便于描述现场土的特征,以及预测结构物在建设期间或使用期间在各种不同荷载作用下土的反应和行为时,土的临界状态模型将是一种非常简单而有用的工具。目前已有的土的本构模型中绝大多数是以临界状态的理论作为参照或基础。因此,通过本章关于土的临界状态理论和剑桥模型的学习,首先能够了解土的变形和破坏的影响因素和规律,也为更好地理解和掌握土的其他本构模型打下基础。剑桥模型虽然是一个最简单的土的弹塑性本构模型,但对于初学者来说,其中的一些概念却并不容易理解和掌握;因此初学者需要反复思考和深入理解。本章内容仅适用于描述丧失结构性的重塑土。结构性土的研究是目前正在不断发展的研究方向,但已超出本章内容的范围。

学完本章后应掌握以下内容:

(1) 估计土的破坏应力;

(2) 估计土的破坏应变;

(3) 从简单的三轴试验中得到的少数几个参数,预测土的应力-应变特征;

(4) 假如岩土工程结构物上作用的荷载发生了变化,考虑可能的土的应力状态和破坏情况。

学习中应注意回答以下问题:

(1) 什么是土的屈服?

(2) 土的屈服和破坏有何不同?

(3) 什么样的参数影响(土的)屈服和破坏?

(4) 土的破坏应力依赖于土的固结压力吗?

(5) 什么是土的临界状态参数,怎样用土工试验确定它们?

(6) 土在破坏时(中),其应变重要吗?

(7) 在不同的加载路径下,土的应力-应变反应有何不同?

7.2　土的变形和强度的基本性质

土的本构模型的研究主要涉及土的变形性质和强度性质,因此本章除了第3章关于土的渗流以外,前面所有各章的内容都将涉及。与变形和强度性质相关的土的基本性质有压硬性、剪胀性、塑性、对密实程度的依赖性、结构性、流变性等。当然还有其他一些重要性质,如各向异性、应力路径依赖性、应变硬化和软化等。

(1) 压硬性　指土的强度和刚度随压应力的增大而增大,或随压应力的减小而减小,这是摩擦性材料所具有的特性。摩尔-库仑准则描述了土的强度方面的这种压硬性(见式(6-4)或式(6-5))。至于刚度方面,Janbu(1963)给出压硬性表达式:

$$E_i = K_E P_a \left(\frac{\sigma_3}{P_a} \right)^n 。 \tag{7-1}$$

式中,K_E 和 n 为常数,P_a 为大气压力。

从式(7-1)可以看出压缩模量 E_i 是围压 σ_3 的函数,它随压应力的增大而增大。

（2）剪胀性　指土体受剪时产生体积膨胀或收缩的现象。密砂剪胀，松砂剪缩，这一现象最早是由英国学者 O. Reynolds(1885)发现的。剪胀性是砂土最为重要的力学性质之一。黏土具有剪胀性的概念现在也被普遍接受。

（3）塑性　指土体加荷又卸荷后产生的不可恢复的变形。对土体而言，加载的应力不很大就可以产生塑性变形。人的眼睛所能直接观察到的变形基本都存在塑性变形。因此，土体在外荷载作用下产生塑性变形是很常见的。

（4）对密实程度的依赖性　指土强度和刚度依赖于土的密实性。即越密实的土，其强度和刚度越大；反之越疏松的土，其强度和刚度越小。它反映了土这种摩擦性材料的特点，并且是土的最重要的性质之一。第 2 章给出的孔隙比 e 可以粗略地描述土的密实情况。如何对这种现象进行数学表述是最近岩土工程研究的一个热点。

（5）结构性　指土的孔隙和颗粒的分布和排列及颗粒之间的相互作用和颗粒与水之间的相互作用以及气-液交界面的作用对土的强度和刚度的影响和作用。这种影响和作用很大，不可忽略。如何对这种现象进行数学表述也是最近岩土工程研究的一个热点，但远没有得到很好的解决。

（6）流变性　指土的刚度和强度随时间而变化的性质。该性质的论述超出本书的范围，但可以在高等土力学教科书或有关专著中找到。

（7）各向异性　指土的刚度和强度沿各个方向是不同的。引起各向异性的原因有两个，一是在天然土的沉积过程中形成的；二是受力过程中逐渐形成的，它与扁平颗粒的扁平面的方向逐渐趋向于大主应力方向有关，这一现象常称之为应力诱导的各向异性。一个好的土的本构模型应能描述土的各向异性。

（8）应力路径依赖性　土的变形不仅取决于当前的应力状态，而且与到达该应力状态之前的应力历史及下一步加载的大小和方向有关。但应力路径相关性的考虑不但使本构模型本身复杂化，也给计算和模拟带来困难，从而限制了它的实际应用价值。因而现有的强度和本构理论几乎都忽略应力路径依赖性的影响而采用某种唯一性的假定。然而在应力路径发生大的转折时，这种唯一性是得不到保证的。

（9）应变硬化　指塑性屈服应力随应变的增大而提高的现象。

（10）应变软化　指塑性屈服应力随应变的增大而降低的现象。

7.3　应力与应变的表示

在土力学中，很多概念和想法都来自于三轴试验或针对三维轴对称情况而建立的。因此，在建立土的本构模型或分析方法时，通常先考虑三维轴对称情况，然后再推广到一般情况。三维轴对称情况中 $\sigma_2 = \sigma_3$，则应力不变量通常表示为

$$p' = (\sigma_1' + \sigma_2' + \sigma_3')/3 = \sigma_{ii}'/3, \tag{7-2}$$

$$q = (\sigma_1' - \sigma_3') = (\sigma_1 - \sigma_3), \tag{7-3}$$

$$\sigma_i' = \sigma_i - u_\circ \tag{7-4}$$

式中,p' 为平均有效应力,q 为偏应力,u 为孔隙水压力。

对于三维轴对称情况,只要 2 个应力 p' 和 q 就可以表示所有的应力状况;但对一般三维情况,则需要 3 个主应力,即除了 p' 和 q 外,还应该增加一个应力变量即罗德角 θ。由于孔隙水不能承受剪应力,所以式(7-3)的偏应力也可以用总应力表示。与应力式(7-2)和式(7-3)在功上相对偶的应变为

$$\dot{\varepsilon}_v = \dot{\varepsilon}_1 + 2\dot{\varepsilon}_3, \tag{7-5}$$

$$\dot{\varepsilon}_s = \frac{2}{3}(\dot{\varepsilon}_1 - \dot{\varepsilon}_3)_\circ \tag{7-6}$$

所谓在功上相对偶,意味着应力与应变的乘积等于功 W,即 $W = p'\dot{\varepsilon}_v + q\dot{\varepsilon}_s$。其中,$\varepsilon_v$ 为体应变,ε_s 为偏应变。这种功对偶的应力和应变关系可以满足普适的热力学的要求。

$$v = 1 + e_\circ \tag{7-7}$$

式(7-7)中 v 称为比体积,它表示当固体颗粒的体积(假定)为 1 时,孔隙的体积则等于 e,而此时土的总体积(比容)等于固体颗粒体积与孔隙体积之和,详见 2.7.4 节和 2.7.5 节。

7.4　土的临界状态理论

7.4.1　土的临界状态

Roscoe、Schofield 和 Wroth(1958)在试验的基础上发现并建立了临界状态的概念。通过土的排水和不排水三轴试验,Roscoe 等人发现,在外荷载作用下土(包括各种砂土和黏土)在其变形发展过程中,无论其初始状态和应力路径如何,都将在某种特定状态下结束,他们将这种状态定义为临界状态。

临界状态的定义:土体在剪切试验的大变形阶段,它趋向于最后的临界状态,即体积和应力(总应力和孔隙压力)不变,而剪应变还处于不断持续的发展和流动的状态。换句话说,临界状态的出现就意味着土已经发生流动破坏,并且隐含着式(7-8)成立:

$$\frac{\partial p'}{\partial \varepsilon_s} = \frac{\partial q}{\partial \varepsilon_s} = \frac{\partial v}{\partial \varepsilon_s} = 0; \quad \dot{\varepsilon}_s \neq 0_\circ \tag{7-8}$$

首先观察图 7-1 和图 7-2,它们给出了土在临界状态时的试验结果。由图 7-1 可以看到,破坏或到达临界状态时,平均有效应力 p' 和偏应力 q 呈线性关系。由图 7-2 可以看到,破坏或到达临界状态时,特殊体积 v 与平均有效应力 p' 取对数后的关系呈线性关系。因此,后

面式(7-9)和式(7-10)是很多试验观察的结果。

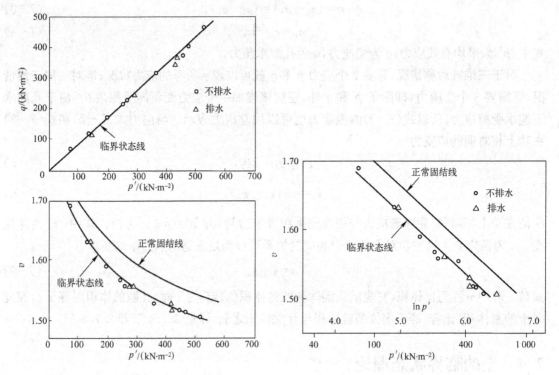

图 7-1　正常固结土样试验破坏点　　　图 7-2　$v \colon \ln p'$ 空间中的临界状态线

Schofield(2005 年)对临界状态做如下表述:

The kernel of our ideas is the concept that soil and other granular materials, if continuously distorted until they flow as a frictional fluid, will come into a well defined state determined by two equations(我们想法的要点是这样一种概念,如果土和其他颗粒材料受到连续的剪切作用直到像具有摩擦阻力的流体似地流动时,土和颗粒材料进入到由以下 2 个方程确定的状态):

$$q = M p', \tag{7-9}$$

$$\Gamma = v + \lambda \ln p'。 \tag{7-10}$$

式(7-9)和式(7-10)中 M、Γ 和 λ 为表征土的性质的常数。特别当 $p'=1$ 时,Γ 等于特殊体积 v。其他变量 v、p' 和 q 已在式(7-2)、式(7-3)和式(7-7)中给出定义。第一个临界状态方程(7-9)所确定的偏应力 q 的大小依赖于有效应力 p' 和相对应的摩擦常数 M,并且需要保持土的剪切应变连续流动、发展。就第二个方程(7-10)来说,从微观的角度能够发现当土颗粒之间的粒间相互作用力增加(相当于 p' 增加)时,则颗粒中心之间的平均距离将会减小。从宏观的角度看,产生这种连续剪切流动的土颗粒的单位体积所占据的特殊体积(或比容)v 将随着取对数后的有效应力 p' 的增加而减小。

也许有人会问,为何式(7-9)的线性关系必须通过原点,而不像黏土的摩尔-库仑强度准则那样具有黏聚力(即不通过原点)呢? 这可能是因为临界状态时,土处于流动状态,其应变很大,在这种状态下土颗粒之间的胶结联结、结合水联结甚至毛细水联结都已经破坏,这时就连剪胀的作用都已消失;所以黏聚力为 0。因此,临界状态时 p' 为 0,q 也为 0。

通过试验发现,对于给定的饱和土而言,临界状态由式(7-9)和式(7-10)唯一地确定。Roscoe、Schofield、Wroth、Burland 等人(1958 年,1963 年,1968 年)通过抽象和高度概括,把极为复杂的土的力学行为,极简单地和非常巧妙地用 p'、q 和 v 这 3 个变量的关系进行描述。p'、q 和 v 这 3 个变量组成的空间称为 Roscoe 空间。Roscoe 等人在 Roscoe 空间中建立了临界状态面,见图 7-3。

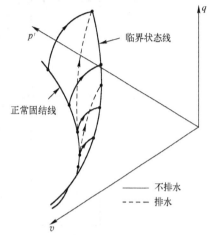

图 7-3　q : p' : v 空间中的一系列试验曲线

7.4.2　正常固结线和回弹线及 Roscoe 面

正常固结土是一种历史上没有出现过卸载,并且丧失了天然结构的土。为研究方便在固结压力等于 0 时,定义其抗剪强度也为 0。对于同一土来说,因为没有出现过卸载,所以这样定义的正常固结土实际上是处于一种最疏松的状态(与出现过卸载的土相比)。对正常固结土做等向压缩或固结试验时,发现其体积(或比容)的塑性变化(压缩)v 与各向同性有效压力(平均有效压力)p' 的对数可以用线性关系表示,图 7-2 和图 7-3 给出了这种关系的参考示意图,这种关系称之为正常固结线。在 Roscoe 空间中(或在 2 个投影面上)它可表示为

$$q=0, \tag{7-11}$$

$$v=N-\lambda\ln p'。 \tag{7-12}$$

式中,N 为 $p'=1$ 时的比体积。

式(7-12)中参数 λ 与前面式(5-10)相似,但情况不同;式(7-12)适用于等向压缩,而式(5-10)适用于有侧限的三轴竖向压缩(一维固结)。通常做三轴试验时的初始等向固结就是用式(7-11) 和式(7-12)表示。另外式(7-12)还是剑桥模型硬化法则的表达式,即可用于求解塑性体应变。

如果沿着正常固结线而固结的过程出现卸载,见图 7-4,从 B 点开始沿 BD 线段卸载。BD 线称为膨胀线(膨胀曲线)或回弹线(回弹曲线)。其数学表达式为

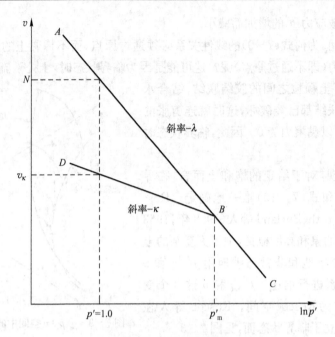

图 7-4　压缩和回弹线

$$v = v_\kappa - \kappa \ln p'。 \tag{7-13}$$

式中，v_κ 为 $p'=1$ 时的比体积，κ 为图 7-4 中 BD 线的斜率。由于应力路径处于卸载阶段，其变形与沿正常固结线产生的塑性变形不同，其斜率 κ 比正常固结线的斜率 λ 更加平缓（$\lambda > \kappa$），其体变也因此小于正常固结线上的塑性体变，沿膨胀线或回弹线移动而产生的变形为弹性变形。

正常固结线在 (p', v) 平面内是一边界线。在正常固结线右侧的土是处于比正常固结线上的土还疏松的状态；而前面已经论述过，正常固结线上的土是一种最疏松状态的土，所以正常固结线右侧是一种不可能的状态。当土的初始状态点处于正常固结线（左侧）以下时，这种状态的土必然发生过卸载，处于超固结状态。与正常固结土相比，超固结土通常也会更加密实。正常固结线作为边界线也可以这样理解：当平均有效应力固定时，正常固结线上的体积（或比容）是最大的体积，即最疏松；当体积（或比容）固定时，正常固结线上的平均有效应力是最小的平均有效应力；否则大于这种最小的平均有效应力的力就会产生进一步压缩，所以也就不会处于最疏松的状态了。

试验结果表明，对于所有正常固结土的试样来说，应力与孔隙比（或比容）之间，无论排水或不排水，都具有唯一的关系。而正常固结土试样在这种试验过程中，从开始（从正常固结线开始）到最后破坏（到达临界状态线），必然在正常固结线与临界状态线之间存在的一个唯一的面中，即所有正常固结土试样在排水或不排水试验过程中所走过的路径都在这个面上，这个面通常称为 Roscoe 面。见图 7-5 左侧由正常固结线到临界状态线所围成的曲面。如前所述，该面是一状态边界面(最疏松状态面)。该面外侧是不可能状态。

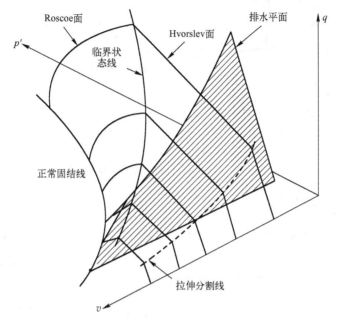

图 7-5　$q:p':v$ 空间中的排水平面

7.4.3　超固结土与 Hvorslev 面

正常固结土样从正常固结线到达临界状态线时将发生破坏,同样的概念能否用于超固结土样,本小节将讨论这一问题。首先观察图 7-6,某一强超固结土样排水试验的结果,从图中可以得到以下几点结论。

(1) 土的体应变过程是先有很短一段的剪缩,然后就一直剪胀下去。这说明强超固结土样较为密实,所以才会出现剪胀现象(与正常固结土一直处于剪缩状态不同)。

(2) 图 7-6 中给出的最后状态并没有到达临界状态。原因是曲线的最后阶段没有呈水平线段,也就是说,如果试验继续进行,曲线将继续上升或下降变化,但不能保持体积和应力不变(因为没有达到水平段),所以还没有到达临界状态。

(3) 峰值强度 q_f 高于最后结束时的强度,也就是说它必然高于临界状态时的强度。再观察图 7-7 超固结土样排水试验,用 (p',q) 平面表示的结果。排水应力路径必然沿着 3/1 的斜率上升,到达峰值点 q_f 后,开始下降并向临界状态线发展,在临界状态线附近结束。

(4) 图 7-6 中试验曲线最后的应变值已经超过 20%,经常做三轴试验的人都知道,当试样的应变超过 20% 时,试样已经出现鼓肚,因此试样的应力分布已经不均匀了,应力与应变的关系已经失真。

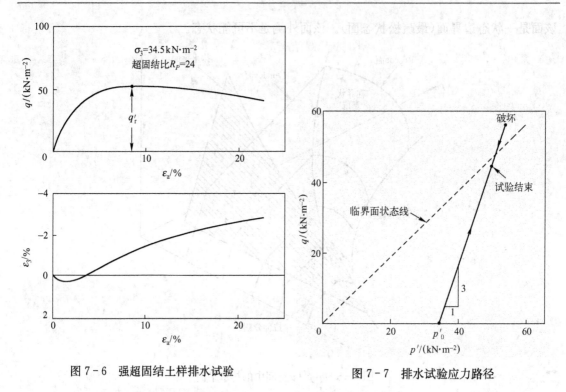

图 7-6 强超固结土样排水试验

图 7-7 排水试验应力路径

图 7-8 给出一组强超固结土样排水和不排水试验结果。从图 7-8 中可以看到强超固结土样的峰值强度点可近似为线性关系,图 7-9 所示的直线称之为 Hvorslev 面,其数学表达式为

$$q/p_e' = g + h(p'/p_e')。 \tag{7-14}$$

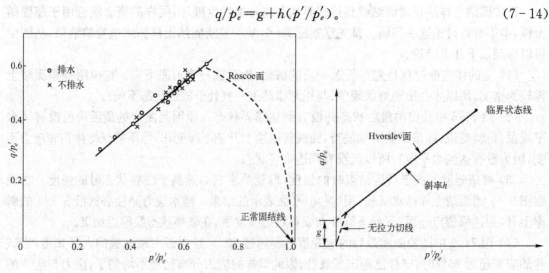

图 7-8 强超固结土样的试验破坏点

图 7-9 Hvorslev 面

式中,g 为图 7-9 竖向坐标的截距,h 为该图斜线的斜率。该斜线的最右端是临界状态线的位置,因此有

$$q_f = Mp_f', \quad v_f = \Gamma - \lambda \ln p_f'。 \tag{7-15}$$

图 7-9 和式(7-14)中 p_e' 为等效固结应力,等效固结应力是正常固结线上相应于某一孔隙比 e 的平均有效应力,即

$$p_e' = \exp[(N-v)/\lambda]。 \tag{7-16}$$

把(7-15)两个公式和式(7-16)代入式(7-14),化简并整理后可得到

$$q = (M-h)\exp\left(\frac{\Gamma-v}{\lambda}\right) + hp'。 \tag{7-17}$$

式(7-17)也称为 Hvorslev 面方程,其物理含义是强超固结土样,不管是沿排水或不排水应力路径,都将达到 Hvorslev 面,然后才转向朝着临界状态线的方向发展。因为 Hvorslev 面上的各点均是峰值点,所以 Hvorslev 面也是一状态边界面。因此,强超固结土样的应力路径都在 Hvorslev 面的下方,而不可能处于 Hvorslev 面的上方。

通常假定土不能承受有效拉应力,三轴试验时围压最小为 0,这时三轴仪中土样的应力状态为 $q = \Delta\sigma_a$,$p' = 1/3\Delta\sigma_a$,所以 $q/p' = 3$。这意味着土受到不能承受有效拉应力的限制,因此其应力状态只能在过原点并且其斜率为 3 的直线以下的区域内。因此,图 7-9 的左端,过原点的虚线就表示这一限制,该虚线也是一状态边界面,称之为无拉力切面,也可以参考图 7-19。

实际上强超固结土样到达 Hvorslev 面以后是否转向朝着临界状态线的方向发展,需要通过试验加以论证。目前的试验结果表明,强超固结土样到达 Hvorslev 面以后会出现软化,所以临界状态强度小于 Hvorslev 面的峰值强度,见图 7-7。但强超固结土样到达 Hvorslev 面后是否从 Hvorslev 面继续发展,最后到达临界状态,这却难以论证。主要是因为:(1)强超固结土样到达临界状态需要有较大的应变,这种程度的应变在三轴试样的几何外形不发生较大改变(试样中间不出现鼓肚)时是不可能产生的;(2)峰值强度后强度降低,出现不稳定,在土中应变会集中于弱化了的狭窄带,试样不再是均匀的了。这时用在试样边界上的测量值确定这种弱化土的应力和应变状态是困难的。就目前的认识和已有的试验结果,可以假定不论土的初始状态如何(正常固结或超固结),其临界状态是相同的。也就是说,超固结土最终也会到达临界状态,并且这一临界状态和正常固结土所到达的临界状态是同一临界状态。

例 7-1　计算土样在 Hvorslev 面上破坏时的偏应力值。

已知:三土样 A、B 和 C 都在 Hvorslev 面上发生破坏,破坏时的体积和应力用 v 和 p' 表示。土样 A,$v = 1.90$,$p' = 200$ kN·m^{-2};土样 B,$v = 1.90$,$p' = 500$ kN·m^{-2};土样 C,$v = 2.05$,$p' = 200$ kN·m^{-2}。黏土参数为 $N = 3.25$,$\lambda = 0.2$,$\Gamma = 3.16$,$M = 0.94$,$h = 0.675$。计算各土样在破坏时的偏应力 q。

解　利用 Hvorslev 面方程(7-17),偏应力 q 可以按下式计算:

$$q = (M-h)\exp\left(\frac{\Gamma-v}{\lambda}\right) + hp'。$$

将已知的参数代入,计算结果汇总见表7-1。

表7-1 土样在 Hvorslev 面上破坏的偏应力

	土样 A	土样 B	土样 C
v	1.90	1.90	2.05
$p'/(kN \cdot m^{-2})$	200	500	200
$q/(kN \cdot m^{-2})$	279	482	203

7.4.4 排水与不排水及正常固结路径

在三轴排水试验中,需要保证每一步加载前,孔隙水压力为 0;加载时环向应力 σ_r 保持不变,竖向有效应力增大 $\Delta\sigma'_a$,整个实验过程中必须保证每一级加载要足够地慢,以便于孔隙水压力能有足够的时间消散,在施加下一级荷载时孔隙水压力消散为 0。这时竖向总应力增量 $\Delta\sigma_a$ 等于竖向有效应力增量 $\Delta\sigma'_a$。由式(7-3)可知,q 的增量也等于 $\Delta\sigma_a$,但是这时 p' 的增量为 $1/3\Delta\sigma_a$。因此,从正常固结线上 A 点出发到临界状态线上 B 点结束,AB 路径必在 ACB_1A_1 所围成的矩形阴影截面内。在应力表示的 (p', q) 平面上,排水路径必是斜率为 $3(\mathrm{d}q/\mathrm{d}p'=3)$ 的直线,见图7-10中 B_1A_1 直线。该直线表示排水时应力的变化过程,称为应力路径。

假定孔隙水和固体颗粒本身体积不变,所以饱和土吸入和排出孔隙水的体积就等于整个饱和土的体积变化。在三轴不排水试验中,因为不排水,其整个饱和土的体积保持不变,在三维 Roscoe 空间中不排水路径必在 v 等于常量的平面内,见图7-11,从正常固结线上 A 点出发

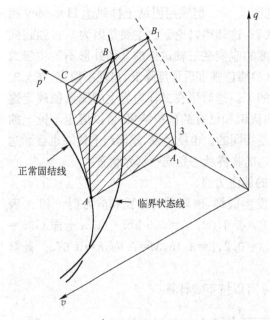

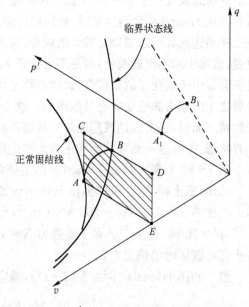

图7-10 $q:p':v$ 空间中排水试验应力路径　　图7-11 $q:p':v$ 空间中的不排水试验应力路径

到临界状态线上 B 点结束,其路径必在 $ACDE$ 所围成的等 v 值的矩形阴影截面内。它在 (p', q) 平面上的投影为 A_1B_1 曲线,该曲线表示不排水时应力(或应力路径)的变化过程。

三轴仪中的正常固结是指在等向平均围压作用下的固结,此时 $q=0$。在 (p', q) 平面上其应力路径是沿着 p' 轴增大方向移动的路径。在三维 Roscoe 空间中,见图 $7-11$,为在 (p', v) 平面上通过 A 点的曲线。

例 7-2　计算正常固结土不排水试验的破坏条件。

某一黏土试样,土性常数分别为 $N=3.25, \lambda=0.20, \Gamma=3.16, M=0.94$,将该试样各向等压正常固结到 $p'_0=400 \text{ kN} \cdot \text{m}^{-2}$,然后做不排水标准三轴压缩试验,试计算试样破坏时的 q、p'、v 值。

解　对于正常固结情况,利用式 $(7-12)$ 有
$$v_0=N-\lambda \ln p'_0=3.25-0.20\ln(400)=2.0517。$$
对于不排水情况,$\Delta v=0$,即破坏时
$$v_f=v_0=2.0517。$$
由式 $(7-10)$ 知,破坏时
$$p'_f=\exp[(\Gamma-v_f)/\lambda]=\exp[(3.16-2.0517)/0.2]=255 \text{ kN} \cdot \text{m}^{-2}。$$
由式 $(7-9)$ 得
$$q_f=Mp'_f=0.94\times255=240 \text{ kN} \cdot \text{m}^{-2}。$$

例 7-3　计算正常固结土排水试验的破坏条件。

某一黏土试样,土性常数分别为 $N=3.25, \lambda=0.20, \Gamma=3.16, M=0.94$,将该试样各向等压正常固结到 $p'_0=400 \text{ kN} \cdot \text{m}^{-2}, v_0=2.052$,然后做标准排水压缩试验,试计算试样破坏时的 q、p'、v、ε_v 值。

解　因为在应力表示的 (p', q) 平面,排水路径必是斜率为 $3(\mathrm{d}q/\mathrm{d}p'=3)$ 的直线,结合式 $(7-9)$ 可以得到排水破坏时的应力值,即
$$\begin{cases} q_f=Mp'_f \\ q_f=3(p'_f-p'_0) \end{cases} \Rightarrow p'_f=3p'_0/(3-M)。$$
所以,有 $q_f=3Mp'_0/(3-M)=3\times0.94\times400/(3-0.94)=548 \text{ kN} \cdot \text{m}^{-2}$。
利用式 $(7-15)$,有
$$p'_f=q_f/M=548/0.94=583 \text{ kN} \cdot \text{m}^{-2},$$
$$v_f=\Gamma-\lambda\ln p'_f=3.16-0.20\ln(583)=1.886。$$
试验过程中的体应变为
$$\varepsilon_v=-\Delta v/v_0=-(1.886-2.052)/2.052=8.09\%。$$

例 7-4　计算排水试验在 $q/p'_e : p'/p'_e$ 平面内的归一化的应力路径。

某黏土试样,土性常数为 $N=3.25, \lambda=0.2$,将其各向等压压缩至 $p'_0=400 \text{ kN} \cdot \text{m}^{-2}$, $v_0=2.052$,然后进行三轴排水压缩试验,当轴向应变 ε_a 分别为 0%、5%、25% 时,相应的 q、ε_v 的实测值见图 $7-12(a)$ 和 $7-12(b)$,相应的值见表 $7-2$,试在 $q/p'_e : p'/p'_e$ 平面内作出归一化

的试验应力路径曲线。

解 将轴向应变 ε_a 分别为 0、5%、25% 时的 3 个状态定义为 A、B、C，

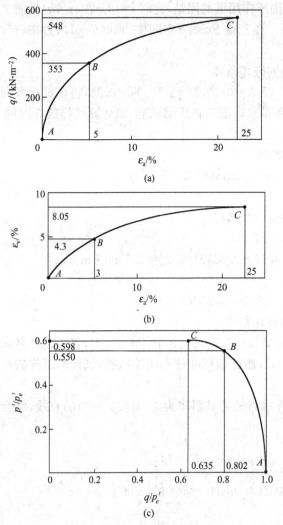

(a)

(b)

(c)

图 7-12 例 7-4 计算结果图形

对于排水试验，$\Delta u = 0$，$q_0 = 0$，$\mathrm{d}q/\mathrm{d}p' = 3$，所以

$$p' = p'_0 + q/3$$

根据公式

$$p' = p'_0 + q/3,$$
$$v = v_0(1 - \varepsilon_v),$$
$$p'_e = \exp[(N - v)/\lambda],$$

分别求出 A、B、C 3 种状态下的 p'、v、p'_e，见表 7-2。

表 7-2 排水试验归一化计算

		参考符号		
		A	B	C
实测值	$\varepsilon_a/\%$	0	5	25
	$q/(\mathrm{kN \cdot m^{-2}})$	0	355	548
	$\varepsilon_v/\%$	0	4.70	8.09
计算值	$p'/(\mathrm{kN \cdot m^{-2}})$	400	518	583
	v	2.052	1.956	1.886
	$p'_e/(\mathrm{kN \cdot m^{-2}})$	400	646	916
	q/p'_e	0	0.550	0.598
	p'/p'_e	1.0	0.802	0.636

将计算值绘于图 7-12(c)，曲线 ABC 即为 $q/p'_e : p'/p'_e$ 平面内作出归一化的试验应力路径曲线。

例 7-5 计算正常固结土和超固结土不排水破坏时的孔压。

已知：黏土土样 A 各向同性正常固结至 $p'_0 = p_0 = 400\ \mathrm{kN \cdot m^{-2}}$，此时体积为 $v_0 = 2.052$。另一个土样 B 正常固结至 $863\ \mathrm{kN \cdot m^{-2}}$ 后回弹至 $p'_1 = p_1 = 40\ \mathrm{kN \cdot m^{-2}}$，此时体积为 $v_0 = 2.052$。然后分别对这两个土样进行不排水压缩试验。土性常数为 $\lambda = 0.2$，$\Gamma = 3.16$，$M = 0.94$。请分别计算土样 A 和 B 破坏时的孔压。

解 对于不排水试验，$\Delta v = 0$，因此破坏时的体积 $v_f = v_0$；图 7-13 给出了土样的有效应力路径，土样 A 和 B 都在临界状态发生破坏，那么破坏时的应力值可利用临界状态方程式(7-9)和式(7-10)给出，即

$$v_\mathrm{f} = v_0 = 2.052,$$
$$p'_\mathrm{f} = \exp[(\Gamma - v_\mathrm{f})/\lambda] = \exp[(3.16 - 2.052)/0.2] = 255 \text{ kN} \cdot \text{m}^{-2},$$
$$q_\mathrm{f} = M p'_\mathrm{f} = 0.94 \times 255 = 239 \text{ kN} \cdot \text{m}^{-2}.$$

从图 7-13 中可以看出,土样 A 和 B 破坏时的孔压分别为

$$u_\mathrm{A} = (p'_\mathrm{0A} + q_\mathrm{f}/3) - p'_\mathrm{f} = (400 + 239/3) - 255 = 225 \text{ kN} \cdot \text{m}^{-2},$$
$$u_\mathrm{B} = (p'_\mathrm{0B} + q_\mathrm{f}/3) - p'_\mathrm{f} = (40 + 239/3) - 255 = -135 \text{ kN} \cdot \text{m}^{-2}.$$

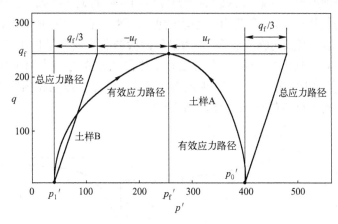

图 7-13　例 7-5 附图

例 7-6　计算正常固结土和超固结土排水试验破坏时的最终状态。

已知:黏土土样 A 各向同性正常固结至 $p'_0 = p_0 = 400 \text{ kN} \cdot \text{m}^{-2}$,此时体积为 $v_0 = 2.052$。另一个土样 B 各向同性正常固结至 $863 \text{ kN} \cdot \text{m}^{-2}$ 后回弹至 $p'_1 = p_1 = 40 \text{ kN} \cdot \text{m}^{-2}$,此时体积为 $v_0 = 2.052$。然后分别对两土样进行排水试验。土性参数为 $\lambda = 0.2, \Gamma = 3.16, M = 0.94$。分别计算土样 A 和 B 在到达最终状态即临界状态时的 p', v 和 ε_v。

解　由例 7-3,我们得到了排水试验计算极限状态时的应力方程为

$$p'_u = 3 p'_0/(3 - M)。$$

土样 A　$p'_{uA} = 3 \times 400/(3 - 0.94) = 582 \text{ kN} \cdot \text{m}^{-2},$

土样 B　$p'_{uB} = 3 \times 40/(3 - 0.94) = 58 \text{ kN} \cdot \text{m}^{-2}$。

利用临界状态线方程(7-10)可以计算体积 v_u,即

$$v_u = \Gamma - \lambda \ln p'_u。$$

土样 A　$v_{uA} = 3.16 - 0.2 \ln 583 = 1.866,$

土样 B　$v_{uB} = 3.16 - 0.2 \ln 58 = 2.347$。

所以,体应变可以如下计算:

$$\varepsilon_v = -\Delta v/v。$$

土样 A　$\varepsilon_{vA} = -(1.866 - 2.052)/2.052 = 8.09\%(压缩),$

土样 B　$\varepsilon_{vB}=-(2.347-2.052)/2.052=-14.4\%$（负号说明膨胀）。

7.4.5　砂土和黏土的相似性

砂土和黏土的区别有很多。从变形的角度讲,在静力情况下一般砂土的刚度可能大一些,强度也可能会高一些,但也不是绝对如此。本小节主要将砂土的疏密情况与黏土相类比,介绍砂土的变形性质和破坏过程。

图 7-14 中分别给出了松砂和密砂的典型应力和变形的试验结果。从图 7-14(a)中可以看到密砂在偏应力的作用下,体积先有一小段的剪缩,然后就一直剪胀下去,直到最后(其应变已经超过 20%,但还没有到达临界状态,因为最后阶段的曲线没有呈现水平)。这种现象类似于强超固结土的性质。从图 7-14(b)中可以看到松砂在偏应力的作用下体积基本是剪缩的(虽然最后阶段略有微小的剪胀)。这种现象类似于正常固结土或弱超固结土的性质。下面将根据图 7-14 的观察和已有的认识,给出以下结论。

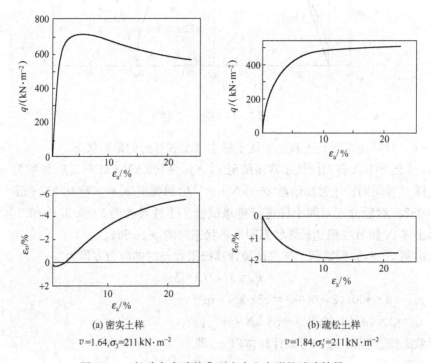

(a) 密实土样
$v=1.64,\sigma_3=211\,\mathrm{kN\cdot m^{-2}}$

(b) 疏松土样
$v=1.84,\sigma_3'=211\,\mathrm{kN\cdot m^{-2}}$

图 7-14　松砂和密砂的典型应力和变形的试验结果

首先砂土同黏土一样,不论初始状态(松或密)和应力路径(排水或不排水)如何,最终都会到达临界状态。

砂土同黏土一样也存在类似于正常固结、弱超固结和强超固结的状态。但砂土通常是根据它的密实程度来描述这些状态的。因此,在剪应力作用下砂土也会表现出剪缩或剪胀。通常很松的砂土呈现类似于正常固结土或弱超固结土的性状,即剪缩;中密砂或密砂呈现类似于强超固结土的性状,即剪胀。因此,砂土的性状和行为也同样可以用式(7-9)、式(7-10)、式(7-12)、式(7-13)、式(7-17)描述。

例7-7　计算不同平均应力和比容下砂样的 q/p' 的峰值,用两个砂样做三轴排水试验,一个在 $v=1.5$(试样 A)时破坏,一个在 $v=1.8$(试样 B)时破坏。求得 q/p' 最大值分别为 1.85 和 1.42,两试样都有峰值 $p'=200\ \mathrm{kN\cdot m^{-2}}$。该砂的 $\lambda=0.03$。可以假定两试样都在临界状态线"干"的一侧破坏。

试估算试样在(1) $v=1.65$, $p'=3\,000\ \mathrm{kN\cdot m^{-2}}$(试样 C);(2) $v=1.5$, $p'=10\ \mathrm{kN\cdot m^{-2}}$(试样 D)下破坏时的 q/p' 峰值。

解　v_λ 值可用下式计算, $v_\lambda=v+\lambda\ln p'$。

试样 A　　　　　　　　　　$v_\lambda=1.5+0.03\ln(200)=1.659$,

试样 B　　　　　　　　　　$v_\lambda=1.8+0.03\ln(200)=1.959$,

试样 C　　　　　　　　　　$v_\lambda=1.65+0.03\ln(3000)=1.89$,

试样 D　　　　　　　　　　$v_\lambda=1.5+0.03\ln(10)=1.569$。

试样 A 和 B 的数据画在 $q/p'-v_\lambda$ 坐标平面内,如图 7-15 所示。假设 Hvorslev 面在 $q/p'-v_\lambda$ 坐标面内近似为直线,并在图 7-15 内进行内插。因而,试样 C

$$q/p'=1.85-\frac{(1.89-1.659)}{(1.959-1.659)}\times(1.85-1.42)=1.52。$$

试样 D 需要外推,因此估算 q/p' 就不大可靠。

试样 D

$$q/p'=1.85-\frac{(1.569-1.659)}{(1.959-1.659)}\times(1.85-1.42)=1.98。$$

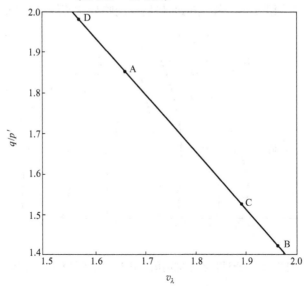

图 7-15　v_λ 和 q/p' 破坏时的试验结果及线性关系

7.4.6　土的干、湿区域的划分

从前面的论述中可以知道正常固结土和弱超固结土是处于较松状态,因此在剪切应力作用下会出现剪缩。强超固结土是处于较密实状态,因此在剪切应力作用下会出现剪胀。临界状态是体积处于不变的状态,此时既不剪缩也不剪胀。因此,在(p',v)平面上,临界状态线把

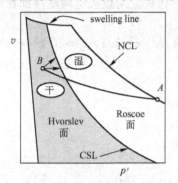

图 7 - 16　用临界状态线划分的干侧
与湿侧区域

土分成两个区域,即出现剪胀的强超固结土区和出现剪缩的弱超固结土与正常固结土区,见图 7 - 16。由此可以想象,一把握在手中的饱和土(尤其是砂土),当手对土施加剪应力(保持平均有效应力不变)并产生较大变形时,如果手中的土是处于正常固结土或弱超固结土区则土会因剪缩而排水,使手变湿;如果手中的土是处于强超固结土区则土会因剪胀而吸水,使手保持干燥不变。所以,Roscoe 称超固结土区为干区,而正常固结土或弱超固结土区为湿区。临界状态线则是干侧与湿侧区域的交界线。

令超固结比 $R_p = p'_e/p'$,与式(5 - 25)不同,这里是用平均有效应力与等效平均有效应力之比表示超固结比,并用 R_p 表示。图 7 - 17 给出了土试样在不同超固结比时三轴不排水试验的结果。临界状态线处于超固结比为 2.2～2.5 之间。根据图 7 - 17 的试验结果,通常可以假定用图 7 - 18 的直线来近似表示,即土样在 p' 轴上具有不同超固结比的点作为出发点,根据不同的路径到达相应的状态边界面,然后再转向最后的临界状态线的整个路径。通过图 7 - 18 可以总体了解土体在不同初始条件和外荷载作用下如何移动并到达相应的状态边界面,最后移向临界状态线的整个路径和情况。

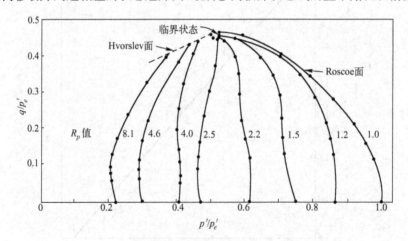

图 7 - 17　土试样在不同超固结比时三轴不排水试验结果

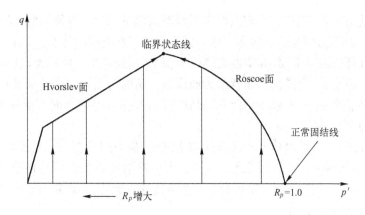

图 7 - 18　不同超固结比的土样不排水试验

7.4.7　统一、完整的边界面图

前面已经介绍了临界状态线、正常固结线、Roscoe 面和 Hvorslev 面、无拉力切面等。现在把这些边界面和线放在一起给出统一、完整的边界面图形,见图 7 - 19。其在(p',q)平面上的表示见图 7 - 20。

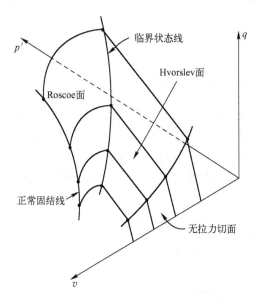

图 7 - 19　$q:p':v$ 空间中完整的状态边界面

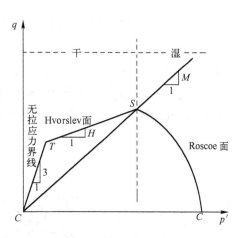

图 7 - 20　$q:p'$ 平面中的状态边界面

对于正常固结土试样,其试验过程的路径从正常固结线某点出发,到临界状态线结束,全部路径都在 Roscoe 面上。

对于超固结土试样，其初始状态点在边界状态面以下。为了方便，剑桥模型假定在边界状态面以下所有土的状态都为弹性状态。这一假定在边界状态面附近会产生较大的误差。因为边界状态面是破坏面或峰值面，其塑性变形已经很大，在到达边界状态面以前就已经存在塑性变形了。在这一假定下，边界状态面就成为屈服面。超固结土试样在排水试验时，其路径从边界状态面以下某点出发，向上移动，直到边界状态面，并在边界状态面开始屈服。然后沿着边界状态面走到临界状态线。

如前 7.9 节所述，正常固结土和弱超固结土试样，应力路径在临界状态线湿的一侧（湿区域）到达边界状态面（Roscoe 面），见图 7 - 21。当试样沿边界状态面移向临界状态线的过程中，其体积不断减小，并且发生应变硬化，一直到达临界状态线结束。湿区域的边界状态面（Roscoe 面）的位置是稳定的。

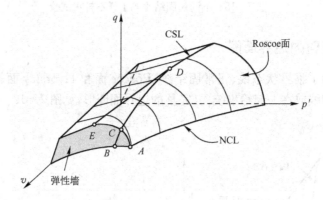

图 7 - 21　正常固结土和弱超固结土三维排水试验应力路径

强超固结试样，应力路径在临界状态线干的一侧（干区域）到达边界状态面（Hvorslev 面），见图 7 - 22，在 Hvorslev 面上 q 为最大值。随后试样移向临界状态线，其体积不断增大，但 q 减小，发生应变软化，一直到达临界状态线结束，临界状态时的强度小于峰值强度。干区域的边界状态面（Hvorslev 面）的位置是不稳定的，在后面的变形过程中 q 值会逐渐减小。

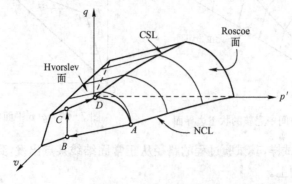

图 7 - 22　超固结土三维不排水试验应力路径

7.5　剑桥模型

剑桥模型是在以下基本假定下建立的：

（1）土是一种理想的、没有天然结构的、重塑的、正常固结土；

（2）土是连续的和各向同性的饱和土；

（3）土的变形是连续的；

（4）不考虑时间效应（即流变效应）；

（5）土被认为是一种弹塑性体。

它主要用于描述饱和正常固结土或弱超固结土的应力应变特性。剑桥模型属于土的弹塑性模型，接下来将首先介绍其建模基础，即塑性理论，然后再对模型进行详细推导。

7.5.1　塑性理论基础

在土的弹塑性理论中通常采用增量的形式表示其应力-应变关系。假定应变可分解为可恢复的弹性应变和不可恢复的塑性应变两部分，即

$$\varepsilon_{ij} = \varepsilon_{ij}^e + \varepsilon_{ij}^p, \tag{7-18}$$

$$d\varepsilon_{ij} = d\varepsilon_{ij}^e + d\varepsilon_{ij}^p, \tag{7-19}$$

$$d\sigma_{ij} = [D]_{ep}(d\varepsilon_{ij}^e + d\varepsilon_{ij}^p)。 \tag{7-20}$$

$[D]_{ep}$ 为弹塑性刚度矩阵。通常已知应力增量 $d\sigma_{ij}$，求解应变增量 $d\varepsilon_{ij}^e$ 和 $d\varepsilon_{ij}^p$。$d\varepsilon_{ij}^e$ 可利用弹性理论求解，$d\varepsilon_{ij}^p$ 则需利用塑性理论求解。

剑桥模型采用了塑性理论对土的性质进行描述，因此这里首先简介塑性理论中的 3 个重要内容：（1）屈服函数；（2）硬化法则；（3）流动法则。建立任何一个本构模型时都要给出这 3 个内容的具体表达式。

1. 屈服函数

在应力空间中，将形成弹性和塑性变形的分界点称为屈服应力点，把屈服应力点连接起来所形成的分界面称为屈服面。描述屈服面的数学表达式称为屈服函数，可表示为

$$F(\sigma_{ij}, H) = 0。 \tag{7-21}$$

式中，H 为硬化参数。当应力点在屈服面内移动或由屈服面向面内移动（即卸载）时土体产生弹性变形。当应力点在屈服面上沿非卸载方向移动时，土体发生塑性变形。

2. 硬化法则

当应力点在屈服面上因加载产生了超出该屈服面的移动，即沿加载方向移动时，不但会产生新的塑性变形，而且会形成新的屈服面，土也随之产生硬化。这种因屈服应力提高而形成的新屈服面称为后继屈服面。对于硬化土，其后继屈服面的变化规律很复杂。等向硬化模型和运动硬化模型是最简单的两种硬化模型。剑桥模型采用塑性体应变作为硬化参数。

3. 流动法则

流动法则可用于确定塑性应变增量的方向和大小。塑性变形或塑性流动可以与水的流动进行类比分析。水的流动是与水的势面及其梯度相关的。塑性变形或塑性流动与水类似,它也可以看成是由某种势的不平衡所引起,这种势称为塑性势。因此,土的塑性变形或塑性流动是与它的塑性势面及势面的梯度相关。根据塑性力学中的塑性势面理论:在应力空间中,任意应力点的塑性应变增量的方向必与通过该点的塑性势面相垂直。流动法则也称之为正交流动法则。塑性位势理论表明,应力空间的任何一点,必存在于一塑性势面上,其数学表达式称为塑性位势函数,记为

$$g(\sigma_{ij}, H) = 0。 \tag{7-22}$$

利用塑性位势理论,塑性应变增量可以用塑性位势函数 g 由式(7-23)求得:

$$d\varepsilon_{ij}^p = d\lambda \frac{\partial g}{\partial \sigma_{ij}}。 \tag{7-23}$$

式中,$d\lambda$ 为比例系数,后面将讨论 $d\lambda$ 的确定方法。式(7-23)也是流动法则的一种表示形式。当塑性位势函数等于屈服函数时,即 $g = F$,相应的流动法则称为相关联流动法则;否则称为不相关联流动法则。相关联流动法则意味着塑性应变增量与屈服面正交。剑桥模型采用相关联流动法则。由相关联流动法则可以得到

$$d\varepsilon_{ij}^p = d\lambda \frac{\partial g}{\partial \sigma_{ij}} = d\lambda \frac{\partial F}{\partial \sigma_{ij}}。 \tag{7-24}$$

7.5.2 弹性应变的计算

由式(7-18)可知,土体总应变可以分解成为弹性应变和塑性应变。本节讨论弹性应变的计算。下面给出用增量形式表示体应变和广义剪应变(偏应变)与三维轴对称应力 p'、q 之间的弹性关系(不考虑耦合影响):

$$d\varepsilon_v^e = \frac{1}{K'} dp' + 0 \cdot dq, \tag{7-25}$$

$$d\varepsilon_s^e = 0 \cdot dp' + \frac{1}{3G'} dq。 \tag{7-26}$$

式中,K' 为平均有效应力作用下的弹性压缩模量,G' 为弹性剪切模量。由弹性力学可知

$$G' = \frac{E'}{2(1+v')}, \quad K' = \frac{E'}{3(1-2v')}。 \tag{7-27}$$

式中,E' 和 v' 是弹性模量和泊松比。

饱和土不排水时,$d\varepsilon_v = 0$,所以由式(7-25)可得 $dp' = 0$。这说明弹性变形的不排水路径中 dp' 不会变化。图7-23给出了弹性变形的不排水路径 DG 的表示,DG 是不排水平面与弹性墙的交线,该线垂直上升。所谓弹性墙是指在 (p', v) 平面中膨胀曲线 BDH 垂直上方形成的 $BDHIAGB$ 曲面,该曲面称为弹性墙。弹性墙的上方与状态边界面相交。在弹性墙内移动的路径所产生的变形都是弹性变形,如 DG 路径。但到达边界状态面并沿着边界状态面的路径 GF 移动则会产生塑性变形。

　　饱和土排水时,因排水平面的斜率为 3,不是垂直面,而弹性墙是曲面,因此排水平面与弹性墙的交线是一曲线,见图 7 - 24 中的 DG 线。同不排水试验一样,排水试验时在弹性墙内移动的路径所产生的变形都是弹性变形,如 DG 路径。但到达边界状态面并沿着边界状态面的路径 GF 移动则会产生塑性变形。

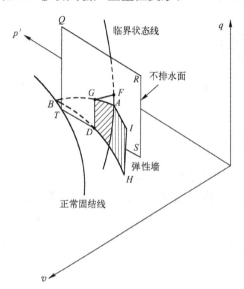

图 7 - 23　不排水试验应力路径

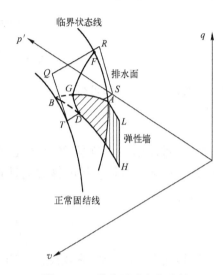

图 7 - 24　排水试验应力路径

　　结论:无论排水或不排水试验,在弹性墙内移动的路径所产生的变形都是弹性变形。

　　图 7 - 25 给出了从 D 点到 E 点的一个变形路径。该路径在 G 点与边界状态面(Roscoe 面)相交,GK 曲线段是在边界状态面上,然后从 K 点降至 E 点。其中,DG 段在同一弹性墙内,产生弹性变形;GK 曲线段是在边界状态面上,其变形为塑性变形;KE 段也是在同一弹性墙内,产生弹性变形。DG 段和 KE 段的弹性变形可以用下面推导得到的式(7 - 30)和式(7 - 34)计算。其塑性变形可以用后面推导得到的式(7 - 64)和式(7 - 65)计算。从图 7 - 25 可以看到,当变形路径跨过不同的弹性墙时,因每一弹性墙所对应的先期平均固结应力及其相应的塑性比体积 $v^p = v_0^p$,是一常数,或者说其塑性体应变 ε_v^p 是常数,所以必产生塑性变形,至少会产生塑性体应变(塑性比体积不同)。

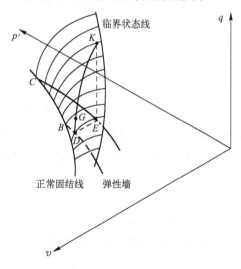

图 7 - 25　跨越不同弹性墙的路径

下面讨论弹性应变的计算。在土力学的计算中,其参数都采用根据土力学的试验得到的参数,而不是用广义虎克定律中的参数。变形计算也不直接使用式(7-25)和式(7-26)。因此,需要推导用土力学参数表示的弹性计算公式。在弹性墙内其体积变形可用式(7-13)计算:

$$v = v_\kappa - \kappa \ln p'。 \tag{7-28}$$

对式(7-28)微分后,得

$$dv = -\kappa \left(\frac{dp'}{p'} \right), \tag{7-29}$$

$$d\varepsilon_v^e = -\frac{dv}{v} = \left(\frac{\kappa}{vp'} \right) dp'。 \tag{7-30}$$

由式(7-25)和式(7-30)可得

$$K' = \frac{vp'}{\kappa}。 \tag{7-31}$$

式(7-31)表明,即使 κ 是常量,K' 也不是常量,K' 还依赖于 v 和 p'。

式(7-31)是用增量表示的体应变计算公式。下面将推导广义剪应变的计算公式。由式(7-27)可得

$$\frac{G'}{K'} = \frac{3(1-2\mu)}{2(1+\mu)}。 \tag{7-32}$$

把式(7-31)代入式(7-32)后,解出 G',得到

$$G' = \frac{vp'}{\kappa} \frac{3(1-2\mu)}{2(1+\mu)}。 \tag{7-33}$$

把式(7-33)代入式(7-26)后,得到

$$d\varepsilon_s^e = \frac{2\kappa(1+\mu)}{9vp'(1-2\mu)} dq。 \tag{7-34}$$

式(7-30)和式(7-34)就是临界状态土力学用于计算位于边界状态面以下弹性墙内任一路径的弹性应变增量的公式。从这2个公式中可以看到应力-应变关系是非线性的,应变增量不但依赖于应力增量,而且还依赖于变量 v 和 p'。但如前所述,不排水时,$d\varepsilon_v = 0$,$dp' = 0$,p' 不会变化,v 也不变,这时式(7-30)和式(7-34)为线弹性关系。

更一般情况可以考虑如下,由弹性力学广义虎克定律有

$$d\varepsilon_{ij}^e = \frac{1+\mu}{E'} d\sigma_{ij} - \frac{\mu}{E'} d\sigma_{mn} \delta_{ij}, \tag{7-35}$$

式中,$d\sigma_{mn} = d\sigma_{11} + d\sigma_{22} + d\sigma_{33}$。

由式(7-35),体积应变由式(7-36)计算:

$$d\varepsilon_v^e = d\varepsilon_{11}^e + d\varepsilon_{22}^e + d\varepsilon_{33}^e = \frac{3(1-2\mu)}{E'} dp'。 \tag{7-36}$$

比较式(7-36)和式(7-30),得

$$E' = \frac{3(1-2\mu)(1+e_0)}{\kappa} p' = \frac{3(1-2\mu)v}{\kappa} p'。 \tag{7-37}$$

例 7-8　弹性应变的计算。

土的特性参数：$\kappa=0.05$，$\mu=0.25$。试样 A 和 B 在三轴试验仪中进行等向固结至 $p'=1\,000$ kN·m^{-2}，然后使之膨胀至 $p=60$ kN·m^{-2} 且 $u=0$，此时试验的比体积为 $v=2.08$。然后分别对试样进行加载试验使总的轴向应力和径向应力变化为 $\sigma_a=65$ kN·m^{-2} 和 $\sigma_r=55$ kN·m^{-2}。对试样 A 进行排水试验（$u=0$），试验 B 进行不排水试验（$\varepsilon_v=0$），两者都不发生屈服。求各试样的剪切和体积应变及孔隙水压力的变化。

解　因土样不发生屈服，所以只产生弹性变形，式（7-30）和（7-34）为控制方程：

$$d\varepsilon_v = \left(\frac{\kappa}{vp'}\right)dp',$$

$$d\varepsilon_s = \frac{2\kappa(1+\mu)}{9vp'(1-2\mu)}dq$$

将 $\kappa=0.05$ 和 $\mu=0.25$ 代入，并且根据 $p'=60$ kNm^{-2} 及 $v=2.08$，得

$$d\varepsilon_v = 4.0\times10^{-4}dp',$$

$$d\varepsilon_s = 2.2\times10^{-4}dq。$$

试样 A：

加载前　$q=0$，$p=60$ kN·m^{-2}；

加载后　$q=65-55=10$ kN·m^{-2}，$p=1/3(65+110)=58.33$ kN·m^{-2}。

因此，

$$dq=10 \text{ kN·m}^{-2}, \quad dp=58.33-60=-1.67 \text{ kN·m}^{-2}。$$

因排水试验满足 $u=0$，

所以　$dp'=dp$，

则

$$d\varepsilon_v = 4.0\times10^{-4}dp' = -4.0\times10^{-4}\times1.67\times100 = -0.067\%,$$

$$d\varepsilon_s = 2.2\times10^{-4}dq = 2.2\times10^{-4}\times10\times100 = 0.220\%。$$

试样 B：

同理得到加载前后应力变化为

$$dq=10 \text{ kN·m}^{-2}, \quad dp=58.33-60=-1.67 \text{ kN·m}^{-2}。$$

但不排水试验满足 $d\varepsilon_v=0$，

所以　$dp'=0$，$du=dp$，

剪应变与试验 A 得到的结果相同，则

$$du=-1.67 \text{ kN·m}^{-2},$$

$$d\varepsilon_s = 0.220\%。$$

7.5.3　原始剑桥模型

1. 原始剑桥模型的塑性势函数和屈服函数

建立剑桥模型时，先要确定流动法则、屈服函数和硬化法则。剑桥模型采用相关联流动法

则,即塑性位势函数等于屈服函数。虽然目前已经证实,土作为摩擦性材料通常是服从非相关联流动法则,但是为了简化(这种简化就正常固结土而言具有很好的近似性和相关性),Roscoe等人还是采用了相关联流动法则,即塑性势函数等于屈服函数。

为了确定屈服函数(=塑性势函数),原始剑桥模型采用能量耗散方程推导屈服函数。单位体积的外力功可以表示为

$$dW^p = \sigma_1' d\varepsilon_1^p + \sigma_2' d\varepsilon_2^p + \sigma_3' d\varepsilon_3^p = p' d\varepsilon_v^p + q d\varepsilon_s^p \text{。} \tag{7-38}$$

剑桥模型中临界状态时, $q_f = Mp_f'$ 和 $d\varepsilon_v^p = 0$。把这些条件代入式(7-38),得

$$dW^p = p' d\varepsilon_v^p + q d\varepsilon_s^p = q_f d\varepsilon_s^p = Mp_f' d\varepsilon_s^p \text{。} \tag{7-39}$$

式(7-39)中,第一个等号右侧的方程是无懈可击的,但第二个等号和第三个等号右侧的方程却隐含着一个很强的假设,即利用式(7-39)推导得到的屈服函数无论何时都应满足临界状态的条件。我们知道屈服条件与临界状态条件是有很大区别的,例如,屈服函数在硬化或软化时其体积是变化的,而临界状态时其体积是不变的;另外它们所要求的应力状态也不同,屈服函数所对应的应力是可以变化的,而临界状态则要求其应力不变。

把式(7-39)重新整理后,可表示为

$$\frac{q}{p'} = M - \frac{d\varepsilon_v^p}{d\varepsilon_s^p} \text{。} \tag{7-40}$$

式(7-40)描述了应力比 q/p' 和塑性应变增量比的关系,有时也称为剪胀方程。它是推导剑桥模型的一个重要方程。

根据一致性条件,在同一屈服面上时,硬化参数取值相等,即 $dH = 0$,从而有

$$dF = \frac{\partial F}{\partial p'} dp' + \frac{\partial F}{\partial q} dq = 0$$

将式(7-24)代入上式中可以得到

$$dp' d\varepsilon_v^p + dq d\varepsilon_s^p = 0 \text{。} \tag{7-41}$$

由式(7-41)可以得

$$-\frac{d\varepsilon_v^p}{d\varepsilon_s^p} = \frac{dq}{dp'} \text{。} \tag{7-42}$$

把式(7-42)代入式(7-40),得

$$\frac{dq}{dp'} + M - \frac{q}{p'} = 0 \text{。} \tag{7-43}$$

式(7-43)就是求解屈服函数的常微分方程。下面求解这一方程,令 $q/p' = \eta$,得

$$\frac{dq}{dp'} = \frac{d(p'\eta)}{dp'} = \eta + p' \frac{d\eta}{dp'} \text{。} \tag{7-44}$$

把式(7-44)代入式(7-43),并整理后得

$$d\eta + M \frac{dp'}{p'} = 0, \tag{7-45}$$

$$\int d\eta + M \int \frac{dp'}{p'} = C, \tag{7-46}$$

$$\eta + M\ln p' = C; \tag{7-47}$$

所以
$$\frac{q}{p} + M\ln p' - C = 0。 \tag{7-48}$$

式(7-48)中 C 为积分常数,该式表示某一簇曲线,这簇曲线是正交于塑性应变增量向量。这簇曲线就是屈服函数,图 7-26 中 AB 曲线是这簇曲线中的一条曲线,它满足式(7-41)正交条件的要求。故某一簇屈服函数(塑性势函数)可以表示为

$$F(\sigma_{ij}, H) = g(\sigma_{ij}, H) = \frac{q}{p} + M\ln p' - C = 0。 \tag{7-49}$$

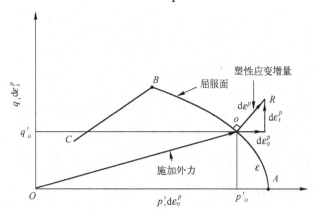

图 7-26　塑性应变增量与屈服面正交

下面将利用各向同性压缩时的某一特定应力值 p'_x 确定 C 的表达式,即 $q=0$, $p=p'_x$,把它们代入式(7-49)后,得

$$C = M\ln p'_x。 \tag{7-50}$$

把式(7-50)代入式(7-49)后,得

$$F(\sigma_{ij}, H) = g(\sigma_{ij}, H) = \frac{q}{p} + M\ln p' - M\ln p'_x = 0。 \tag{7-51}$$

图 7-27 给出了式(7-51)屈服函数(塑性势函数)的具体曲线图形和 p'_x 的位置。根据弹塑性理论,在 $F=0$ 屈服面内的应力路径仅会产生较小的弹性变形;而在屈服面上或屈服面以外的应力路径则会产生较大的塑性变形。例如,p'_x 增大,就会产生较大的塑性变形(和弹性变形相比),屈服面也会随之膨胀、变大。

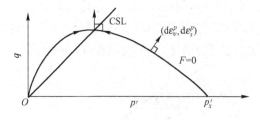

图 7-27　原始剑桥模型屈服面

2. 原始剑桥模型的硬化法则

原始剑桥模型利用各向同性压缩试验的结果推导应变硬化法则。各向同性压缩试验的结果是用图 7-4 和式(7-12)表示的。下面将根据式(7-12)和图 7-28 推导应变硬化法则。由图 7-28 可以得到以下关系:

$$\Delta e = e - e_0 = -\lambda \ln \frac{p'_x}{p'_0},$$

$$\varepsilon_v = \frac{-\Delta e}{1+e_0} = \frac{\lambda}{1+e_0} \ln \frac{p'_x}{p'_0},$$

$$\varepsilon_v^e = \frac{\kappa}{1+e_0} \ln \frac{p'_x}{p'_0},$$

$$\varepsilon_v^p = \varepsilon_v - \varepsilon_v^e = \frac{\lambda-\kappa}{1+e_0} \ln \frac{p'_x}{p'_0}. \tag{7-52}$$

由式(7-52)解出 p'_x 后,得

$$p'_x = p'_0 \exp\left(\frac{v}{\lambda-\kappa}\varepsilon_v^p\right), \tag{7-53}$$

对式(7-53)求微分,即可得到硬化方程为

$$\mathrm{d}p'_x = \frac{vp'_x}{\lambda-\kappa}\mathrm{d}\varepsilon_v^p. \tag{7-54}$$

将式(7-53)代入式(7-49),得

$$F(p',q,\varepsilon_v^p) = g(p',q,\varepsilon_v^p) = \frac{\lambda-\kappa}{v}\ln\frac{p'}{p'_0} + \frac{\lambda-\kappa}{v}\frac{q}{Mp'} - \varepsilon_v^p = 0. \tag{7-55}$$

利用式(7-55)可以求解出塑性应变为

$$\varepsilon_v^p = \frac{\lambda-\kappa}{v}\ln\frac{p'}{p'_0} + \frac{\lambda-\kappa}{v}\frac{q}{Mp'}. \tag{7-56}$$

式(7-56)右端第一项表明由平均有效应力的增量引起的塑性体积应变,右端第二项表明由应力比 q/p' 引起的塑性体积应变。

　　式(7-55)为原始剑桥模型的屈服函数(屈服面),由式(7-21)可知式(7-55)中的塑性体积应变 ε_v^p 就是剑桥模型的硬化参数。图7-29给出了原始剑桥模型屈服函数的图示。由式(7-55)知道,同一屈服面上的塑性体积应变 ε_v^p 是相同的(不同屈服面上的塑性体积应变 ε_v^p 是不相同的,见图7-29)。这隐含着:由式(7-55)就可以得到在其他可能的应力状态下所对应的塑性体积应变 ε_v^p,而各向同性状态下的塑性体积应变 ε_v^p 是可以知道的,它可以由各向同性压缩试验确定,并可利用式(7-56)计算。

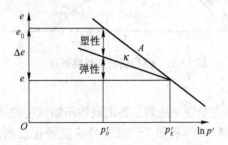

图7-28　弹塑性体变示意图

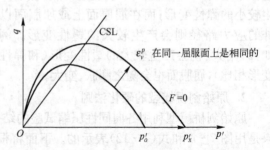

图7-29　原始剑桥模型不同的 ε_v^p 的屈服函数

3. 原始剑桥模型的塑性应变

通常已知屈服函数式(7-49)，再利用式(7-24)就可以由应力增量求得应变增量。但式(7-24)中 $\mathrm{d}\lambda$ 是未知的，需要通过一致性条件确定。由式(7-49)得

$$\mathrm{d}F = \frac{\partial F}{\partial p'}\mathrm{d}p' + \frac{\partial F}{\partial q}\mathrm{d}q + \frac{\partial F}{\partial p_x}\mathrm{d}p_x = 0。 \tag{7-57}$$

由 $\mathrm{d}\varepsilon_v^p = \mathrm{d}\varepsilon_{11}^p + \mathrm{d}\varepsilon_{22}^p + \mathrm{d}\varepsilon_{33}^p$ 和式(7-24)可以得到

$$\mathrm{d}\varepsilon_v^p = \mathrm{d}\lambda\left(\frac{\partial F}{\partial \sigma_{11}} + \frac{\partial F}{\partial \sigma_{22}} + \frac{\partial F}{\partial \sigma_{33}}\right) = \mathrm{d}\lambda\,\frac{\partial F}{\partial \sigma_{ii}} = \frac{1}{3}\mathrm{d}\lambda\,\frac{\partial F}{\partial p'}。 \tag{7-58}$$

把式(7-58)代入式(7-57)，并解出 $\mathrm{d}\lambda$，得

$$\mathrm{d}\lambda = -3\left(\frac{\partial F}{\partial p'}\mathrm{d}p' + \frac{\partial F}{\partial q}\mathrm{d}q\right)\Big/\left(\frac{\partial F}{\partial p'}\,\frac{\partial F}{\partial p_x}\,\frac{\partial p_x}{\partial \varepsilon_v^p}\right) \tag{7-59}$$

通过前面的讨论，已知屈服函数为式(7-49)，塑性应变可以用式(7-24)计算，而式(7-24)中的 $\mathrm{d}\lambda$ 可以用式(7-59)计算。下面利用这三个公式，推导塑性应变具体的计算公式。

首先根据式(7-49)可以得到以下的偏导数：

$$\frac{\partial F}{\partial p'} = \frac{M}{p'} - \frac{q}{p'^2} = \frac{1}{p'}(M - \eta)， \tag{7-60}$$

$$\frac{\partial F}{\partial q} = \frac{1}{p'}， \tag{7-61}$$

$$\frac{\partial F}{\partial p_x} = -\frac{M}{p_x}。 \tag{7-62}$$

将式(7-60)～式(7-62)和硬化方程式(7-54)代入式(7-59)中

$$\mathrm{d}\lambda = \frac{3(\lambda - \kappa)}{vM}\left[\mathrm{d}p' + \frac{1}{(M - \eta)}\mathrm{d}q\right] \tag{7-63}$$

将求解得到的 $\mathrm{d}\lambda$，即式(7-63)代入式(7-58)中，可以求出塑性体变增量表达式为

$$\mathrm{d}\varepsilon_v^p = \frac{(\lambda - \kappa)}{vMp'}\left[(M - \eta)\mathrm{d}p' + \mathrm{d}q\right]。 \tag{7-64}$$

利用式(7-40)，可以求出塑性剪应变增量的表达式为

$$\mathrm{d}\varepsilon_s^p = \frac{\mathrm{d}\varepsilon_v^p}{M - \eta} = \frac{(\lambda - \kappa)}{vMp'}\left(\mathrm{d}p' + \frac{1}{M - \eta}\mathrm{d}q\right)。 \tag{7-65}$$

式(7-64)和式(7-65)就是剑桥模型计算塑性应变增量的计算公式。也可以用矩阵的形式表示为

$$\left\{\begin{array}{c}\mathrm{d}\varepsilon_v^p \\ \mathrm{d}\varepsilon_s^p\end{array}\right\} = \frac{\lambda - \kappa}{v}\,\frac{1}{Mp'}\left[\begin{array}{cc} M - q/p' & 1 \\ 1 & 1/(M - q/p') \end{array}\right]\left\{\begin{array}{c}\mathrm{d}p' \\ \mathrm{d}q\end{array}\right\}。 \tag{7-66}$$

式(7-30)和式(7-34)是计算弹性应变增量的公式。再用总应变增量的计算式(7-19)就可以得到总应变增量。

例 7-9　塑性应变的计算。

某种土的土性参数为：$M = 1.02$，$\Gamma = 3.17$，$\lambda = 0.20$，$\kappa = 0.05$，$N = 3.32$，$\mu = 0.25$。两

试样 A 和 B 在三轴仪中进行等向正常固结试验,至 $p'=200 \text{ kN} \cdot \text{m}^{-2}$,$u=0$。然后对试样加载使轴向总应力达到 $\sigma_a=220 \text{ kN} \cdot \text{m}^{-2}$ 而径向应力保持不变。试样 A 进行的是保持 $u=0$ 的排水试验;试样 B 进行的是保持 ε_v 不变的不排水试验。要求采用 Cam-clay 理论计算各试样的剪切和体积应变及孔隙压力的变化。

解 当试样正常固结到 $p'=200 \text{ kN} \cdot \text{m}^{-2}$ 后,则刚开始进行加载时土样的比体积为

$$v_0=N-\lambda\ln p'=3.32-0.02\ln200=2.26,$$

且 $q'_0=0$,因此根据式(7-40),两试样都满足

$$\frac{\mathrm{d}\varepsilon_v^p}{\mathrm{d}\varepsilon_s^p}=M=1.02。$$

由于两试样的加载条件不同,加载后具有不同的状态。

试样 A:

加载前　$q=0$, $p'_0=200 \text{ kN} \cdot \text{m}^{-2}$;

加载后　$q_1=20 \text{ kN} \cdot \text{m}^{-2}$, $p'_1=1/3(\sigma_a+2\sigma_r)=206.7 \text{ kN} \cdot \text{m}^{-2}$;

所以　$\mathrm{d}q=q_1-q_0=20 \text{ kN} \cdot \text{m}^{-2}$, $\mathrm{d}p'=p'_1-p'_0=6.7 \text{ kN} \cdot \text{m}^{-2}$。

因此,由式(7-64)得

$$\mathrm{d}\varepsilon_v^p=\frac{\lambda-\kappa}{Mv_0p'_0}\left[\left(M-\frac{q_0}{p_0}\right)\mathrm{d}p'+\mathrm{d}q\right]=\frac{0.15}{1.02\times2.26\times200}[(1.02\times6.7)+20]\times100\%=0.873\%,$$

$$\mathrm{d}\varepsilon_s^p=\frac{\mathrm{d}\varepsilon_v^p}{M}=0.873\%/1.02=0.856\%。$$

弹性应变用式(7-30)和式(7-34)计算,即

$$\mathrm{d}\varepsilon_v^e=\frac{\kappa}{v_0}\frac{\mathrm{d}p'}{p'_0}=\frac{0.05}{2.26}\times\frac{6.7}{200}\times100\%=0.074\%。$$

$$\mathrm{d}\varepsilon_s^e=\frac{2\kappa(1+\mu)q}{9v_0p'_0(1-2\mu)}=\frac{2\times0.05\times(1+0.25)\times20}{9\times2.26\times200\times(1-2\times0.25)}\times100\%=0.123\%$$

因此,总的体积应变的剪切应变分别为

$$\mathrm{d}\varepsilon_v=\mathrm{d}\varepsilon_v^e+\mathrm{d}\varepsilon_v^p=0.074\%+0.873\%=0.947\%,$$

$$\mathrm{d}\varepsilon_s=\mathrm{d}\varepsilon_s^e+\mathrm{d}\varepsilon_s^p=0.123\%+0.856\%=0.979\%。$$

此外,在排水试验条件下,孔隙压力保持为 0。

试样 B:

加载前　$q_0=0$, $p_0=p'_0=200 \text{ kN} \cdot \text{m}^{-2}$;

加载后　$q_1=20 \text{ kN} \cdot \text{m}^{-2}$, $p_1=206.7 \text{ kN} \cdot \text{m}^{-2}$。

在不排水试验条件下,总体积保持不变,因此总体应变为 0,即

$$\mathrm{d}\varepsilon_v=\mathrm{d}\varepsilon_v^e+\mathrm{d}\varepsilon_v^p=0。$$

把式(7-30)和式(7-64)代入上式,可以得到

$$\frac{\kappa}{v_0}\frac{\mathrm{d}p'}{p'_0}+\frac{\lambda-\kappa}{Mv_0p'_0}\left[\left(M-\frac{q_0}{p'_0}\right)\mathrm{d}p'+\mathrm{d}q\right]=0。$$

将各参数值代入上式有

$$\frac{0.05}{2.26} \times \frac{\mathrm{d}p'}{200} + \frac{0.2-0.05}{1.02 \times 2.26 \times 200}[(1.02-0)\mathrm{d}p'+20] = 0,$$

通过求解上式,可以得到

$$\mathrm{d}p' = -14.7 \text{ kN} \cdot \text{m}^{-2},$$
$$p_1' = 185.3 \text{ kN} \cdot \text{m}^{-2}.$$

但总应力的变化为

$$\mathrm{d}p = p_1 - p_0 = +6.7 \text{ kN} \cdot \text{m}^{-2}.$$

因此在此不排水加载过程中

$$\mathrm{d}u = \mathrm{d}p - \mathrm{d}p' = 6.7 + 14.7 = 22.4 \text{ kN} \cdot \text{m}^{-2}.$$

利用式(7-30)得到塑性体积应变为

$$\mathrm{d}\varepsilon_v^p = -\mathrm{d}\varepsilon_v^e = \frac{\mathrm{d}v^e}{v} = -\frac{\kappa}{v_0} \frac{\mathrm{d}p'}{p_0'} = \frac{0.05 \times 14.7}{2.26 \times 200} \times 100\% = 0.163\%.$$

因 $q_0/p_0' = 0$,由式(7-40)得到

$$\mathrm{d}\varepsilon_s^p = \frac{\mathrm{d}\varepsilon_v^p}{M} = 0.163\%/1.02 = 0.160\%.$$

弹性剪应变可用式(7-34)计算,计算结果同土样 A,为 $\mathrm{d}\varepsilon_s^e = 0.123\%$,所以

$$\mathrm{d}\varepsilon_s = \mathrm{d}\varepsilon_s^e + \mathrm{d}\varepsilon_s^p = 0.123\% + 0.160\% = 0.283\%.$$

应当注意到,相同的总应力加载路径下,Cam-clay 在不排水加载过程中的剪切应变($\mathrm{d}\varepsilon_s = 0.283\%$)比排水加载过程中剪切应变($\mathrm{d}\varepsilon_s = 0.979\%$)小很多。

7.5.4　修正剑桥模型

1. 修正剑桥模型的塑性势函数和屈服函数

原始剑桥模型于 1963 年被提出,这一模型有一个矛盾没有解决,即如图 7-27 所示,屈服面与 p 轴不正交,这将导致在各向同性加载时会产生塑性剪应变。而这一结果与试验结果相抵触(试验结果表明:各向同性材料在各向同性加载时仅会产生各向同性变形)。为克服这一缺点,Roscoe 和 Burland 于 1968 年提出了修正剑桥模型。修正剑桥模型与原始剑桥模型的主要不同在于能量方程和屈服面不一样。修正剑桥模型的能量耗散方程为

$$\mathrm{d}W^p = p'\mathrm{d}\varepsilon_v^p + q\mathrm{d}\varepsilon_s^p = p\sqrt{(\mathrm{d}\varepsilon_v^p)^2 + (M\mathrm{d}\varepsilon_s^p)^2}. \tag{7-67}$$

把式(7-67)重新整理后,可以得到

$$\frac{\mathrm{d}\varepsilon_v^p}{\mathrm{d}\varepsilon_s^p} = \frac{M^2 - (q/p')^2}{2q/p'} = \frac{M^2 p^2 - q^2}{2p'q}. \tag{7-68}$$

式(7-68)为修正剑桥模型的剪胀方程。修正剑桥模型同样采用相关联流动法则,将式(7-42)代入式(7-68)中可以得到屈服函数(=塑性势函数)的常微分方程为

$$\frac{\mathrm{d}q}{\mathrm{d}p} + \frac{M^2 - \eta^2}{2\eta} = 0, \tag{7-69}$$

求解式(7-69)可得

$$(\eta^2 + M^2)p' = C, \qquad (7-70)$$

式(7-70)中 C 是积分常数,整理式(7-70)后得

$$F(\sigma_{ij}, H) = g(\sigma_{ij}, H) = q^2 + M^2 p'^2 - Cp' = 0 \qquad (7-71)$$

式(7-71)中 C 为积分常数,该式表示某一簇曲线,这簇曲线是正交于塑性应变增量向量。这簇曲线就是屈服函数,图 7-30 中示出的椭圆实曲线是这簇曲线中的一条曲线,它满足式(7-42)正交条件的要求。下面将利用各向同性压缩时的某一特定应力值 p'_x 确定 C 的表达式。即 $q=0$, $p=p'_x$,把它们代入式(7-71)后,得

$$C = M^2 p'_x \qquad (7-72)$$

把式(7-72)代入式(7-71)后,得

$$F(\sigma_{ij}, H) = g(\sigma_{ij}, H) = q^2 + M^2 p'^2 - M^2 p'_x p' = 0 \qquad (7-73)$$

式(7-73)就是修正剑桥模型的屈服面方程。它是随 p'_x 而移动的椭圆曲线方程。图 7-30 中示出的虚线曲线是原始剑桥模型的屈服方程。

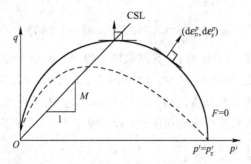

图 7-30 修正剑桥模型屈服面(椭圆)与原始剑桥模型屈服面(虚线)

2. 修正剑桥模型的硬化法则

修正剑桥模型同样利用各向同性压缩试验的结果推导应变硬化法则。将式(7-53)代入屈服方程式(7-73)中,整理后可以得到

$$F(p', q, \varepsilon_v^p) = \frac{\lambda - \kappa}{v} \ln \frac{p'}{p'_0} + \frac{\lambda - \kappa}{v} \ln\left(1 + \frac{q^2}{M^2 p'^2}\right) - \varepsilon_v^p = 0, \qquad (7-74)$$

利用式(7-74)可以求出塑性体变为

$$\varepsilon_v^p = \frac{\lambda - \kappa}{v} \ln \frac{p'}{p'_0} + \frac{\lambda - \kappa}{v} \ln\left(1 + \frac{q^2}{M^2 p'^2}\right) \qquad (7-75)$$

式(7-75)右端第一项表明由平均有效应力的增量引起的塑性体积应变,右端第二项表明由应力比 q/p' 引起的塑性体积应变。修正剑桥模型中式(7-75)右端第二项表明,在临界状态时其值为 $\ln2 = 0.693 \approx 0.7$ 倍原始剑桥模型相应第二项的值。即当 p' 为常量并到达临界状态时,修正剑桥模型预测的塑性体应变大约为原始剑桥模型预测的塑性体应变的 70%。

3. 修正剑桥模型的塑性应变

已知修正剑桥模型的屈服函数式(7-73)、塑性应变可以用式(7-23)计算,而式(7-23)中的 $d\lambda$ 可以用一致性条件求解,即按式(7-59)计算,其中需要用到体积硬化公式(7-54)。与原始剑桥模型一节类似,利用这些公式可以推导修正剑桥模型的塑性应变的计算公式。其推导过程如下。

根据屈服函数式(7-73),可以得到

$$\frac{\partial F}{\partial p'}=M^2(2p'-p_x), \tag{7-76}$$

$$\frac{\partial F}{\partial q}=2q, \tag{7-77}$$

$$\frac{\partial F}{\partial p_x}=-M^2 p', \tag{7-78}$$

$$\frac{\partial F}{\partial \varepsilon_v^p}=\frac{\partial F}{\partial p_x}\frac{\partial p_x}{\partial \varepsilon_v^p}=-M^2 p' p_x\frac{v}{\lambda-\kappa}. \tag{7-79}$$

将式(7-76)、式(7-77)和式(7-79)代入式(7-59)中,得到

$$d\lambda=3\frac{1}{M^2 p' p_x}\frac{\lambda-\kappa}{v}\left[dp'+\frac{2q}{M^2(2p'-p_x)}dq\right], \tag{7-80}$$

根据屈服函数式(7-73),屈服应力可以表示为当前应力的函数,即

$$p'_x=\frac{M^2 p'^2+q^2}{M^2 p'}, \tag{7-81}$$

将式(7-81)代入式(7-80)中,得到

$$d\lambda=\frac{3}{(M^2+\eta^2)p'^2}\frac{\lambda-\kappa}{v}\left(dp'+\frac{2\eta}{M^2-\eta^2}dq\right), \tag{7-82}$$

将式(7-82)代入式(7-58)中,得到塑性体应变增量的表达式为

$$d\varepsilon_v^p=\frac{M^2-\eta^2}{M^2+\eta^2}\frac{\lambda-\kappa}{vp'}\left(dp'+\frac{2\eta}{M^2-\eta^2}dq\right), \tag{7-83}$$

利用式(7-68),可以求出塑性剪应变增量的表达式为

$$d\varepsilon_s^p=d\varepsilon_v^p\frac{2\eta}{M^2-\eta^2}=\frac{2\eta}{M^2+\eta^2}\frac{\lambda-\kappa}{vp'}\left(dp'+\frac{2\eta}{M^2-\eta^2}dq\right). \tag{7-84}$$

式(7-83)和式(7-84)就是修正剑桥模型计算塑性应变增量的计算公式。也可以用矩阵的形式表示为

$$\left\{\begin{matrix}d\varepsilon_v^p\\d\varepsilon_s^p\end{matrix}\right\}=\frac{\lambda-\kappa}{v}\frac{1}{p'}\frac{2p'q}{M^2 p'^2+q^2}\begin{bmatrix}\dfrac{M^2 p'^2-q^2}{2p'q} & 1\\[2mm] 1 & \dfrac{2p'q}{M^2 p'^2-q^2}\end{bmatrix}\left\{\begin{matrix}dp'\\dq\end{matrix}\right\}. \tag{7-85}$$

从原始剑桥模型计算塑性应变增量的计算公式(7-66)和修正剑桥模型计算塑性应变量的计算公式(7-85)可以看到,模型参数仅有 M、λ 和 κ。这 3 个参数可以用常规的三轴试验

确定。

原始剑桥模型通常会高估三轴试验的应变值。而修正剑桥模型通常会低估三轴试验的剪应变值。试验结果表明,这种低估是由于在边界状态面以下的路径假定不会产生塑性体积变化,但实际上可以产生剪应变;因而低估了剪应变值。

7.5.5 剑桥模型的局限性

剑桥模型是反映压硬性最简单和物理意义最明确的土的弹塑性模型。它抓住了反映土体基本性质的 3 个变量,应力、应变、孔隙比之间的关系,而这 3 个变量被认为是影响土的性质的最基本、最重要的 3 个量(如果仅允许选择 3 个量,用于表示土的性质的话,则这 3 个量是影响最大的也是首选的 3 个量)。仅利用这 3 个变量建立了土的弹塑性本构关系。其土性参数只有 3 个(M, λ, κ),所以说它是最简单的土的弹塑性模型。它已经成为土力学中最为经典的弹塑性模型,并且是土力学中其他弹塑性本构模型的基础或重要参考框架。

从前面的讨论可以知道:它仅可用于描述常规三轴条件下的正常固结黏土或弱超固结土的应力应变特性,并且本质上仅适用于轴对称问题。它还具有以下局限性:

(1)压硬性方面,在 π 平面上,不能反映三轴压缩状态以外的强度、屈服特性;

(2)剪胀性方面,只能反映剪切体缩,不能反映剪切体积膨胀;适用于正常固结土或弱超固结土,不能用于强超固结土;

(3)塑性软、硬化方面,只能反映硬化,不能反映软化;

(4)不能考虑各向异性和主轴旋转;

(5)不能考虑时间的变化和温度变化;

(6)不能考虑土的结构影响;

(7)仅适用于饱和土;

(8)不能考虑荷载施加的时间的率效应。

思考题

7-1 土的临界状态如何定义?

7-2 什么是正常固结线? 什么是 Roscoe 面?

7-3 什么是超固结线? 什么是 Hvorslev 面?

7-4 土的完整的边界面指的是什么?

7-5 简述三轴排水试验条件下土的变形特性。

7-6 简述三轴不排水试验条件下土的变形特性。

7-7 砂土的变形有何特点?

7-8 何谓弹性墙?

7-9 什么是剪胀方程?

7-10　修正剑桥模型与原始剑桥模型有什么不同?

7-11　剑桥模型有什么局限性?

习　题

7-1　将同一黏土制备成两个土样 A 和 B 进行室内三轴试验,两土样的直径均为 38 mm,高度均为 76 mm。两土样首先都进行固结施加围压至 300 kPa。随后对土样 A 进行排水试验直至到达临界状态,此时土样 A 的剪应力为 360 kPa,体积变化了 4.4 cm³。试验结束后,将土样 A 烘干测定其质量为 145.8 g。对土样 B 进行不排水试验直至到达临界状态,此时土样 B 的剪应力为 152 kPa。(1)试确定该黏土的参数 M, λ, Γ 和 N。(2)计算土样 B 的最终孔压。土的比重 $G_s = 2.72$。

7-2　已知某黏土的临界状态参数为:$N = 2.15, \lambda = 0.10, \kappa = 0.02, \Gamma = 2.05, M = 0.85$。该土样经过固结并卸载后的孔隙比为 0.62,(1)如果对该土样进行不排水试验,到达临界状态时,能使水压出现负值的最小超固结比($R_p = m$)是多少? (2)如果对该土样进行排水试验,试分别计算超固结比为 $R_p = 1, R_p = m$ 和 $R_p = 8$ 时的体变。

7-3　对一砂土土样进行排水试验,土样达到在峰值 $p' = 300$ kPa 时发生破坏,此时土样孔隙比为 0.8,假设此时土样位于临界状态线干区一侧。已知土性参数为:$\lambda = 0.03, \Gamma = 2.0$,$M = 1.4, h = 1.35$,计算土样破坏时的剪应力 q。

7-4　已知某黏土的参数为:$N = 2.15, \lambda = 0.09, \Gamma = 2.1$。将土样固结至 500 kPa 后卸载至 200 kPa。在该过程中土样由于膨胀而发生的体变为 2.6%。如果土样继续卸载直至孔隙比为 0.65,此时的围压是多少?

7-5　已知某土样的土性参数如下:$N = 3.5, \lambda = 0.3, \kappa = 0.06, M = 1.2, G = 2000$ kPa。该土样历史上承受了最大压力 $p_0' = 100$ kPa 并发生了屈服。现将该土样在 $q_i = 0, p_j' = 75$ kPa 条件下固结,随后保持围压不变对其进行排水三轴压缩试验。假设该土样可以用原始剑桥模型描述,请问:

(1)要使土样不发生屈服,试验过程中可施加的最大力 q, p' 分别为多少? 此时土样的弹性应变是多少?

(2)继续增大外力,土样刚刚发生屈服时的塑性应变增量的比值 $d\varepsilon_v^p / d\varepsilon_s^p$ 是多少?

(3)土样屈服后,应力以 $dp' = 1$ kPa 的增量增加,其应变大小是多少?

7-6　对一土样进行常规的三轴试验,已知土样参数为:$\lambda = 0.095, \kappa = 0.035, \Gamma = 2.0$,$M = 0.9$,泊松比 $\mu = 0.25$。其应力路径如图 7-31 所示,先将其等向正常固结至 A 点,此时 $p_A' = 400$ kN/m,体积为 $v_A = 1.472$;再卸载至 B 点,此时 $p_B' = 320$ kPa,体积为 $v_B = 1.48$。然后保持围压 320 kPa 不变,对这一弱超固结土样进行排水剪切试验,直到轴向压力为 500 kPa 时停止。(计算时采用修正剑桥模型形式)

(1)判断此时土样是否发生了屈服。

（2）计算此时的体应变和剪应变。

（3）如果要使土样发生破坏（即到达图中 D 点），至少要施加多大的轴向压力？

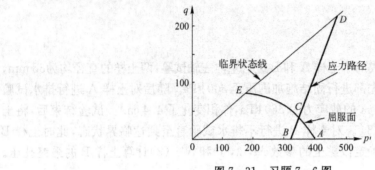

图 7 - 31　习题 7 - 6 图

William John Macquorn Rankine

  Rankine(1820—1872)于 1820 年 7 月 5 日生于英国的爱丁堡，1872 年 12 月 24 日卒于格拉斯哥。

  Rankine 早年在 J. B. 麦克尼尔的指导下成为工程师，1855 年起担任格拉斯哥大学土木工程和力学系主任。1853 年当选为英国皇家学会会员。

  Rankine 在力学上有多方面研究成果。例如，挡土墙理论，特别是分析土对挡土墙的压力和挡土墙的稳定性问题(19 世纪 50 年代)；并在 1853 年提出较完备的能量守恒定理；提出波动的热力学理论；于 1871 研究了流体力学中流线的数学理论。

  Rankine 在 1858 年出版的《应用力学手册》是对工程师和建筑师一本很有用的参考书。他所写的《蒸汽机和其他原动力机手册》和《土木工程手册》两部书都曾多次再版。此外，他还写了有关造船、机械加工等方面的手册。在所出版的《科学论文杂集》(*Miscellaneous Scientific Papers*)中收集了他的 154 篇科学论文。

第 8 章

土压力计算

8.1 概述

挡土结构物是土木、水利、建筑、交通等工程中的一种常见的构筑物,其目的是用来支挡土体的侧向移动,保证土结构物或土体的稳定性。例如,道路工程中在路堑段用来支挡两侧人工开挖边坡而修筑的挡土墙和用来支挡路堤稳定的挡土墙、桥梁工程中连接路堤的桥台、港口码头及基坑工程中的支护结构物(图 8-1)。此外,高层建筑物地下室、隧道和地铁工程中的衬砌及涵洞和输油管道等地下结构物也是一类典型的挡土结构物。

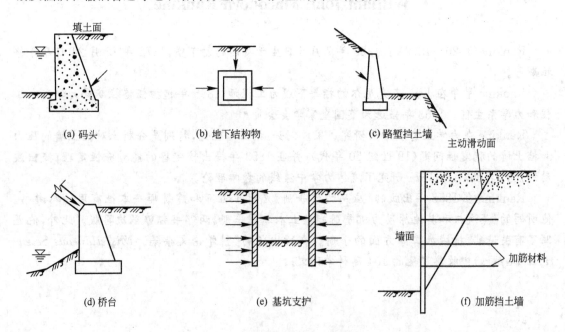

(a) 码头　　　　　　(b) 地下结构物　　　　　　(c) 路堑挡土墙

(d) 桥台　　　　　　(e) 基坑支护　　　　　　(f) 加筋挡土墙

图 8-1　各种形式的挡土结构物

　　各类挡土结构物在支挡土体的同时必然会受到土体的侧向压力的作用,此即所谓土压力问题。土压力的计算是挡土结构物断面设计和稳定验算的主要依据,而形成土压力的主要荷载一般包括土体自身重量引起的侧向压力、水压力、影响区范围内的构筑物荷载、施工荷载、交通荷载等。在某些特定的条件下,还需要计算在地震荷载作用下挡土墙上可能引起的侧向压力,即动土压力。

　　挡土结构物按其刚度和位移方式可以分为刚性挡土墙和柔性挡土墙两大类,前者如由砖、石或混凝土所构筑的断面较大的挡土墙,对于这类挡土墙,由于其刚性较大,在侧向土压力作用下仅能发生整体平移或转动,墙身的挠曲变形可以忽略;而后者如结构断面尺寸较小的钢筋混凝土桩、地下连续墙或各种材料的板桩等,由于其刚度较小,在侧向土压力作用下会发生明显的挠曲变形。本章将重点讨论针对刚性挡土墙的古典土压力理论,对于柔性挡土墙则只做简要说明。

学完本章后应掌握以下内容:

(1) 土压力的概念及静止土压力、主动土压力和被动土压力发生的条件;

(2) 朗肯土压力理论的基本假定和计算方法;

(3) 库仑土压力理论的基本假定和计算方法;

(4) 朗肯土压力理论和库仑土压力理论的区别和联系。

学习中应注意回答以下问题:

(1) 什么是刚性挡土墙和柔性挡土墙?

(2) 为什么说主动状态和被动状态均是一种极限平衡状态?

(3) 如何计算挡土墙后填土为成层情况下的土压力分布?

(4) 如何计算挡土墙后填土中有地下水存在时的土压力分布?

(5) 挡土结构物的刚度及位移对土压力的大小有什么影响?

　　一般而言,土压力的大小及其分布规律同挡土结构物的侧向位移的方向、大小,土的性质,挡土结构物的高度等因素有关。根据挡土结构物侧向位移的方向和大小可分为3种类型的土压力。

　　(1) 静止土压力。如图8-2(a)所示,若刚性的挡土墙保持原来位置静止不动,则作用在挡土墙上的土压力称为静止土压力。作用在单位长度挡土墙上静止土压力的合力用 E_0 (kN/m)表示,静止土压力强度用 p_0 (kPa)表示。

　　(2) 主动土压力。如图8-2(b)所示,若挡土墙在墙后填土压力作用下,背离填土方向移动,这时作用在墙上的土压力将由静止土压力逐渐减小,当墙后土体达到极限平衡状态,并出现连续滑动面而使土体下滑时,土压力减到最小值,称为主动土压力。主动土压力合力和强度分别用 E_a (kN/m)和 p_a (kPa)表示。

（3）被动土压力。如图 8-2(c)所示，若挡土墙在外力作用下，向填土方向移动，这时作用在墙上的土压力将由静止土压力逐渐增大，一直到土体达到极限平衡状态，并出现连续滑动面，墙后土体将向上挤出隆起，这时土压力增至最大值，称为被动土压力。被动土压力合力和强度分别用 $E_p(kN/m)$ 和 $p_p(kPa)$ 表示。

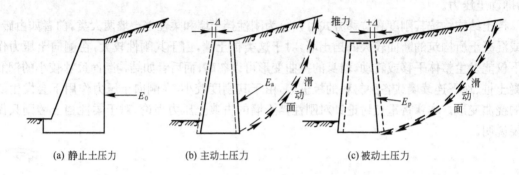

(a) 静止土压力　　　　(b) 主动土压力　　　　(c) 被动土压力

图 8-2　土压力的 3 种类型

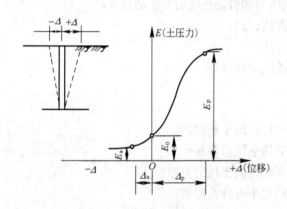

图 8-3　土压力与挡土墙位移关系

可见，在挡土墙高度和填土条件相同的情况下，上述 3 种土压力之间有如下关系：

$$E_a < E_0 < E_p。$$

在影响土压力大小及其分布的诸因素中，挡土结构物的位移是其中的关键因素之一。图 8-3 给出土压力与挡土结构物水平位移之间的关系。可以看出，挡土结构物要达到被动土压力所需的位移远大于导致主动土压力所需的位移。根据大量试验观测和研究，可给出砂土和黏土中产生主动和被动土压力所需的墙顶水平位移参考值，见表 8-1。

表 8-1　产生主动和被动土压力所需的墙顶水平位移参考值

土　类	应力状态	运动形式	所需位移（H 表示挡土墙高度）
砂　土	主动	平行于墙体	0.001 H
	主动	绕墙趾转动	0.001 H
	被动	平行于墙体	0.05 H
	被动	绕墙趾转动	>0.1 H
黏　土	主动	平行于墙体	0.004 H
	主动	绕墙趾转动	0.004 H

事实上,挡土墙背后土压力是挡土结构物、土及地基三者相互作用的结果,实际工程中大部分情况均介于主动土压力与被动土压力两种极限平衡状态之间。目前,根据土的实际的应力-应变关系,利用数值计算的手段,可以较为准确地确定挡土墙位移与土压力大小之间的定量关系,这对于一些重要的工程建筑物是十分必要的。

8.2　静止土压力计算

如前所述,计算静止土压力时,可假定挡土墙后填土处于弹性平衡状态。这时,由于挡土墙静止不动,土体无侧向位移;故土体表面下任意深度 z 处的静止土压力,可按半无限体水平向自重应力的计算公式计算,即

$$p_0 = K_0 \sigma_{sz} = K_0 \gamma z。 \tag{8-1}$$

式中,K_0——侧压力系数或静止土压力系数;

　　　γ——土的重度。

可见,静止土压力沿挡土墙高度呈线性分布(图 8-4(a))。关于静止土压力系数 K_0,理论上有 $K_0 = \dfrac{\mu}{1-\mu}$,μ 为土的泊松比。实际应用中,K_0 可由三轴仪等室内试验测定,也可用原位试验测得。在缺乏试验资料时,还可用经验公式来估算,即

对于砂性土(Jaky,1948):　　　　　$K_0 = 1 - \sin \varphi'$;

对于黏性土(Brooker 等,1965):　　$K_0 = 0.95 - \sin \varphi'$;

对于超固结黏性土:

$$K_0 = (OCR)^m \cdot (1 - \sin \varphi')。$$

式中,φ'——土的有效内摩擦角;

　　OCR——土的超固结比;

　　m——经验系数,一般可取 0.4~0.5。

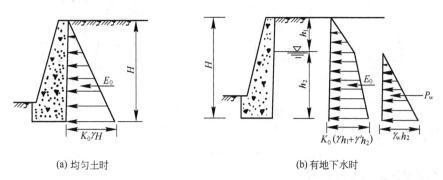

(a) 均匀土时　　　　　　　　　　(b) 有地下水时

图 8-4　静止土压力的分布

研究表明,黏性土的 K_0 值随塑性指数 I_P 的增大而增大,Alpan(1967)给出的估算公式为

$K_0=0.19+0.233\lg I_P$（I_P按百分数计算）。此外，K_0值与超固结比 OCR 也有密切的关系，对于 OCR 较大的土，K_0值甚至可以大于 1.0。

我国《公路桥涵设计通用规范》(JTG D60—2015)给出静止土压力系数 K_0 的估算方法。也可以根据经验取下面的参考值：砾石、卵石为 0.20，砂土为 0.25；粉土为 0.35；粉质黏土为 0.45；黏土为 0.55。

由式(8-1)可知，作用在单位长度挡土墙上的静止土压力合力为

$$E_0=\frac{1}{2}K_0\gamma H^2,\tag{8-2}$$

式中，H——挡土墙高度。

对于成层土或有超载的情况，第 n 层土底面处静止土压力分布大小可按式(8-3)计算，即

$$p_0=K_{0n}\left(\sum_{i=1}^{n}\gamma_i h_i+q\right)。\tag{8-3}$$

式中，γ_i——计算点以上第 i 层土的重度($i=1,2,\cdots,n$)；

h_i——计算点以上第 i 层土的厚度；

K_{0n}——第 n 层土的静止土压力系数；

q——填土面上的均布荷载。

当挡土墙后填土有地下水存在时，对于透水性较好的砂性土应采用有效重度 γ' 计算，同时考虑作用于挡土墙上的静水压力 P_w，如图 8-4(b)所示。

例 8-1 如图 8-5 所示，挡土墙后作用有无限均布荷载 $q=20$ kPa，填土的物理力学指标为 $\gamma=18$ kN/m³，$\gamma_{sat}=19$ kN/m³，$c=0$，$\varphi'=30°$。试计算作用在挡土墙上的静止土压力分布值及其合力 E_0。

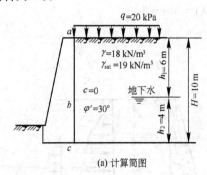
(a) 计算简图

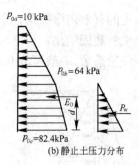
(b) 静止土压力分布

图 8-5 例 8-1 附图

解 静止土压力系数为

$$K_0=1-\sin\varphi'=1-\sin 30°=0.5。$$

土中各点静止土压力值分别为

a 点：$p_{0a}=K_0q=0.5\times20=10$ kPa，

b 点：$p_{0b}=K_0(q+\gamma h_1)=0.5\times(20+18\times6)=64$ kPa，

c 点：　$p_{0c} = K_0(q + \gamma h_1 + \gamma' h_2) = 0.5 \times [20 + 18 \times 6 + (19 - 9.8) \times 4] = 82.4$ kPa。

于是可得静止土压力合力为

$$E_0 = \frac{1}{2}(p_{0a} + p_{0b})h_1 + \frac{1}{2}(p_{0b} + p_{0c})h_2 =$$

$$\frac{1}{2}(10 + 64) \times 6 + \frac{1}{2}(64 + 82.4) \times 4 = 514.8 \text{ kN/m}。$$

静止土压力 E_0 的作用点距墙底的距离 d 为

$$d = \frac{1}{E_0}\left[p_{0a}h_1\left(\frac{h_1}{2} + h_2\right) + \frac{1}{2}(p_{0b} - p_{0a})h_1\left(h_2 + \frac{h_1}{3}\right) + p_{0b} \times \frac{h_2^2}{2} + \frac{1}{2}(p_{0c} - p_{0b})\frac{h_2^2}{3}\right] =$$

$$\frac{1}{514.8} \times \left[6 \times 10 \times 7 + \frac{1}{2} \times 54 \times 6 \times \left(4 + \frac{6}{3}\right) + 64 \times \frac{4^2}{2} + \frac{1}{2}(82.4 - 64)\frac{4^2}{3}\right] = 3.79 \text{ m}。$$

此外，作用在墙上的静水压力合力 P_w 为

$$P_w = \frac{1}{2}\gamma_w h_2^2 = \frac{1}{2} \times 9.8 \times 4^2 = 78.4 \text{ kN/m}。$$

静止土压力及水压力的分布如图 8-5(b)所示。

8.3　朗肯土压力理论

8.3.1　基本原理和假定

朗肯土压力理论是土压力计算中的两个著名的古典土压力理论之一。由于其概念明确，方法简单，至今仍被广泛使用。

英国学者朗肯(Rankine W J M,1857)研究了半无限弹性土体处于极限平衡状态时的应力情况。如图 8-6(a)所示，假想在半无限土体中一竖直截面 AB 处有一挡土墙，在深度 z 处取一微单元土体 I，则作用在其上的法向应力为 σ_z 和 σ_x。由于 AB 面上无剪应力存在，故 σ_z 和 σ_x 均为主应力。当土体处于弹性平衡状态时有 $\sigma_z = \gamma z$，$\sigma_x = K_0 \gamma z$，其应力圆如图 8-6(b) 中的圆 O_1，远离土的抗剪强度包线。假设挡土墙产生一定的转动，则单元土体 II 在竖向法向应力 σ_z 不变的条件下，其水平向法向应力 σ_x 逐渐减小，直到土体达到极限平衡状态，此时的应力圆将与抗剪强度包线相切，如图 8-6(b)中的应力圆 O_2，σ_z 和 $\sigma_x = K_a \gamma z$(其中，K_a 为主动土压力系数)分别为最大及最小主应力，为朗肯主动状态。此时，土体中产生的两组滑动面与水平面成 $\alpha_f = (45° + \varphi/2)$ 夹角，如图 8-6(c)所示。另外，单元土体 III 在 σ_z 不变的条件下，水平向法向应力 σ_x 不断增大，直到土体达到极限平衡状态，此时的应力圆为图 8-6(b)中的圆 O_3，它也与土的抗剪强度包线相切，但此时 σ_z 为最小主应力，$\sigma_x = K_p \gamma z$(其中，K_p 为被动土压力系数)为最大主应力，为朗肯被动状态，而土体中产生的两组滑动面与水平面成 $\alpha_f = (45° - \varphi/2)$夹角，如图 8-6(c)所示。

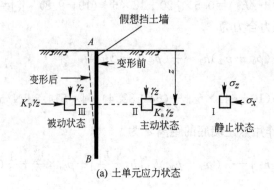

(a) 土单元应力状态

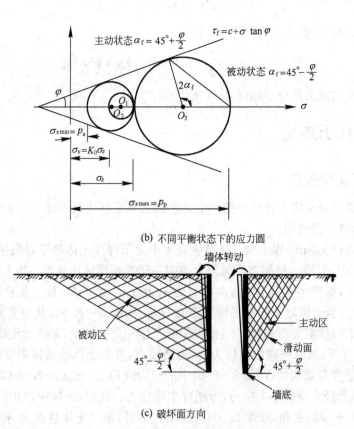

(b) 不同平衡状态下的应力圆

(c) 破坏面方向

图 8-6 朗肯主动及被动状态

朗肯认为,当挡土墙墙背直立、光滑,墙后填土表面水平并无限延伸时,作用在挡土墙墙背上的土压力相当于半无限土体中当土体达到上述极限平衡状态时的应力情况。这样就可以利用上述两种极限平衡状态时的最大和最小主应力的相互关系来计算作用在挡土墙上的主动土压力或被动土压力。下面分别给予介绍。

8.3.2 朗肯主动土压力计算

如图 8-7(a)所示,挡土墙墙背直立、光滑,填土面为水平。墙背 AB 在填土压力作用下背离填土移动至 $A'B'$,使墙后土体达到主动极限平衡状态。对于墙后土体深度 z 处的单元体,其竖向应力 $\sigma_z = \gamma z$ 是最大主应力 σ_1;而水平应力 σ_x 是最小主应力 σ_3,也即要计算的主动土压力 p_a。

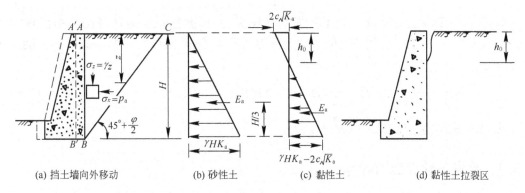

(a) 挡土墙向外移动　　　(b) 砂性土　　　(c) 黏性土　　　(d) 黏性土拉裂区

图 8-7　朗肯主动土压力计算

由土体极限平衡理论公式可知,大小主应力应满足下述关系:

黏性土
$$\sigma_3 = \sigma_1 \tan^2\left(45° - \frac{\varphi}{2}\right) - 2c \cdot \tan\left(45° - \frac{\varphi}{2}\right); \tag{8-4}$$

砂性土
$$\sigma_3 = \sigma_1 \tan^2\left(45° - \frac{\varphi}{2}\right)。 \tag{8-5}$$

将 $\sigma_3 = p_a$ 和 $\sigma_1 = \gamma z$ 代入式(8-4)式和式(8-5),即可得朗肯主动土压力计算公式为

黏性土
$$p_a = \gamma z \tan^2\left(45° - \frac{\varphi}{2}\right) - 2c \cdot \tan\left(45° - \frac{\varphi}{2}\right) = \gamma z K_a - 2c\sqrt{K_a}, \tag{8-6}$$

砂性土
$$p_a = \gamma z \tan^2\left(45° - \frac{\varphi}{2}\right) = \gamma z K_a。 \tag{8-7}$$

式中,γ——土的重度(kN/m³);

　　c、φ——土的黏聚力(kPa)及内摩擦角(°);

　　z——计算点处的深度(m);

　　K_a——朗肯主动土压力系数,且 $K_a = \tan^2\left(45° - \frac{\varphi}{2}\right)$。

可以看出,主动土压力 p_a 沿深度 z 呈直线分布,如图 8-7(b)、(c)所示。作用在单位长度挡土墙上的主动土压力合力 E_a 即为 p_a 分布图形的面积,其作用点位置位于分布图形的形心处。对于砂性土有

$$E_a = \frac{1}{2}\gamma K_a H^2, \tag{8-8}$$

合力 E_a 作用在距挡土墙底面 $\frac{1}{3}H$ 处。

对于黏性土,当 $z=0$ 时,由式(8-6)知 $p_a = -2c\sqrt{K_a}$,表明该处出现拉应力。令式(8-6)中的 $p_a = 0$,即可求得拉应力区的高度为

$$h_0 = \frac{2c}{\gamma\sqrt{K_a}}。 \tag{8-9}$$

事实上,由于填土与墙背之间不可能承受拉应力,因此在拉应力区范围内将出现裂缝(图8-7(d))。一般在计算墙背上的主动土压力时不考虑拉力区的作用,则此时的主动土压力合力为

$$E_a = \frac{1}{2}(H-h_0)(\gamma H K_a - 2c\sqrt{K_a}), \tag{8-10}$$

合力 E_a 作用于距挡土墙底面 $\frac{1}{3}(H-h_0)$ 处。

8.3.3　朗肯被动土压力计算

如图8-8所示,挡土墙墙背竖直,填土面水平。挡土墙在外力作用下推向填土,使挡土墙后土体达到被动极限平衡状态。此时,对于墙背深度 z 处的单元土体,其竖向应力 $\sigma_z = \gamma z$ 是最小主应力 σ_3;而水平应力 σ_x 是最大主应力 σ_1,亦即被动土压力 p_p。

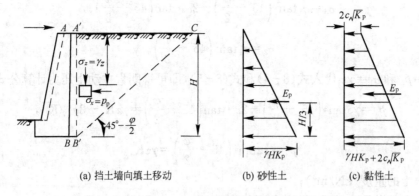

(a) 挡土墙向填土移动　　　(b) 砂性土　　　(c) 黏性土

图8-8　朗肯被动土压力

将 $\sigma_1 = p_p$,$\sigma_3 = \gamma z$ 代入土体极限平衡理论公式,即得朗肯被动土压力计算公式为

黏性土　　$$p_p = \gamma z \tan^2\left(45° + \frac{\varphi}{2}\right) + 2c \cdot \tan\left(45° + \frac{\varphi}{2}\right) = \gamma z K_p + 2c\sqrt{K_p}, \tag{8-11}$$

砂性土　　$$p_p = \gamma z \tan^2\left(45° + \frac{\varphi}{2}\right) = \gamma z K_p。 \tag{8-12}$$

式中，K_p——朗肯被动土压力系数，且 $K_p = \tan^2\left(45° + \dfrac{\varphi}{2}\right)$。

可以看出，被动土压力 p_p 沿深度 z 呈直线分布，如图 8-8(b)、(c)所示。作用在墙背上单位长度的被动土压力合力 E_p 可由 p_p 的分布图形面积求得。

此外，由三角函数关系可得

$$K_p = 1/K_a。$$

8.3.4　几种典型情况下的朗肯土压力

1. 填土表面有超载作用

如图 8-9 所示，当挡土墙后填土表面有连续均布荷载 q 的超载作用时，相当于在深度 z 处的竖向应力增加 q 的作用。此时，只要将式(8-6)和式(8-7)中的 γz 用 $(q + \gamma z)$ 代替，即可得到填土表面有超载作用时的主动土压力计算公式，即

黏性土 　　　　　　　　　$p_a = (\gamma z + q)K_a - 2c\sqrt{K_a}$，　　　　　　　(8-13)

砂性土 　　　　　　　　　$p_a = (\gamma z + q)K_a。$　　　　　　　　　　　(8-14)

2. 成层填土中的朗肯土压力

当挡土墙后填土为成层土时，仍可按式(8-6)和式(8-7)计算主动土压力。但应注意在土层分界面上，由于两层土的抗剪强度指标 c 和 φ 不同，土压力系数也不同，使土压力的分布有突变。如图 8-10 所示，各点的土压力分别为

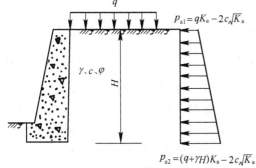

图 8-9　填土表面有超载作用时的主动土压力

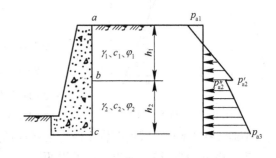

图 8-10　成层填土中的土压力

a 点　　　　　　　　　　　$p_{a1} = -2c_1\sqrt{K_{a1}}$，

b 点上(在第 1 层土中)　　　$p'_{a2} = \gamma_1 h_1 K_{a1} - 2c_1\sqrt{K_{a1}}$，

b 点下(在第 2 层土中)　　　$p''_{a2} = \gamma_1 h_1 K_{a2} - 2c_2\sqrt{K_{a2}}$，

c 点　　　　　　　　　　　$p_{a3} = (\gamma_1 h_1 + \gamma_2 h_2)K_{a2} - 2c_2\sqrt{K_{a2}}$。

式中，$K_{a1} = \tan^2\left(45° - \dfrac{\varphi_1}{2}\right)$，$K_{a2} = \tan^2\left(45° - \dfrac{\varphi_2}{2}\right)$。

例 8-2　如图 8-11 所示,挡土墙高度为 7 m,墙背垂直光滑,填土顶面水平并作用有连续均布荷载 $q=15$ kPa。填土为黏性土,其主要物理力学指标为 $\gamma=17$ kN/m³,$c=15$ kPa,$\varphi=20°$。试求主动土压力大小及其分布。

解　填土表面处的主动土压力值为

$$p_a=(\gamma z+q)\tan^2\left(45°-\frac{\varphi}{2}\right)-2c\cdot\tan\left(45°-\frac{\varphi}{2}\right)=$$

$$(17\times0+15)\times\tan^2\left(45°-\frac{20°}{2}\right)-2\times15\times\tan\left(45°-\frac{20°}{2}\right)=$$

$$15\times0.49-2\times15\times0.7=-13.65 \text{ kPa}。$$

由 $p_a=0$ 可求出拉应力区高度 h_0,即

$$p_a=(\gamma h_0+q)\tan^2\left(45°-\frac{\varphi}{2}\right)-2c\cdot\tan\left(45°-\frac{\varphi}{2}\right),$$

令 $p_a=0$,有

$$(17h_0+15)\times0.49-2\times15\times0.7=0;$$

故得 $h_0=1.64$ m。

墙底处主动土压力值为

$$p_a=(17\times7+15)\times0.49-2\times15\times0.7=65.66-21=44.66 \text{ kPa}。$$

主动土压力分布如图 8-11 所示。

主动土压力合力 E_a 为土压力分布图形的面积,即

$$E_a=\frac{1}{2}(7-1.64)\times44.66=119.69 \text{ kN/m},$$

合力作用点距墙底距离为 $d=\frac{1}{3}\times(7-1.64)=1.79$ m。

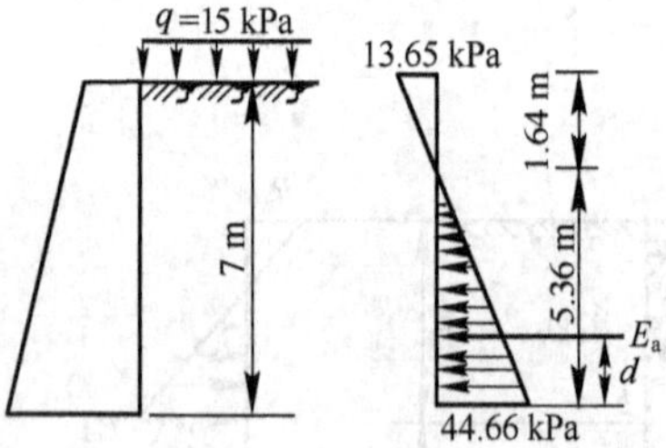

图 8-11　例 8-2 附图

例 8-3　如图 8-12 所示,挡土墙墙后填土为两层砂土,其物理力学指标分别为 $\gamma_1=18$ kN/m³,$c_1=0$,$\varphi_1=30°$,$\gamma_2=20$ kN/m³,$c_2=0$,$\varphi_2=35°$,填土面上作用均布荷载 $q=20$ kPa。试用朗肯土压力公式计算挡土墙上的主动土压力分布及其合力。

解　由 $\varphi_1=30°$ 和 $\varphi_2=35°$,可求得两层土的朗肯主动土压力系数分别为 $K_{a1}=0.333$,$K_{a2}=0.271$。

于是可得挡土墙上各点的主动土压力值分别为

a 点　　　$p_{a1}=qK_{a1}=20\times0.333=6.67$ kPa,

b 点上(在第 1 层土中)　　$p'_{a2}=(\gamma_1 h_1+q)K_{a1}=(18\times6+20)\times0.333=42.6$ kPa,

b 点下(在第 2 层土中)　　$p''_{a2}=(\gamma_1 h_1+q)K_{a2}=(18\times6+20)\times0.271=34.7$ kPa,

c 点　　　$p_{a3}=(\gamma_1 h_1+\gamma_2 h_2+q)K_{a2}=(18\times6+20\times4+20)\times0.271=56.4$ kPa。

主动土压力分布见图 8-12。由分布图可求得主动土压力合力 E_a 及其作用点位置。

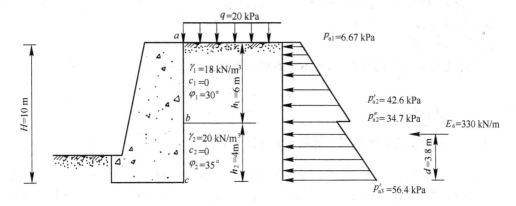

图 8-12 例 8-3 附图

$$E_a = \left(6.67 \times 6 + \frac{1}{2} \times 35.93 \times 6\right) + \left(34.7 \times 4 + \frac{1}{2} \times 21.7 \times 4\right) =$$

$$(40.0 + 107.79) + (138.8 + 43.4) = 330 \text{ kN/m}。$$

合力 E_a 作用点距墙底距离为

$$d = \frac{1}{330} \times \left(40 \times 7 + 107.79 \times 6 + 138.8 \times 2 + 43.4 \times \frac{4}{3}\right) = 3.8 \text{ m}。$$

3. 挡土墙后填土中有地下水存在

挡土墙后填土常会有地下水存在,此时挡土墙除承受侧向土压力作用之外,还受到水压力的作用。对地下水位以下部分的土压力,应考虑水的浮力作用,一般有"水土分算"和"水土合算"两种基本思路。对砂性土或粉土,可按水土分算的原则进行,即先分别计算土压力和水压力,然后再将两者叠加;而对于黏性土则可根据现场情况和工程经验,按水土分算或水土合算进行。现简单介绍水土分算或水土合算的基本方法:

1) 水土分算法

采用有效重度 γ' 计算土压力,并同时计算静水压力,然后将两者叠加。对于黏性土和砂性土,土压力分别为

$$p_a = \gamma' z K'_a - 2c' \sqrt{K'_a}, \tag{8-15}$$

$$p_a = \gamma' z K'_a。 \tag{8-16}$$

式中,γ'——土的有效重度;

K'_a——按有效应力强度指标计算的主动土压力系数,$K'_a = \tan^2\left(45° - \dfrac{\varphi'}{2}\right)$;

z——计算点处的深度(m);

c'——有效黏聚力(kPa);

φ'——有效内摩擦角。

在工程应用中,为简化起见,公式(8-15)和公式(8-16)中的有效应力强度指标 c' 和 φ' 常用总应力强度指标 c 和 φ 代替。

2) 水土合算法

对于地下水位以下的黏性土,可用土的饱和重度 γ_{sat} 计算总的水土压力,即

$$p_a = \gamma_{sat} z K_a - 2c \sqrt{K_a} 。 \qquad (8-17)$$

式中,γ_{sat}——土的饱和重度;

K_a——按总应力强度指标计算的主动土压力系数,$K_a = \tan^2\left(45° - \dfrac{\varphi}{2}\right)$。

例 8-4　如图 8-13 所示,挡土墙高度 $H = 10$ m,填土为砂土,墙后有地下水位存在,填土的物理力学性质指标见图示。试计算挡土墙上的主动土压力及水压力的分布及其合力。

解　填土为砂土,按水土分算原则进行。主动土压力系数

$$K_a = \tan^2\left(45° - \frac{\varphi}{2}\right) = \tan^2\left(45° - \frac{30°}{2}\right) = 0.333 ,$$

于是可得挡土墙上各点的主动土压力分别为

a 点　　　　　　　　　　　$p_{a1} = \gamma_1 z K_a = 0$,

b 点　　　　　　　　　$p_{a2} = \gamma_1 h_1 K_a = 18 \times 6 \times 0.333 = 36.0$ kPa。

由于水下土的 φ 值与水上土的 φ 值相同,故在 b 点处的主动土压力无突变现象。

c 点　　$p_{a3} = (\gamma_1 h_1 + \gamma' h_2) K_a = (18 \times 6 + 9 \times 4) \times 0.333 = 48.0$ kPa。

主动土压力分布如图 8-13 所示,同时可求得其合力 E_a 为

$$E_a = \frac{1}{2} \times 36 \times 6 + 36 \times 4 + \frac{1}{2} \times (48 - 36) \times 4 = 108 + 144 + 24 = 276 \text{ kN/m} ,$$

合力 E_a 作用点距墙底距离 d 为

$$d = \frac{1}{276} \times \left(108 \times 6 + 144 \times 2 + 24 \times \frac{4}{3}\right) = 3.5 \text{ m}。$$

此外,c 点水压力为　　　　$p_w = \gamma_w h_2 = 9.8 \times 4 = 39.2$ kPa,

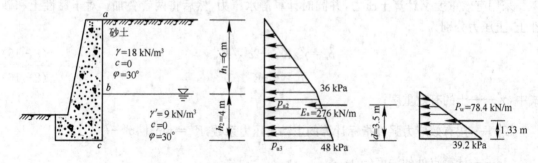

图 8-13　例 8-4 附图

作用在墙上的水压力合力 P_w 为

$$P_w = \frac{1}{2} \times 39.2 \times 4 = 78.4 \text{ kN/m},$$

水压力合力 P_w 作用在距墙底 $\dfrac{h_2}{3} = \dfrac{4}{3} = 1.33$ m 处。

8.4　库仑土压力理论

8.4.1　基本原理和假定

库仑在 1776 年提出的土压力理论也是著名的古典土压力理论之一。由于其计算原理比较简明,适应性较广,特别是在计算主动土压力时有足够的精度;因此至今仍在工程上得到广泛的应用。

库仑土压力理论最早假定挡土墙墙后的填土是均匀的砂性土,后来又推广到黏性土的情形。其基本假定是:当挡土墙背离土体移动或推向土体时,墙后土体达到极限平衡状态,其滑动面是通过墙脚 B 的平面 BC(图 8 - 14),假定滑动土楔 ABC 是刚体,则根据土楔 ABC 的静力平衡条件,按平面问题可解得作用在挡土墙上的土压力。

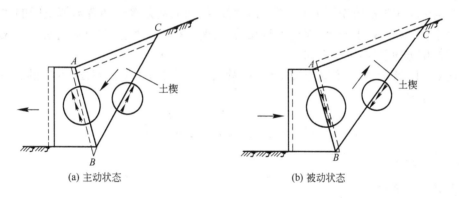

图 8 - 14　库仑土压力理论

8.4.2　库仑主动土压力计算

如图 8 - 15 所示,挡土墙墙背 AB 倾斜,与竖直线的夹角为 ε;填土表面 AC 是一倾斜平面,与水平面间的夹角为 β。当挡土墙在填土压力作用下离开填土向外移动时,墙后土体会逐渐达到主动极限平衡状态,此时土体中将产生两个通过墙脚 B 的滑动面 AB 及 BC。假定滑动面 BC 与水平面夹角为 α,并取单位长度挡土墙进行分析。考虑滑动土楔 ABC 的静力平衡条件,则作用在其上的力有以下几个。

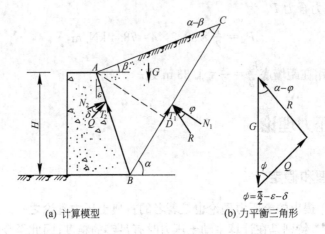

(a) 计算模型   (b) 力平衡三角形

图 8-15 库仑主动土压力计算简图

（1）土楔 ABC 的重力 G。若 α 值已知，则 G 的大小、方向及作用点位置均已知。

（2）土体作用在滑动面 BC 上的反力 R。R 是 BC 面上摩擦力 T_1 与法向反力 N_1 的合力，它与 BC 面法线间的夹角等于土的内摩擦角 φ。由于滑动土楔 ABC 相对于滑动面 BC 右边的土体是向下移动的，故摩擦力 T_1 的方向向上。R 的作用方向已知，大小未知。

（3）挡土墙对土楔的作用力 Q。它与墙背法线间的夹角等于墙背与填土间的摩擦角 δ。由于滑动土楔 ABC 相对于墙背是向下滑动的，故墙背在 AB 面上产生的摩擦力 T_2 的方向向上。Q 的作用方向已知，大小未知。

如图 8-15 所示，根据滑动土楔 ABC 的静力平衡条件，可绘出 G、R 和 Q 的力平衡三角形。由正弦定理得

$$\frac{G}{\sin[\pi-(\psi+\alpha-\varphi)]}=\frac{Q}{\sin(\alpha-\varphi)}, \tag{8-18}$$

式中，$\psi=\dfrac{\pi}{2}-\varepsilon-\delta$。

由图 8-15 可知

$$G=\frac{1}{2}\overline{AD}\cdot\overline{BC}\cdot\gamma,$$

$$\overline{AD}=\overline{AB}\cdot\sin\left(\frac{\pi}{2}+\varepsilon-\alpha\right)=H\cdot\frac{(\varepsilon-\alpha)}{\cos\varepsilon},$$

$$\overline{BC}=\overline{AB}\cdot\frac{\sin\left(\frac{\pi}{2}+\beta-\varepsilon\right)}{\sin(\alpha-\beta)}=H\cdot\frac{\cos(\beta-\varepsilon)}{\cos\varepsilon\cdot\sin(\alpha-\beta)},$$

$$G=\frac{1}{2}\gamma H^2\frac{\cos(\varepsilon-\alpha)\cdot\cos(\beta-\varepsilon)}{\cos^2\varepsilon\cdot\sin(\alpha-\beta)}。 \tag{8-19}$$

将式（8-19）代入式（8-18），得

$$Q = \frac{1}{2}\gamma H^2 \cdot \left[\frac{\cos(\varepsilon-\alpha) \cdot \cos(\beta-\varepsilon) \cdot \sin(\alpha-\varphi)}{\cos^2\varepsilon \cdot \sin(\alpha-\beta) \cdot \cos(\alpha-\varphi-\varepsilon-\delta)} \right], \tag{8-20}$$

式中，γ、H、ε、β、δ、φ 均为常数，Q 随滑动面 BC 的倾角 α 而变化。当 $\alpha = \frac{\pi}{2} + \varepsilon$ 时，$G=0$，故 $Q=0$；当 $\alpha = \varphi$ 时，由式(8-20)知 $Q=0$。因此，当 α 在 $\left(\frac{\pi}{2} + \varepsilon\right)$ 和 φ 之间变化时，Q 存在一个极大值。这个极大值 Q_{max} 即为所求的主动土压力 E_a。

为求得 Q_{max} 值，可将式(8-20)对 α 求导，并令

$$\frac{\mathrm{d}Q}{\mathrm{d}\alpha} = 0。 \tag{8-21}$$

由式(8-21)解得 α 值并代入式(8-20)，即可得库仑主动土压力计算公式为

$$E_a = Q_{max} = \frac{1}{2}\gamma H^2 K_a, \tag{8-22}$$

其中

$$K_a = \frac{\cos^2(\varphi-\varepsilon)}{\cos^2\varepsilon \cdot \cos(\delta+\varepsilon)\left[1 + \sqrt{\dfrac{\sin(\delta+\varphi) \cdot \sin(\varphi-\beta)}{\cos(\delta+\varepsilon) \cdot \cos(\varepsilon-\beta)}}\right]^2}。 \tag{8-23}$$

式中，γ、φ——挡土墙后填土的重度及内摩擦角；

$\quad\quad H$——挡土墙的高度；

$\quad\quad \varepsilon$——墙背与竖直线间夹角，当墙背俯斜时为正(图8-15)，反之为负；

$\quad\quad \delta$——墙背与填土间的摩擦角，与墙背面粗糙程度、填土性质、墙背面倾斜形状等有关，可由试验确定或参考经验数据确定；

$\quad\quad \beta$——填土面与水平面间的倾角；

$\quad\quad K_a$——库仑主动土压力系数，它是 φ、δ、ε、β 的函数；当 $\beta=0$ 时，K_a 值可由表8-2查得。

表8-2　库仑主动土压力系数 $K_a (\beta=0)$

墙背倾斜情况	$\varepsilon/°$	$\delta/°$	K_a					
			$\varphi/°$					
			20	25	30	35	40	45
仰斜	−15	$\frac{1}{2}\varphi$	0.357	0.274	0.208	0.156	0.114	0.081
		$\frac{2}{3}\varphi$	0.346	0.266	0.202	0.153	0.112	0.079
	−10	$\frac{1}{2}\varphi$	0.385	0.303	0.237	0.184	0.139	0.104
		$\frac{2}{3}\varphi$	0.375	0.295	0.232	0.180	0.139	0.104
	−5	$\frac{1}{2}\varphi$	0.415	0.334	0.268	0.214	0.168	0.131
		$\frac{2}{3}\varphi$	0.406	0.327	0.263	0.211	0.168	0.131

墙背倾斜情况	$\varepsilon/°$	$\delta/°$	K_a					
			$\varphi/°$					
			20	25	30	35	40	45
竖直	0	$\frac{1}{2}\varphi$	0.447	0.367	0.301	0.246	0.199	0.160
		$\frac{2}{3}\varphi$	0.438	0.361	0.297	0.244	0.200	0.162
俯斜	+5	$\frac{1}{2}\varphi$	0.482	0.404	0.338	0.282	0.234	0.193
		$\frac{2}{3}\varphi$	0.450	0.398	0.335	0.282	0.236	0.197
	+10	$\frac{1}{2}\varphi$	0.520	0.444	0.378	0.322	0.273	0.230
		$\frac{2}{3}\varphi$	0.514	0.439	0.377	0.323	0.277	0.237
	+15	$\frac{1}{2}\varphi$	0.564	0.489	0.424	0.368	0.318	0.274
		$\frac{2}{3}\varphi$	0.559	0.486	0.425	0.371	0.325	0.284
	+20	$\frac{1}{2}\varphi$	0.615	0.541	0.476	0.463	0.370	0.325
		$\frac{2}{3}\varphi$	0.611	0.540	0.479	0.474	0.381	0.340

如果填土面水平（$\beta=0$），墙背竖直（$\varepsilon=0$）及墙背光滑（$\delta=0$）时，由式（7-23）可得

$$K_a=\frac{\cos^2\varphi}{(1+\sin\varphi)^2}=\frac{1-\sin^2\varphi}{(1+\sin\varphi)^2}=\frac{1-\sin\varphi}{1+\sin\varphi}=\tan^2\left(45°-\frac{\varphi}{2}\right)。 \tag{8-24}$$

式（8-24）即为朗肯主动土压力系数的表达式。可见，在某种特定条件下，两种土压力理论得到的结果是一致的。

由式（8-22）可以看出，主动土压力合力 E_a 是墙高 H 的二次函数。将式（7-22）中的 E_a 对 z 求导，可得

$$p_a=\frac{dE_a}{dz}=\frac{d}{dz}\left(\frac{1}{2}\gamma z^2 K_a\right)=\gamma z K_a。 \tag{8-25}$$

可见，主动土压力强度 p_a 沿墙高按直线规律分布。由图 8-16 还可以看出，作用在墙背上的主动土压力合力 E_a 的作用方向与墙背法线成 δ 角，与水平面成 θ 角，其作用点在墙高的 $\frac{1}{3}$ 处。可以将合力 E_a 分解为水平分力 E_{ax} 和竖向分力 E_{ay} 两部分，则 E_{ax} 和 E_{ay} 都是线性分布，即

$$E_{ax}=E_a\cos\theta=\frac{1}{2}\gamma H^2 K_a\cos\theta, \tag{8-26}$$

$$E_{ay}=E_a\sin\theta=\frac{1}{2}\gamma H^2 K_a\sin\theta。 \tag{8-27}$$

式中,θ——E_a 与水平面的夹角,且 $\theta=\delta+\varepsilon$。

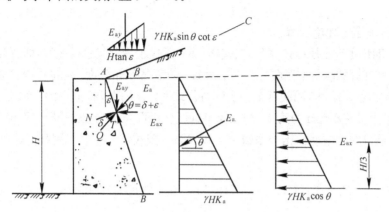

图 8-16　库仑主动土压力分布

例 8-5　如图 8-17 所示,已知某挡土墙墙高 $H=5$ m,墙背倾角 $\varepsilon=10°$,填土为细砂,填土面水平($\beta=0$),填土重度 $\gamma=19$ kN/m³,内摩擦角 $\varphi=30°$,墙背与填土间的摩擦角 $\delta=15°$。试按库仑土压力理论计算作用在墙上的主动土压力,并与朗肯土压力理论的计算结果进行比较。

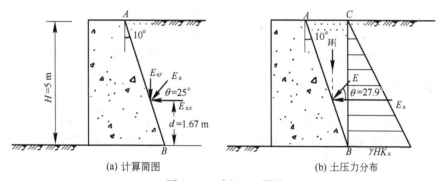

(a) 计算简图　　　　　　　(b) 土压力分布

图 8-17　例 8-5 附图

解　(1) 按库仑主动土压力公式计算。

当 $\beta=0$、$\varepsilon=10°$、$\delta=15°$、$\varphi=30°$ 时,由式(8-23)计算或由表 8-2 查得库仑主动土压力系数 $K_a=0.378$。由式(8-22)、式(8-26)和式(8-27)求得作用在单位长度挡土墙上的主动土压力合力为

$$E_a=\frac{1}{2}\gamma H^2 K_a=\frac{1}{2}\times 19\times 5^2\times 0.378=89.78 \text{ kN/m},$$

$$E_{ax}=E_a\cos\theta=89.78\times\cos(15°+10°)=81.36 \text{ kN/m},$$

$$E_{ay}=E_a\sin\theta=89.78\times\sin(15°+10°)=37.94 \text{ kN/m}。$$

主动土压力合力 E_a 的作用点位置距墙底距离为

$$d=\frac{H}{3}=\frac{5}{3}=1.67 \text{ m}。$$

（2）按朗肯土压力理论计算。

如前所述，朗肯主动土压力计算公式［式(8-8)］适应于墙背竖直($\varepsilon=0$)，墙背光滑($\delta=0$)和填土面水平($\beta=0$)的情况，与本例题($\varepsilon=10°,\delta=15°$)的情况有所不同。但也可以做如下的近似计算：从墙脚 B 点作竖直面 BC，用朗肯主动土压力公式计算作用在 BC 面上的主动土压力 E_a，假定作用在墙背 AB 上的主动土压力为 E_a 与土体 ABC 重力 W_1 的合力，见图 8-17(b)。

由 $\varphi=30°$ 求得朗肯主动土压力系数 $K_a=0.333$。按式(8-8)求作用在 BC 面上的主动土压力 E_a 为

$$E_a=\frac{1}{2}\gamma H^2 K_a=\frac{1}{2}\times 19\times 5^2\times 0.333=79.09 \text{ kN/m}，$$

土体 ABC 的重力 W_1 为

$$W_1=\frac{1}{2}\gamma H^2\tan\varepsilon=\frac{1}{2}\times 19\times 5^2\times\tan 10°=41.88 \text{ kN/m}，$$

作用在墙背 AB 上的合力 E 为

$$E=\sqrt{E_a^2+W_1^2}=\sqrt{79.09^2+41.88^2}=89.49 \text{ kN/m}，$$

合力 E 与水平面夹角 θ 为

$$\theta=\arctan\frac{W_1}{E_a}=\arctan\frac{41.88}{79.09}=27.9°。$$

可以看出，用朗肯理论近似计算的土压力合力与库仑理论计算结果是比较接近的。

8.4.3 库仑被动土压力计算

如图 8-18 所示，当挡土墙在外力作用下推向填土，直至墙后土体达到被动极限平衡状态时，墙后土体将出现通过墙脚的两个滑动面 AB 和 BC。由于滑动土体 ABC 向上挤出隆起，故

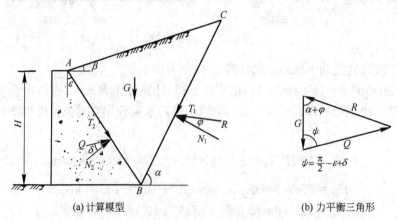

（a）计算模型   （b）力平衡三角形

图 8-18　库仑被动土压力计算简图

在滑动面 AB 和 BC 上的摩阻力 T_2 及 T_1 作用方向向下,与主动平衡状态时的情形正好相反。根据滑动土体 ABC 的静力平衡条件,可给出其力平衡三角形。由正弦定理可得

$$Q = G \frac{\sin(\alpha+\varphi)}{\sin(\frac{\pi}{2}+\varepsilon-\delta-\alpha-\varphi)}。 \tag{8-28}$$

由式(8-28)可知,在其他参数不变的条件下,抵抗力 Q 值随滑动面 BC 的倾角 α 而变化。事实上,当挡土墙推向填土时,最危险滑动面上的抵抗力应该是其中的最小值 Q_{min},此即作用在墙背上的被动土压力。为了求得 Q_{min},同样可对式(8-28)求导数,并令

$$\frac{\mathrm{d}Q}{\mathrm{d}\alpha} = 0。 \tag{8-29}$$

由式(8-29)解得 α 值,并代入式(8-28),即可得库仑被动土压力 E_p 的计算公式为

$$E_p = Q_{min} = \frac{1}{2}\gamma H^2 K_p, \tag{8-30}$$

$$K_p = \frac{\cos^2(\varphi+\varepsilon)}{\cos^2\varepsilon \cdot \cos(\varepsilon-\delta)\left[1 - \sqrt{\frac{\sin(\delta+\varphi) \cdot \sin(\varphi+\beta)}{\cos(\varepsilon-\delta) \cdot \cos(\varepsilon-\beta)}}\right]^2} \tag{8-31}$$

式中,K_p——库仑被动土压力系数。

库仑被动土压力合力 E_p 的作用方向与墙背法线成 δ 角。由式(8-30)可以看出,被动土压力 E_p 也是墙高 H 的二次函数。将式(8-30)中的 E_p 对 z 求导数,可得

$$p_p = \frac{\mathrm{d}E_p}{\mathrm{d}z} = \frac{\mathrm{d}}{\mathrm{d}z}\left(\frac{1}{2}\gamma z^2 K_p\right) = \gamma z K_p。 \tag{8-32}$$

式(8-32)表明,被动土压力强度 p_p 沿墙高为线性分布。

8.4.4　几种特殊情况下的库仑土压力计算

1. 地面荷载作用下的库仑主动土压力计算

挡土墙后的土体表面常作用有不同形式的荷载,从而使作用在墙背上的主动土压力有所增大。考虑最简单的情况,即土体表面作用有均布荷载 q(图 8-19)。此时,可首先将均布荷载 q 换算为土体的当量厚度 $h_0=q/\gamma$(γ 为土体的重度),以此确定假想中的墙顶 A' 点,然后再根据无地面荷载作用时的情况求出土压力强度及总土压力。具体步骤如下。

在三角形 $AA'A_0$ 中,由几何关系可得

$$AA' = h_0 \cdot \frac{\cos\beta}{\cos(\varepsilon-\beta)}, \tag{8-33}$$

AA' 在竖向的投影为

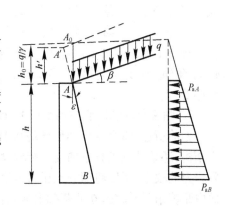

图 8-19　均布荷载作用下的
库仑主动土压力

$$h' = AA'\cos\varepsilon = \frac{q}{\gamma} \cdot \frac{\cos\varepsilon \cdot \cos\beta}{\cos(\varepsilon-\beta)}, \tag{8-34}$$

故可得墙顶 A 点处

$$p_{aA} = \gamma h' K_a, \tag{8-35}$$

墙底 B 点处

$$p_{aB} = \gamma(h+h')K_a。 \tag{8-36}$$

于是可得墙背 AB 上的总土压力为

$$E_a = \gamma h\left(\frac{1}{2}h + h'\right)K_a。 \tag{8-37}$$

2. 成层土体中的库仑主动土压力计算

如图 8-20 所示，假设各层土的分界面与土体表面平行。当求下层土的土压力强度时，可将上面各层土的重量看做是均布荷载的作用。各点的土压力强度如下。

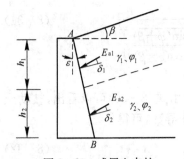

图 8-20 成层土中的库仑主动土压力

在第一层土顶面处，$p_a = 0$。

在第一层土底面处，$p_a = \gamma_1 h_1 K_{a1}$。

将 $\gamma_1 h_1$ 的土重换算为第二层土的当量土厚度，即

$$h'_1 = \frac{\gamma_1 h_1}{\gamma_2} \cdot \frac{\cos\varepsilon \cdot \cos\beta}{\cos(\varepsilon-\beta)}, \tag{8-38}$$

则在第二层土顶面处

$$p_a = \gamma_2 h'_1 K_{a2}。 \tag{8-39}$$

在第二层土底面处

$$p_a = \gamma_2(h'_1 + h_2)K_{a2}。 \tag{8-40}$$

式中，K_{a1}、K_{a2}——第一、第二层土的库仑主动土压力系数；

γ_1、γ_2——第一、第二层土的重度（kN/m³）。

每层土的总压力 E_{a1}、E_{a2} 的大小等于土压力分布图形的面积，作用方向与 AB 法线方向成 δ_1、δ_2 角（δ_1、δ_2 分别为第一、第二层土与墙背之间的摩擦角），作用点位于各层土压力分布图的形心处。

3. 黏性土中的库仑主动土压力计算

如前所述，库仑土压力最早是基于填土为砂性土的假定，但在实际工程中无论是一般的挡土结构，还是基坑工程中的支护结构，墙背后面的土体大多为黏性土、粉质黏性土等具有一定黏聚力的填土；所以将库仑土压力理论推广到黏性土中是十分必要的。为此，有学者提出"等效内摩擦角"的概念，在此基础上建立相应的计算公式。所谓等效内摩擦角，就是将黏性土的黏聚力作用折算成内摩擦角。等效内摩擦角可用 φ_D 表示。下面是工程中常采用的两种等效内摩擦角 φ_D 的确定方法。

(1) 根据土压力相等的概念计算。

假定挡土墙墙背竖直、光滑,墙后填土面水平。由朗肯主动土压力计算公式,即将式(8-9)代入式(8-10)可知,墙后填土有黏聚力存在时的主动土压力为

$$E_{a1} = \frac{1}{2}\gamma H^2 \tan^2\left(45° - \frac{\varphi}{2}\right) - 2cH\tan\left(45° - \frac{\varphi}{2}\right) + \frac{2c^2}{\gamma}。 \tag{8-41}$$

如果按等效内摩擦角的概念(无黏聚力)计算,则有

$$E_{a2} = \frac{1}{2}\gamma H^2 \tan^2\left(45° - \frac{\varphi_D}{2}\right)。$$

令 $E_{a1} = E_{a2}$,即可以得

$$\tan\left(45° - \frac{\varphi_D}{2}\right) = \tan\left(45° - \frac{\varphi}{2}\right) - \frac{2c}{\gamma H},$$

于是,可得等效内摩擦角 φ_D 为

$$\varphi_D = 2\left\{45° - \arctan\left[\tan\left(45° - \frac{\varphi}{2}\right) - \frac{2c}{\gamma H}\right]\right\}。 \tag{8-42}$$

(2) 根据抗剪强度相等的概念计算。

对于图 8-21 所绘出的基坑挡土墙土压力的计算问题,可由土的抗剪强度包线,通过作用在基坑底面标高上黏性土抗剪强度与等效砂性土抗剪强度相等的概念来计算等效内摩擦角 φ_D,即有

$$\varphi_D = \arctan\left(\tan\varphi + \frac{c}{\sigma_v}\right)。 \tag{8-43}$$

式中,σ_v——竖直应力;

  c——黏聚力;

  φ——内摩擦角。

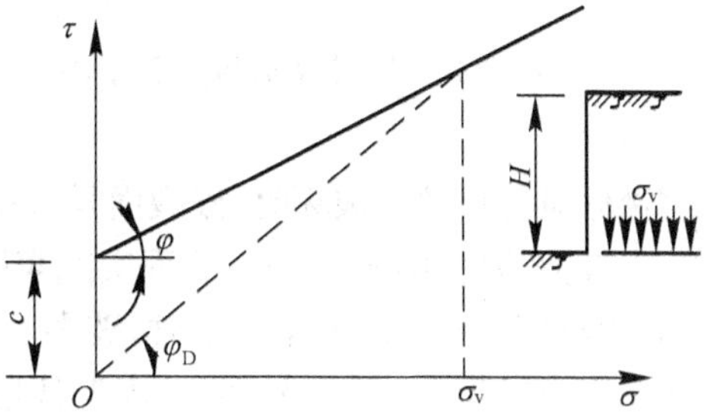

图 8-21 等效内摩擦角的计算

需要指出,等效内摩擦角的概念只是一种简化的工程处理方法,其物理意义并不明确,计算土压力时有时会产生较大的误差;所以也有采用图解法进行的。

8.5 关于土压力计算的讨论

8.5.1 朗肯土压力理论与库仑土压力理论的比较

朗肯土压力理论和库仑土压力理论均属于极限状态土压力理论,即它们所计算出的土压力均是墙后土体处于极限平衡状态下的主动或被动土压力。但这两种理论在具体分析时,分

别根据不同的假定来计算挡墙背后的土压力,两者只有在最简单的情况下($\varepsilon=0,\beta=0,\delta=0$)才有相同的理论推导结果。

朗肯土压力理论应用半空间中的应力状态和极限平衡状态理论,从土中一点的极限平衡条件出发,首先求出作用在挡土墙竖直面上的土压力强度及其分布形式,然后再计算作用在墙背上的总土压力。其概念比较明确,公式简单,对于黏性土和无黏性土都可以直接计算,故在工程中得到广泛应用。但由于该理论假设墙背直立、光滑、墙后填土水平并延伸至无穷远,因而其应用范围受到很大限制。由于这一理论不考虑墙背与填土之间摩擦作用的影响,故其主动土压力计算结果偏大,而被动土压力计算结果则偏小。

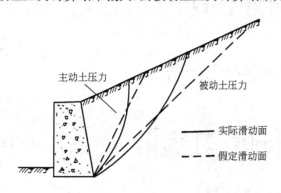

图 8-22　实际滑动面与假定滑动面的比较

库仑土压力理论根据墙后滑动土楔的整体静力平衡条件推导土压力计算公式,先求作用在墙背上的总土压力,需要时再计算土压力强度及其分布形式。该理论考虑了墙背与土体之间的摩擦力,并可用于墙背倾斜、填土面倾斜的复杂情况。但由于它假设填土是无黏性土,因此不能用库仑理论的原公式直接计算黏性土的土压力,尽管后来又发展了许多改进的方法,但一般均较为复杂。此外,库仑土压力理论假设墙后填土破坏时,破裂面是一平面,而实际上却是一曲面,因而其计算结果与实际情况有较大差别(图 8-22)。工程实践表明,在计算主动土压力时,只有当墙背的倾斜程度不大,墙背与填土间的摩擦角较小时,破裂面才接近于一个平面。一般情况下,这种偏差在计算主动土压力时为 2%~10%,可以认为其精度满足实际工程的需要;但在计算被动土压力时,由于破裂面接近于对数螺旋线,因此计算结果误差较大,有时可达 2~3 倍,甚至更大。

库仑理论计算的主动土压力值比朗肯理论结果略小。但在朗肯理论中,侧压力的合力平行于挡土墙后的土坡,而库仑理论由于考虑了挡土墙摩擦的影响,侧压力合力的倾角更大一些。总体而言,利用朗肯理论计算结果评价挡土墙稳定性时偏于安全的一面。需要指出,在实际工程中应根据不同的边界条件和土性条件选择合适的计算理论。

8.5.2　土压力的实际分布规律

1. 土压力沿挡土墙高度的分布

朗肯土压力理论和库仑土压力理论都假定墙背土压力随深度呈线性分布,但从一些室内模拟试验和现场观测资料来看,实际情况较为复杂。事实上,土压力的大小及沿墙高的分布规律与挡土墙的形式和刚度、挡土墙表面的粗糙程度、墙背面边坡的开挖坡度、填土的性质、挡土墙的位移方式等因素密切相关。

即使对于形状较为简单的刚性挡土墙而言,土压力沿墙高的分布也与挡土墙的位移方式有较大的关系。一般地,当挡土墙以墙脚为中心,偏离填土的方向相对转动时,才满足前述朗肯土压力理论的极限平衡假定,此时墙背面的土压力沿墙高的分布为三角形分布(图8-23(a)),其值为 $K_a\gamma z$;当挡土墙以墙顶为中心,偏离填土方向相对转动,而土体上端不动,则此处附近土压力与静止土压力 $K_0\gamma z$ 接近,下端向外变形很大,土压力应该比主动土压力 $K_a\gamma z$ 还小很多,墙背面土压力沿墙高的分布为非线性分布(图8-23(b));当挡土墙偏离填土方向水平位移时,上端附近土压力处于静止土压力 $K_0\gamma z$ 和主动土压力 $K_a\gamma z$ 之间,而下端附近土压力比主动土压力 $K_a\gamma z$ 还要小,挡土墙背面的土压力分布为非线性分布(图8-23(c));当挡土墙以墙中为中心,向填土方向相对转动时,上端墙体挤压土体,土压力分布与被动土压力 $K_p\gamma z$ 接近,而下端附近墙壁外移,土压力比主动土压力 $K_a\gamma z$ 还要小,墙背面土压力沿墙高的分布为曲线分布(图8-23(d))。

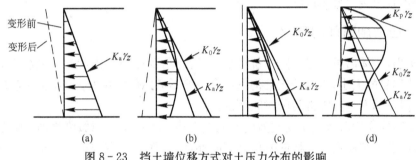

图8-23 挡土墙位移方式对土压力分布的影响

此外,对于一般刚性挡土墙,根据大尺寸模型试验结果可得出两个基本结论:(1)曲线分布的实测土压力总值与按库仑理论计算的线性分布的土压力总值近似相等;(2)当墙后填土为平面时,曲线分布土压力的合力作用点距墙底高度为(0.40~0.43)H 处(H 为墙高)。

以上为挡土墙刚度较大而自身变形可以忽略的情形。如果挡土墙刚度较小(如各类板桩墙),则其受力过程中会产生自身的挠曲变形,墙后土压力分布图形呈不规则的曲线分布,也不适宜按刚性挡土墙所推导的经典土压力理论计算公式进行计算,具体计算方法可参见有关文献。

2. 土压力沿挡土墙长度的分布

朗肯理论和库仑理论均将挡土墙作为平面问题来考虑,也就是取无限长挡土墙中的单位长度来研究。实际上,所有挡土墙的长度都是有限的,作用在挡土墙上的土压力随其长度而变化,即作用在中间断面上的土压力与作用在两端断面上的土压力有明显的不同,是一个空间问题。这种性质与挡土墙墙背面填土的破坏机理有关,当挡土墙在填土或外力作用下产生一定位移后,墙背面填土中形成两个不同的应力区。其中,随同墙体位移的这一部分土体处于塑性应力状态,远离墙体未产生位移的土体则保持弹性应力状态。而处于两个应力区域之间的土体虽未产生明显的变形;但由于受到随同墙体变形土体的影响,在靠近产生较大变形的土体部分产生应力松弛现象，并逐步过渡到弹性应力状态，从而形成一个过渡区域。

对于松散的土介质，应力的传递主要依靠颗粒接触面间的相互作用来进行。在过渡区内，当介质的一个方向产生微小变形或应力松弛时，与之正交的另一个方向就极易形成较强的卸荷拱作用，并且随土体变形的增长而更为明显。当变形达到一定值后，土体中的拱作用得到充分发挥，最终形成所谓的极限平衡拱。这样，在平衡拱范围内的土体随同墙体产生明显的变形，而在平衡拱以外的土体并未由于墙体的位移而产生明显的变形。

当平衡拱土柱随同墙体向前产生较大的位移时，由于受到底部地基的摩擦阻力作用，土柱的底面形成一曲线形的滑动面，即在墙背面形成一个截柱体形的滑裂土体，从而使作用在挡土墙上的土压力沿长度方向呈现对称的分布规律。对于长度较短的挡土墙，卸荷拱作用非常明显，必须考虑它的空间效应问题。目前，已有不少学者开展了这方面的研究工作，获得一定的成果，具体内容可参考有关文献。

8.5.3 土压力随时间的变化

前已指出，土体需要满足一定的位移量，才可以达到极限平衡状态。在静力计算中，一般很难估算位移量的大小；故在挡土结构设计时一般不考虑位移量的大小，也不考虑时间对土压力的影响，但实际上土压力常常随时间而变化。

当挡土结构物背后填土所受到剪应力大于或等于土本身的屈服强度时，则填土就开始蠕变。这时，如挡土结构物以同样的变形速率向外移动，则挡土结构物上的土压力为最小，此时填土的抗剪强度得到充分发挥。同样，如果挡土结构物以同样的速度向内移动，则挡土结构物的土压力为最大。

填土方法和填料颗粒性质对挡土墙上的土压力有重要影响。若填料采用未压实的粗粒土，则经过较长时间后，土压力与主动土压力理论值一致。若挡土墙背后填土经过压实，最终土压力可能达到或超过静止土压力。从理论上讲，将土料压实是一种常见的用来增大内摩擦角以减小主动土压力系数的方法。但逐层填筑和压实会引起侧向挤压，使挡土墙随填土高度的增加而逐渐偏转，而挡土墙建成后不再可能发生主动状态所需的位移；故即使挡土墙发生位移而使土压力减小到主动土压力理论值，其后土压力仍将随时间增大并趋于静止土压力值。

松弛现象对土压力也有一定的影响。当挡土结构物背后填土后，如果结构物的位移保持不变，则土的蠕变变形受到限制，其抗剪强度得不到充分发挥。这时，土体内的应力将产生松弛现象，即作用在挡土结构物上的主动土压力将随时间而增加，并逐渐达到静止土压力状态。当挡土结构物位移停止时，土的蠕变变形速率愈小，则土的应力松弛作用也愈小；反之，土的蠕变变形速率愈大，则土的应力松弛作用也愈大。土的应力松弛程度与土的性质有关，如硬黏土的应力松弛程度一般小于软黏土的应力松弛程度。有研究表明，硬黏土在 3d 内，应力松弛约为起始值的 55%，软黏土则应力松弛到 0。

8.6　填埋式结构物上的土压力

8.6.1　填埋式结构物上的土压力特点

地下填埋式结构物(如坝下埋管、给排水管、煤气管、输油管、天然气管、地铁车站等刚性结构物)是土木工程中常见的一类结构物。进行该类结构物设计时,首先需要计算作用在结构物上的各种外荷载。其中,周围填土作用在结构物上的土压力常常是其主要荷载,而土压力的大小与结构物的埋设方法密切相关,埋置方法不同其受力特点也不相同。一般而言,结构物的埋置方法可大致分为沟埋式和上埋式两种典型的形式,如图 8-24。

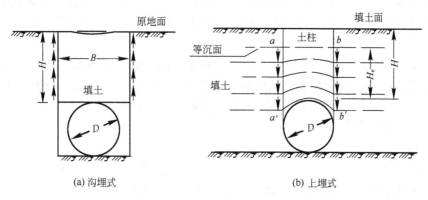

(a) 沟埋式　　　　　(b) 上埋式

图 8-24　结构物埋设的典型形式

沟埋式是指先在天然场地中开挖沟槽至设计高程,放置结构物后再回填沟槽至地面高程。因此,可以认为沟槽外原有的土体将不再发生变形,而沟槽内结构物顶部回填的土在自重作用下将产生沉降变形。这样,沟槽壁将对新填土产生向上的摩阻力,阻止土柱的下沉(图 8-24(a)),即沟内回填土柱的一部分重量将由两侧沟壁的摩阻力所承担,从而使作用于结构物顶上的竖直土压力 σ_z 小于结构物上土柱的重量,即 $\sigma_z < \gamma H$。

上埋式是指将结构物直接敷设在天然地面或浅沟内,然后再在上面回填土至设计高程。这时,地面以上新的填土在自重作用下将产生沉降。但由于结构物宽度以外的填土厚度大于结构物顶部填土的厚度;故结构物顶部土柱的沉降量将小于结构物两侧土的沉降量,在土柱界面两侧将产生向下的摩擦力(图 8-24(b)),使得结构物所受到的垂直土压力大于结构物顶部土柱的重量,即 $\sigma_z > \gamma H$。

事实上,敷设于地下的各类结构物处于周围土介质之中,同时填土亦是作用荷载。结构物与土体之间相互作用、相互协调。故考察结构物受力状态时一般需讨论下列因素。

(1)周边土性质(如压缩性、黏聚力和内摩擦角)。

(2)结构物形状和尺寸。如矩形结构物与圆形结构物受力状态显然不同。

（3）结构物相对刚度。刚性结构物（如钢筋混凝土涵洞）与柔性结构物（如大直径钢管）受力状态有较大差别。

（4）地质条件。基础为硬基或软基，受力状态不同。

（5）施工方法。施工的质量控制会影响土压力分布，如填土的密实程度、结构物两侧与顶部土体填筑的先后次序等。

下面根据剪切滑动理论，给出沟埋式刚性结构物和上埋式刚性结构物两种情况下顶部竖直土压力的简化计算方法。

8.6.2 沟埋式结构物竖直土压力计算

马斯顿（Marston A，1913）等根据散体极限平衡理论提出一个计算沟埋式结构物上竖直土压力的计算公式，至今仍得到广泛的应用。图 8-25 为一沟埋式结构物，沟槽宽度为 B，填土在自重作用下向下沉陷，在两侧沟壁上产生向上的剪切力 τ，并假定它等于土的抗剪强度 τ_f。

在填土面下深度 z 处，取厚度 dz 的土层作为隔离体进行受力分析。土层重量 $dW = \gamma B dz$，侧向土压力 $\sigma_h = K\sigma_z$，则沟壁抗剪强度 $\tau_f = c + \sigma_h \tan\varphi$。根据力的平衡条件有

$$\gamma B dz - B d\sigma_z - 2(c + K\sigma_z \tan\varphi)dz = 0。 \tag{8-44}$$

式中，γ——填土重度；

c、φ——填土与沟壁之间的黏聚力和内摩擦角；

B——沟槽宽度；

K——土压力系数，一般介于主动土压力系数 K_a 与静止土压力系数 K_0 之间，马斯顿采用主动土压力系数。

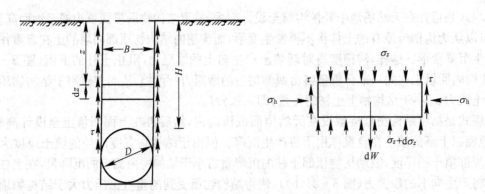

图 8-25　沟埋式结构物竖直土压力计算

式（8-44）可写成

$$\frac{d\sigma_z}{dz} = \gamma - \frac{2c}{B} - 2K\sigma_z \frac{\tan\varphi}{B}。 \tag{8-45}$$

根据边界条件 $z=0$ 时，$\sigma_z=0$，解微分方程(8-45)，可得结构物顶部 $z=H$ 处的土压力分布为

$$\sigma_z = \frac{B\left(\gamma - \dfrac{2c}{B}\right)}{2K\tan\varphi}(1 - \mathrm{e}^{-2K\frac{H}{B}\tan\varphi})\,。 \tag{8-46}$$

需要指出，沟槽宽度 B 值的大小对作用在结构物上的土压力有较大影响。一般而言，随 B/D 值的增大，沟壁摩阻力对结构物上的土压力的影响将逐渐减少，当 B/D 达某一值时，作用在结构物上的土压力等于 γH。

8.6.3 上埋式结构物竖直土压力计算

如图 8-26(a)所示，马斯顿假定上埋式结构物上土柱与周围土体发生相对位移的滑动面为竖直平面 aa'、bb'。采用与沟埋式结构物类似的方法，可得到作用在上埋式结构物顶部竖直土压力的计算公式为

$$\sigma_z = \frac{B\left(\gamma + \dfrac{2c}{B}\right)}{2K\tan\varphi}(\mathrm{e}^{2K\frac{H}{B}\tan\varphi} - 1)\,, \tag{8-47}$$

式中，符号意义同前。

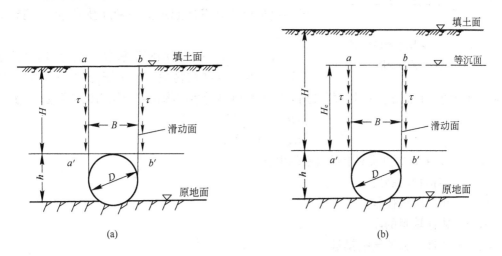

(a)　　　　　　　　　　　　　　　　(b)

图 8-26　上埋式结构物竖直土压力计算

式(8-47)适用于结构物顶部填土厚度较小的情况。若填土厚度 H 较大，则在填土面以下存在一等沉面。在等沉面之上，土柱内外无相对位移，而等沉面之下将产生相对位移，其厚度为 H_e，滑动面为 aa' 和 bb'[图 8-26(b)]。这时，作用在结构物顶部的竖直土压力为

$$\sigma_z = \frac{B\left(\gamma + \dfrac{2c}{B}\right)}{2K\tan\varphi}(\mathrm{e}^{2K\frac{H_e}{B}\tan\varphi} - 1) + \gamma(H - H_e)\mathrm{e}^{2K\frac{H_e}{B}\tan\varphi}\,, \tag{8-48}$$

式中，H_e——等沉面厚度。

需要指出，上述土压力计算公式是建立在结构物顶部土柱与两侧土体产生竖直向滑动面的假设基础上，即在土的抗剪强度得到完全发挥的条件下得出的，与实际情况并不完全相符，其计算值可能会偏大；所以应用时应结合具体情况和已有的资料进行修正。对于重要的工程，可采用非线性土的应力-应变关系，通过有限元法等数值计算手段进行分析，以考虑复杂的边界条件和土体性质。

8.6.4 结构物顶部土压力的减荷措施

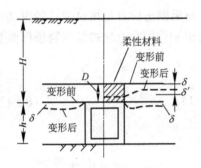

图 8-27 采用柔性填料后顶部土层的变形

在高填土条件下，作用于大型结构物上的垂直土压力往往远大于结构物顶部土柱的重量，即会产生较大的应力集中现象。可采取一些减荷措施来减小竖直土压力，其中一个有意义的思路是，在上埋式结构物顶部填筑一定厚度变形较大的柔性材料代替原有的填土材料，有目的地形成类似于沟埋式结构物的埋设条件，以减轻结构物顶部的土压力。常用的柔性材料有压缩性大的黏土、锯末、火山灰、泥炭、草垫、煤灰等。采用压缩性大但又有一定结构强度的聚苯乙烯泡沫塑料块体或颗粒作为柔性填料是近年来发展起来的一种新技术，并得到较好的应用。

理论研究和一些现场实测资料表明，采用柔性填料后可以大大降低结构物顶部的土压力（图 8-27）。借助于弹性理论的一些假定和推导，可得到采用柔性填料后结构物顶部土压力的估算公式为

$$\sigma_z = \left[\left(\frac{h\beta}{E_s} + 1 \right) \Big/ \left(\frac{D\beta}{E_p} + 1 \right) \right] \gamma H \text{。} \tag{8-49}$$

式中，σ_z——刚性结构物顶部土压力平均值；

h——结构物的高度；

E_s——土的压缩模量；

D——柔性填料的厚度；

E_p——柔性填料的压缩模量；

γ——土的重度；

H——填土的高度；

β——系数，且

$$\beta = E_0 / [W_c \cdot B(1-\mu^2)] \text{。} \tag{8-50}$$

式中，E_0 为土的变形模量，μ 为泊松比，W_c 为结构物形状影响系数，B 为结构物宽度。

由式（8-49）可知，柔性填料的厚度愈大、压缩模量愈小，则结构物顶部土压力愈小。

日本在北海道的一条汽车通道中成功地进行了这种减压措施的试验研究工作。该钢筋混

凝土通道的顶部需要填筑厚为 13.7 m 的填土。为了减小通道上所受的土压力,在其中一段通道的顶部铺设了 40 cm 厚的聚苯乙烯泡沫塑料块体。图 8-28(a)给出没有采用减荷措施时土压力与填土高度的关系。可见,在填土高度较小时,所受土压力基本符合 $p_v = \gamma H$ 的关系,但当填土高度超过 5 m 后,p_v 的增加速率有所增大,其关系满足 $p_v = 1.2\gamma H$,表明两侧土体的重量部分地转移到通道结构顶部上。图 8-28(b)给出有减荷措施时的情况,表明当填土高度在 5 m 以下时,p_v 的增加符合 $p_v = \gamma H$ 的规律;但当填土高度超过 5 m 后,聚苯乙烯泡沫塑料块体中的应力达到屈服值,变形迅速增加。此时,随填土高度的增加,通道顶部的土压力增加量很小,表明通道上部填土的重量大幅度地转移到两侧的土体上。沉降观测结果表明,经过 200 天的作用,采用聚苯乙烯泡沫塑料块体材料后,通道上部土体横断面中心线处下沉量为 60 cm,而两侧同一高程处的下沉量为 40 cm。没有采用减荷材料时,通道上部土体横断面中心线处下沉量为 25 cm,而两侧同一高程处的下沉量仍为 40 cm。

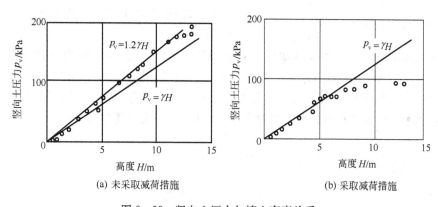

(a) 未采取减荷措施   (b) 采取减荷措施

图 8-28 竖向土压力与填土高度关系

思考题

8-1 什么是静止土压力、主动土压力和被动土压力?试举出几个工程实例。

8-2 试述 3 种典型土压力发生的条件及其相互关系。

8-3 朗肯土压力理论与库仑土压力理论的基本原理和假定有什么不同?它们在什么条件下才可以得出相同的结果?

8-4 如何理解主动土压力是主动极限平衡状态时的最大值,而被动土压力是被动极限平衡状态时的最小值?

8-5 挡土结构物的刚度及位移对土压力的大小有什么影响?在实际工程分析中应如何考虑这一影响?

8-6 填埋式结构物上的土压力有什么特点,它与结构物的刚度有什么关系?

习 题

8-1 如图 8-29 所示,挡土墙墙背填土分层情况及其物理力学指标分别为:黏土 $\gamma=18$ kN/m³,$c=10$ kPa,$\varphi=30°$;中砂 $\gamma_{sat}=20$ kN/m³,$c=0$,$\varphi=35°$。试按朗肯土压力理论计算挡土墙上的主动土压力及其合力 E_a 并绘出分布图。

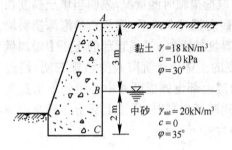

图 8-29 习题 8-1 附图

8-2 某挡土墙的墙背垂直、光滑,墙高 7.0 m,墙后有两层填土,物理力学性质指标如图 8-30 所示,地下水位在填土表面下 3.5 m 处与第二层填土面齐平。填土表面作用有大小为 $q=100$ kPa 的连续均布荷载。试求作用在挡土墙上的主动土压力 E_a 和水压力 P_w 的大小。

8-3 如图 8-31 所示,已知桥台高度 $H=6$ m。填土的物理力学性质指标为:$\gamma=18$ kN/m³,$c=13$ kPa,$\varphi=20°$;地基土为黏性土,$\gamma=17.5$kN/m³,$c=15$ kPa,$\varphi=15°$。(1)土的静止侧压力系数 $K_0=0.5$,计算静止土压力大小及作用点位置,并绘出分布图;(2)试用朗肯土压力理论计算桥台墙背上的被动土压力及作用点位置,并绘出其分布图。

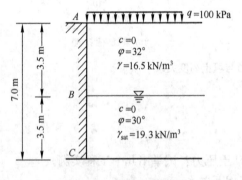

图 8-30 习题 8-2 附图

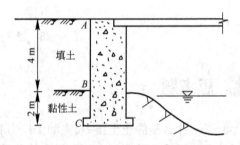

图 8-31 习题 8-3 附图

8-4 如图 8-32 所示,已知挡土墙高度 $H=6$ m,墙背倾角 $\varepsilon=10°$,墙背摩擦角 $\delta=17.5°$,填土面与水平面夹角 $\beta=0$,填土的物理力学性质指标为 $\gamma=19.7$ kN/m³,$c=0$,$\varphi=35°$。试用库仑土压力理论计算挡土墙上的主动土压力合力及作用点位置。

8-5 如图 8-33 所示,挡土墙高度 $H=5$ m,墙背倾角 $\varepsilon=10°$,已知填土重度 $\gamma=20$ kN/m³,黏聚力 $c=0$,内摩擦角 $\varphi=30°$,墙背与填土间的摩擦角 $\delta=15°$。试用库仑土压力理论计算挡土墙上的主动土压力大小、作用点位置及与水平方向的夹角。

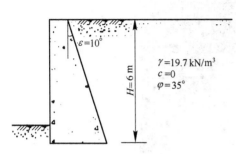

图 8 - 32　习题 8 - 4 附图

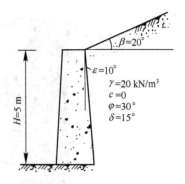

图 8 - 33　习题 8 - 5 附图

A. W. Skempton

A. W. Skempton(1914—2001)于 1914 年生于英国的 Northampton,并在 Northampton School 和伦敦帝国大学接受教育。于 1949 年在伦敦帝国大学获得科学博士学位。

A. W. Skempton 的兴趣很广泛,涉及土力学、岩石力学、工程地质学中所遇到的问题。此外,他还对土木工程的历史进行了深入的研究。Skempton 教授对土力学的贡献主要包括有效应力原理的基础,黏土中的孔隙压力和 A、B 系数,地基承载力和土坡的稳定性等。Skempton 教授在其职业生涯中一再表现出具有从复杂的问题中确认出重要而关键部分的杰出的本领。由 Skempton 教授建立并领导的伦敦帝国大学土力学研究中心已成为世界上顶尖的土力学研究中心之一。

A. W. Skempton 是第四届(1957—1961)国际土力学与基础工程学会主席。

第 **9** 章

地基承载力

9.1 概述

地基承载力是指地基土承受荷载的能力。地基在建筑物荷载作用下,可能产生的破坏类型一般分为两大类:一种是地基在建筑物荷载作用下产生过大的变形或不均匀沉降,从而导致建筑物严重下沉、倾斜或挠曲;另一种是建筑物的荷重过大,使得地基土体内出现剪切破坏(塑性变形)区域,当剪切破坏区域不断扩大,发展成连续的滑移面时,基础下面部分土体将沿滑移面滑动,地基将丧失稳定性,导致建筑物产生倾倒、塌陷等灾难性破坏。

因此,地基承受荷载的能力与地基的变形条件和稳定状态是密切相关的。也就是说在不同的外荷载作用下,地基土体的变形性质和剪切破坏区域(塑性变形区域)的发展范围是有差别的。现仍然假设地基为理想的弹塑性变形材料,随着基底压力(外荷载)的不断增加,地基土体的变形由线性变形阶段转变为非线性变形阶段。当荷载继续增加并超过某一限定值后,地基土体的变形则急剧增加。相应的地基中受荷载影响较大的部分土体的应力状态由弹性状态转化成弹塑性混合状态(局部区域土体应力处于极限平衡状态),直至形成连续的滑移面而导致地基失稳。因此,地基承受荷载的能力(强度发挥程度)与地基的变形是相互适应的,这种一一对应的关系一直维持到地基出现失稳破坏为止。

本章将主要讨论地基承载力的理论及它的分析方法、计算公式和影响因素。地基承载力理论以土体应力极限平衡理论为基础,依据地基土体塑性区(即极限平衡区域)发展的不同阶段,提出了临塑荷载、临界荷载和极限荷载(极限承载力)的概念及相应的理论计算公式。

本章还将介绍工程实践中经常应用的地基承载力的经验公式法。该方法所确定的地基承载力是指地基保持稳定并有一定的安全度,而且变形控制在建筑物容许范围内时的基底压力。如何合理地确定地基承载力是进行地基基础设计的关键,也是工程实践中迫切需要解决的基本问题。最后将介绍确定地基承载力的原位测试方法。

学完本章后应掌握以下内容：

（1）确定地基承载力的几种方法；

（2）如何利用临塑荷载确定地基承载力；

（3）如何利用极限平衡方法确定地基极限承载力；

（4）如何利用规范方法确定地基承载力。

学习时应注意回答以下问题：

（1）在利用极限平衡方法确定地基极限承载力时有哪些基本假定？这些假定的适用范围是什么？

（2）何谓地基的临塑荷载、极限承载力和容许承载力？

（3）在地基稳定性分析和确定极限承载力时，需要用到土的哪些参数？这些参数对地基的稳定性有何影响？这些参数是如何确定的？怎样确定才能反映地基现场的实际情况及其随环境与时间的变化？

（4）影响地基承载力的因素有哪些？

（5）因建筑物地基出现问题而引起的破坏一般有哪两种情况？

9.2 地基的变形和失稳破坏形式

9.2.1 地基的主要破坏形式

建筑物因地基承载力不足而引起的失稳破坏，通常是由于基础下地基土体的剪切破坏所致。如图 9-1 所示，地基失稳破坏是由于地基土体的剪应力达到了抗剪强度，形成了连续的滑移面而使地基失去稳定。由于实际工程的现场条件千变万化，所以地基的实际破坏形式是多种多样的；但基本上可以归纳为整体剪切破坏、局部剪切破坏和冲切破坏 3 种主要形式。

1. 整体剪切破坏

图 9-1(a) 所示为整体剪切破坏的特征。当地基荷载（基底压力）较小时，基础下形成一个三角压密区，随同基础压入土中，此时其荷载沉降 $p-s$ 曲线呈直线关系，如图 9-1(d) 中的曲线 I。随着荷载增加，塑性变形（即剪切破坏）区先在基础底面边缘处产生，然后逐渐向侧面向下扩展。这时基础的沉降速率较前一阶段增大，故 $p-s$ 曲线表现为明显的曲线特征。最后当 $p-s$ 曲线出现明显的陡降段（转折点 p_u 后阶段）时，地基土中形成连续的滑动面，并延伸到地表面。土从基础两侧挤出，并造成基础侧面地面隆起，基础沉降速率急剧增加，整个地基产生失稳破坏。对于压缩性较小的地基土，如密实的砂类土和较坚硬的黏性土，且当基础埋置较

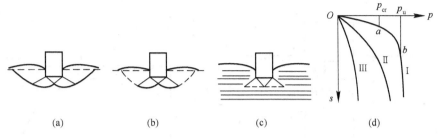

图 9-1 地基破坏形式

浅时,常常会出现整体剪切破坏。

2. 局部剪切破坏

图 9-1(b)所示局部剪切破坏。随着荷载的增加,塑性变形区同样从基础底面边缘处开始发展;但仅仅局限于地基一定范围内,土体中形成一定的滑动面,但并不延伸至地表面,如图 9-1(b)中虚线所示。地基失稳时,基础两侧地面微微隆起,没有出现明显的裂缝。其 p-s 曲线如图 9-1(d)中的曲线 II,直线拐点 a 不像整体剪切破坏那么明显,曲线转折点 b 后的沉降速率虽然较前一阶段为大,但不如整体剪切破坏那样急剧增加。当基础有一定埋深,且地基为一般黏性土或具有一定压缩性的砂土时,地基可能会出现局部剪切破坏。

3. 冲剪破坏

冲剪破坏也称刺入破坏。这种破坏形式常发生在饱和软黏土,松散的粉土、细砂等地基中。其破坏特征是基础周边附近土体产生剪切破坏,基础沿周边向下切入土中。图 9-1(c)表明,只在基础边缘下及基础正下方出现滑动面,基础两侧地面无隆起现象,在基础周边还会出现凹陷现象。相应的 p-s 曲线(图 9-1(d)中曲线 III)无明显的直线拐点 a,也没有明显的曲线转折点 b。总之,冲剪破坏以显著的基础沉降为主要特征。

应该说明的是,地基出现哪种破坏形式的影响因素是很复杂的,除了与地基土的性质、基础埋置深度有关外,还与加载方式和速率、应力水平及基础的形状等因素有关。如对于密实砂土地基,当基础埋置深度较大,并快速加载时,也会发生局部剪切破坏;而当基础埋置很深,作用荷载很大时,密砂地基也会产生较大的压缩变形而出现冲剪破坏。在软黏土地基中,当加荷速度很快时,由于土体不能及时产生压缩变形,就可能会发生整体剪切破坏。如果地基中存在深厚软黏土层且厚度又严重不均匀,再加上一次性加载过多,则会发生严重不均匀沉降,直至使得建筑物倾斜(倒),如有名的加拿大特朗斯康谷仓倾倒现象,以及意大利比萨斜塔的倾斜等。

9.2.2 地基的破坏过程

由地基破坏过程中的荷载沉降 p-s 曲线(图 9-1)可知,对于整体剪切破坏而言,其破坏的过程一般应经历 3 个阶段,即压密阶段(弹性变形阶段)、剪切阶段(弹塑性混合变形阶段)和破坏阶段(完全塑性变形阶段),如图 9-2 所示。

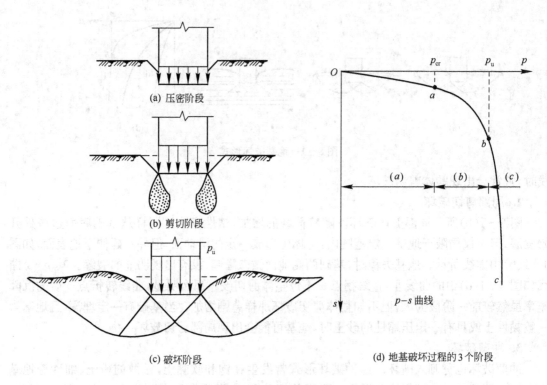

(a) 压密阶段

(b) 剪切阶段

(c) 破坏阶段

(d) 地基破坏过程的 3 个阶段

图 9 - 2　地基的破坏过程

1. 压密阶段

p-s 曲线上的 Oa 段,因其接近于直线,称为线性变形阶段。在这一阶段里,土中各点的剪应力均小于土的抗剪强度,土体处于弹性平衡状态,基础的沉降主要由于土体压密变形(弹性变形)引起(图 9 - 2(a))。此时将 p-s 曲线上对应于直线段(弹性变形)结束点 a 的荷载称为临塑荷载 p_{cr}(图 9 - 2(d)),它表示基础底面以下的地基土体将要出现而尚未出现塑性变形区时的基底压力(界限荷载)。

2. 剪切阶段

p-s 曲线上的 ab 段称为剪切阶段。当荷载超过临塑荷载($p > p_{cr}$)后,p-s 曲线不再保持线性关系,沉降速率($\Delta s/\Delta p$)随荷载的增大而增加。在剪切阶段,地基中的塑性变形区(也称剪切破坏区)从基底侧边逐步扩大,塑性区以外仍然是弹性平衡状态区(图 9 - 2(b))。就整体而言,地基处于弹塑性混合状态(弹性应力状态区域与极限应力状态区域并存)。随着荷载的继续增加,地基中塑性区的范围不断扩大,直到土中形成连续的滑移面(图 9 - 2(c))。这时基础向下滑动边界范围内的土体全部处于塑性变形状态,地基即将丧失稳定。相应于 p-s 曲线上 b 点(曲线段的拐点)的荷载称为极限荷载 p_u,它表示地基即将丧失稳定时的基底压力(界限荷载)。

3. 破坏阶段

p-s 曲线上超过 b 点的曲线段称为破坏阶段。当荷载超过极限荷载 p_u 后,将会发生或是基础急剧下沉,即使不增加荷载,沉降也不能停止;或是地基土体从基础四周大量挤出隆起,地基土产生失稳破坏。

从以上叙述可知,地基的 3 个变形阶段完整地描述了地基的破坏过程。同时也说明了随着基础荷载的不断增加,地基土体强度(承载能力)的发挥程度。其中提及的两个界限荷载,即临塑荷载 p_{cr} 和极限荷载 p_u 对研究地基的承载力具有很重要的意义,详细的分析和公式推导见后面论述。在此值得说明的是,通常采用的地基承载力计算公式都是在整体剪切破坏条件下得到的。对于局部剪切破坏或冲切破坏的情况,目前尚无完整的理论公式可循。有些学者建议将整体剪切破坏的计算公式适当地加以修正,即可用于其他破坏形式的地基承载力计算。

9.3 地基的临塑荷载和临界荷载

9.3.1 地基的临塑荷载 p_{cr}

地基土体从压密阶段恰好过渡到剪切阶段,即将出现塑性破坏区时所对应的基底压力称为临塑荷载 p_{cr},此时塑性区开展的最大深度 $z_{max}=0$(z 从基底计起)。图 9-3 所示为在荷载 p(大于 p_{cr})作用下土体中塑性区开展示意图。现以浅埋条形基础为例(图 9-4),介绍在竖向均匀荷载作用下 p_{cr} 的计算方法。

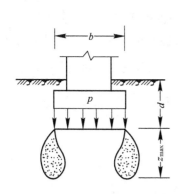

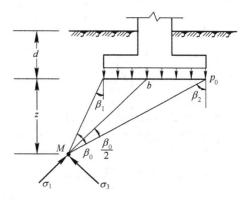

图 9-3 条形均匀荷载作用下土体中的塑性区　　图 9-4 均布条形荷载作用下地基中任一点的附加应力

图 9-4 所示为一宽度为 b,埋置深度为 d 的条形基础,由建筑物荷载引起的基底压力为 p(kPa)。假设地基的天然重度为 γ,则基础底面的附加压力应该是 $p_0=p-\gamma d$,它是均匀分布条形荷载,在地基中任一点 M 处引起的附加应力(主应力),1902 年由密歇尔(Michell)给出了弹性力学的解答,即

$$\sigma_1 = \frac{p_0}{\pi}(\beta_0 + \sin\beta_0) = \frac{p - \gamma d}{\pi}(\beta_0 + \sin\beta_0), \tag{9-1}$$

$$\sigma_3 = \frac{p_0}{\pi}(\beta_0 - \sin\beta_0) = \frac{p - \gamma d}{\pi}(\beta_0 - \sin\beta_0). \tag{9-2}$$

其中,大主应力 σ_1 的方向沿着 β_0 的角平分线方向(β_0 为 M 点与基础底面两边缘点连线间的夹角)。此时,M 点的总应力应该是附加应力与自重应力之和。为简化起见,假定地基的自重应力场如同静水应力场(侧压力系数等于 1.0),M 点处的自重应力 $\gamma(d+z)$ 各向相等,则 M 点处的总主应力为

$$\sigma_1 = \frac{p - \gamma d}{\pi}(\beta_0 + \sin\beta_0) + \gamma(d+z), \tag{9-3}$$

$$\sigma_3 = \frac{p - \gamma d}{\pi}(\beta_0 - \sin\beta_0) + \gamma(d+z). \tag{9-4}$$

根据土中一点的极限平衡理论,当 M 点的应力状态达到了极限平衡状态时,其大小主应力应满足

$$\frac{1}{2}(\sigma_1 - \sigma_3) = \left[\frac{1}{2}(\sigma_1 + \sigma_3) + c \cdot \cot\varphi\right]\sin\varphi. \tag{9-5}$$

将式(9-3)或式(9-4)代入式(9-5),并整理得

$$z = \frac{p - \gamma d}{\pi\gamma}\left(\frac{\sin\beta_0}{\sin\varphi} - \beta_0\right) - \frac{c}{\gamma\tan\varphi} - d, \tag{9-6}$$

式中,φ、c——分别为基底以下土的内摩擦角、内聚力。

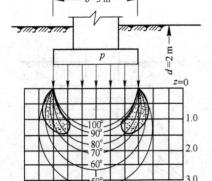

图 9-5　条形基础下的塑性区分布

式(9-6)为塑性区的边界方程,它表示塑性区边界上任意一点的深度 z 与视角 β_0 间的关系。如果基础埋深为 d,荷载 p 及土的性质指标 γ、c、φ 均为已知,则可根据式(9-6)给出塑性区边界线,如图 9-5 所示。

塑性区开展的最大深度 z_{max} 可由 $\frac{\mathrm{d}z}{\mathrm{d}\beta_0} = 0$ 求得,即

$$\frac{\mathrm{d}z}{\mathrm{d}\beta_0} = \frac{p - \gamma d}{\pi\gamma}\left(\frac{\cos\beta_0}{\sin\varphi} - 1\right) = 0;$$

从而 $\cos\beta_0 = \sin\varphi$,得

$$\beta_0 = \frac{\pi}{2} - \varphi. \tag{9-7}$$

将式(9-7)代入式(9-6)得

$$z_{max} = \frac{p - \gamma d}{\pi\gamma}\left(\cot\varphi - \frac{\pi}{2} + \varphi\right) - \frac{c}{\gamma\tan\varphi} - d. \tag{9-8}$$

由式(9-8)可见,在其他条件不变的情况下,当基底压力 p 增大时,z_{max} 也相应增大,即塑性区发展越深。如塑性区的最大深度为 $z_{max} = 0$,则地基处于临塑状态(将要出现塑性区而尚未出现)。根据这个条件,求出式(9-8)中的 p,它就是临塑荷载 p_{cr},即

$$p_{cr} = \frac{\pi(\gamma d + c \cdot \cot\varphi)}{\cot\varphi - \frac{\pi}{2} + \varphi} + \gamma d = cN_c + \gamma dN_q, \tag{9-9}$$

式中，N_c、N_q 为承载力系数，$N_c = \dfrac{\pi\cot\varphi}{\cot\varphi - \frac{\pi}{2} + \varphi}$，$N_q = \dfrac{\cot\varphi + \frac{\pi}{2} + \varphi}{\cot\varphi - \frac{\pi}{2} + \varphi}$。

9.3.2　地基的临界荷载 $p_{\frac{1}{4}}$、$p_{\frac{1}{3}}$

在工程实际中，可以根据建筑物的不同要求，用临塑荷载预估地基承载力。很显然，将临塑荷载作为地基承载力无疑是偏于保守的。经验表明，在大多数情况下，即使地基中自基底向下一定深度范围出现局部的塑性区，只要不超过一定控制范围，就不会影响建筑物安全和正常使用。地基的塑性区容许深度的确定，与建筑物的等级、类型、荷载性质及土的特性等因素有关。一般经验表明，在中心荷载作用下，可容许地基塑性区最大深度 $z_{\max} = \dfrac{b}{4}$（b 为基础宽度）；在偏心荷载作用下，可容许 $z_{\max} = \dfrac{b}{3}$。

将 $z_{\max} = \dfrac{b}{4}$，$z_{\max} = \dfrac{b}{3}$ 分别代入式（9-8），得

$$p_{\frac{1}{4}} = \frac{\pi(\gamma d + c \cdot \cot\varphi + \frac{1}{4}\gamma b)}{\cot\varphi - \frac{\pi}{2} + \varphi} + \gamma d = cN_c + \gamma dN_q + \gamma bN_{\frac{1}{4}} = p_{cr} + \gamma bN_{\frac{1}{4}}, \tag{9-10}$$

$$p_{\frac{1}{3}} = \frac{\pi(\gamma d + c \cdot \cot\varphi + \frac{1}{3}\gamma b)}{\cot\varphi - \frac{\pi}{2} + \varphi} + \gamma d = cN_c + \gamma dN_q + \gamma bN_{\frac{1}{3}} = p_{cr} + \gamma bN_{\frac{1}{3}}。 \tag{9-11}$$

式中，

$$N_{\frac{1}{4}} = \frac{\pi/4}{\cot\varphi - \frac{\pi}{2} + \varphi}, \tag{9-12}$$

$$N_{\frac{1}{3}} = \frac{\pi/3}{\cot\varphi - \frac{\pi}{2} + \varphi}。 \tag{9-13}$$

9.3.3　关于临塑荷载 p_{cr} 和临界荷载 $p_{\frac{1}{4}}$、$p_{\frac{1}{3}}$ 的讨论

前述表明，地基的临塑荷载和临界荷载是将地基中土体塑性区的开展深度限制在某一范围内的地基承载力。因此，它们在整体上的特点是：第一，地基即将产生或已产生局部剪切破坏，但尚未发展成整体失稳，距离丧失稳定尚有足够的安全储备，在工程中采用它们作为地基承载力是可行的；第二，虽然按塑性区开展深度确定地基承载力的方法是一个弹塑性混合课

题,但考虑到塑性区(极限平衡区)的范围有限,因此仍然可以近似地将整个地基看成弹性半无限体,近似采用弹性理论计算地基中的应力。

然而在 p_{cr}、$p_{\frac{1}{4}}$、$p_{\frac{1}{3}}$ 公式推导过程中,为了简化计算,做了一些不切合实际的假定和特殊的条件规定;故在实际工程应用中,应注意下列问题。

(1) 公式是依据条形基础(基础底面长宽比 $l/b \geqslant 10$)推导的,它属于一个平面应变问题。若将计算公式应用于局部面积荷载,如矩形、方形、圆形基础时,无疑会出现一定误差。

(2) 公式中的荷载形式是中心垂直荷载,即均布荷载。如果工程实际中为偏心或倾斜荷载,则应进行一定的修正。特别是当荷载偏心较大时,上述公式不能采用。

(3) 在公式推导过程中,地基中 M 点(图 9-4)的附加主应力 σ_1、σ_3 为一特殊方向,而自重主应力方向应该是垂直和水平的;因此两者在数值上是不能叠加的(式(9-3)、式(9-4))。为简化计算,假定自重应力如静水压力,在四周各方向等值传递,这与实际情况相比,也具有一定误差。

(4) 在公式推导过程中,假定地基为匀质土体。而工程实际中的地基土体不一定是均匀的,尤其在竖直方向,随着距离地面的深度的不同,土层的性质会出现一些差异。若采用式(9-9)、式(9-10)和式(9-11)计算地基承载力,其中 γd 一项中的 γ 应采用基底以上各土层的有效重度的加权平均值;而 γb 一项中的 γ 代表基础底面以下持力土层的有效重度。

9.4 地基的极限承载力 p_u

当地基土体中的塑性变形区充分发展并形成连续贯通的滑移面时,地基所能承受的最大荷载,称为极限荷载 p_u,也称为地基极限承载力。当建筑物基础的基底压力增长至极限荷载时,地基即将失去稳定而破坏。与临塑荷载 p_{cr} 和临界荷载 $p_{\frac{1}{4}}$、$p_{\frac{1}{3}}$ 相比,极限荷载 p_u 几乎不存在安全储备。因此,在地基基础设计中必须将地基极限承载力除以一定的安全系数,才能作为设计时的地基承载力(即容许承载力),以保证地基及修建于其上的建筑物的安全与稳定。安全系数的取值与建筑物的重要性、荷载类型等有关,没有严格的统一规定;但经验上一般常取 2~3。

目前,有很多求解地基极限承载力的理论计算公式。但归纳起来,求解方法主要有两种。一种是根据土体的极限平衡理论,计算土中各点达到极限平衡时的应力和滑动面方向,并建立微分方程,根据边界条件求出地基达到极限平衡时各点的精确解。采用这种方法求解时在数学上遇到的困难太大,目前尚无严格的一般解析解,仅能对某些边界条件比较简单的情况求解。另一种是先假定地基土在极限状态下滑动面的形状,然后根据滑动土体的静力平衡条件求解。按这种方法得到的极限承载力计算公式比较简便,在工程实践中得到广泛应用,下面仅对后一种方法进行介绍。

9.4.1 普朗特尔-雷斯诺极限承载力公式

1920 年普朗特尔(L. Prandtl)根据塑性理论研究了刚性体压入无重量的介质中,当介质达到破坏时的滑动面形状及极限压力公式。由于当初普朗特尔研究问题时,没有考虑基础的埋置深度,1924 年雷斯诺(H. Reissner)继续采用普朗特尔的假定和物理模型,并考虑基础的埋置深度,对极限承载力的理论计算公式做了进一步的完善。他们在理论公式的推导过程中做如下假设:

(1)介质是无重量的,即假设基础底面以下土的重度 $\gamma = 0$;

(2)基础底面是完全光滑的,即假定基底荷载为条形均布垂直荷载;

(3)当基础埋置深度较浅时,可以将基底平面当成地基表面,在这个表面以上的土体当成作用在基础两侧的均布上覆荷载 $\gamma_0 d$,如图 9-6(b)所示。

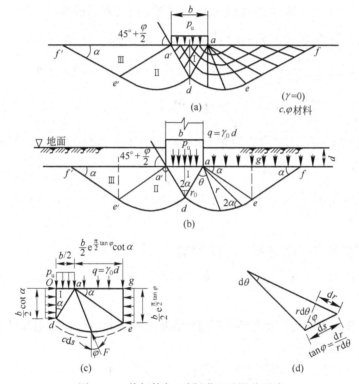

图 9-6 普朗特尔-雷斯诺地基滑移图式

根据弹塑性极限平衡理论和上述假定的边界条件,得出条形基础发生整体剪切破坏时滑动面的形状如图 9-6 所示。滑动面和基底平面所包围的区域分为 5 个区,一个Ⅰ区,2 个Ⅱ区,2 个Ⅲ区。由于假设基础底面是光滑的,Ⅰ区中的竖向应力即为大主应力,成为朗肯主动区,滑动面 ad、$a'd$ 与水平面成 $45° + \dfrac{\varphi}{2}$。由于Ⅰ区的土楔体 $aa'd$ 向下移动,把附近的土体挤向两侧,使Ⅲ区中的土体 aef 和 $a'e'f'$ 达到被动状态,成为朗肯被动区(图 9-6(b)、(c)),滑动面 ef、$e'f'$ 与水平面成 $\alpha = 45° - \dfrac{\varphi}{2}$。在主动区与被动区之间是由一组对数螺线和一组辐射线

组成的过渡区 ade 和 $a'de'$。对数螺线方程为 $r=r_0\exp(\theta\tan\varphi)$，若以 a（或 a'）为极点，以 ad（或 $a'd$）为半径（r_0），则可证明两条对数螺线分别与主、被动区的滑动面相切。

为推求地基的极限承载力 p_u，将图 9-6(b)中的一部分滑动土体 $Odeg$（图 9-6(c)）视为刚体，然后考察 $Odeg$ 上的平衡条件。在 $Odeg$ 上作用力如下。

(1) Oa（基底面）上的极限承载力的合力为 $p_u b/2$，它对 a 点的力矩为

$$M_1=\frac{p_u b}{2}\cdot b/4=\frac{1}{8}b^2 p_u。 \tag{9-14}$$

(2) Od 面上的主动土压力的合力为 $E_a=(p_u\tan^2\alpha-2c\tan\alpha)b\cot\alpha/2$，它对 a 点的力矩为

$$M_2=E_a\cot\alpha\cdot b/4=\frac{1}{8}b^2 p_u-\frac{1}{4}b^2 c\cot\alpha。 \tag{9-15}$$

(3) ag 面上覆土重的合力为 $qb/2\exp(\pi/2\tan\varphi)$，对 a 点力矩为

$$M_3=q\left(\frac{b}{2}\exp\left(\frac{\pi}{2}\tan\varphi\right)\cot\alpha\right)\left(\frac{b}{4}\exp(\pi/2\tan\varphi)\cot\alpha\right)$$

$$=\frac{1}{8}b^2\gamma_0 d\exp(\pi\tan\varphi)\cot^2\alpha。 \tag{9-16}$$

(4) eg 面上的被动土压力合力为 $E_p=(\gamma_0 d\cot^2\alpha+2c\cot\alpha)\cdot\frac{b}{2}\exp(\pi/2\tan\varphi)$，对 a 点的力矩为

$$M_4=E_p\cdot b/4\exp\left(\frac{\pi}{2}\tan\varphi\right)=\frac{1}{8}b^2\gamma_0 d\exp(\pi\tan\varphi)\cot^2\alpha+\frac{1}{4}cb^2\exp(\pi\tan\varphi)\cot\alpha。 \tag{9-17}$$

(5) de 面上黏聚力的合力，对 a 点的力矩为

$$M_5=\int_0^l c\cdot ds\cdot r\cos\varphi=\int_0^{\pi/2}cr^2 d\theta=1/2cb^2\cot\varphi\cdot[\exp(\pi\tan\varphi)-1]/\sin^2\alpha。 \tag{9-18}$$

(6) de 面上反力的合力 F 的作用线通过对数螺旋曲线的中心点 a，则其对 a 点的力矩为 0。

根据力矩平衡条件，应有

$$\sum M_a=M_1+M_2-M_3-M_4-M_5=0。 \tag{9-19}$$

将式(9-14)~式(9-18)代入式(9-19)整理得

$$p_u=\gamma_0 dN_q+cN_c。 \tag{9-20}$$

式中，γ_0——基底以上土的加权平均重度（kN/m³）；

$\quad d$——基础埋深（m）；

$\quad c$——基底以下土的黏聚力；

N_q、N_c——地基极限承载力系数，它们是地基土（基底以下土体）的内摩擦角 φ 的函数，即

$$N_q=\exp(\pi\tan\varphi)\tan^2(45°+\varphi/2)， \tag{9-21}$$

$$N_c=(N_q-1)\cot\varphi。 \tag{9-22}$$

式(9-20)表明,对于不考虑基底以下土重量的地基,滑动土体没有重量,不产生抗力。地基的极限承载力由基础侧面土重荷载 q 和滑动面上黏聚力 c 产生的抗力构成。

同时式(9-20)表明,当基础置于无黏性土($c=0$)的地基表面($d=0$)时,地基的极限承载力 $p_u=0$。这显然是不合理的,它是由于将地基土当成无重量介质所造成的。为了弥补这一缺陷,后来许多学者在此基础上做了一些修正并加以发展,使极限承载力公式逐步得到完善。

9.4.2　太沙基地基极限承载力公式

1943 年太沙基(K. Terzaghi)弥补了普朗特尔-雷斯诺地基极限承载力理论中的部分缺陷,将地基土作为有重度的介质,在推导均质地基上的条形基础受中心荷载作用下的极限承载力公式中,做了更为切合实际的假定,其假定如下:

(1)基底以下土体是有重力的,即 $\gamma \neq 0$;

(2)基础底面完全粗糙,它与地基土之间存在摩擦力;

(3)基底以上两侧的土体为均布荷载 $q=\gamma_0 d$(d 为基础埋深),即不考虑基底以上两侧土体抗剪强度的影响作用。

根据以上假定,图 9-7(a)所示三角形楔体 ABC 区内就不是朗肯的主动状态,而是处于弹性状态,因此三角形土楔 ABC 只能随着基础底面一起移动了。太沙基假定 AC 面与水平成 φ 角,由于 AC 是滑线,因此对数螺线在 C 点的切线必须是竖直的。由图 9-7(a)可看出,在点 C 的两滑线的交角为 $90°+\varphi$。

为了求出极限荷载 p_u,考虑作用在脱离体 ACDI 上的力系如图 9-7(b)所示。沿着滑面 CD 上的剪应力必须等于抗剪强度 $c+\sigma\tan\varphi$。我们可以分别考虑 c 及 $\sigma\tan\varphi$ 这两个分量作用在土体 ACDI 上,如图 9-7(b)和图 9-7(c)所示。

图 9-7(b)中给出了当考虑抗剪强度分量 $\sigma\tan\varphi$ 时,在土体上作用的力系。ADI 区中的滑线都是直线而且是朗肯的被动应力状态。作用在 DI 上的被动土压力为

$$P_p' = \frac{1}{2} \cdot H^2 \gamma \tan^2\left(45° + \frac{\varphi}{2}\right)。 \tag{9-23}$$

P_p' 作用在距点 I 为 $\frac{2}{3}H$ 的地方。土体 ACDI 的重量等于 W,通过 ACDI 的重心。沿着滑动面 CD 上作用有分布法向应力 σ 及分布剪应力等于土的抗剪强度 $\sigma\tan\varphi$。因此,沿着滑动面 CD 的任一点上,σ 与 $\sigma\tan\varphi$ 的合力与滑动面的法线成角 φ。于是对数螺线上的总力 F 通过螺线的中心点 O。在滑动面 AC 上的压力 P' 作用在 AC 的 $\frac{1}{3}$ 处。土体上的力对于点 O 的力矩为

$$M_o = P_p' L_{P_p'} + W L_W - P' L_{P'} = 0。$$

于是有

$$P' = \frac{1}{L_{P'}} (P_p' L_{P_p'} + W L_W)。 \tag{9-24}$$

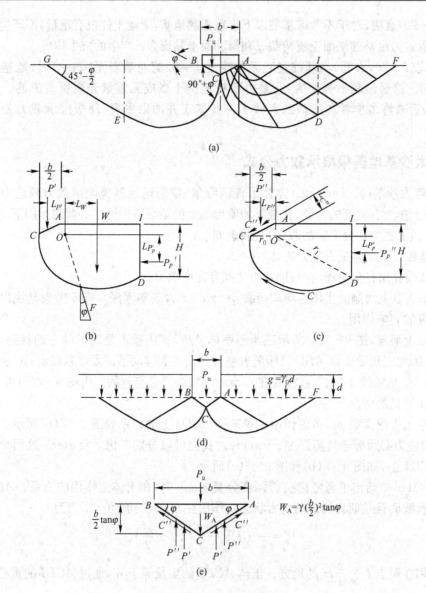

图 9-7 太沙基地基极限承载力

其次,考虑由于分量 c 所产生的破坏强度及作用在土体上的力系,如图 9-7(c)所示。这里被动土压力 P_p'' 等于

$$P_p'' = 2cH \cdot \tan\left(45° + \frac{\varphi}{2}\right), \qquad (9-25)$$

作用在 DI 的中心上。

沿着对数螺线上的抗剪强度为 c,其对点 O 的力矩为

$$M_c = \int_{\theta_{r_0}}^{\theta_{r_1}} c \cdot \mathrm{d}s \cdot \cos\varphi \cdot r = c \int_0^{\theta_{r_1}} r^2 \mathrm{d}\theta =$$

$$c \int_0^{\theta_{r_1}} (r_0 \mathrm{e}^{\theta\tan\varphi})^2 \mathrm{d}\theta = cr_0^2 \int_0^{\theta_{r_1}} \mathrm{e}^{2\theta\tan\theta} \cdot \mathrm{d}\theta =$$

$$cr_0^2 \left[\frac{1}{2\tan\varphi} \cdot \mathrm{e}^{2\theta\tan\varphi} \right]_0^{\theta_{r_1}} = \frac{cr_0^2}{2\tan\varphi} \left[\mathrm{e}^{2\theta_{r_1}\tan\varphi} - 1 \right] 。$$

由于

$$-\frac{r_0^2}{r_0^2} = \frac{r_0^2 \mathrm{e}^{2\theta_{r_1} \cdot \tan\varphi}}{r_0^2} = \mathrm{e}^{2\theta_{r_1} \cdot \tan\varphi},$$

因此

$$M_c = \frac{cr_0^2}{2\tan\varphi} \left[\frac{r_1^2}{r_0^2} - \frac{r_0^2}{r_0^2} \right] = \frac{c}{2\tan\varphi} (r_1^2 - r_0^2) 。 \tag{9-26}$$

在平面 AC 上的力 C'' 等于单位应力 c 乘上 $\overline{AC}$。P'' 作用在 $\overline{AC}$ 的中点上。土体上的各力对点 O 的力矩之和为

$$M_0 = P_P'' L_{P_p''} + M_c - C'' L_{0''} - P'' L_{P''} = 0 。$$

于是有

$$P'' = \frac{1}{L_{P''}} (P_p'' L_{P_p''} + M_c - C'' L_{C''}) 。 \tag{9-27}$$

然后,把图 9-7(a)中的土体 ABC 作为脱离体(图 9-7(e)),由竖向力系之和,可求得极限承载力 P_u,即

$$P_u = 2(P' + P'') + 2C'' \cdot \sin\varphi - \gamma \cdot \frac{b^2}{4} \tan\varphi 。 \tag{9-28}$$

以上讨论,假定了滑动面 CDF 是已知的。实际上,真正的滑动面必须用试算法求出,也就是假定不同的对数螺线的中心点 O,试算若干个滑动面,求出最小的 p_u 值,才是所需的极限承载力 p_u 值。

对于条形基础,埋深为 d 的浅基础,为了简化计算起见,太沙基把 AF 面以上的土体(图9-7(d))看作是超载,其压力为 $q = r_0 d$,并假定滑动面止于点 F 处。这样,就相当于忽略不计 AF 面以上土的抗剪强度。

由以上的分析结果可以看出,地基破坏时的极限承载力 $p_u = \dfrac{P_u}{b}$ 是由以下 3 部分组成的。

(1) 由于土体 $ACDI$ 的重量 W 和作用在 ID 上的被动土压力 P_p' 的这一部分,也就是式(9-24)的 P'。其中,重量 W 随着 $\left(\dfrac{b}{2}\right)$ 的平方而增加,被动土压力 P_p',由式(9-23)知,是与 H^2 成正比的,因而也正比于 $\left(\dfrac{b}{2}\right)^2$。因此,由 W 和 P_p' 而产生的 p_u 随着 $\left(\dfrac{b}{2}\right)^2$ 而增加,而对于 p_u 来说乃是随着 $\left(\dfrac{b}{2}\right)$ 而增加。此外,W 和 P_p' 都与基底以下土的重度 γ 成正比。如果这部分的承载力以 q_γ 来表示,为了简化起见,可写成

$$q_\gamma = \frac{1}{2}\gamma b N_\gamma，\tag{9-29}$$

式中，N_γ——比例系数，称为承载力系数。

（2）由于 P'' 和 C'' 所产生的那部分承载力，同样可以看出，P'' 和 C'' 都与 $\frac{b}{2}$ 和 c 成正比。因此，由于 P'' 和 C'' 所产生的 p_u 是与 b 无关的。这样，可写成

$$q_c = cN_c，\tag{9-30}$$

式中，N_c——内聚力 c 的承载力系数。

（3）超载的影响也是与 b 无关的，它与 d 和 γ_0 成正比，因此有

$$q_q = \gamma_0 d N_q，\tag{9-31}$$

式中，N_q——对于超载的承载力系数。

总的极限承载力可以写成如下形式：

$$p_u = cN_c + \gamma_0 d N_q + \frac{1}{2} b\gamma N_r。\tag{9-32}$$

式中，γ_0、d——基底以上土层的加权平均重度（kN/m³）、基础埋深（m）；

　　　γ、c——基底以下土体的重度（kN/m³）、黏聚力（kPa）；

　　　b——基础底面宽度（m）；

　　　N_γ、N_q、N_c——太沙基地基承载力系数，它们是土的内摩擦角 φ 的函数。可由图 9-8 中的曲线（实线）确定。

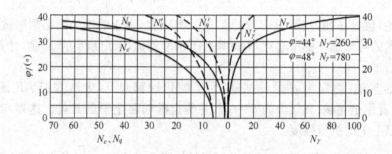

图 9-8　太沙基地基承载力系数

上述太沙基极限承载力公式适用于地基土较密实，发生整体剪切破坏的情况。对于压缩性较大的松散土体，地基可能会发生局部剪切破坏。

太沙基根据经验将式（9-32）改为

$$p_u = \frac{1}{2}\gamma b N_\gamma' + q N_q' + \frac{2}{3} c N_c'，\tag{9-33}$$

式中，N_γ'、N_q'、N_c' 可以根据内摩擦角 φ，从图 9-8 中的虚线查得。

如果不是条形基础,而是置于密实或坚硬土地基中的方形基础或圆形基础,太沙基建议按经修正后的公式计算地基极限承载力,即

圆形基础　　　　　　　　　　$p_u = 0.6\gamma R N_\gamma + \gamma_0 d N_q + 1.2 c N_c;$　　　　　　　　　　(9-34)

方形基础　　　　　　　　　　$p_u = 0.4\gamma b N_\gamma + \gamma_0 d N_q + 1.2 c N_c。$　　　　　　　　　　(9-35)

式中,R——圆形基础的半径(m);

　　　b——方形基础的宽度(m)。

对于矩形基础,可在方形基础$\left(\dfrac{b}{l} = 1.0\right)$和条形基础$\left(\dfrac{b}{l} \to 0\right)$之间进行内插。

9.4.3　梅耶霍夫地基极限承载力公式

1951 年梅耶霍夫对太沙基理论做了更进一步的改进,即考虑了基底以上土体的剪切强度对地基极限承载力的影响。在浅基础的地基极限承载力计算中,将基础两侧基底平面以上的土层简单地当作荷载,忽视作为过载土层的抗剪强度,这无疑会低估地基的承载力。在基础埋深较浅的情况下,作为过载的土层的抗剪强度也相对较小,忽略其对地基承载力的影响所造成的误差也较小。若基础埋置深度较大;但仍采用浅埋基础的影响,把基底以上土层简单地作为荷载,这显然会带来较大的误差。梅耶霍夫在计算地基土的极限承载力公式中,考虑了基底以上土的抗剪强度这一因素。

梅耶霍夫和太沙基一样,认为基础底面存在摩擦力,基底以下土体形成弹性土楔 $aa'd$。如图 9-9 所示,ad 和 $a'd$ 是破裂面,底角 ψ 界于 φ 与 $45° + \dfrac{\varphi}{2}$ 之间。在推导极限承载力时,假定 $\psi = 45° + \dfrac{\varphi}{2}$。

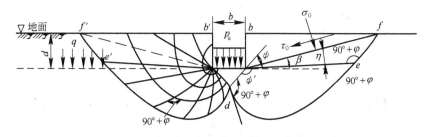

图 9-9　梅耶霍夫地基极限承载力

在极限荷载作用下,弹性楔体 $a'ad$ 与基础作为整体向下移动,同时挤压两侧土体,并形成对数螺旋线形的破裂面。梅耶霍夫假定破裂面延伸至地面,并从 f 和 f' 处滑出,如图 9-9 所示。f 和 f' 点是自基础边缘 a、a' 处引一与水平面成 β 角的斜线与地面的交点。de、de' 为对数螺旋线,ef、$e'f'$ 为对数螺旋线的切线。abf 内的土重及基础侧面 ab 上的摩擦力的影响可以用 af 上的等代法向应力 σ_0 和等代剪应力 τ_0 来代替。因此,考察土体的平衡时可以将 abf 移去,

用等代自由面 af 表示。梅耶霍夫根据图 9-9 所示的破裂面的形状,推导出地基极限承载力的计算式,同样简化为

$$p_u = \frac{1}{2}\gamma b N_\gamma + q N_q + c N_c \text{。} \tag{9-36}$$

式(9-36)中的承载力系数 N_γ、N_c、N_q 与普朗特尔公式或太沙基公式均有不同。它们不仅决定于土的内摩擦角 φ,而且还与 β 值有关,可从图 9-10 中曲线查得。图 9-10 中曲线以 β 角为参数,β 值是基础埋深和形状的函数;因此用梅耶霍夫公式求极限承载力之前,必须找到确定破裂面滑出点 f 和 f' 的 β 角。其方法简述如下。

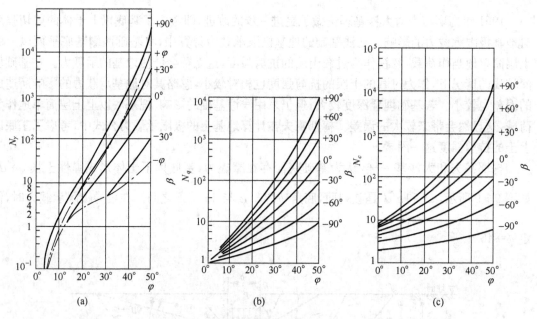

图 9-10　梅耶霍夫地基承载力系数

(1) 先任意假设一个 β 角,求作用于等代自由面上的法向应力 σ_0 和剪应力 τ_0,即

$$\sigma_0 = \frac{1}{2}\gamma_0 d\left(K_0 \sin^2\beta + \frac{K_0}{2}\tan\delta \sin 2\beta + \cos^2\beta\right), \tag{9-37}$$

$$\tau_0 = \frac{1}{2}\gamma_0 d\left(\frac{1-K_0}{2}\sin^2\beta + K_0 \tan\delta \sin^2\beta\right)\text{。} \tag{9-38}$$

式中,δ——地基土与基础侧面的摩擦角;

K_0——静止土压力系数;

d——基础埋置深度(m);

γ_0——基础底面以上土的重度(kN/m³)。

（2）等代自由面 af、$a'f'$ 并不是滑裂线，与等代自由面向下成夹角 η 的直线 ae 和 $a'e'$ 才是滑裂线。η 角可以用作图法求之，见图 9-11。先在 σ-τ 坐标上取 E 点，其坐标值为 (σ_0, τ_0)，E 点即代表 af 面上的应力。然后在 σ 轴上找圆心 C，作应力圆，使该应力圆过 E 点并与破坏包线（抗剪强度线）相切，切点为 T。切点代表该面上土的剪应力等于抗剪强度，也即破裂面的位置。故圆心角 $\angle ECT = 2\eta$。

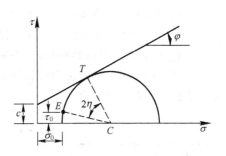

图 9-11　η 角的图解法

（3）按梅耶霍夫推导，角 β 和 η 与基础埋置深度 d 的关系为

$$d = \frac{\sin\beta\cos\varphi\exp(\psi'\tan\varphi)b}{2\sin\left(45° - \dfrac{\varphi}{2}\right)\cos(\eta+\varphi)}, \tag{9-39}$$

$$\psi' = 135° + \beta - \eta - \frac{\varphi}{2}。 \tag{9-40}$$

ψ' 为 ad 和 ae 间对数螺旋滑裂线的中心角，如图 9-9 所示。根据假设的 β，由式（8-37）和式（9-38）求 σ_0 和 τ_0，并由应力圆求 η 角，然后代入式（9-40）求 ψ'，再将 ψ' 和 η 代入式（9-39）求 β，计算的 β 若与假设的 β 角不一致，需反复迭代，直至假设值与计算值相符，就得到 β 的真值。

β 角求出后就可以从图 9-10 中查出承载力系数 N_γ、N_c、N_q，再由地基的极限承载力公式（9-36）求极限承载力 p_u。

9.4.4　汉森极限承载力公式

太沙基之后，不少学者对极限承载力理论进行了进一步的研究，魏西克（Vesic A. S.）、卡柯（Caquot A.）、汉森（Hansen, J. B.）等人在普朗特尔理论的基础上，考虑了基础形状、埋置深度、倾斜荷载、地面倾斜及基础底面倾斜等因素的影响（图 9-12）。每种修正均需在承载力系数 N_γ、N_q、N_c 上乘以相应的修正系数，修正后的汉森极限承载力公式为

图 9-12　地面倾斜与基础倾斜

$$p_u = \frac{1}{2}\gamma b N_\gamma s_\gamma d_\gamma i_\gamma g_\gamma b_\gamma + \gamma_0 d N_q s_q d_q i_q g_q b_q + c N_c s_c d_c i_c g_c b_c。 \tag{9-41}$$

式中，N_γ、N_q、N_c——地基承载力系数，且 $N_q = \tan^2\left(45° + \dfrac{\varphi}{2}\right)\exp(\pi\tan\varphi)$，

$$N_c = (N_q - 1)\cot\varphi, \quad N_\gamma = 1.8(N_q - 1)\cot\varphi;$$

s_γ、s_q、s_c——基础形状修正系数；

d_γ、d_q、d_c——考虑埋深范围内土强度的深度修正系数；

i_γ、i_q、i_c——荷载倾斜修正系数；

g_γ、g_q、g_c——地面倾斜修正系数；

b_γ、b_q、b_c——基础底面倾斜修正系数。

这些系数的计算公式见表 9-1。

表 9-1　汉森承载力公式中的修正系数

形状修正系数	深度修正系数	荷载倾斜修正系数	地面倾斜修正系数	基底倾斜修正系数
$s_c = 1 + \dfrac{N_q b}{N_c l}$	$d_c = 1 + 0.4\dfrac{d}{b}$	$i_c = i_q - \dfrac{1-i_q}{N_q - 1}$	$g_c = 1 - \beta/14.7°$	$b_c = 1 - \bar{\eta}/14.7°$
$s_q = 1 + \dfrac{b}{l}\tan\varphi$	$d_q = 1 + 2\tan\varphi\,(1-\sin\varphi)^2\dfrac{d}{b}$	$i_q = \left(1 - \dfrac{0.5 P_h}{p_v + A_f c \cot\varphi}\right)^5$	$g_q = (1 - 0.5\tan\beta)^5$	$b_q = \exp(-2\bar{\eta}\tan\varphi)$
$s_\gamma = 1 - 0.4\dfrac{b}{l}$	$d_\gamma = 1.0$	$i_\gamma = \left(1 - \dfrac{0.7 P_h}{p_v + A_f c \cot\varphi}\right)^5$	$q\gamma = (1 - 0.5\tan\beta)^5$	$b_\gamma = \exp(-2\bar{\eta}\tan\varphi)$

表中符号：

A_f—基础的有效接触面积 $A_f = b' \cdot l'$　　　　　p_h—平行于基底的荷载分量

b'—基础的有效宽度 $b' = b - 2e_b$　　　　　　　p_v—垂直于基底的荷载分量

l'—基础的有效长度 $l' = l - 2e_l$　　　　　　　　β—地面倾角

d—基础的埋置深度　　　　　　　　　　　　　　　$\bar{\eta}$—基底倾角

e_b、e_l—相对于基础面积中心的荷载偏心矩

b—基础的宽度

l—基础的长度

c—地基土的黏聚力

φ—地基土的内摩擦角

说明：此表综合 Hansen(1970)，De Beer(1970) 及 Vesic, A. S. (1973) 的资料。

9.4.5　关于地基极限承载力的讨论

1. 影响极限承载力的因素

根据前面介绍的几种地基极限承载力的计算公式知道，地基极限承载力大致由下列几部分组成：

(1) 滑裂土体自重所产生的抗力；

(2) 基础两侧均布荷载 q 所产生的抗力；

(3) 滑裂面上黏聚力 c 所产生的抗力。

其中，第一种抗力除了取决于土的重度 γ 以外，还取决于滑裂土体的体积。随着基础宽度的增加，滑裂土体的长度和深度也随着增长，即极限承载力将随基础宽度 b 的增加而线性增加。第二种抗力主要来自基底以上土体的上覆压力。基础埋深愈大，则基础侧面荷载 $\gamma_0 d$ 愈大，极限

承载力越高。第三种抗力主要取决于地基土的黏聚力 c，其次也受滑裂面长度的影响。若 c 值越大，滑裂面长度越长，极限承载力也随之增加。在此值得一提的是，上述 3 种抗力都与地基破坏时的滑裂面形状有关，而滑裂面的形状主要受土的内摩擦角 φ 的影响。故承载力系数 N_γ、N_q、N_c 均为 φ 角的函数，从太沙基(图 9-8)或梅耶霍夫(图 9-10)承载力系数曲线图可以得出：随着土的内摩擦角 φ 值的增加，N_γ、N_q、N_c 变化很大。

2. 极限承载力理论的缺点

应该指出：前述求解地基极限承载力的计算公式在理论上并不是很完善、很严格的。首先，他们认为地基土由滑移边界线截然分成塑性破坏区和弹性变形区，并且将土的应力应变关系假设为理想弹性体或塑性体。而实际上土体并非纯弹性或塑性体，它属于非线性弹塑性体。显然，采用理想化的弹塑性理论不能完全反映地基土的破坏特征，更无法描述地基土从变形发展到破坏的真实过程。其次，前述理论公式都可写成统一的形式，即 $p_u = \frac{1}{2}\gamma b N_\gamma + \gamma_0 d N_q + c N_c$；但不同的滑动面形状就会具有不同的极限荷载公式，它们之间的差异仅仅反映在承载力系数 N_γ、N_q、N_c 上，这显然是不够准确的。而且在这些承载力公式中，承载力系数 N_γ、N_q、N_c 仅与土的内摩擦角 φ 值有关，虽然汉森公式考虑了基础形状、荷载形式、地面形状等因素的影响，但也只做了一些简单的数学公式修正。若要真实地反映实际问题，有待进一步完善。

例 9-1　黏性土地基上条形基础的宽度 $b=2$ m，埋置深度 $d=1.5$ m，地下水位在基础底面处。地基土的比重 $G_s=2.70$，孔隙比 $e=0.70$，水位以上饱和度 $S_r=0.8$，土的强度指标 $c=10$ kPa，$\varphi=20°$。求地基土的临塑荷载 p_{cr}，临界荷载 $p_{\frac{1}{4}}$、$p_{\frac{1}{3}}$ 和太沙基极限荷载 p_u，并进行比较。

解　(1) 求地基土的重度。

基底以上土的天然重度

$$\gamma_0 = \frac{G_s + S_r e}{1+e} \cdot \gamma_w = \frac{2.7 + 0.8 \times 0.7}{1+0.7} \times 9.8 = 18.79 \text{ kN/m}^3;$$

基础下土的有效重度

$$\gamma_1' = \left(\frac{G_s + e}{1+e} - 1\right) \cdot \gamma_w = \left(\frac{2.7 + 0.7}{1+0.7} - 1\right) \times 9.8 = 9.8 \text{ kN/m}^3.$$

(2) 求式(9-9)、式(9-10)、式(9-11)中的承载力系数。

$$N_c = \frac{\pi \cot\varphi}{\cot\varphi - \frac{\pi}{2} + \varphi} = \frac{3.14 \times \cot 20°}{\cot 20° - \frac{\pi}{2} + \frac{20}{360} \times 2\pi} = \frac{3.14 \times 2.75}{2.75 - \left(\frac{1}{2} - \frac{1}{9}\right) \times 3.14} = \frac{8.635}{1.529} = 5.65,$$

$$N_q = \frac{\cot\varphi + \frac{\pi}{2} + \varphi}{\cot\varphi - \frac{\pi}{2} + \varphi} = \frac{\cot 20° + \frac{\pi}{2} + \frac{20}{360} \times 2\pi}{\cot 20° - \frac{\pi}{2} + \frac{20}{360} \times 2\pi} = \frac{2.75 + \frac{\pi}{2} + \frac{\pi}{9}}{2.75 - \frac{\pi}{2} + \frac{\pi}{9}} = \frac{4.669}{1.529} = 3.05,$$

$$N_{\frac{1}{4}} = \frac{\pi/4}{\cot\varphi - \frac{\pi}{2} + \varphi} = \frac{\pi/4}{\cot 20° - \frac{\pi}{2} + \frac{20}{360} \times 2\pi} = \frac{\pi/4}{2.75 - \frac{\pi}{2} + \frac{\pi}{9}} = \frac{0.785}{1.529} = 0.51,$$

$$N_{\frac{1}{3}} = \frac{\pi/3}{\cot\varphi - \frac{\pi}{2} + \varphi} = \frac{\pi/3}{\cot 20° - \frac{\pi}{2} + \frac{20}{360} \times 2\pi} = \frac{\pi/3}{2.75 - \frac{\pi}{2} + \frac{\pi}{9}} = \frac{1.047}{1.529} = 0.69。$$

（3）求 p_{cr}、$p_{\frac{1}{4}}$、$p_{\frac{1}{3}}$。

$$p_{cr} = cN_c + \gamma_0 dN_q = 10 \times 5.65 + 18.79 \times 1.5 \times 3.05 = 142.46 \text{ kPa},$$

$$p_{\frac{1}{4}} = p_{cr} + \gamma_1' bN_{\frac{1}{4}} = 142.46 + 9.8 \times 2.0 \times 0.51 = 152.46 \text{ kPa},$$

$$p_{\frac{1}{3}} = p_{cr} + \gamma_1' bN_{\frac{1}{3}} = 142.46 + 9.8 \times 2.0 \times 0.69 = 155.98 \text{ kPa}。$$

（4）采用公式（9-32），计算太沙基极限荷载，即

$$p_u = \frac{1}{2}\gamma_1' bN_\gamma + cN_c + qN_q。 \tag{9-42}$$

由 $\varphi = 20°$ 查图 9-8 得

$$N_\gamma = 4.5, \qquad N_q = 8.0, \qquad N_c = 18.0。$$

又 $q = \gamma_0 d$，代入式（9-42）得

$$p_u = \frac{1}{2} \times 9.8 \times 2.0 \times 4.5 + 10 \times 18.0 + 18.79 \times 1.5 \times 8.0 = 449.6 \text{ kPa}。$$

（5）比较。

根据以上计算可知，各类荷载的大小顺序为 $p_{cr} < p_{\frac{1}{4}} < p_{\frac{1}{3}} < p_u$。

将 p_{cr} 与 p_u 进行比较，容许地基承载力的安全系数大致为

$$K = p_u/p_{cr} = 449.6/142.46 = 3.16。$$

例 9-2　已知某条形基础，宽度 $b = 1.8$ m，埋深 $d = 1.5$ m。地基为干硬黏土，其天然重度 $\gamma = 18.9$ kN/m³，土的内聚力 $c = 22$ kPa，内摩擦角 $\varphi = 15°$。试用太沙基极限承载力公式计算 p_u 和地基容许承载力。假设要求地基稳定安全系数为 $K = 2.0$。

解　（1）求承载力系数 N_γ、N_q、N_c。

由基础宽度 $b = 1.8$ m 大于基础埋深 $d = 1.5$ m，且地基土处于干硬状态可知，地基的破坏形式为整体剪切破坏；故由 $\varphi = 15°$，查图 9-8 可得

$$N_\gamma = 2.5, \qquad N_q = 4.5, \qquad N_c = 12.5。$$

（2）求太沙基极限承载力。

由公式（9-32）得

$$p_u = \frac{1}{2}\gamma bN_\gamma + cN_c + qN_q = \frac{1}{2} \times 18.9 \times 1.8 \times 2.5 + 22 \times 12.5 + 18.9 \times 1.5 \times 4.5 = 445.1 \text{ kPa}。$$

（3）求地基容许承载力。

根据地基安全稳定系数 $K = 2.5$，可得地基容许承载力为

$$[p] = p_u/K = 445.1/2.0 = 222.6 \text{ kPa}。$$

9.5　按规范确定地基承载力

9.5.1　概述

在地基基础的设计计算中,一般要求建筑物的地基基础必须满足以下两个条件:

(1) 建筑物基础的基底压力不能超过地基的承载能力;

(2) 建筑物基础在荷载作用下可能产生的变形(沉降量、沉降差、倾斜、局部倾斜等)不能超过地基的容许变形值。

在前面章节中讨论的地基极限承载力是从地基的稳定要求出发,研究地基土体所能承受的最大荷载。故若以极限荷载除以稳定安全系数并将其作为地基基础设计时的地基承载力,虽然能够保证地基不产生失稳破坏,但不能保证地基因变形太大而引起上部建筑物结构破坏或无法正常使用。

为了满足上述两项要求,最直接可靠的方法是原位测试,即在现场利用各种仪器和设备直接对地基土进行测试,以确定地基承载能力。这方面内容将在下一节讨论。目前各地区和各产业部门根据大量的工程实践经验、土工试验和地基荷载试验等综合分析,各自总结出来了一套有关确定地基承载力的地基基础设计规范。这些规范所提供的数据和地基承载力的确定方法,无论从地基稳定或变形方面,都具有一定的安全储备,从而不致因种种意外情况而导致地基破坏。这仍然不失为一种可靠、实用的地基承载力确定方法。

各类规范制定的出发点和基本思想虽然基本一致,但由于各地区、各行业的土质情况和建筑物特点不同,每种规范都存在一定的差异。限于篇幅,本节只介绍《铁路桥涵地基和基础设计规范》(TBJ 10002.5—2005)(简称《桥规》)和《建筑地基基础设计规范》(GB 50007—2011)(简称《建规》)中提供的确定地基承载力的方法。

9.5.2　按《桥规》确定地基承载力

根据一般铁路桥和涵洞基础的形式特点,《桥规》推荐了一套各种土体的基本容许承载力(σ_0)表和计算容许承载力($[\sigma]$)的经验计算公式。所谓基本容许承载力系指基础宽度 $b \leqslant 2$ m,埋置深度 $h \leqslant 3$ m,并且地质情况简单的地基容许承载力。《桥规》在地基承载力理论分析的基础上,总结我国铁路部门丰富的工程实践经验,基于土的基本物理性质指标和现场原位测试的结果,又考虑了一定的安全储备,给出了各种常见土质的地基基本承载力,供选用参考。当基础宽度 $b > 2$ m,埋置深度 $h > 3$ m 时,则应按照《桥规》提供的经验公式对 σ_0 进行修正提高,以求建筑物地基的容许承载力。

1. 基本承载力

《桥规》根据我国各地不同地基上已有建筑物的观测资料和荷载试验资料,采用统计分析方法制定出来一系列基本承载力数据表(表 9-2~表 9-11)。若要利用这些表中数据,必须先在现场取出土样,进行室内试验,以划分土的类别和测定土的物理力学指标,然后根据土的分类和相应的测试指标,从相应表格中查取基本容许承载力 σ_0。在此应该指出:对于地质和结构复杂的桥涵地基,基本承载力宜经原位测试确定;若经原位测试、理论公式的计算,或经邻近旧桥涵的调查对比、既有地区建筑经验的调查,其承载力可不受这些表所列数值的限制。

表 9 - 2　岩石地基的基本承载力(σ_0/kPa)

节理发育程度 岩石类别　　节理间距/cm	节理很发育 2～20	节理发育 20～40	节理不发育或较发育 大于 40
硬 质 岩	1 500～2 000	2 000～3 000	大于 3 000
较 软 岩	800～1 000	1 000～15 000	15 000～3 000
软 岩	500～800	700～1 000	900～1 200
极 软 岩	400～800	600～1 000	800～12 000

注:(1) 对于溶洞、断层、软弱夹层、易溶岩石等,应个别研究确定;

(2) 裂隙张开或有泥质填充时,应取低值。

表 9 - 3　碎石土地基的基本承载力(σ_0/kPa)

密实程度 土 名	松 散	稍 密	中 密	密 实
卵石土、粗圆砾土	300～500	500～650	650～1 000	1 000～1 200
碎石土、粗角砾土	200～400	400～550	550～800	800～1 000
细圆砾土	200～300	300～400	400～600	600～800
细角砾土	200～300	300～400	400～500	500～700

注:(1) 半胶结的碎石土,可按密实的同类土的 σ_0 值,提高 10%～30%计算;

(2) 由硬质岩块组成,充填砂土者用高值;由软质岩块组成,充填黏性土者用低值;

(3) 松散的在天然河床中很少遇到,需特别注意鉴定;

(4) 漂石、块石的 σ_0 值,可参照卵石、碎石土适当提高。

表 9 - 4　砂土地基的基本承载力(σ_0/kPa)

土 名	湿 度	密度程度 	稍 松	稍 密	中 密	密 实
砾砂、粗砂	与湿度无关		200	370	430	550
中 砂	与湿度无关		150	330	370	450
细 砂	稍湿或潮湿		100	230	270	350
	饱 和		—	190	210	300
粉 砂	稍湿或潮湿		190	210	300	
	饱 和		—	90	110	200

表 9-5　粉土地基的基本承载力(σ_0/kPa)

e \ w	10	15	20	25	30	35	40
0.5	400	380	(355)				
0.6	300	290	280	(270)			
0.7	250	235	225	215	(205)		
0.8	200	190	180	170	(165)		
0.9	160	150	145	140	130	(125)	
1.0	130	125	120	115	110	105	(100)

注：(1) e 为天然孔隙比，w 为天然含水率，有括号者仅供内插；

　　(2) 在湖、塘、沟、谷与河浸滩地段以及新近沉积的粉土，应根据当地经验取值。

表 9-6　Q_4 冲、洪积黏性土地基的基本承载力(σ_0/kPa)

孔隙比 e \ 液性指数 I_L	0	0.1	0.2	0.3	0.4	0.5	0.6	0.7	0.8	0.9	1.0	1.1	1.2
0.5	450	440	430	420	400	380	350	310	270	240	220	—	—
0.6	420	410	400	380	360	340	310	280	250	220	200	180	—
0.7	400	370	350	330	310	290	270	240	220	190	170	160	150
0.8	380	330	300	280	260	240	230	210	180	160	150	140	130
0.9	320	280	260	240	220	210	190	180	160	140	130	120	100
1.0	250	230	220	210	190	170	160	150	140	120	110	—	—
1.1	—	—	160	150	140	130	120	110	100	90	—	—	—

注：土中含有粒径大于 2 mm 的颗粒且其土重占全重 30% 以上时，σ_0 可酌予提高。

表 9-7　Q_3 及其以前冲、洪积黏性土地基的基本承载力(σ_0/kPa)

压缩模量 E_s/MPa	10	15	20	25	30	35	40
σ_0/kPa	380	430	470	510	550	580	620

注：(1) $E_s = \dfrac{1+e_1}{a_{1\sim2}}$，

式中，e_1—压力为 0.1MPa 时土样的孔隙比；

　　$a_{1\sim2}$—对应于 0.1~0.2 MPa 压力段的压缩系数(MPa^{-1})。

　　(2) 当 $E_s < 10$ MPa 时，其基本承载力 σ_0 按表 9-6 确定。

表 9-8　残积黏性土地基的基本承载力(σ_0)

压缩模量(E_s/MPa)	4	6	8	10	12	14	16	18	20
σ_0/kPa	190	220	250	270	290	310	320	330	340

注：本表适用于西南地区碳酸盐类岩层的残积红土，其他地区可参照使用。

表 9 - 9　新黄土(Q_4、Q_3)地基的基本承载力(σ_0/(kPa))

液限(w_L)	孔隙比(e) \ 含水率 w/%	5	10	15	20	25	30	35
24	0.7	—	230	190	150	110	—	—
	0.9	240	200	160	125	85	(50)	—
	1.1	210	170	130	100	60	(20)	—
	1.3	180	140	100	70	40	—	—
28	0.7	280	260	230	190	150	110	—
	0.9	260	240	200	160	125	85	—
	1.1	240	210	170	140	100	60	—
	1.3	220	180	140	110	70	40	—
32	0.7	—	280	260	230	180	150	—
	0.9	—	260	240	200	150	125	—
	1.1	—	240	210	170	130	100	60
	1.3	—	220	180	140	100	70	40

注：(1) 对 Q_3 新黄土，当 $0.85 < e < 0.95$ 时，可按表中 σ_0 值提高 10%；

(2) 本表不适用于坡积、崩积和人工堆积层；

(3) 括号内数值供内插用。

表 9 - 10　老黄土(Q_2、Q_1)地基的基本承载力(σ_0/kPa)

含水比(w/w_L) \ 孔隙比(e)	$e<0.7$	$0.7 \leq e < 0.8$	$0.8 \leq e \leq 0.9$	$e>0.9$
<0.6	700	600	500	400
$0.6 \leq w/w_L \leq 0.8$	500	400	300	250
>0.8	400	300	250	200

注：(1) w 为天然含水率，w_L 为液限含水率；

(2) 山东老黄土黏聚力小于 50 kPa，内摩擦角小于 25°，σ_0 应降低 20% 左右。

表 9 - 11　多年冻土地基的基本承载力(σ_0/kPa)

序号	土名 \ 基础底面的月平均最高土温/℃	−0.5	−1.0	−1.5	−2.0	−2.5	−3.5
1	块石土、卵石土、碎石土、粗圆砾土、粗角砾土	800	950	1 100	1 250	1 380	1 650
2	细圆砾土、细角砾土、砾砂、粗砂、中砂	600	750	900	1 050	1 180	1 450
3	细砂、粉砂	450	550	650	750	830	1 000
4	粉土	400	450	550	650	710	850
5	粉质黏土、黏土	350	400	450	500	560	700
6	饱冰冻土	250	300	350	400	450	550

注：(1) 本表序号 1~5 类的地基基本承载力，适合于少冰冻土、多冰冻土；当序号 1~5 类的地基为富冰冻土时，表列数值应降低 20%；

(2) 含土冰层的承载力应实测确定；

(3) 基础置于饱冰冻土的土层上时，基础底面应敷设厚度不小于 0.20~0.30 m 的砂垫层。

2. 容许承载力

当基础的宽度 $b > 2$ m 或基础的埋置深度 $h > 3$ m，且 $h/b \leq 4$ 时，地基的承载能力会有一定程度的提高，可按规范所推荐的经验公式(9-43)对地基的基本承载力 σ_0 进行修正，以求算其容许承载力。

$$[\sigma]=\sigma_0+k_1\gamma_1(b-2)+k_2\gamma_2(h-3)。 \tag{9-43}$$

式中，$[\sigma]$——地基的容许承载力(kPa)；

σ_0——地基的基本承载力(kPa)；

b——基础的短边宽度(m)，当大于 10 m 时，按 10 m 计算；

h——基础底面的埋置深度(m)，对于受水流冲刷的墩台，由一般冲刷线算起；不受水流冲刷者，由天然地面算起；位于挖方内，由开挖后地面算起；

γ_1——基底以下持力层土的天然重度(kN/m³)，如持力层在水面以下且为透水者，应采用浮重度；

γ_2——基底以上土的天然重度的平均值(kN/m³)，如持力层在水面以下，且为透水者，水中部分应采用浮重度；如为不透水者，不论基底以上水中部分土的透水性质如何，应采用饱和重度；

k_1,k_2——宽度、深度修正系数，按持力层土的类型决定，见表9-12。

表9-12 宽度、深度修正系数

土的类别 系数	黏性土				粉土	黄土		砂土								碎石土			
	Q₄的冲、洪积土		Q₃及其以前的冲、洪积土	残积土		新黄土	老黄土	粉砂		细砂		中砂		砾砂粗砂		碎石、圆砾、角砾		卵石	
	$I_L<0.5$	$I_L\geqslant0.5$						稍、中密	密实	稍、中密	密实	稍、中密	密实	稍、中密	密实	稍、中密	密实	稍、中密	密实
k_1	0	0	0	0				1	1.2	1.5	2	2	3	3	4	3	4	3	4
k_2	2.5	1.5	2.5	1.5	1.5	1.5	1.5	2	2.5	3	4	4	5.5	5	6	5	6	6	10

注：(1) 节理不发育或较发育的岩石不做宽深修正；节理发育或很发育的岩石，k_1、k_2 可按碎石土的系数修正，但对已风化成砂、土状者，则按砂土、黏性土的系数修正；

(2) 稍松状态的砂土和松散状态的碎石土，k_1、k_2 值可采用表列的中密值的 50%；

(3) 冻土的 k_1、k_2 等于 0。

3. 软土地基的容许承载力

软土地基，包括淤泥和淤泥质土地基，在进行地基基础设计时，必须通过检算，使之满足地基的稳定和变形的要求。因此，在检算地基沉降量的同时，还要按式(9-44)计算$[\sigma]$，以确定地基承载力，即

$$[\sigma]=5.14c_u\frac{1}{K'}+\gamma_2 h； \tag{9-44}$$

对于小桥和涵洞基础，也可由式(9-45)确定软土地基容许承载力，即

$$[\sigma]=\sigma_0+\gamma_2(h-3)。 \tag{9-45}$$

式中，$[\sigma]$——地基容许承载力(kPa)；

K'——安全系数，可视软土灵敏度及建筑物对变形的要求等因素选用，数值范围

为1.5～2.5；

c_u——不排水剪切强度(kPa)；

σ_0——由表9-13确定。

表9-13　软土地基的基本承载力(σ_0/kPa)

天然含水率(w/%)	36	40	45	50	55	65	75
σ_0	100	90	80	70	60	50	40

4. 地基承载力的提高

墩台建在水中,基底土为不透水层,常水位高出一般冲刷线每高1 m,容许承载力可增加10 kPa。主力加附加力时,地基容许承载力$[\sigma]$可提高20%。主力加特殊荷载(地震力除外)时,地基容许承载力$[\sigma]$可按表9-14提高。

表9-14　地基容许承载力的提高系数

地 基 情 况	提 高 系 数
基本承载力σ_0>500 kPa 的岩石和土	1.4
150 kPa<σ_0≤500 kPa 的岩石和土	1.3
100 kPa<σ_0≤150 kPa 的土	1.2

既有桥墩台的地基土因多年运营被压密,其基本承载力可予以提高,但提高值不应超过25%。

9.5.3　按《建规》确定地基承载力

2002年颁发的《建筑地基基础设计规范》(GB 50007—2011)(简称《建规》)提出了地基承载力特征值(f_{ak})的概念。所谓承载力特征值,系指由原位载荷试验测定的地基荷载变形曲线上规定的变形所对应的荷载值。现行规范认为,各地区的土质成因、地质环境不同,土性差异较大,即使是同一类别的土,其地基承载力差别甚远;因而废弃了原有规范的做法,即按照地基土的类别和物理力学性质指标,归纳总结出一系列地基承载力基本值和标准值表,进而通过查表确定地基承载力设计值。考虑到原有规范中这些地基承载力表虽然具有一定的代表性,但不能准确反映所有的地基土质情况,因此建议由载荷试验或其他原位测试、公式计算,并结合工程实践经验等方法综合确定地基承载力特征值。

现行《建规》提出了两大类地基承载力特征值的确定方法,第一类是原位测试法;第二类是地基土的强度理论方法。

1. 用原位测试法确定地基承载力特征值

原位测试法就是在建筑物实际场地位置上,现场测试地基土的性能的方法。由于原位测试所涉及的土体比室内试样大,又无须搬运,减少了土样扰动带来的影响,因而能更可靠地反映土层的实际承载能力。

用原位测试法确定地基承载力的方法很多,如静载荷试验、标准贯入试验、静力触探试验等。

具体测试方法参见 8.6 节。这里只讨论地基承载力特征值的修正。试验研究表明:对同一地基土体,基础的形状、尺寸及埋深不同,地基的承载能力不同。因此,地基承载力除了与土的性质有关外,还与基础底面尺寸及埋深等因素有关。《建规》规定:当基础宽度小于 3 m 或基础埋置深度小于 0.5 m 时,直接由原位测试确定地基承载力;当基础宽度大于 3 m 或基础埋置深度大于 0.5 m 时,由原位测试确定的地基承载力特征值,还应按式(9－46)进行宽度或深度修正,即

$$f_a = f_{ak} + \eta_b \gamma (b-3) + \eta_d \gamma_m (d-0.5)。 \tag{9-46}$$

式中,f_a——修正后的地基承载力特征值(kPa);

f_{ak}——地基承载力特征值(kPa),由载荷试验或其他原位测试、经验值等方法确定;

η_b、η_d——基础宽度和埋深的地基承载力修正系数,按基底下土的类别查表 9－15 来取值;

γ——基础底面以下土的重度(kN/m³),地下水位以下取浮重度;

b——基础底面宽度(m),当基宽小于 3 m 按 3 m 取值,大于 6 m 按 6 m 取值;

γ_m——基础底面以上土的加权平均重度(kN/m³),地下水位以下取浮重度;

d——基础埋置深度(m),一般自室外地面标高算起;在填方整平地区,可自填土地面标高算起,但填土在上部结构施工完成时,应从天然地面标高算起;对于地下室,如采用箱形基础或筏基时,基础埋置深度自室外地面标高算起,当采用独立基础或条形基础时,应从室内地面标高算起。

表 9－15　承载力修正系数

土　的　类　别		η_b	η_d
淤泥和淤泥质土		0	1.0
人工填土 e 或 I_L 大于或等于 0.85 的黏性土		0	1.0
红黏土	含水比 $a_w > 0.8$	0	1.2
	含水比 $a_w \leqslant 0.8$	0.15	1.4
大 面 积 压实填土	压实系数大于 0.95、黏粒含量 $\rho_c \geqslant 10\%$ 的粉土	0	1.5
	最大干密度大于 2.1 t/m³ 的级配砂石	0	2.0
粉　土	黏粒含量 $\rho_c \geqslant 10\%$ 的粉土	0.3	1.5
	黏粒含量 $\rho_c < 10\%$ 的粉土	0.5	2.0
e 及 I_L 均小于 0.85 的黏性土		0.3	1.6
粉砂、细砂(不包括很湿与饱和时的稍密状态)		2.0	3.0
中砂、粗砂、砾砂和碎石土		3.0	4.4

注:(1) 强风化和全风化的岩石,可参照所风化成的相应土类取值,其他状态下的岩石不修正;

　　(2) 地基承载力特征值按深层平板载荷试验(见 6.6 节)确定时 η_d 取 0;

　　(3) 含水比是指土的天然含水量与液限的比值;

　　(4) 大面积压实填土是指填土范围大于两倍基础宽度的填土。

2. 按地基强度理论确定地基承载力特征值

按地基强度理论计算地基承载力的公式种类很多。《建规》提出了根据土的抗剪强度指标确定地基承载力特征值的计算公式(9-47)，它要求作用于基础荷载的偏心距 e 小于或等于 0.033 倍基础底面宽度，并且地基应满足变形要求。

$$f_a = M_b \gamma b + M_d \gamma_m d + M_c c_k \text{。} \tag{9-47}$$

式中，f_a——由土的抗剪强度指标确定的地基承载力特征值(kPa)；

M_b、M_d、M_c——承载力系数，按表 9-16 确定；

b——基础底面宽度(m)，大于 6 m 时按 6 m 取值，对于砂土小于 3 m 时按 3 m 取值；

c_k——基底下一倍短边宽的深度内土的黏聚力标准值(kPa)。

表 9-16 承载力系数 M_b、M_d、M_c

土的内摩擦角标准值 φ_k/°	M_b	M_d	M_c	土的内摩擦角标准值 φ_k/°	M_b	M_d	M_c
0	0	1.00	3.14	22	0.61	3.44	6.04
2	0.03	1.12	3.32	24	0.80	3.87	6.45
4	0.06	1.25	3.51	26	1.10	4.37	6.90
6	0.10	1.39	3.71	28	1.40	4.93	7.40
8	0.14	1.55	3.93	30	1.90	5.59	7.95
10	0.18	1.73	4.17	32	2.60	6.35	8.55
12	0.23	1.94	4.42	34	3.40	7.21	9.22
14	0.29	2.17	4.69	36	4.20	8.25	9.97
16	0.36	2.43	5.00	38	5.00	9.44	10.80
18	0.43	2.72	5.31	40	5.80	10.84	11.73
20	0.51	3.06	5.66				

注：φ_k—基底下一倍短边宽的深度内土的内摩擦角标准值。

例 9-3 已知某地基土为 Q_4 洪积黏性土层，地下水位在地表以下 2 m 处。通过测试，已知水位以下土层的天然含水率 $w=32\%$，土粒比重 $G_s=2.68$，又测得 $w_L=40\%$，$w_P=18\%$；同时地下水位以上土层的天然重度 $\gamma=18.0 \text{ kN/m}^3$。现将宽度为 4 m 的条形基础埋置于地表以下 5 m 深处。试按照《桥规》确定地基承载力。

解 (1)首先确定地基持力层的基本承载力 σ_0。

由于基础埋深 $h=5$ m，基底在地下水位以下 3 m 处，持力层土为饱和土，$S_r=1.0$；

所以天然孔隙比 $e = \dfrac{G_s w}{S_r} = \dfrac{2.68 \times 0.32}{1.0} = 0.858$。

由已知条件 $w_L=40\%$，$w_P=18\%$，$w=32\%$，可得

液性指数 $I_L = \dfrac{w - w_P}{w_L - w_P} = \dfrac{32 - 18}{40 - 18} = \dfrac{14}{22} = 0.636$。

根据表 9 - 6，由 $I_L = 0.636$ 和 $e = 0.858$ 用内插法得地基土基本承载力 $\sigma_0 = 201.7\ \text{kPa}$。

(2) 计算地基容许承载力 $[\sigma]$。

根据公式(9 - 43)，其中基础宽度、深度修正系数 k_1、k_2 由 $I_L = 0.636 (>0.5)$ 查表 9 - 12，得 $k_1 = 0$，$k_2 = 1.5$。

γ_1 采用基底以下土层的饱和重度(位于地下水位以下，且考虑到塑性指数 $I_P = w_L - w_P = 40 - 18 = 22 > 17$，近似认为土层为不透水土)，则

$$\gamma_1 = \gamma_{sat} = \frac{G_s + e}{1 + e}\gamma_w = \frac{2.68 + 0.858}{1 + 0.858} \times 9.8 = 18.66\ \text{kN/m}^3。$$

而公式(9 - 43)中的 γ_2 应采用基底以上土的加权重度，即

$$\gamma_2 = \frac{\gamma \times 2 + \gamma_{sat} \times 3}{5} = \frac{18.0 \times 2 + 18.66 \times 3}{5} = 18.4\ \text{kN/m}^3。$$

修正后的地基容许承载力为

$$[\sigma] = \sigma_0 + k_1\gamma_1(b - 2) + k_2\gamma_2(h - 3) =$$
$$201.7 + 0 + 1.5 \times 18.4 \times (5 - 3) = 293.7\ \text{kPa}。$$

例 9 - 4　地基为粉质黏土，其重度为 $18.6\ \text{kN/m}^3$，孔隙比 $e = 0.63$，液性指数 $I_L = 0.44$，经现场标准贯入试验测得地基承载力特征值为 $f_{ak} = 260\ \text{kPa}$。已知条形基础宽 $3.5\ \text{m}$，埋置深度 $1.8\ \text{m}$。(1)试采用《建规》确定地基承载力；(2)若传至基础地面处的建筑物荷载为 $900\ \text{kN}$，试问地基承载力是否满足要求？

解　(1) 根据《建规》，当基础宽度超过 $3\ \text{m}$，埋深超过 $0.5\ \text{m}$ 时，承载力特征值应按公式(9 - 46)进行修正。根据持力层土的 $I_L = 0.44$ 查表 9 - 15 得承载力修正系数 $\eta_b = 0.3$，$\eta_d = 1.6$；则修正后的地基承载力特征值为

$$f_a = f_{ak} + \eta_b\gamma(b - 3) + \eta_d\gamma_m(d - 0.5)$$
$$= 260 + 0.3 \times 18.6 \times (3.5 - 3) + 1.6 \times 18.6 \times (1.8 - 0.5) = 301.5\ \text{kPa}。$$

(2) 已知作用于基础地面处的荷载 $F_N = 900\ \text{kN}$，基础宽度 $b = 3.5\ \text{m}$，基础自重 $F_G = \bar{\gamma} \times b \times d = 20 \times 3.5 \times 1.8 = 126\ \text{kN}$，则基底压应力

$$p = \frac{F_N + F_G}{b} = \frac{900 + 126}{3.5} = 293.1\ \text{kPa} < f_a = 301.5\ \text{kPa}；$$

地基承载力满足要求。

例 9 - 5　已知地基土性资料和基础尺寸及埋深同例 9 - 4，又根据剪切试验测得土的抗剪强度指标 $c_k = 23.5\ \text{kPa}$，$\varphi_k = 20°$。(1)试采用《建规》提供的地基强度理论公式确定地基承载力特征值；(2)与例 9 - 4 中确定的地基承载力进行比较。

解　(1) 根据例 9 - 4，已知 $\gamma = \gamma_m = 18.6\ \text{kN/m}^3$，$b = 3.5\ \text{m}$，$d = 1.8\ \text{m}$；又根据 $\varphi_k = 20°$ 查表 9 - 16 得 $M_b = 0.51$，$M_d = 3.06$，$M_c = 5.66$，代入公式(9 - 47)得

$$f_a = M_b\gamma b + M_d\gamma_m d + M_c c_k = 0.51 \times 18.6 \times 3.5 + 3.06 \times 18.6 \times 1.8 + 5.66 \times 23.5 = 268.7\ \text{kPa}。$$

(2) 与例 9 - 4 所确定的地基承载力值 $f_a = 301.5\ \text{kPa}$ 相比较，按地基强度理论公式确定的地基承载力特征值有所减少。由此可知，按不同的方法确定的承载力值会出现一定的差异；

故在工程设计中,应结合多种方法综合确定地基承载力,以确保地基的安全与稳定。

值得注意是,按《建规》强度理论公式(9-47)计算的地基承载力特征值进行设计时,尚应验算地基的变形,保证其在容许范围内,在此从略。

9.6 原位测试确定地基承载力

前面已经提及目前确定地基承载力最可靠的方法就是在现场对地基土进行直接测试,即原位测试方法。尤其是载荷试验,相当于在建筑物设计位置的地基土上进行地基和基础的模型试验,对确定地基承载力具有直接指导意义。此外,静力触探法、动力触探法、标准贯入试验、旁压试验等是采用各种特殊仪器在地基土中进行测试,间接测定地基承载力,也不失为行之有效的方法。对于重要建筑物和复杂地基,各类地基规范都明确规定需用原位测试方法来确定地基承载力。如果条件允许的话,宜采用多种测试方法,以供相互参考,综合分析。

9.6.1 载荷试验

地基的载荷试验是岩土工程中的重要试验,它对地基直接加载,几乎不扰动地基土,能测出荷载板下应力主要影响深度范围内土的承载力和变形参数。对土层不均,难以取得原状土样的杂填土及风化岩石等复杂地基尤其适用,且试验的结果较为准确可靠。

载荷试验分浅层平板载荷试验和深层平板载荷试验两种。

1. 浅层平板载荷试验

1) 浅层平板载荷试验装置与试验方法

(1) 在建筑工地现场,选择有代表性的部位进行载荷试验。

(2) 开挖试坑,深度为基础设计埋深 d,基坑宽度 $B \geqslant 3b$,b 为载荷试验压板宽度或直径,常用尺寸为 $b=50$ cm,70.7 cm,100 cm,即压板面积为 2 500 cm²,5 000 cm²,10 000 cm²。承压板面积应不小于 2 500 cm²。

应注意保持试验土层的原状结构和天然湿度;宜在拟试压表面用不超过 20 mm 的粗、中砂找平。

(3) 加荷装置与方法如图 9-13 所示。

(4) 加荷标准。

① 第一级荷载 $p_1 = \gamma d$,相当于开挖试坑卸除土的自重应力。

② 第二级荷载开始,每级荷载为松软土 $p_i = 10 \sim 25$ kPa,坚实土 $p_i = 50$ kPa。

③ 加荷等级不应少于 8 级。最大加载量不应少于荷载设计值的 2 倍,即 $\Sigma p_i \geqslant 2p_{设计}$。

(5) 测记压板沉降量。

每级加载后,按间隔 10 min,10 min,10 min,15 min,15 min,以后每隔半小时读一次百分表的读数。百分表安装在压板顶面四角。

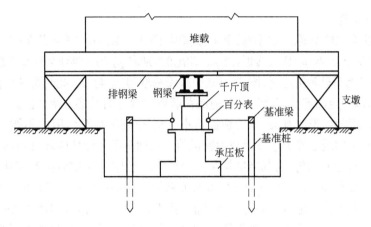

图 9-13 载荷试验示意图

(6) 沉降稳定标准。

在连续两小时内,每小时沉降量 $s_i < 0.1$ mm 时,则认为沉降已趋稳定,可加下一级荷载。

(7) 终止加载标准。

当出现下列情况之一时,即可终止加载:

① 承压板周围的土明显地侧向挤出;

② 沉降 s 急骤增大,荷载-沉降(p-s)曲线出现陡降段;

③ 在某一级荷载 p_i 下,24h 内沉降速率不能达到稳定标准;

④ 总沉降量 $s \geqslant 0.06\,b$(b 为承压板宽度或直径)。

(8) 极限荷载 p_u 满足终止加荷标准①、②、③3 种情况之一时,其对应的前一级荷载定为极限荷载 p_u。

2) 载荷试验结果及承载力特征值确定

(1) 绘制荷载-沉降(p-s)曲线,如图 9-14(a)所示。

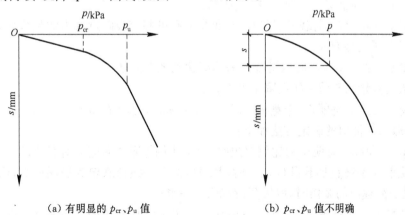

(a) 有明显的 p_{cr}、p_u 值   (b) p_{cr}、p_u 值不明确

图 9-14 按静载荷试验 p-s 曲线确定地基承载力

（2）承载力取值。

当 $p-s$ 曲线有比较明显的比例直线和界限值时（图 9-14(a)），可取比例限荷载 p_{cr} 作为地基承载力特征值。有些土 p_{cr} 与 p_u 比较接近，当 $p_u < 2p_{cr}$ 时，则取 p_u 的一半作为地基承载力特征值。

当 $p-s$ 曲线无明显转折点时（图 9-14(b)），无法取得 p_{cr} 与 p_u，此时可从沉降观测考虑，即在 $p-s$ 曲线中，以一定的容许沉降值所对应的荷载作为地基的承载力特征值。由于沉降量与基础（或承压板）底面尺寸、形状有关，承压板通常小于实际的基础尺寸，因此不能直接利用基础的容许变形值在 $p-s$ 曲线上确定地基承载力特征值。由地基沉降计算原理可知，如果基础和承压板下的压力相同，且地基均匀，则沉降量与各自的宽度 b 之比 (s/b) 大致相等。《建规》根据实测资料规定：当承压板面积为 $0.25 \sim 0.5 \ \mathrm{m^2}$ 时，可取沉降量 s 为 $0.01 \ b \sim 0.015 \ b$（b 为承压板的宽度或直径）所对应的荷载值作为地基承载力的特征值；但其值不应大于最大加载量的一半。

由于地基土的载荷试验费时、耗资最大，不能对地基土进行大量的载荷试验，因此规范规定对同一土层，应至少选择 3 点作为载荷试验点，如 3 点以上承载力特征值的极差不超过平均值的 30% 时，则取平均值作为地基承载力特征值 f_{ak}，否则应增加试验点数，使其承载力特征值的极差不超过平均值的 30%，确定了承载力的特征值后，再按实际的基础埋深、基础的宽度对特征值进行修正，从而得到修正后的地基承载力特征值 f_a。

2. 深层平板载荷试验

深层平板载荷试验要点如下。

（1）深层平板载荷试验的承压板采用直径 $d = 0.8 \ \mathrm{m}$ 的刚性板，紧靠承压板周围外侧的土层高度应不少于 80 cm。

（2）加荷等级可按预估极限承载力的 $1/15 \sim 1/10$ 分级施加。

（3）每级加荷后，第一个小时内按间隔 10 min, 10 min, 10 min, 15 min, 15 min，以后为每隔半小时测读一次沉降。当连续两小时内，每小时的沉降量小于 0.1 mm 时，则认为已趋稳定，可加下一级荷载。

（4）当出现下列情况之一时，可终止加载：

① 沉降 s 急骤增大，荷载-沉降 $(p-s)$ 曲线上有可判定极限承载力的陡降段，且沉降量超过 $0.04 \ d$（d 为承压板直径）；

② 在某级荷载下，24 小时内沉降速率不能达到稳定标准；

③ 本级沉降量大于前一级沉降量的 5 倍；

④ 当持力层土层坚硬，沉降量很小时，最大加载量不小于荷载设计值的 2 倍。

（5）承载力特征值的确定方法如下：

① 当 $p-s$ 曲线上有明确的比例界限时，取该比例界限所对应的荷载值；

② 满足前 3 条终止加载条件之一时，其对应的前一级荷载定为极限荷载，当该值小于对应比例界限的荷载值的 2 倍时，取极限荷载值的一半；

③ 不能按上述 2 条确定时，可取 $s/d = 0.01 \sim 0.015$ 所对应的荷载值，但其值不应大于最大加载量的一半。

（6）同一土层参加统计的试验点不应少于 3 点,各试验实测值的极差不得超过平均值的 30％,取此平均值作为该土层的地基承载力特征值 f_{ak}。

9.6.2　静力触探

静力触探是采用静力触探仪,通过液压千斤顶或其他机械传动方法(图 9-15),把带有圆锥形探头的钻杆压入土层中,探头受到的阻力可以换算成地基土的承载力。该仪器的构造形式是多样的,总的来说,大致可分成 3 部分,即探头、钻杆和加压设备。探头是静力触探仪的关键部件,有严格的规格与质量要求。目前,国内外使用的探头可分为 3 种类型(图 9-16)。

1. 单桥探头

这是我国特有的一种探头类型。它的锥尖与外套筒是连在一起的,使用时只能测取一个参数。这种探头的优点是结构简单、坚固耐用且价格低廉,对于推动我国静力触探技术的发展曾经起到了积极作用。其缺点是测试参数少,规格与国际标准不统一,不利于国际交流,故其应用受到限制。

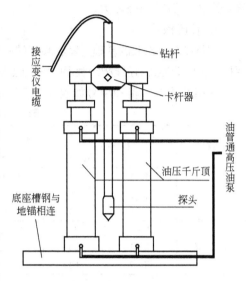

图 9-15　静力触探仪加压系统

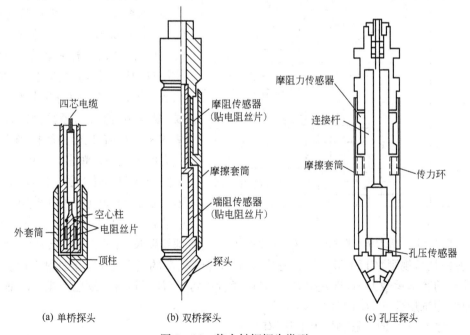

(a) 单桥探头　　　　　(b) 双桥探头　　　　　(c) 孔压探头

图 9-16　静力触探探头类型

2. 双桥探头

这是国内外应用最广泛的一种探头。它的锥尖与摩擦套筒是分开的,使用时可同时测定锥尖阻力和筒壁的摩擦力。

3. 孔压探头

它是在双桥探头的基础上发展起来的一种新型探头,国内已能定型生产。孔压探头除了具备双桥探头的功能外,还能测定触探时的孔隙水压力,这对于黏土中的测试成果分析有很大的好处。

常用的探头规格和型号如表 9-17 所示。

表 9-17　常用探头规格

探头种类	型 号	锥头			摩擦筒(或套筒)		标 准
		顶角/(°)	直径/mm	底面积/cm²	长度/mm	表面积/cm²	
单 桥	I-1	60	35.7	10	57		我国独有
	I-2	60	43.7	15	70		
	I-3	60	50.7	20	81		
双 桥	II-0	60	35.7	10	133.7	150	国际标准
	II-1	60	35.7	10	179	200	
	II-2	60	43.7	15	219	300	
孔 压		60	35.7	10	133.7	150	国际标准
		60	43.7	15	179	200	

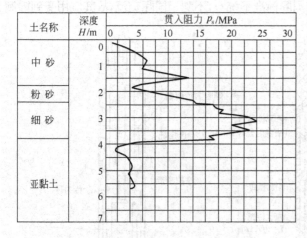

图 9-17　静力触探贯入曲线(p_s-H曲线)

根据经验,探头截面尺寸对贯入阻力 p_s 的影响不大。贯入速度一般在 0.5~2.0 m/min 之间,每贯入 0.1~0.2(m)在记录仪器上读数一次,也可使用自动记录仪,并绘出阻力-贯入深度曲线。图 9-17 为单桥探头的 p_s-H 曲线,根据 p_s 值可用经验公式计算出地基的 σ_0。目前,用静力触探确定地基承载力的经验公式颇多,这些公式适用于不同地区和不同土层。因此,在有使用静力触探经验的地区可采用当地的经验公式。铁路部门结合自身行业特点,即线路长,工点分散,于 1993 年修订了《静力触探技术规则》(TBJ 37—93),提出 3 个适应性较广的经验公式,分别用于计算黏性土和砂性土的基本承载力 σ_0,现介绍如下,以供读者参考。(注意该规范现已更新,见《铁路工程地质原位测试规程》(TB 10018—2003))

(1) 对 $I_P > 10$ 的一般黏性土地基,有

$$\sigma_0 = 5.8\sqrt{p_s} - 46。$$

　　　　　　　　　　　　　　　　　(9-48)

（2）对 $I_P \leqslant 10$ 的一般黏性土及饱和砂土地基，有

$$\sigma_0 = 16.2(p_s/100)^{0.63} + 14.4。\tag{9-49}$$

若采用式（9-49）确定地下水位以上的砂土的基本承载力，其 σ_0 值应有所增加。为安全起见，根据工程特点与要求，酌取 $25\% \sim 50\%$ 的提高数。

（3）对 Q_3 及以前沉积的老黏土地基，有

$$\sigma_0 = 0.1 p_s。\tag{9-50}$$

（4）对软土地基，有

$$\sigma_0 = 0.112 p_s + 5。\tag{9-51}$$

在式（9-48）～式（9-51）中，基本承载力 σ_0 和贯入阻力 p_s 均采用 kPa 为单位。应该指出的是，若把上述各类土的 σ_0 值用于基础设计，尚需按基础实际宽度和埋深进行深、宽修正，即按式（9-43）以计算地基的 $[\sigma]$ 值。关于宽、深修正系数 k_1 和 k_2，可直接根据 p_s 值由表9-18查得。

表 9-18　由贯入阻力 p_s 定宽、深修正系数 k_1 和 k_2

p_s/MPa	<0.5	0.5~2	2~6	6~10	10~14	14~20	>20
k_1	0	0	0	1	2	3	4
k_2	0	1	2	3	4	5	6

用静力触探不仅可确定地基承载力，而且通过贯入阻力 p_s 大致能找到土的其他力学指标，如压缩模量 E_s、软土的不排水抗剪强度 c_u 和砂土的内摩擦角 φ 等。如采用双桥探头，还可根据探头端阻力 p_c、摩擦力 f_s 及摩阻比 $F = f_s/p_c$，对土层进行大致分类（见《静力触探技术规则》）或初步定出桩的承载力。但也要看到，除了确定地基和桩的承载力外，静力触探在其他方面毕竟是非常粗糙的办法，而且存在不少问题，需要做进一步研究。为可靠起见，对于重要工程，除做静力触探外，还要辅之以钻探，以获得土的柱状图及有关土的物理力学指标。

9.6.3　动力触探

当土层较硬，用静力触探无法贯入土中时，可采用圆锥动力触探法，简称动力触探。动力触探法适用于强风化、全风化的硬质岩石，各种软质岩石及各类土。动力触探仪的构造（图9-18）也可分为3部分，即圆锥形探头、钻杆和冲击锤。它的工作原理是把冲击锤提升到一定高度，令其自由下落，冲击钻杆上的锤垫，使探头贯入土中。贯入阻力用贯入一定深度的锤击数表示。

动力触探仪根据锤的质量进行分类，相应的探头和钻杆的规格尺寸也不同。国内将动力触探仪分为轻型、重型和超重型3种类型，如表9-19所示。

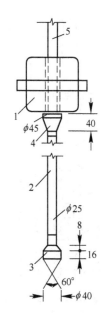

图 9-18　轻型动力触探仪
1—穿心式冲击锤；2—钻杆；
3—圆锥形探头；4—钢砧与锤垫；
5—导向杆。

表 9 - 19   圆锥动力触探仪类型

类 型		轻 型	重 型	超重型
冲击锤	锤的质量/kg	10±0.2	63.5±0.5	120±1
	落 距/cm	50±2	76±2	100±2
探 头	直 径/mm	40	74	74
	锥 角/(°)	60	60	60
钻杆直径/mm		25	42	50～60
贯入指标	深 度/cm	30	10	10
	锤击数	N_{10}	$N_{63.5}$	N_{120}

动力触探时可获得锤击数 N_{10}，$N_{63.5}$，N_{120}（下标表示相应穿心锤质量）沿深度的分布曲线。根据曲线的变化情况，可对土进行力学分层，再配合钻探等手段定出各土层的土名和相应的物理状态。

我国幅员辽阔，土层分布的特点具有很强的地域性，各地区各部门在使用动力触探的过程中积累了很多地区性或行业性的经验，有的还建立了地基承载力和动力触探锤击数之间的经验公式；但在使用这些公式时一定要注意公式的适用范围和使用条件。

影响动力触探测试成果的因素很多，主要有有效锤击能量、钻杆的刚柔度、测试方法、钻杆的垂直度等。因而动力触探是一项经验性很强的工作，所得成果的离散性也比较大。所以，一般情况下最好采取两种以上的方法对地基土进行综合分析。

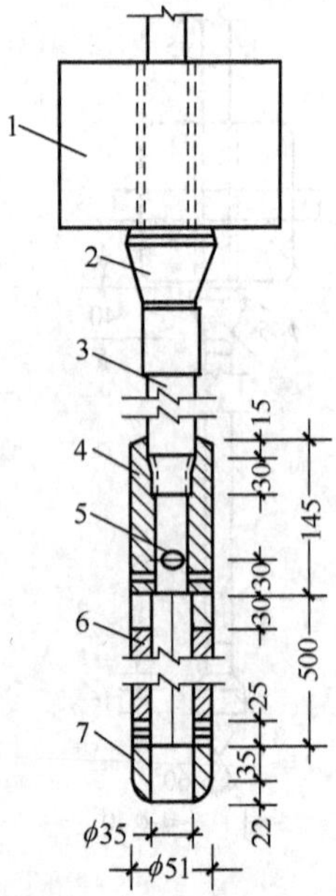

9.6.4 标准贯入试验

标准贯入试验适用于砂土、粉质土、黏性土。

标准贯入试验是利用锤击能将装在钻杆前端的贯入器靴或锥形探头打入钻孔孔底土中，测试每 30 cm 贯入度的锤击数 $N_{63.5}$，并用其锤击数判别土层变化和地基承载力的方法。它具有经济快捷等优点。

标准贯入试验的设备主要由标准贯入器、触探杆和穿心锤 3 部分组成（图 9-19）。触探杆一般用直径为 42 mm 的钻杆，穿心锤质量为 63.5 kg。

试验方法和步骤如下。

(1) 先用钻具钻至试验土层标高以上约 150 mm 处，以免下层土受到扰动。

(2) 贯入时，穿心锤落距为 760 mm，使其自由下落，将贯入器竖直打入土层 150 mm 以后，每打入土层中 300 mm 的锤击数，即

图 9-19 标准贯入试验装置
1—穿心锤；2—锤垫；3—触探杆；
4—锥头；5—出水孔；
6—由两半圆形管合并而成
贯入器身；7—贯入器靴。

为实测的锤击数 N。

（3）拔出贯入器，取出贯入器中土样进行鉴别描述。

（4）若需继续下一深度的贯入试验时，可重复上述操作步骤。

（5）试验数据处理。

由于土质的不均匀性及试验时人为的误差；故在现场试验时，对同一土层须做 6 点或 6 点以上的触探试验，然后用下述方法进行数据处理。

$$N = \mu - 1.645\sigma, \tag{9-52}$$

式中，N——经回归修正后的标准贯入击数；

　　μ——现场试验锤击数的平均值；

　　σ——标准差。

$$\sigma = \sqrt{\dfrac{\sum\limits_{i=1}^{n} \mu_i^2 - n\mu^2}{n-1}}。 \tag{9-53}$$

用 N 值估算地基承载力的经验方法很多，如梅耶霍夫从地基的强度出发，提出如下经验公式：

当浅基的埋深为 D（单位：m），基础宽度为 B（单位：m），对于砂土地基的容许承载力为

$$[\sigma] = 10N \cdot B\left(1 + \dfrac{D}{B}\right)。 \tag{9-54}$$

对于粉质土或在地下水面以下的砂土，则式（4-54）还要除以 2。

太沙基和派克考虑地基沉降的影响，提出另一计算地基容许承载力的经验公式，在总沉降不超过 25 mm 的情况下，可用式（9-55）计算 $[\sigma]$。

$$\begin{cases} 当 B \leqslant 1.3 \text{ m 时，} [\sigma] = 12.5N; \\ 当 B > 1.3 \text{ m 时，} [\sigma] = \dfrac{25}{2}N\left(1 + \dfrac{3}{B}\right)。 \end{cases} \tag{9-55}$$

式中，B——基础宽度（m）。

式（9-55）已把地下水的影响考虑进去，故不另加修正。

9.6.5　十字板剪切试验

十字板剪切试验，是用十字板仪在原位测定软土地基的不排水抗剪强度的试验。从而根据所测出的抗剪强度，进一步推算地基承载力。详见 6.3.4 节。

思考题

9-1　地基的破坏形式有哪些？其与地基土体的性质有何关系？

9-2　怎样描述地基的破坏过程？一般分为哪几个阶段？

9-3　什么是临塑荷载、临界荷载？如何根据地基内塑性区开展深度来确定它们？若以它们作为地基承载力值，是否需要考虑安全系数？为什么？

9-4　对于土质均匀的地基，为何塑性区总是从基础的端点开始？

9-5　什么是极限荷载？它由哪几个基本部分组成？各种极限荷载理论计算公式的优缺点及适用范围是什么？

9-6　影响地基极限承载力大小的因素有哪些？

9-7　按规范提供的方法确定地基承载力时，为何要进行基础的宽度和深度修正？

9-8　用原位测试确定地基承载力的方法主要有哪几种？各有何优缺点？

习　题

9-1　某条形基础宽度 $b=3\,\mathrm{m}$，埋置深度 $d=2\,\mathrm{m}$，地下水位位于地表下 $2\,\mathrm{m}$。基础底面以上为粉质黏土，重度为 $18\ \mathrm{kN/m^3}$；基础底面以下为透水黏土层，$\gamma=19.8\ \mathrm{kN/m^3}$，$c=15\ \mathrm{kPa}$，$\varphi=24°$。试求：

(1) 地基的临塑荷载 p_{cr} 及临界荷载 $p_{\frac{1}{4}}$；

(2) 采用普朗特尔公式计算极限荷载 p_u；

(3) 若作用于基础底面荷载 $p=210\ \mathrm{kPa}$，试问地基承载力是否满足要求？（取安全系数 $K=3$）

9-2　不透水黏性土地基上的条形基础宽度 $b=2\,\mathrm{m}$，埋置深度 $d=2\,\mathrm{m}$，地基土的相对密度 $G_s=2.70$，孔隙比 $e=0.70$，地下水位在基础埋置深度所在高程处，地下水位以上土的饱和度 $S_r=0.8$；土的剪切强度指标 $\varphi=15°$，$c=20\ \mathrm{kPa}$。试分别采用太沙基公式和普朗特尔公式计算地基极限承载力 p_u，并说明出现不同的计算结果的主要原因是什么？

9-3　某条形基础，宽度 $b=3\,\mathrm{m}$，埋深 $d=1\,\mathrm{m}$，地基土的剪切强度参数 $\varphi=30°$，$c=20\ \mathrm{kPa}$，天然重度 $\gamma=18\ \mathrm{kN/m^3}$。试计算：(1) 地基的临塑荷载；(2) 当极限平衡区最大深度达到 $0.2b$ 时的基底均布压力。

9-4　某地基表层为 $4\,\mathrm{m}$ 厚的细砂，其下为饱和黏土，地下水位就在地表面，已知细砂的 $G_s=2.65$，$e=0.7$，而黏土的 $w_L=38\%$，$w_P=20\%$，$w=30\%$，$G_s=2.7$，现拟建一基础宽 $6\,\mathrm{m}$，长 $8\,\mathrm{m}$，置放在黏土层顶面（假定该层面不透水），试按《桥规》公式确定该地基的容许承载力 $[\sigma]$。

9-5　某条形基础宽度 $b=2.5\,\mathrm{m}$，埋深 $d=1.5\,\mathrm{m}$，荷载合力偏心距 $e=0.063\,\mathrm{m}$，地下水位低于地表 $1.0\,\mathrm{m}$，基底以上为杂填土，天然重度为 $17.5\ \mathrm{kN/m^3}$，饱和重度为 $19.2\ \mathrm{kN/m^3}$。基础底面以下为透水粉质黏土，$c_k=12\ \mathrm{kPa}$，$\varphi_k=23°$，$\gamma_{sat}=19.8\ \mathrm{kN/m^3}$。试采用《建规》推荐的由抗剪强度指标计算地基承载力的公式确定拟定地基的地基承载力特征值。

Laurits Bjerrum

Laurits Bjerrum(1918—1973)于 1918 年 8 月 6 日生于丹麦。他在丹麦技术大学接受本科教育,而在瑞士苏黎世的联邦技术学院接受研究生教育。

Laurits Bjerrum 在丹麦和瑞士工作一段时间以后,于 1951 年到挪威并成为新的挪威岩土工程研究所第一任所长。在他的带领下,挪威岩土工程研究所成为世界上同类研究所中最好的一个。Bjerrum 和他在挪威岩土工程研究所的同事发表了很多文章。他们的研究成果包括抗剪强度机理、灵敏土的特性研究和边坡稳定性等。

Laurits Bjerrum 是第六届(1965 年至 1969 年)国际土力学与基础工程学会主席。

第 **10** 章

土坡稳定性分析

10.1 概述

土坡是指具有倾斜坡面的土体。当土坡的顶面和底面水平并延伸至无穷远且由均质土组成时，称为简单土坡。图 10-1 给出了简单土坡的外形和各部分名称。

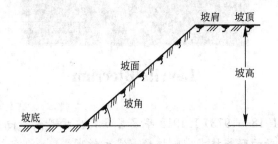

图 10-1　简单土坡的外形和各部位名称

土坡通常可分为天然土坡和人工土坡。在自然条件下由于地质作用形成的土坡称为天然土坡，如山坡、江河的边坡或岸坡等；经人工填筑或开挖而形成的土坡称为人工土坡，如基坑、路(堑)堤、渠道、土坝等的边坡。由于土坡表面倾斜，土体在自重和外荷载作用下会出现向下的滑动趋势。土坡整体或其部分土体在自然或人为因素的影响下沿某一明显界面发生剪切破坏向坡下运动的现象称为滑坡或土坡失稳。影响土坡滑动的原因虽然很多，但其根本原因在于土体内部某个滑动面上的剪应力达到了该面上土体的抗剪强度，使土体的稳定平衡遭到破坏。因此，在土坡稳定性分析中需要用到第 6 章所学的土的抗剪强度理论。

一般来说，导致土坡滑动失稳的主要原因有以下两种。

(1) 由于外荷载作用或土坡环境变化等导致坡体内部剪应力增加。在坡顶堆载或修筑建筑物使坡顶荷载增大，降雨导致土体饱和重度增加，渗流引起的动水力和土裂缝中的静水压力，地下水位大幅下降导致土体内有效应力增大，地震、打桩、爆破等引起的动荷载等都会使土坡内部的剪应力增大。

（2）由于外界各种因素影响导致土体抗剪强度降低，促使土坡失稳破坏。自然界气候变化引起土体干裂和冻融、黏土夹层因雨水的侵入而软化、膨胀土的反复胀缩、黏性土的蠕变、震动使土的结构遭到破坏或使孔隙水压力升高等都会导致土体的抗剪强度降低。

在高速公路、铁路、城市地铁、高层建筑物的深基坑开挖，露天采矿和土（石）坝等土木工程建设中都会涉及土坡的稳定性问题，如果在工程中土坡失去稳定，轻者影响工程进度，重者将会危及施工人员的生命安全，造成工程事故和巨大的经济损失。因此，土木工程师必须掌握土坡稳定性分析的基本原理和方法。

土坡稳定性分析是基于土力学的基本原理应用土坡稳定性分析的各种方法计算和确定土坡的稳定性，主要内容包括以下两个方面。

（1）根据给定的土坡高度、土的工程性质、外荷载等条件设计出土坡的断面并验算其稳定性及技术与经济的合理性；对不稳定的人工土坡需要分析可能导致土坡失稳的原因，提出相应的工程措施，以确保土坡的安全。

（2）对一旦失稳就会对各类工程构筑物和（或）对人类生命财产造成危害的天然土坡进行稳定性分析，确定其潜在的滑动面位置，给出其安全性评价并建议相应的加固措施，以确保土坡的稳定。

土坡破坏的类型与组成土坡的土类有关，均质无黏性土土坡的滑动面常接近一平面，而均质黏性土土坡的滑动面则大多为一光滑的曲面。对于非均质的多层土或含软弱夹层的土坡，土体往往沿着软弱夹层的层面滑动，因此整个土坡的滑动面为由平面和曲面组成的不规则滑动面。

边坡稳定、地基承载力和土压力是土力学中的三个经典问题，而很多学者认为这三类问题的分析方法可以统一到一个理论体系（李广信等，2004）。例如，澳大利亚著名学者 S. W. Sloan（2013）将岩土体稳定性分析方法分为 4 大类：

（1）传统的极限平衡法（limit-equilibrium methods）；

（2）极限分析法（limit analysis methods）；

（3）位移有限元法（displacement finite element methods），如强度折减法或重力加载法；

（4）滑移线法（slip-line methods）。

在岩土体稳定性分析时，通常可采用下面两种机制来诱发岩土体失稳：

（1）在岩土体内部强度不变的情况下，逐渐增加外荷载（坡顶荷载或岩土体自身重度）直至诱发岩土体失稳；

（2）在外荷载不变的条件下，逐渐降低土体内部强度直至岩土体失稳。

例如，非饱和土质边坡在降雨入渗影响下，土体饱和度逐渐增加，土体自重由天然重度向饱和重度过渡，相当于加载；饱和度逐渐增加过程中，土体基质吸力逐渐丧失，土体强度逐渐减低。因此，实际岩土体失稳破坏往往是上述两种机制共同作用产生的结果。根据岩土体失稳机制的不同，安全系数的定义也可以分为以下两大类。

（1）安全系数通常定义为下面的破坏荷载 P_f 和工作荷载 P_0 之比。

在结构工程中经常采用这种定义方法

$$K_s = P_f/P_0。 \tag{10-1}$$

不过,对于岩土体稳定性来说,这样的定义不一定有效。事实上,一个纯摩擦土坡在土自重增加的试验(离心机试验)中就不会发生破坏。

（2）根据抗剪强度定义的安全系数。

基于点的安全系数可定义为

$$K_s = \tau_f/\tau, \tag{10-2}$$

式(10-2)中,τ_f 和 τ 分别为某点沿某一斜面的抗剪强度和剪应力。基于从 a 点到 b 点的连续滑裂面的整体安全系数可定义为

$$K_s = \frac{沿滑裂面的抗滑力}{沿滑裂面的滑动力} = \frac{F_f}{F} = \frac{\int_a^b \tau_f \mathrm{d}l}{\int_a^b \tau \mathrm{d}l}。 \tag{10-3}$$

当滑裂面形状不规则时,可采用条分思想,用 n 个线性段来近似滑裂面曲线,这时安全系数可定义为

$$K_s = \frac{\sum\limits_{k=1}^{n} \overline{\tau}_f^{(k)} l_k}{\sum\limits_{k=1}^{n} \overline{\tau}^{(k)} l_k}, \tag{10-4}$$

式(10-4)中,$\overline{\tau}_f^{(k)}$ 和 $\overline{\tau}^{(k)}$ 分别为第 k 段线性段的平均抗剪强度和平均剪应力,l_k 为第 k 段线性段的长度。此外,还可以采用抵抗力矩和滑动力矩之比来定义安全系数,即

$$K_s = M_f/M_s = \frac{\sum\limits_{k=1}^{n} (\overline{\tau}_f^{(k)} l_k R_k)}{\sum\limits_{k=1}^{n} (\overline{\tau}^{(k)} l_k R_k)}。 \tag{10-5}$$

可见,对于同一圆心圆弧滑裂面,$R_k = R$,则式(10-5)与式(10-4)等价。

现有研究表明,同一边坡的二维和三维稳定性分析结果具有差异,一般的规律是三维分析获得的安全系数略大于二维分析获得的安全系数,因此采用二维分析通常会导致更加保守的设计(X. Chen 等,2014)。然而,由于三维分析更加贴近于实际地形条件,综合考虑二维和三维分析结果往往可以提供重要的信息。

本章主要介绍简单土坡稳定性分析的基本原理和方法,重点为采用极限平衡法分析土坡的稳定性,最后简要介绍采用有限元法进行土坡稳定性分析的概念。

学完本章后应掌握以下内容:

（1）土坡失稳的原因;

（2）有渗流和无渗流作用下无黏性土土坡稳定性分析方法;

（3）用于分析黏性土土坡的整体圆弧滑动法的基本原理和计算；

（4）瑞典条分法和毕肖甫条分法的基本原理和计算；

（5）复杂情况下（如坡顶有超载或土坡成层或有地下水影响时）土坡稳定性分析方法；

（6）普遍条分法的基本原理和计算。

学习中应注意回答以下问题：

（1）土坡稳定性分析的目的和意义是什么？

（2）土坡为什么会产生失稳和滑坡？

（3）渗流的存在对无黏性土土坡稳定性分析有何影响？

（4）整体圆弧滑动法和条分法的基本假定有何不同？

（5）瑞典条分法和毕肖甫条分法有何区别和联系？

（6）普遍条分法和瑞典条分法的基本假定有何不同？

（7）计算土坡稳定安全系数的方法有哪些？简要说明其适用性。

（8）用计算的稳定安全系数来评价土坡的稳定性有无不合理之处？你认为应当如何解决这一问题？

10.2　无黏性土土坡稳定性分析

10.2.1　无渗透力作用时的无黏性土土坡

图 10-2（a）是一坡角为 β 的均质无渗透力作用的无黏性土土坡。对于该种情况,无论是在干坡还是在完全浸水条件下,由于无黏性土土粒间无黏聚力,只有摩擦力;因此只要位于坡面上的土单元能保持稳定,则整个土坡就是稳定的。

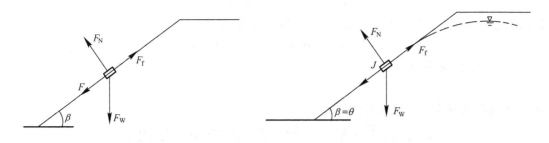

(a) 无渗透力作用的无黏性土土坡　　　　　　　(b) 有顺坡渗透力作用的无黏性土土坡

图 10-2　无黏性土土坡沿平面滑动的受力分析

现从坡面上任取一侧面垂直、底面与坡面平行的土单元体,假设不考虑单元体侧表面上各种应力和摩擦力对单元体的影响。设单元体所受重量为 F_w,无黏性土土坡的内摩擦角为 φ,则使单元体下滑的滑动力就是 F_w 沿坡面的分力 F,即

$$F = F_w \sin \beta_\circ$$

阻止单元体下滑的力是该单元体与它下面土体之间的摩擦力,也称为抗滑力,它的大小与法向分力 F_N 有关,抗滑力的极限值即最大静摩擦力值,即

$$F_f = F_N \tan \varphi = F_w \cos \beta \tan \varphi_\circ$$

抗滑力与滑动力之比称为土坡稳定安全系数,用 K_s 表示,即

$$K_s = \frac{F_f}{F} = \frac{F_w \cos \beta \tan \varphi}{F_w \sin \beta} = \frac{\tan \varphi}{\tan \beta}_\circ \tag{10-6}$$

由式(10-6)可知,当 $\beta = \varphi$ 时,$K_s = 1.0$,抗滑力等于滑动力,土坡处于极限平衡状态;当 $\beta < \varphi$ 时,$K_s > 1.0$,土坡处于安全稳定状态。因此,土坡稳定的极限坡角等于无黏性土土坡的内摩擦角 φ,此坡角也称为自然休止角。式(10-6)表明,均质无黏性土土坡的稳定性与坡高无关,而仅与坡角 β 有关,只要 $\beta < \varphi$,则必有 $K_s > 1.0$,满足此条件的土坡在理论上就是稳定的。φ 值愈大,则土坡安全坡角就愈大。为了保证土坡具有足够的安全储备,可取 $K_s = 1.1 \sim 1.5$,即 $\frac{\tan \varphi}{\tan \beta} = 1.1 \sim 1.5$,可推出 $\tan \beta = \frac{\tan \varphi}{1.5} \sim \frac{\tan \varphi}{1.1}_\circ$

10.2.2 有渗流作用时的无黏性土土坡

土坡(或土石坝)在很多情况下,会受到由于水位差的改变所引起的水力梯度的作用,从而在土坡(或土石坝)内形成渗流场,对土坡稳定性带来不利影响,如图 10-2(b)所示。假设水流方向与水平面夹角为 θ,则沿水流方向作用在单位体积土骨架上的渗透力为 $j = \gamma_w i$。在下游坡面上取体积为 V 的土骨架为隔离体,其实际重量为 $\gamma' V$,即图中的 F_w,作用在土骨架上的渗透力为 $J = jV = \gamma_w iV$,则沿坡面上的下滑力为

$$F = \gamma' V \sin \beta + \gamma_w iV \cos(\beta - \theta)_\circ$$

坡面的正压力由 $\gamma' V$ 和 J 共同引起,将 $\gamma' V$ 和 J 分解,可得

$$F_N = \gamma' V \cos \beta - \gamma_w iV \sin(\beta - \theta)_\circ$$

抗滑力 F_f 来自于摩擦力,为

$$F_f = F_N \tan \varphi_\circ$$

那么,土体沿坡面滑动的稳定安全系数为

$$K_s = \frac{F_f}{F} = \frac{F_N \tan \varphi}{F} = \frac{[\gamma' V \cos \beta - \gamma_w iV \sin(\beta - \theta)] \tan \varphi}{\gamma' V \sin \beta + \gamma_w iV \cos(\beta - \theta)},$$

$$K_s = \frac{[\gamma' \cos \beta - \gamma_w i \sin(\beta - \theta)] \tan \varphi}{\gamma' \sin \beta + \gamma_w i \cos(\beta - \theta)}_\circ \tag{10-7}$$

式中,i——计算点处渗透水力梯度;

γ'——土体的浮重度(kN/m^3)；

γ_w——水的重度，取 $\gamma_w = 9.8(kN/m^3)$；

φ——土的内摩擦角$(°)$。

当 $\theta = \beta$ 时，水流顺坡而下。这时，顺坡流经路径 d_s 的水头损失为 d_h，则必有

$$i = \frac{d_h}{d_s} = \sin\beta。 \qquad (10-8)$$

将式$(10-8)$代入式$(10-7)$，得

$$K_s = \frac{\gamma'\cos\beta\tan\varphi}{\gamma'\sin\beta + \gamma_w\sin\beta} = \frac{\gamma'\cos\beta\tan\varphi}{\gamma_{sat}\sin\beta} = \frac{\gamma'}{\gamma_{sat}}\frac{\tan\varphi}{\tan\beta}。 \qquad (10-9)$$

对比式$(10-9)$和式$(10-6)$可见，当溢出段为顺坡渗流时，安全系数降低了$\frac{\gamma'}{\gamma_{sat}}$，通常$\frac{\gamma'}{\gamma_{sat}}$近似等于 0.5，所以安全系数降低一半。若要使 $K_s = 1.1 \sim 1.5$，以保证土坡稳定和足够的安全储备，则 $\tan\beta = \frac{\gamma'\tan\varphi}{1.5\gamma_{sat}} \sim \frac{\gamma'\tan\varphi}{1.1\gamma_{sat}}$。可见，有渗透力作用时所要求的安全坡角要比无渗透力作用时的相应坡角平缓得多。

10.3　黏性土土坡稳定性分析——整体圆弧滑动法

由于黏聚力的存在，黏性土土坡不会像无黏性土土坡那样沿坡面表面滑动（滑动面是平面），黏性土土坡危险滑动面深入土体内部。基于极限平衡理论可以推导出，均质黏性土土坡发生滑坡时，其滑动面形状为对数螺旋线曲面，形状近似于圆柱面，在断面上的投影则近似为一圆弧曲线，如图 10-3(a)所示。通过对现场土坡滑坡、失稳实例的调查表明，实际滑动面也与圆弧面相似。因此，工程设计中常把滑动面假定为圆弧面来进行稳定性分析。如整体圆弧滑动法、条分法、瑞典条分法、毕肖甫法等均基于滑动面是圆弧这一假定。本节重点介绍上述各种方法，并对其他方法予以说明。

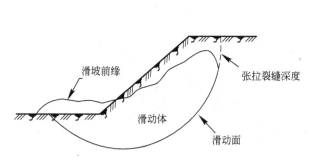
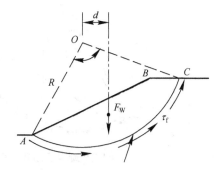

(a) 实际滑坡体的组成　　　　　　　　(b) 假设滑动面投影是圆弧的滑动体

图 10-3　均质黏性土土坡滑动面

整体圆弧滑动法基本原理

整体圆弧滑动法是最常用的方法之一,又称瑞典圆弧法,是由瑞典的彼得森(K. E. Petterson)于 1915 年提出,后被广泛应用于实际工程。

整体圆弧滑动法将滑动面以上的土体视作刚体,并分析在极限平衡条件下它的整体受力情况,以整个滑动面上的平均抗剪强度与平均剪应力之比来定义土坡的安全系数,即

$$K_s = \frac{\overline{\tau_f}}{\overline{\tau}}。 \tag{10-10}$$

对于均质的黏性土土坡,其实际滑动面与圆柱面接近。计算时一般假定滑动面为圆柱面,在土坡断面上投影即为圆弧。其安全系数也可用滑动面上的最大抗滑力矩与滑动力矩之比来定义,其最终结果与式(10-10)的定义完全相同,即

$$K_s = \frac{M_f}{M_s} = \frac{\overline{\tau_f} \times L_{\widehat{AC}} \times R}{\overline{\tau} \times L_{\widehat{AC}} \times R}。 \tag{10-11}$$

式中,$\overline{\tau_f}$——滑动面上的平均抗剪强度(kPa);

$\overline{\tau}$——滑动面上的平均剪应力(kPa);

M_f——滑动面上的最大抗滑力矩(kN·m);

M_s——滑动面上的滑动力矩(kN·m);

$L_{\widehat{AC}}$——滑弧 AC 长度(m);

R——滑弧半径(m)。

对于如图 10-4(a)所示的简单黏性土土坡,根据式(10-11)可以写出更具体的 K_s 计算公式。AC 为假定的圆弧,O 点为其圆心,半径为 R。滑动土体 ABC 可视为刚体,在自重作用下,将绕圆心 O 沿 AC 弧转动下滑。如果假设滑动面上的抗剪强度完全发挥,即 $\overline{\tau} = \overline{\tau_f}$,则其抗滑力矩 $M_f = \overline{\tau_f} L_{\widehat{AC}} R$,滑动力矩 $M_s = F_W d$,将 M_f,M_s 代入式(10-11),可得

$$K_s = \frac{M_f}{M_s} = \frac{\overline{\tau_f} L_{\widehat{AC}} R}{F_W d}。 \tag{10-12}$$

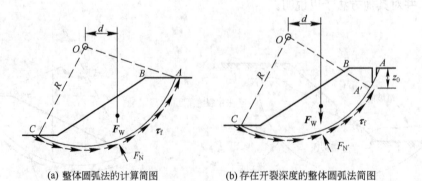

(a) 整体圆弧法的计算简图　　(b) 存在开裂深度的整体圆弧法简图

图 10-4　均质黏性土土坡的整体圆弧滑动

式中，$L_{\widehat{AC}}$——滑动圆弧 AC 长度（m）；

　　d——滑动土体重心到滑弧圆心 O 的水平距离（m）；

　　F_W——滑动土体自重力（kN）。

根据摩尔-库仑强度理论，黏性土的抗剪强度 $\tau_f = c + \sigma\tan\varphi$。因此，对于均质黏性土土坡，其 c、φ 虽然是常数，但滑动面上法向应力 σ 却是沿滑动面不断改变的，并非常数；所以只要 $\sigma\tan\varphi\neq0$，式（10-12）中的 τ_f 就不是常数。因此，式（10-12）只能给出一个定义式，并不能确定 K_s 的大小，至少对于整体圆弧法是这样的。但对于饱和软黏土，在不排水条件下，其内摩擦角 φ 等于 0，τ_f 等于 c，即黏聚力 c 就是土的抗剪强度，此时，抗滑力就剩 $cL_{\widehat{AC}}R$ 一项。于是，式（10-12）可写为

$$K_s = \frac{cL_{\widehat{AC}}R}{F_W d}。 \tag{10-13}$$

用式（10-13）可直接计算边坡稳定安全系数，这种方法通常称为 $\varphi=0$ 的分析法。或者说式（10-13）适用于 $\varphi=0$ 的黏性土土坡稳定性计算。

黏性土土坡在发生滑坡前，坡顶常出现竖向裂缝，并存在开裂深度 z_0，如图 10-4（b）所示。z_0 可近似按第 8 章中相应公式计算，即 $z_0 = \frac{2c}{\gamma}\frac{1}{\sqrt{K_a}}$，$\gamma$ 表示土坡土体的天然重度，K_a 表示主动土压力系数。当 $\varphi=0$ 时，$K_a = \tan^2(45° - \frac{\varphi}{2}) = 1$，故 $z_0 = \frac{2c}{\gamma}$。裂缝的出现使滑弧长度由 AC 减小到 $A'C$。$A'C$ 段的稳定性分析仍可用式（10-13）。

以上求出的 K_s 是与任意假定的某个滑动面相对应的安全系数，而土坡稳定性分析要求的是与最危险的滑动面相对应的最小安全系数。为此，通常需要假定一系列滑动面进行多次试算，才能找到所需要的最危险滑动面对应的安全系数。随着计算技术的广泛应用和数值方法的普及，通过大量计算快速确定最危险滑动面的问题已得到很好的解决。

实际上，当 $\sigma\tan\varphi\neq0$ 时或土质变化时，还要确定各点的抗剪强度指标 c 和 φ，从而计算滑面上各点的抗剪强度 τ_f。至于法向应力 σ 的确定，可以采用有限单元法和极限平衡分析法。而目前常用极限平衡分析法中的条分法计算 σ。整体圆弧滑动法的另一个缺陷就是对于外形比较复杂，特别是土坡由多层土构成时，要确定滑动体的自重及形心位置就比较困难，可见整体圆弧滑动法的应用存在局限性，比较适合解决简单土坡的稳定计算问题。

10.4　条分法基本原理

目前，科研人员和工程师们已经提出了多种极限平衡法，根据条分形式的不同，极限平衡条分法可分为垂直条分法、水平条分法和斜条分法。每种极限平衡法满足的条件不同，导致其适用范围也有所不同。各种极限平衡法之间的差别主要取决于以下几个方面：（1）所满足的

静力平衡方程;(2)考虑了哪些条间力?(3)条间剪切力和法向力之间满足什么关系?例如,瑞典条分法和简化毕肖甫法仅满足力矩平衡,而不满足力的平衡;普遍条分(Janbu)法和摩根斯坦-普莱斯(Morgenstern-Price)法,既满足力矩平衡,也满足力的平衡;瑞典条分法忽略条间作用力,简化毕肖甫法仅考虑条间法向力的作用,而普遍条分法和摩根斯坦-普莱斯法既考虑了条间法向力,又考虑了剪切力的作用;尤其是摩根斯坦-普莱斯法,条间剪切力和法向力的比值可以满足某种函数(如半正弦函数)关系。

采用极限平衡法进行边坡稳定性分析,一般可按如下步骤进行计算:

(1)假设某一新的滑裂面,根据某种极限平衡法(如简化毕肖甫法)和指定的条分数计算当前滑裂面所对应的安全系数;

(2)反复重复上面第(1)步,找到所有潜在滑裂面的安全系数,并获得最小安全系数及其对应的滑裂面。

由于整体圆弧法存在一些不足,瑞典的费兰纽斯等人在整体圆弧法的基础上,提出了基于刚体极限平衡理论的条分法。该法将滑动体分成若干个垂直土条,把土条视为刚体,分别计算各土条上的力对滑弧中心的滑动力矩和抗滑力矩,而后按式(10-11)求土坡稳定安全系数。对于 $\varphi>0$ 的黏性土,常采用条分法计算其整体稳定性。

图 10-5(a)为一均质黏性土坡,设滑动面为 AC,对应的滑弧圆心为 O,半径为 R,将滑动体 ABC 分成 n 个垂直土条,取其中第 i 个土条并分析其受力状况,如图 10-5(b)所示。下面分析土条所受的力及整个滑动体上的未知数的个数。

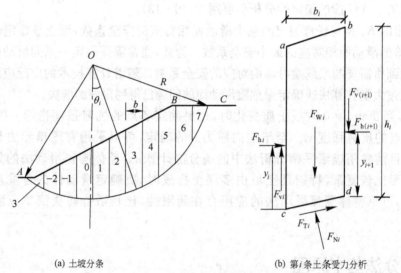

(a) 土坡分条　　　　　　　　　(b) 第 i 条土条受力分析

图 10-5　条分法计算图式

(1)重力 F_{Wi}。$F_{Wi}=\gamma_i b_i h_i$,γ_i、b_i、h_i 分别为第 i 条土的重度、宽度和高度,为已知量;所以 F_{Wi} 已知。

(2)土条底面上的法向反力和切向反力。假设法向反力 F_{Ni} 作用在土条底面中点,切向

反力 F_{Ti} 作用线平行于土条的底面，即滑动面。考虑滑动面的受力时，一个土条含两个未知数 F_{Ni} 和 F_{Ti}，则 n 个土条有 $2n$ 个未知数。如果假设土条滑动安全系数为 K_s，按照摩尔-库仑强度理论，F_{Ni} 和 F_{Ti} 关系为

$$F_{Ti}=\frac{c_i l_i+F_{Ni}\tan\varphi_i}{K_s}\quad(i=1,2,3,\cdots,n)。\tag{10-14}$$

可见，在确定了土性参数 c_i、φ_i 和指定某一安全系数的条件下，同一土条上的法向反力 F_{Ni} 和切向反力 F_{Ti} 是线性相关的，即二者不相互独立。所以，考虑滑动面的受力时，n 个土条实际上共有 n 个独立未知数。

(3) 土条间法向作用力 F_{hi} 和 $F_{h(i+1)}$ 的大小和作用点均为未知量，所以原则上每个土条有 4 个未知量。但是，由于相邻的两个土条，其间的法向作用力大小相等，方向相反，所以未知量个数减少一半，即 n 个土条有 $2n$ 个未知量。但必须注意，对入坡土条 7 的右侧面和出坡土条 −3 的左侧面，如图 10-5(a)所示，其上作用力为 0 或已知。因此，考虑土条间法向作用力大小和作用点时，实际上 n 个土条共有 $2n-2$ 个独立未知数。

(4) 土条间的切向作用力 F_{vi} 和 $F_{v(i+1)}$。分析方法同法向力情况，但由于切向力无作用点，所以 n 个土条未知量数目共有 $n-1$ 个。

(5) 安全系数 K_s。当滑动面确定，土体抗剪强度指标已知，外力及自重确定时，滑动面上的剪应力和抗剪强度均可确定，从而可以计算各个土条的安全系数。为方便起见，假定各个土条的安全系数相等并等于整个滑动面的安全系数。所以，安全系数 K_s 是一个独立未知数。

以上分析表明，基于极限平衡理论的条分法共有 $n+(2n-2)+(n-1)+1$，即 $4n-2$ 个未知数。如果仅考虑土条在断面上的静力平衡条件，那么每个土条可分别列出两个方向互相垂直的力平衡方程和一个绕圆心的力矩平衡方程，共计 3 个独立的平衡方程。所以，n 个土条应该有 $3n$ 个独立的平衡方程。可见，对整个滑动体而言，未知数比方程数多 $n-2$ 个，所以土坡稳定问题属于超静定问题。所以，应考虑增加 $n-2$ 个附加的假设条件作为补充条件，使方程数恰好等于未知数个数，这种结果才是比较严格的。当然如果增加多于 $n-2$ 个假设条件，问题会更容易解决。下面几种方法均基于条分法的基本思路，但又分别给出了不同的附加条件，使问题得以解决。这几种方法的结果存在差异，所能解决的实际问题也有所不同。

条分法具体又分为瑞典条分法、简化毕肖甫条分法、普遍条分法(N. Janbu 条分法)等多种。这几种方法的假设和适用条件不同，以下将分别叙述。

10.4.1　瑞典条分法

瑞典条分法是条分法中最简单、最古老的一种，是由瑞典的贺尔汀(H. Hultin)和彼得森(Petterson)于 1916 年首先提出，后经费兰纽斯(W. Fellenius)等人不断修改，在工程上得到了广泛应用。《建筑地基基础设计规范》(GB 50007—2011)推荐用该法进行边坡稳定性分析。

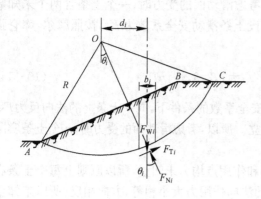

图 10-6　瑞典条分法的一般计算图式

1. 一般计算公式

瑞典条分法假设滑动面为圆弧面,将滑动体分为若干个竖向土条,并忽略各土条之间的相互作用力。按照这一假设,任意土条只受自重力F_{Wi}、滑动面上的剪切力F_{Ti}和法向力F_{Ni},如图10-6所示。将F_{Wi}分解为沿滑动面切向方向分力和垂直于切向的法向分力,并由第i条土条的静力平衡条件可得$F_{Ni}=F_{Wi}\cos\theta_i$,其中,$F_{Wi}=b_ih_i\times\gamma_i$。

设土坡安全系数为K_s,它等于第i个土条的安全系数,由库仑强度理论有

$$F_{Ti}=\frac{c_il_i+F_{Ni}\tan\varphi_i}{K_s}。 \tag{10-15}$$

式中,F_{Ti}——土条i在其滑动面上的滑动力;

　　　K_s——土坡和土条的安全系数。

按整体力矩平衡条件,滑动体ABC上所有外力对圆心的力矩之和应为0。在各土条上作用的重力产生的滑动力矩之和为

$$\sum_{i=1}^{n}F_{Wi}d_i=\sum_{i=1}^{n}F_{Wi}R\sin\theta_i。 \tag{10-16}$$

滑动面上的法向力F_{Ni}通过圆心,不引起力矩,滑动面上设计剪力F_{Ti}产生的滑动力矩为

$$\sum_{i=1}^{n}F_{Ti}R=\sum_{i=1}^{n}\frac{c_il_i+F_{Ni}\tan\varphi_i}{K_s}R。 \tag{10-17}$$

由于极限情况下抗滑力矩和滑动力矩相平衡;所以令式(10-16)和式(10-17)相等,则

$$\sum_{i=1}^{n}F_{Wi}R\sin\theta_i=\sum_{i=1}^{n}\frac{c_il_i+F_{Ni}\tan\varphi_i}{K_s}R, \tag{10-18}$$

$$K_s=\frac{\sum_{i=1}^{n}(c_il_i+F_{Ni}\tan\varphi_i)}{\sum_{i=1}^{n}F_{Wi}\sin\theta_i}。 \tag{10-19}$$

式(10-19)是最简单的条分法的计算公式。由于忽略了土条之间的相互作用力,所以由土条上的3个力F_{Wi}、F_{Ti}和F_{Ni}组成的力多边形不闭合,所以瑞典条分法不满足静力平衡条件,只满足滑动土体的整体力矩平衡条件。尽管如此,由于计算结果偏于安全,目前在工程上仍有很广泛的应用。

需要指明的是,使用瑞典条分法仍然要假设很多滑动面并通过试算分析,才能找到最小的K_s值,从而找到相应的最危险的滑动面。

2. 有孔隙水压力作用时土坡稳定性分析

当已知第 i 个土条在滑动面上的孔隙水压力为 $\bar{u}_i$ 时（图 10-7），要用有效指标 c_i' 及 φ_i' 代替原来的 c_i 和 φ_i。考虑土的抗剪强度，根据摩尔-库仑强度理论，有

$$\tau_f = c' + (\sigma - u)\tan\varphi',$$

$$F_{Ti} = \bar{\tau}_{fi}l_i = \frac{\bar{\tau}_{fi}}{K_s}l_i = \frac{c_i'l_i}{K_s} + \frac{(\bar{\sigma}_i l_i - \bar{u}_i l_i)\tan\varphi_i'}{K_s} =$$

$$\frac{c_i'l_i}{K_s} + \frac{(F_{Ni} - \bar{u}_i l_i)\tan\varphi_i'}{K_s}\text{。} \tag{10-20}$$

取法线方向力的平衡，可得

$$F_{Ni} = F_{Wi}\cos\theta_i\text{。}$$

各土条对圆弧中心 O 的力矩和为 0，即

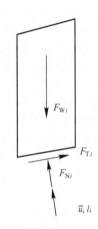

图 10-7　土条上有孔隙
水压力时的计算图式

$$\sum_{i=1}^{n} F_{Wi}d_i - \sum_{i=1}^{n} F_{Ti}R = 0, \tag{10-21}$$

式中，d_i——圆心 O 至 F_{Wi} 作用线的水平距离，$d_i = R\sin\theta_i$。

将式（10-20）代入式（10-21），可得

$$K_s = \frac{\sum\limits_{i=1}^{n}\left[c_i'l_i + (F_{Wi}\cos\theta_i - \bar{u}_i l_i)\tan\varphi_i'\right]}{\sum\limits_{i=1}^{n} F_{Wi}\sin\theta_i}\text{。} \tag{10-22}$$

式（10-22）就是用有效应力方法表示的瑞典条分法计算 K_s 的公式。

经过多年工程实践，应用瑞典条分法已积累了大量的经验。用该法计算的安全系数一般比其他较严格的方法低 $10\% \sim 20\%$；在滑动面圆弧半径较大并且孔隙水压力较大时，安全系数计算值估计会比其他较严格的方法小一半。因此，这种方法是偏于安全的。

3. 坡顶有超载和土成层时稳定性分析

当土坡由多层土构成（图 10-8），在使用公式（10-19）时应做必要的修正。

（1）如果同一土条跨越多层土，计算其重量时应分层取相应的高度和厚度，计算相应重量后叠加。如第 i 个土条包括 k 层土，则

$$F_{Wi} = b_i(\gamma_{1i}h_{1i} + \gamma_{2i}h_{2i} + \cdots + \gamma_{ki}h_{ki})\text{。} \tag{10-23}$$

（2）计算滑动面上的抗剪强度时，所用的土性参数 c、φ 应按土条滑动面所在的具体土层位置来选取相应的数值。如当第 i 个土条的滑动面在第 m 层内时，则

$$F_{fi} = c_{mi}l_{mi} + F_{Ni}\tan\varphi_{mi}; \tag{10-24}$$

当第 i 个土条的滑动面跨越 m 层土，则

$$F_{fi} = (c_{1i}l_{1i} + c_{2i}l_{2i} + \cdots + c_{mi}l_{mi}) + F_{Ni}(\tan\varphi_{1i} + \tan\varphi_{2i} + \cdots + \tan\varphi_{mi})\text{。} \tag{10-25}$$

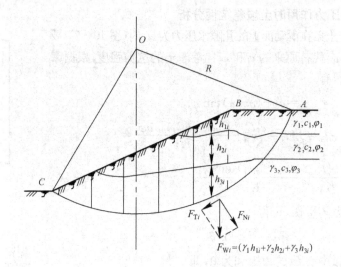

图 10-8 土成层时的计算图式

提示：F_{Ni} 是第 i 条土滑动面上的法向反力之和，$F_{Ni} = F_{Wi} \cos \theta_i$，与土条自重有关，而与滑动面上土层土性没有直接关系。因此，对于成层土坡，可用式(10-26)计算其安全系数。

$$K_s = \frac{\sum_{i=1}^{n} F_{fi}}{\sum_{i=1}^{n} F_{Ti}}。 \qquad (10-26)$$

式中，F_{fi} 根据实际情况按式(10-24)或式(10-25)计算；$F_{Ti} = F_{Wi} \sin \theta_i$，$F_{Wi}$ 按式(10-26)取值。

如果在土坡坡顶作用着超载 q，如图 10-9 所示，计算的基本原则和程序不变，只是在土条受力分析时，需要将土条上作用的超载加进土条的自重中去考虑；如果超载作用在坡面上，处理方法相似。当然可能某些土条上并没有超载，则该土条仅考虑自重。当仅在坡顶有超载时，按式(10-27)计算安全系数，即

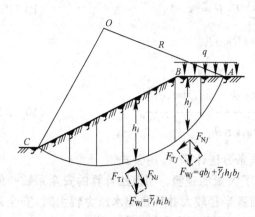

图 10-9 坡顶有超载时的计算图式

$$K_s = \frac{\sum_{i=1}^{n} \left[c_i l_i + (F_{Wi} + q b_i) \cos \theta_i \tan \varphi_i \right]}{\sum_{i=1}^{n} (F_{Wi} + q b_i) \sin \theta_i}。 \qquad (10-27)$$

4. 使用条分法时简单土坡最危险滑动面的确定方法

简单土坡指的是土坡坡面单一、无变坡、土质均匀、无分层的土坡。如图 10-10 所示，这种土坡最危险的滑动面可用以下方法快速求出。

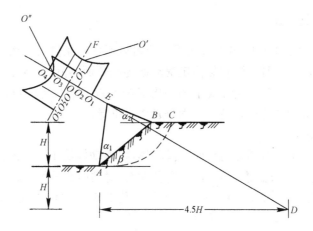

图 10 - 10　黏性土最危险滑动面的确定

（1）根据土坡坡度或坡角 β，由表 10 - 1 查出相应 α_1、α_2 的数值。

（2）根据 α_1 角，由坡脚 A 点作线段 AE，使角 $\angle EAB = \alpha_1$；根据 α_2 角，由坡顶 B 点作线段 BE，使该线段与水平线夹角为 α_2。

（3）线段 AE 与线段 BE 的交点为 E，这一点是 $\varphi = 0$ 的黏性土土坡最危险的滑动面的圆心。

（4）由坡脚 A 点竖直向下取坡高 H 值，然后向右沿水平方向线上取 $4.5H$，并定义该点为 D 点。连接线段 DE 并向外延伸，在延长线上距 E 点附近，为 $\varphi > 0$ 的黏性土土坡最危险的滑动面的圆心位置。

（5）在 DE 的延长线上选 3～5 个点作为圆心 O_1、O_2、O_3……计算各自的土坡稳定安全系数 K_1、K_2、K_3……而后按一定的比例尺，将 K_i 的数值画在过圆心 O_i 与 DE 正交的线上，并连成曲线（由于 K_1、K_2、K_3……数值一般不等）。取曲线下凹处的最低点 O'，过 O' 作直线 $O'F$ 与 DE 正交。$O'F$ 与 DE 相交于 O 点。

（6）同理，在 $O'F$ 直线上，在靠近 O 点附近再选 3～5 个点，作为圆心 O_1'、O_2'、O_3'……计算各自的土坡稳定安全系数 K_1'、K_2'、K_3'……而后按相同的比例尺，将 K_i' 的数值画在通过各圆心 O_i' 并与 $O'F$ 正交的直线上，并连成曲线（因为 K_1'、K_2'、K_3'……数值一般不等）。取曲线下凹处的最低点 O'' 点，该点即为所求最危险滑动面的圆心位置。

表 10 - 1　α_1、α_2 角的数值

土坡坡度	坡角 β	α_1 角	α_2 角
1 : 0.58	60°	29°	40°
1 : 1.0	45°	28°	37°
1 : 1.5	33°41′	26°	35°
1 : 2.0	26°34′	25°	35°
1 : 3.0	18°26′	25°	35°
1 : 4.0	14°03′	25°	36°

10.4.2　毕肖甫条分法

毕肖甫(A. N. Bishop)于 1955 年提出了一个可以考虑土条侧面作用力的土坡稳定性分析方法,称毕肖甫条分法。这种方法仍然假定滑动面为圆弧面,并假定各土条底部滑动面上的抗滑安全系数均相同,都等于整个滑动面上的平均安全系数。毕肖甫法可以采用有效应力的形式表达,也可以用总应力的形式表达。下面分别予以推导。

1. 有效应力表达式

设图 10-11 为一个具有圆弧滑动面的滑动体,将滑动体从 1 到 n 进行分条编号。现任取一土条 i 并分析其受力。设土条高度为 h_i,宽度为 b_i,滑动面弧长为 l_i。土条上作用有自重力 F_{Wi},土条底面的切向抗剪力 F_{Ti}、有效法向反力 F'_{Ni}、孔隙水压力合力 $\bar{u}_i l_i$,土条侧面的法向力 F_{hi}、$F_{h(i+1)}$ 及切向力 F_{vi}、$F_{v(i+1)}$。令 $\Delta F_{vi} = F_{v(i+1)} - F_{vi}$。

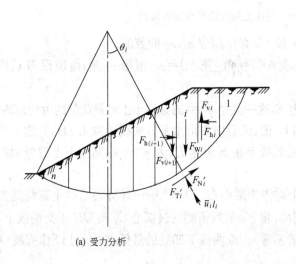
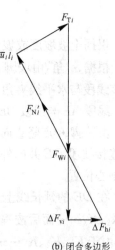

(a) 受力分析　　　　　　　　　　　　　(b) 闭合多边形

图 10-11　毕肖甫条分法计算图式

根据摩尔-库仑强度理论,在极限状态下,任意土条 i 的滑动面上的抗剪力为

$$F_{fi} = c'_i l_i + F'_{Ni} \tan \varphi'_i,\tag{10-28}$$

则 F_{Ti} 与 F_{fi} 及 K_s 之间必满足

$$F_{Ti} = \frac{F_{fi}}{K_s} = \frac{c'_i l_i + F'_{Ni} \tan \varphi'_i}{K_s}。\tag{10-29}$$

在极限条件下,土条应当满足垂直方向的静力平衡条件,所以有

$$F_{Wi} + \Delta F_{vi} - F_{Ti} \sin \theta_i - F'_{Ni} \cos \theta_i - \bar{u}_i l_i \cos \theta_i = 0。\tag{10-30}$$

将式(10-29)代入式(10-30),可得

$$F'_{Ni} = \frac{F_{Wi} + \Delta F_{vi} - \bar{u}_i b_i - \dfrac{c'_i l_i \sin \theta_i}{K_s}}{m_i},\tag{10-31}$$

式中，$m_i = \cos\theta_i + \dfrac{\tan\varphi_i'}{K_s}\sin\theta_i$。

下面考虑在整个极限状态下，整个滑动体对圆心 O 的力矩平衡条件。此时，相邻土条之间侧壁上的作用力（切向或法向）由于其大小相等方向相反，所以对 O 点的力矩将相互抵消，而各土条滑动面上的有效法向应力合力 F_{Ni}' 的作用线通过圆心，也不产生力矩，故有

$$\sum_{i=1}^{n} F_{Wi}d_i - \sum_{i=1}^{n} F_{Ti}R = \sum_{i=1}^{n} F_{Wi}R\sin\theta_i - \sum_{i=1}^{n} F_{Ti}R = 0 \text{。} \tag{10-32}$$

将式（10-31）代入式（10-29），而后再代入式（10-32），可得

$$K_s = \frac{\displaystyle\sum_{i=1}^{n} \frac{1}{m_i}\left[c_i'b_i + (F_{Wi} - \overline{u}_ib_i + \Delta F_{vi})\tan\varphi_i'\right]}{\displaystyle\sum_{i=1}^{n} F_{Wi}\sin\theta_i}, \tag{10-33}$$

式（10-33）是毕肖甫条分法计算边坡稳定安全系数的基本公式。尽管考虑了土条侧面的法向力 F_{hi}、$F_{h(i+1)}$，但式（10-33）中并未出现该项。需要注意，在式（10-33）中 ΔF_{vi} 仍是未知数。为使问题得到简化，并给出确定的 K_s 大小，毕肖甫假设 $\Delta F_{vi} = 0$，并已经证明，这种简化对安全系数 K_s 的影响仅在 1% 左右。而且在分条时土条宽度愈小，这种影响就愈小。因此，假设 $\Delta F_{vi} = 0$，计算的结果能满足工程设计对精度的要求。简化的毕肖甫条分法基本公式得到广泛应用，即

$$K_s = \frac{\displaystyle\sum_{i=1}^{n} \frac{1}{m_i}\left[c_i'b_i + (F_{Wi} - \overline{u}_i\overline{b}_i)\tan\varphi_i'\right]}{\displaystyle\sum_{i=1}^{n} F_{Wi}\sin\theta_i} \text{。} \tag{10-34}$$

需要进一步指出：（1）毕肖甫解法并未考虑土条水平方向力的平衡条件，所以从严格意义上讲，毕肖甫法并不完全满足静力平衡条件，它仅仅满足整个滑动体的力矩平衡条件和各土条的竖向静力平衡条件；（2）简化毕肖甫条分法，实际上也就是认为土条间只有水平相互作用力 F_{hi}，而无切向力 F_{vi}。假定 $\Delta F_{vi} = 0$，说明简化后的方法又忽略了 ΔF_{vi} 的影响，由此产生的误差为 2%～7%。所以，毕肖甫法并非是一个严格的方法；但由于其比较简捷实用，所以仍然具有广泛的应用。

式（10-34）又称为简化毕肖甫公式，式中 m_i 包含了安全系数 K_s；故由式（10-34）尚不能直接计算 K_s，而需要采用试算的方法，迭代求解 K_s 值。基本过程是：先假定 $K_s = 1.0$，由图 10-12 查出各 θ_i 所对应的 m_i 值，代入式（10-34）中，求得边坡的安全系数 K_s'。若 K_s' 不等于 1.0，则用计算的 K_s' 查图 10-12，求出新的 $m_{\theta i}$ 值，代入式（10-28），再一次计算出 K_s''。看 K_s' 和 K_s'' 是否接近。如此反复迭代计算，直至前后两次计算的安全系数十分接近，达到规定要求的精度标准为止。通常迭代总是收敛的，一般只要迭代 3～4 次，就可满足精度要求。

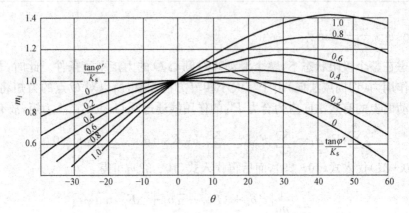

图 10 - 12　迭代法求解 K_s 的 m_i 值曲线图

2. 总应力表达式

依据有效应力原理和式(10 - 33)，可以给出毕肖甫条分法的总应力计算公式，即

$$K_s = \frac{\sum\limits_{i=1}^{n} \dfrac{1}{m_i}\left[c_i b_i + (F_{Wi} + \Delta F_{vi})\tan \varphi_i\right]}{\sum\limits_{i=1}^{n} F_{Wi}\sin \theta_i}, \qquad (10 - 35)$$

式中，$m_i = \cos \theta_i + \dfrac{\tan \varphi_i}{K_s}\sin \theta_i$。

用总应力形式表示的简化毕肖甫条分法计算公式为

$$K_s = \frac{\sum\limits_{i=1}^{n} \dfrac{1}{m_i}(c_i b_i + F_{Wi}\tan \varphi_i)}{\sum\limits_{i=1}^{n} F_{Wi}\sin \theta_i}, \qquad (10 - 36)$$

式中，m_i 同式(10 - 35)中的含义。

与瑞典条分法相比，简化的毕肖甫法假定 $\Delta F_{vi} = 0$。这实际上未考虑土条的切向力，并在此条件下满足力多边形闭合条件。也就是说，这种方法虽然在最终计算 K_s 的表达式中未出现水平力，但实际上考虑了土条之间的水平相互作用力。总之，简化毕肖甫法具有以下特点。

(1) 假设圆弧形滑动面。

(2) 满足整体力矩平衡条件。

(3) 假设土条之间只有法向力而无切向力。

(4) 在(2)和(3)两个条件下，满足各个土条的力多边形闭合条件，而不满足各个土条的力矩平衡条件。

(5) 从计算结果上分析，由于考虑了土条间的水平作用力，它的安全系数比瑞典条分法略高一些。

（6）简化的条分法虽然不是严格的（即满足全部静力平衡条件）的极限平衡分析法，但它的计算结果却与严格方法很接近。这一点已为大量的工程计算所证实。由于其计算不是很复杂，精度较高；所以它是目前工程上的常用方法。使用者可根据具体工程和土性参数情况选用适当形式（有效应力或总应力）的公式。

10.5 一般形状滑动面的土坡稳定性分析

对于滑动面为一般形状的土坡，不能采用前述的圆弧滑动法和圆弧条分法进行土坡稳定性分析，为此土力学中发展了其他的普遍条分法，以下介绍的简布（N. Janbu）法就是其中较为常用的一种。

1. 简布法的基本假设和受力分析

图 10-13（a）为一已知其滑动面的任意边坡，当划分土条后，N. Janbu 假设土条间合力作用点位置已知。这样可以减少 $n-1$ 个未知量，而且每个条块都满足全部静力平衡条件和极限平衡条件，滑动土体也满足整体力矩平衡条件。这种方法适用于任何形状的滑动面，而不仅仅限于滑动面是一个圆弧面；所以称为普遍条分法，又称 N. Janbu 条分法或简布条分法。分析表明，条间力作用点的位置对土坡稳定安全系数的大小影响不大，一般可假定其作用于土条底面以上 1/3 高度处，这些作用点的连线称为推力线。取任一土条，其上作用力如图 10-13（b）所示，图中 y_i 为条间力作用点的位置，θ_i 为推力线与水平线的夹角，这些均为已知量。

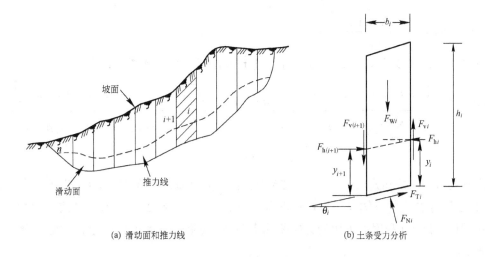

(a) 滑动面和推力线 （b) 土条受力分析

图 10-13 普遍条分法受力计算图式

2. 简布法计算公式

对每一土条取竖直方向力的平衡，有

$$F_{Ni}\cos\theta_i = F_{Wi} + \Delta F_{vi} - F_{Ti}\sin\theta_i$$

或
$$F_{Ni} = (F_{Wi} + \Delta F_{vi})\sec\theta_i - F_{Ti}\tan\theta_i, \tag{10-37}$$

再取水平方向力的平衡,得
$$\Delta F_{hi} = F_{Ni}\sin\theta_i - F_{Ti}\cos\theta_i, \tag{10-38}$$

将式(10-37)代入式(10-38),得
$$\Delta F_{hi} = (F_{Wi} + \Delta F_{vi})\tan\theta_i - F_{Ti}\sec\theta_i, \tag{10-39}$$

再对第 i 个土条底面中点取力矩平衡,并略去高阶微量,可得
$$F_{vi}b_i = -F_{hi}b_i\tan\theta_i + y_i\Delta F_{hi}$$

或
$$F_{vi} = -F_{hi}\tan\theta_i + y_i\frac{\Delta F_{hi}}{b_i}, \tag{10-40}$$

由边界条件 $\sum\limits_{i=1}^{n}\Delta F_{hi}=0$ 和式(10-39),可得
$$\sum_{i=1}^{n}(F_{Wi} + \Delta F_{vi})\tan\theta_i - \sum_{i=1}^{n}F_{Ti}\sec\theta_i = 0, \tag{10-41}$$

利用安全系数的定义和摩尔-库仑破坏准则,得
$$F_{Ti} = \frac{\overline{\tau}_{fi}}{K_s} = \frac{c_ib_i\sec\theta_i + F_{Ni}\tan\varphi_i}{K_s}, \tag{10-42}$$

联合求解式(10-37)和式(10-42),得
$$F_{Ti} = \frac{1}{K_s}[c_ib_i + (F_{Wi} + \Delta F_{vi})\tan\varphi_i]\frac{1}{m_i}, \tag{10-43}$$

式中, $m_i = \cos\theta_i + \dfrac{\sin\theta_i\,\tan\varphi_i}{K_s}$ 。

再将式(10-43)代入式(10-41),得 N. Janbu 法安全系数计算公式为
$$K_s = \frac{\sum\limits_{i=1}^{n}[c_ib_i + (F_{Wi} + \Delta F_{vi})\tan\varphi_i]\dfrac{1}{m_i\cos\theta_i}}{\sum\limits_{i=1}^{n}(F_{Wi} + \Delta F_{vi})\tan\theta_i} = \frac{\sum\limits_{i=1}^{n}[c_ib_i + (F_{Wi} + \Delta F_{vi})\tan\varphi_i]\dfrac{1}{m_i}}{\sum\limits_{i=1}^{n}(F_{Wi} + \Delta F_{vi})\sin\theta_i},$$
$$\tag{10-44}$$

比较式(10-44)和式(10-36)知,二者很相似,但有差别。在 N. Janbu 公式中含有 ΔF_{vi} 项,并且 ΔF_{vi} 是待定的未知量。毕肖甫没有解出 ΔF_{vi},而是令 $\Delta F_{vi}=0$,使其成为简化的毕肖甫公式,但 N. Janbu 利用了条块的力矩平衡条件,因而整个滑动土体的整体力矩平衡也自然得到满足。

3. 简布法计算安全系数的迭代步骤

在用 N. Janbu 法计算过程中,如果要同时计算出安全系数、侧向土条间力 F_{vi} 和 F_{hi},需要用迭代法,其步骤如下。

(1) 假设 $\Delta F_{vi}=0$。相当于简化的毕肖甫方法,用式(10-44)计算安全系数。这时,由于

m_i 中包含了 K_s，所以需要先假定 $K_s = 1.0$，算出 m_i，再代入式(10-44)来计算安全系数 K_s，与假定值进行比较，如果相差较大，则由计算出的 K_s 求出 m_i，再计算 K_s。如此逐步逼近，求出 K_s 的第一次近似值 K_{s1}，并用这个值计算每一个土条的 F_{Ti}。

（2）将所得的 F_{Ti} 代入式(10-39)，求出每一个土条的 ΔF_{hi}。由于 $F_{hi} = \sum_{j=1}^{i} \Delta F_{hj}$，利用此式可以求出每一土条侧面的 F_{hi}。再由式(10-40)求出 F_{vi}，并由 $\Delta F_{vi} = F_{v(i+1)} - F_{vi}$ 公式计算 ΔF_{vi} 值。

（3）将新求出的 ΔF_{vi} 代入式(10-44)，计算新的安全系数，求出 K_s 的第二次近似值 K_{s2}，并依据此值计算每一个土条的 F_{Ti}。

（4）如果 $K_{s2} - K_{s1}$ 的差值较大，超过了安全系数的计算精度，则重复上述的步骤（2）～（4），直到 $K_{s(k)} - K_{s(k-1)}$ 小于允许的精度值。此时，$K_{s(k)}$ 即为所假定的某一滑动面下的安全系数。对边坡的真正安全系数还要通过计算很多滑动面，进行分析比较找出最危险的滑动面，此时所对应的安全系数才是真正的安全系数。由于计算工作量很大，一般需要编制程序并通过计算机来完成。

例 10-1　一均质无黏性土土坡，土的饱和重度 $=20.2\ \mathrm{kN/m^3}$，内摩擦角为 $30°$，若要求这个土坡的稳定安全系数为 1.2，试问在干坡或完全浸水条件下及沿坡面有顺坡渗流时，土坡的安全坡角分别是多少？

解　干坡或完全浸水时，由式(10-6)得

$$\tan\beta = \frac{\tan\varphi}{K_s} = \frac{0.557}{1.2} = 0.464,$$

所以　　　　　　　　　　　　　$\beta = 24°54'.$

有顺坡渗流时，由式(10-9)得

$$\tan\beta = \frac{\gamma'\tan\varphi}{\gamma_{\mathrm{sat}}K_s} = \frac{9.5 \times 0.557}{20.2 \times 1.2} = 0.218,$$

所以　　　　　　　　　　　　　$\beta = 12°18'.$

上述计算结果表明，在稳定安全系数相同的条件下，有顺坡渗流作用的土坡稳定坡角要比无渗流作用时的稳定坡角小得多。也就是说，在相同坡角的情况下，有顺坡渗流的土坡，其安全系数必然小。

例 10-2　某工程在准备开挖基坑时，经工程地质部门现场勘察知，地基土分为两层，第一层为粉质黏土，天然重度 $\gamma_1 = 18\ \mathrm{kN/m^3}$，黏聚力 $c_1 = 6.0\ \mathrm{kPa}$，内摩擦角 $\varphi_1 = 25°$，层厚 2.0 m；第二层为黏土，天然重度 $\gamma_2 = 18.9\ \mathrm{kN/m^3}$，黏聚力 $c_2 = 9.2\ \mathrm{kPa}$，内摩擦角 $\varphi_2 = 17°$，层厚 8.0 m；基坑开挖深度 5.0 m。试用瑞典条分法计算该土坡放坡的角度 β。

解　（1）根据经验初步确定基坑开挖边坡为 1∶1，即坡角 β 为 $45°$。

（2）用坐标纸按照一定比例绘制基坑剖面图，如图 10-14 所示。

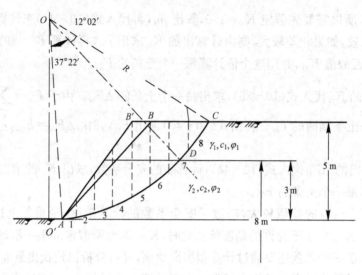

图 10-14 例 10-2 中基坑开挖边坡计算

（3）取圆弧半径 $R=10.0$ m，滑动圆弧下端通过坡脚 A 点。取圆心 O（按照 10.4.1 节中第 4 小节中介绍的原理得到），使过 O 的垂线至 A 点的水平距离为 0.5 m，线段 OO' 的长度近似等于 10 m。以 O 为圆心，半径为 10 m 画圆弧，即是滑动面 AC。

（4）取土条宽度 $b=\dfrac{1}{10}R=1.0$ m。

（5）土条分条编号。以过圆心 O 的垂线处为第 0 条，向上依次编为 1,2,3,…,共 8 条。

（6）分段计算两层土各自的弧长。依照按一定比例绘制剖面图，量出角 $\angle AOD$ 和 $\angle COD$ 的大小（弧度），则

$$\overset{\frown}{L_{AD}}=\angle AOD\times 10=6.52 \text{ m}, \quad \overset{\frown}{L_{CD}}=\angle COD\times 10=2.09 \text{ m}$$

（7）各土条的自重力计算。土条自重等于土条的横断面面积乘单位长度 1 m，再乘土条的重度。土条的横断面面积可取土条的平均高度 h_i（可在按比例所画的图上量取，再按比例折合成实际的高度）乘土条的宽度 $b=1$ m，即 $F_{Wi}=h_i\times b\times \gamma_i$。具体结果详见表 10-2。

（8）各土条的滑动力和摩擦力具体结果详见表 10-2。对于第 7 条土条的滑动面上黏聚力的处理，其黏聚力 c 近似取第二层土的黏聚力。

（9）基坑开挖稳定安全系数计算。由公式（10-19）得

$$K_s=\frac{\sum\limits_{i=1}^{8}(c_i l_i+F_{Ni}\tan\varphi_i)}{\sum\limits_{i=1}^{8}F_{Wi}\sin\theta_i}=\frac{\sum\limits_{j=1}^{2}c_j L_j+\sum\limits_{i=1}^{8}F_{Ni}\tan\varphi_i}{\sum\limits_{i=1}^{8}F_{Wi}\sin\theta_i}=\frac{72.524+84.453}{140.803}=1.115>1.1;$$

所以当基坑开挖放坡 45°时，土坡是安全经济的，而且其安全系数接近允许值

表 10 - 2　例 10 - 2 的计算结果

土条编号	土条自重力 F_{Wi}/kN	$\sin\theta_i$	切向力 $F_{Ti}=F_{Wi}\sin\theta_i/$ kN	$\cos\theta_i$	法向力 $F_{Ni}=F_{Wi}\cos\theta_i/$ kN	$\tan\varphi_i$	摩擦力 $F_{Ni}\tan\phi_i/$ kN	滑面上总的黏聚力 $\sum\limits_{j=1}^{2} c_j L_j/$ kN
1	$0.4615\times18.9=8.723$	0.1	0.872	0.995	8.679	0.3057	2.6532	
2	$1.3\times18.9=24.570$	0.2	4.914	0.980	24.079	0.3057	7.3610	
3	$2.3\times18.9=43.470$	0.3	13.041	0.954	41.470	0.3057	12.6775	$\overset{\frown}{L_{AD}}\times c_2=$
4	$1.08\times18+2.15\times18.9=60.075$	0.4	24.030	0.917	55.089	0.3057	16.8407	$6.52\times9.2=$
5	$1.84\times18+1.54\times18.9=62.226$	0.5	31.113	0.866	53.888	0.3057	16.4736	59.984
6	$1.84\times18+0.769\times18.9=47.654$	0.6	28.592	0.800	38.123	0.3057	11.6542	
7	$1.84\times18+0.3\times18.9=38.790$	0.7	27.153	0.714	27.696	0.4663	12.9146	
8	$0.77\times18=13.860$	0.8	11.088	0.600	8.316	0.4663	3.8778	$\overset{\frown}{L_{AD}}\times c_1=2.0$
								$9\times6.0=$ 12.54
合计			140.803				84.4526	72.524

例 10 - 3　题目条件基本同例 10 - 2,如果放坡角度为 $45°$,试用简化毕肖甫法计算该土坡的安全系数 K_s。

解　根据例 10 - 2 瑞典条分法计算结果 $K_s=1.115$,又知毕肖甫法的安全系数一般高于瑞典条分法,故先假设 $K_{s1}=1.25$,按简化毕肖甫法列表计算,结果如表 10 - 3 所示。

表 10 - 3　例 10 - 3 的计算结果

土条编号	$\cos\theta_i$	$\sin\theta_i$	$\sin\theta_i\tan\varphi_i$	$\dfrac{\sin\theta_i\tan\varphi_i}{K_{s1}}$	$m_i=\cos\theta_i+\dfrac{\sin\theta_i\tan\varphi_i}{K_{s1}}$	切向力 $F_{Ti}=F_{Wi}\sin\theta_i/$ kN	$c_i b_i/$ kN	$F_{Wi}\tan\varphi_i/$ kN	$\dfrac{c_i b_i+F_{Wi}\tan\varphi_i}{m_i}/$ kN
1	0.995	0.1	0.03057	0.02445	1.0195	0.872	9.2	2.6666	11.6401
2	0.980	0.2	0.06114	0.04891	1.0289	4.914	9.2	7.5111	16.2415
3	0.954	0.3	0.09171	0.07337	1.0274	13.041	9.2	13.2888	21.8897
4	0.917	0.4	0.12228	0.09782	1.0148	24.030	9.2	18.3649	27.1622
5	0.866	0.5	0.15285	0.12228	0.9883	31.113	9.2	19.0225	28.5572
6	0.800	0.6	0.18342	0.14674	0.9467	28.592	9.2	14.5679	25.1051
7	0.714	0.7	0.32641	0.26113	0.9751	27.153	7.2	18.0879	25.9328
8	0.600	0.8	0.37304	0.29843	0.8984	11.088	6.0	6.4629	13.8719
合计						140.803			170.4005

$$安全系数 \qquad K_{s2} = \frac{\sum\limits_{i=1}^{8} \dfrac{1}{m_i}(c_i b_i + F_{Wi} \tan \varphi_i)}{\sum\limits_{i=1}^{8} F_{Wi} \sin \theta_i} = \frac{170.400\,5}{140.803} = 1.21,$$

$$K_{s2} - K_{s1} = 1.25 - 1.21 = 0.04,$$

误差较大。按照 $K_{s2} = 1.21$ 进行第二次迭代计算,结果如表 10 - 4 所示。

表 10 - 4　例 10 - 3 的计算结果(第二次迭代)

土条编号	$\cos \theta_i$	$\sin \theta_i$	$\sin \theta_i \tan \varphi_i$	$\dfrac{\sin \theta_i \tan \varphi_i}{K_s}$	$m_i = \cos \theta_i + \dfrac{\sin \theta_i \tan \varphi_i}{K_{s2}}$	切向力 $F_{Ti} = F_{Wi} \sin \theta_i /$ kN	$c_i b_i /$ kN	$F_{Wi} \tan \varphi_i /$ kN	$\dfrac{c_i b_i + F_{Wi} \tan \varphi_i}{m_i} /$ kN
1	0.995	0.1	0.030 57	0.025 26	1.020 3	0.872	9.2	2.666 6	11.630 5
2	0.980	0.2	0.061 14	0.050 53	1.030 5	4.914	9.2	7.511 1	16.216 4
3	0.954	0.3	0.091 71	0.075 79	1.029 8	13.041	9.2	13.288 8	21.838 2
4	0.917	0.4	0.122 28	0.101 06	1.018 1	24.030	9.2	18.364 9	27.074 9
5	0.866	0.5	0.152 85	0.126 32	0.992 3	31.113	9.2	19.022 5	28.441 5
6	0.800	0.6	0.183 42	0.151 59	0.951 6	28.592	9.2	14.567 9	24.976 8
7	0.714	0.7	0.326 41	0.269 76	0.983 3	27.153	7.2	18.087 6	25.705 3
8	0.600	0.8	0.373 04	0.308 30	0.908 6	11.088	6.0	6.462 9	13.789 4
合计						140.803			169.673

$$安全系数 \qquad K_{s3} = \frac{\sum\limits_{i=1}^{8} \dfrac{1}{m_i}(c_i b_i + F_{Wi} \tan \varphi_i)}{\sum\limits_{i=1}^{8} F_{Wi} \sin \theta_i} = \frac{169.673}{140.803} = 1.205,$$

两次迭代的误差为 $1.21 - 1.205 = 0.005$,K_{s2} 与 K_{s3} 十分接近,可以认为,$K_s = 1.205$。

计算结果表明,简化毕肖甫法的安全系数较瑞典条分法高,大约高出 10%。

10.6　土坡稳定性分析的有限元法

极限平衡法自提出以来一直广泛用于土坡的稳定性分析,到 20 世纪 60 年代已发展到相当完善的程度。与此同时,随着计算机和数值计算技术的发展,有限元法开始用于土坡的稳定性分析,为土坡稳定性分析提供了新的途径。瑞典条分法和普遍条分法分析土坡稳定性的基本思路都是把滑动土体视为刚体并分成有限宽度的土条,然后根据滑动土体的静力平衡条件和极限平衡条件,求得滑动面上的力的分布,从而可以计算出土坡稳定安全系数。但实际土体是可变形体,并非刚体,所以采用分析刚体的办法来分析变形体,并不满足变形协调条件,因而计算出的滑动面上的应力状态不可能是真实的。

有限元法用于土坡稳定性分析的一个主要优点是,可以将土坡的稳定和位移的发展联系起来,而这是极限平衡法做不到的。如现场观测可以得到土坡的位移变化,但用极限平衡法无法评估土坡稳定的安全性,运用有限元法就可以根据土坡的位移估计其安全性的变化,这对施工中的边坡或具有潜在危险的天然土坡的监测和控制无疑具有十分重要的意义。另外,对于黄土和膨胀土边坡,土体浸水时会发生变形,如果滑动面上下变形不均就会产生剪应力,对土坡的稳定性产生影响,而这种影响用极限平衡法无法进行分析,但用有限元法就可以。有限元法的另一个优点是,可以考虑土体应力-应变关系的非线性,使滑动面上的应力计算比较符合实际,同时也能考虑更多复杂的荷载作用。如水平地震力在条分法中不容易进行计算,但在有限元法中可以得到较好的处理。通过把土坡稳定性分析与土体内土的应力和变形计算结合起来,滑动土体自然满足静力平衡条件而不需像条分法那样引入各种人为的假定,但是当边坡失稳时,滑裂面通过的大部分土单元处于临近破坏的状态,这时用有限元分析土坡内的应力和变形所需的土的基本性质,如应力-应变特性、强度特性等都变得十分复杂。在有限元的计算中,要提出一种能反映土体实际受力变形状况的本构模型是很不容易的。因此,就目前的情况来说,极限平衡分析法依然是土坡稳定性分析中主要采用的方法,而有限元法则是一种潜在的并具有良好发展前景的方法。

目前,已提出了多种用于分析土坡稳定性的有限元法,常用的有滑面应力法、搜索滑面法和强度折减法等,下面简要介绍滑面应力法和强度折减法的主要思想。

如 10.4 节所介绍,极限平衡法中滑裂面位置和形状的假设与相应滑裂面安全系数的计算可分别进行,每个条块底部法向力和剪切力通常作为未知力参与平衡计算,使得整个计算结果依赖于条块底部法向力和剪切力的计算精度。有限元法为获得坡体内精确的自重应力场提供了可能,在常规有限元法中,应力和应变变量信息存储在单元积分点上,需要将滑裂面附近单元积分点上的应力插值到相应的条块底部,再基于某种极限平衡法来获得相应的安全系数。可见滑面应力法是一种组合方法,即利用有限元计算来获得边坡坡体内部的应力场,再采用极限平衡法计算每一指定滑裂面的安全系数(邵龙潭,2011)。

尽管滑裂面应力计算的精度得到了提高,该方法仍未充分利用有限元法的优势,而位移有限元法(尤其是有限元强度折减法)则在稳定性分析的同时能够获得位移场和塑性区等信息。与传统的极限平衡法相比,有限元强度折减法具有如下优势:

(1)不需要预先假设滑裂面的位置和形状以及条间作用力的关系;

(2)能够很容易与一些弹塑性模型(如摩尔-库仑模型或 Drucker-Prager (DP)模型)相结合;

(3)在进行强度折减过程中,能够观察岩土体失稳变形的进程;

(4)由于基于有限元框架,方法容易实施,处理复杂的几何和边界条件也十分容易;

式(10-21)给出了强度折减法的基本原理

$$\tau_f = c' + \sigma' \tan\varphi', \tag{10-45}$$

式中,c' 和 φ' 分别为土的抗剪强度指标,σ' 为有效正应力。10.1 节介绍了两种机制来诱发岩土体失稳,强度折减法则基于第二种方法,即在外荷载不变的条件下,逐渐降低土体内部强

度直至岩土体失稳。因此可在式(10-45)中引入一个强度折减因子 SRF，即

$$\frac{\tau_f}{SRF} = \frac{c'}{SRF_c} + \sigma'\frac{\tan\varphi'}{SRF_\varphi} \ \text{或} \ \tau_r = c_r' + \sigma'\tan\varphi_r'. \tag{10-46}$$

可见，对抗剪强度 τ_f 进行折减等价于对抗剪强度指标 c' 和 φ' 进行折减。当对 c' 和 $\tan\varphi'$ 进行等比例折减时，即 $SRF = SRF_c = SRF_\varphi$ 时，式(10-46)中的强度折减法为常规的强度折减法；当 $SRF_c \neq SRF_\varphi$ 时，则获得双强度折减法。如式(10-46)所示，对土体抗剪强度折减等价于对指标 c' 和 φ' 进行折减，随着强度折减因子 SRF 的增大，土体逐渐从稳定状态向失稳状态过渡，过渡点所对应的强度折减因子即为岩土体的安全系数。

强度折减法应用过程中，判断岩土体失稳通常有如下三个准则：

(1)特征点(通常选择在坡顶等位置)的位移突变；

(2)塑性区贯通；

(3)(由于体系不平衡导致的)非线性迭代不收敛；

在使用上述准则进行失稳判断时，也可以结合使用多种准则。值得指出的是，上述第(1)条和第(2)条现象通常都导致迭代不收敛问题，而非线性迭代不收敛不一定代表出现了(1)或(2)中的现象，也有可能是由非线性迭代本身的数值问题造成的，因此在选用第(3)条准则时需要排除这种可能。

尽管有限元强度折减法已经获得了广泛的应用，但实际应用中也发现了强度折减法的一些局限性。例如，强度折减法只能获得整体体系的最小安全系数，对于阶梯形多斜坡问题，只能获得最危险滑裂面和相应的安全系数；此外，式(10-46)中的强度折减法只能应用于摩尔-库仑或 DP 这样的线性强度准则，而对于非线性强度准则(如非线性摩尔-库仑准则或霍克布朗准则)，强度折减法的应用还有待深入的研究。目前的简化方法是，不管是什么样的非线性强度模型，都将其等效为线性摩尔-库仑模型，对其进行如式(10-46)所示的强度折减来进行岩土体系的稳定性分析。

10.7　特殊土的流滑

由某些特殊土组成的土坡在一定条件下会发生流滑。通常，组成土坡土体的孔隙比大于其临界孔隙比时，土体一旦被扰动(地震、爆破振动、坡脚开挖等)，孔隙比将趋于减小。如果土中水的含量大到足以使土在临界孔隙比状态下饱和，土的体积就不可能进一步减小，土中的孔隙水压力就会急剧上升，而有效应力相应降低，导致土的抗剪强度丧失，若再加上土的渗透性很小，孔隙水压力得不到快速消散，就可能形成流滑。土体发生流滑时会像液体一样顺坡流动，并且可以流得很远，有时甚至在土坡的坡度接近水平时也会发生。

容易发生流滑的土坡多由黄土、灵敏黏土、采矿后形成的尾矿、人工垃圾土等组成。黄土是一种处于松散状态的由风化形成的沉积物，当水渗透饱和时，黄土土坡受到扰动后会出现大范围的流滑。目前，我国对饱和黄土的液化问题已开展了大量的研究，取得了很多成果。

　　灵敏黏土的内部结构一般为蜂窝状和絮凝结构,内部孔隙很大,其含水率通常都大于扰动土的流限,粒间接触点上有表面力作用,使土体结构得以维持稳定。高灵敏黏土只要稍加扰动,内部结构就会遭到破坏,产生大范围的流滑。如北欧斯勘的纳维亚半岛等地的某些灵敏黏土,其灵敏度可达 60 以上,流滑经常在这一地区发生。另外,黏土结构的触变性质是某些地区泥石流的根源,如加拿大 Quebec 的 Saint-Thuribe 泥石流,许多地区的 Leda 红黏土中的土坡也会发生泥石流现象。

　　铁矿、煤矿等开采后形成的尾矿坝(库)等,其组成材料一般都很细小,透水性差,受扰动后容易产生大规模流滑,其流动的速度快于普通的泥石流,如果发生在有人居住的地区,就会造成人身财产的重大损失。如 2008 年发生在山西襄汾铁矿尾矿库溃坝,尾沙流失量约 $20 \times 10^4 \mathrm{m}^3$,流经长度达 2 km,最大扇面宽度约为 300 m,过泥面积为 30.2 公顷,死亡人数在 250 人以上。而 1996 年发生在英国南威尔士 Aberfan 村煤矿尾矿堆积物的大规模流滑造成了 144 人死亡,其中 116 人为儿童。

　　垃圾土堆积时外部材料的孔隙比一般接近于有效应力为零时的临界孔隙比,而内部由于有效应力较大,临界孔隙比较小。如果垃圾土是由强度低的易脆材料组成,堆积产生的重量将使材料颗粒破碎,级配改变,孔隙比降低,渗透性减小。由于以上两个原因,堆积较厚的垃圾土坡受到扰动后,容易产生大面积流滑。随着我国城市化的不断加快,由各种垃圾堆积成的土坡越来越多,垃圾土的流滑问题应该受到重视。

10.8　总结

　　本章主要讨论了土坡失稳的种种原因,以及土坡稳定性分析的常用方法。这些方法的假设不同,所能适用的具体问题也不同;所以要注意各种方法在原理和表达公式上的区别和联系。计算参数,尤其是强度指标的选用,在稳定性分析中是一个极其普遍而实际的问题。要注意合理选用土的强度参数 c、φ 值,因为对任何一种土,其试验条件不同,强度指标变化幅值很大。这对计算结果的影响要超过计算方法的影响。针对不同的施工、使用条件,要选择与之相适应的试验条件所测出的 c、φ 值。对此应引起足够的重视。还要注意总应力表示方法和有效应力表示方法的区别,它们所采用的强度参数分别是总应力强度指标 c、φ 和有效强度指标 c'、φ'。以上所有土坡稳定性分析方法都是在二维情况下求解的,一般假定土坡属于平面应变问题。实际上,真正的土坡属空间三维的情况。从这个意义上看,上述的所谓严格方法也只是平面问题中的较为精确的方法;从空间的角度来分析,上述的圆弧法和条分法及 N. Janbu 法都是近似方法。现在已有研究者着手用三维理论进行土坡稳定性分析。20 世纪 60 年代末,概率法开始引入土工设计,开辟了一种处理土工不确定性的新方法。所以近年来,一些学者把土坡稳定性问题的研究重点集中到了可靠度研究方面,通过概率论和数理统计方法的应用,形成了土坡稳定性可靠度分析的新领域。土工结构设计中存在大量的不确定因素,安全系数的概念被长期用来笼统地处理众多的不确定性问题,这的确值得注意。然而对土坡稳定性问题从可靠度方面来研究还没有达到实用化的程度,还不够成熟,还有很大的发展余地。但仅仅从试验数据的概率统计特征出发来进行研究是不够的,因为计算参数实际上具有时间和空间上的变异性,是一个具有时空变异性的随机场,在这一方面的研究还有待加强。另外,数值计算方法,如非线性有限元法和其他数学方法(如模糊数学、优选法、反分析、神经网络、遗传算法等)为解决复杂的土坡和地基稳定性问题提供了新的工具,其应用还将在实践中得到深化。相信随着理论和实践的发展,土坡稳定性分析理论和计算方法会更趋于成熟,计算结果将更符合实际。

思考题

10-1　土坡稳定性分析方法可以解决哪几类工程实际问题? 造成土坡失稳的主要因素有哪些?

10-2　试述几种常用的土坡稳定性分析方法的基本原理,并比较各自的特点和适用条件,以及对于实际工程而言,每种方法的精确程度如何?

10-3　黏性土土坡稳定性分析的条分法原理是什么? 瑞典条分法和毕肖甫条分法是如何在一般条分法的基础上进行简化的? 这两种方法的主要区别是什么? 对于同一工程问题,这两种方法计算的 K_s 值哪个更小、更偏于安全?

习　题

10-1　有一沙质土坡,其浸水饱和重度 γ_{sat} 为 18.8 kN/m³,土的内摩擦角 φ 为 28°,坡角 θ 为 25°24′。试问在干坡或完全浸水的条件下,土坡的稳定安全系数为多少? 当有顺坡方向的渗流时土坡还能保持稳定吗? 若要求这个土坡的稳定安全系数为 1.2,计算保持稳定的安全坡角是多少?

10-2　有一简单黏性土坡,高 25 m,坡度为 1:2,填土的重度 $\gamma=20$ kN/m³,内摩擦角为26.6°,黏聚力 c 为 10 kPa,假设滑动圆弧半径为 49 m,并假设滑动面通过坡脚位置,试用瑞典条分法求该土坡对应这一滑动圆弧的安全系数。

10-3　题目条件同习题 10-2,试用简化毕肖甫方法计算土坡的稳定安全系数,并与习题10-2的计算结果进行比较。

10-4　题目条件同例 10-2,现增加一个条件:坡顶作用均布超载 $q=8$ kPa。如果放坡坡度 1:2,并假设滑动圆弧半径 $R=10$ m。试用瑞典条分法计算该土坡的稳定安全系数。

10-5　题目条件同习题 10-4,试用简化毕肖甫方法计算土坡的稳定安全系数。并与习题 10-4的计算结果进行比较。

第 **11** 章

〰〰〰〰〰〰〰〰〰〰〰〰〰〰〰〰〰〰〰〰〰〰〰〰〰〰〰〰〰〰〰〰

如何用好土力学

在学习和应用中应探求和了解隐藏在土力学公式后面的东西。

在岩土工程这门半艺术、半科学的学科中，丰富的工程经验和良好的判断能力与土力学的理论同等重要。

任何土木工程的设计、建造和正常使用都离不开土力学理论的指导，而如何较好地、有效地应用土力学的理论是刚毕业的土木工程专业的学生和青年工程师们所关注的问题。这一问题在经典土力学时期（1925—1963）由 Terzaghi、Casagrande、Peck 等人多次论述过，但近些年，国内好像忘却了这一问题，而且在土力学的教学中又很少涉及这方面的问题，使得刚毕业的学生不懂得如何正确应用土力学的理论。本来这一问题由一些具有丰富工程经验和良好土力学理论水准的工程师来讨论和评述会更好一些；但令人遗憾的是，到目前为止，国内很少有这样的文章发表，而对刚毕业的学生来说又很难接触到老的文献。因此，作为一名土力学教师，有责任再次提醒大家关注这一问题，以便使得青年土木工程师对土力学的理论有一个正确的认识和看法。

土木工程专业的学生在学完钢筋混凝土结构、钢结构和桥梁结构以后，会产生这样一种印象，认为土木工程结构都可以根据预先对建筑材料力学性质（例如材料的刚度、强度等）的假设来进行计算和设计。例如，对房屋或桥梁的设计，只要把力学理论掌握好，再加上钢筋混凝土结构或钢结构的知识，就可以基本解决其中的结构设计问题。理论在这里处于主要地位，而经验只居于次要地位。这些理论计算结果之所以可信，是因为所使用的建筑材料的不确定性相对较小（与土相比），它们的边界条件和材料的力学性质都是比较简单和确定的，力学模型也能够反映它们的工作状态和力学行为。因而在钢筋混凝土等结构设计中，按预先的假设进行计算和设计，通常是可行的，其计算结果与实际的误差一般不大，这在工程上是可以接受的。所以，结构工程师可以不管其建筑材料是如何试验的，通常把注意力都集中在上部结构的美学、功能、结构构造和结构计算上，而把建筑材料的试验、检测和力学参数的获取交给别人去做。一名刚毕业的土木工程专业的大学生可以按照规范、标准和标准的设计过程进行上部结构的设计，这样虽然不能做到十分完美，但至少可以保证安全。与此相对照，土工工程师即使很好地掌握了土力学的理论知识,但他如果缺少工程经验和判断力,缺少对实际土性的了解,则很容易出现问题和发生工程事故。

土跟其他建筑材料(一般建筑材料的力学性质和质量是可控制的)不同,它不是人工制造的,而是长期自然风化与沉积的产物;它一般是不均匀的(不论在水平向或竖直向一般都不均匀);它又是三相体,其物理和力学性质非常复杂,不确定性非常大。由于土的这种不确定性,从钢、钢筋混凝土过渡到土,设计过程和方程不再像钢结构或钢筋混凝土结构那样灵验和准确了。其原因在于:(1)自然形成的土一般都是非均匀的;(2)如前所述,土的物理力学性质太复杂,难以准确地用数学模型描述,另外,靠少数样本点难以真实描述整个场地的物理力学性能;(3)土的边界条件难以确定,室内试验难以准确描述现场的实际情况;(4)难以高质量地获取土的参数。基于上述原因,土力学中的因果关系或规律性并不像其他力学或其他土木工程结构中那样准确和简明。对土力学公式也不能像其他力学公式那样去认识和理解。在土力学中,任何公式或计算机程序的计算结果的准确性从来不会超过粗略或大致的估计。土力学的理论可以告诉我们,在进行计算时需要用到哪些参数,通过钻孔取样并进行室内试验可以得到这些参数;但由于取土的扰动,土的性态已经发生了变化,而这种变化对试验结果和计算结果的影响也只能由经验得知。因此,理论与现实的差距只能通过经验来估计和判断。

在土力学的理论初建时,开创者会敏锐地认识到其理论所包含的大胆假设及其适用场合与应用范围,在最初使用这些理论时,没有人愿意仅在表面或形式上接受它们。多年后,这些理论被写成教科书并传授给大学生们,这时它们表现出形式和教条的特征。而学生也被这种形式特征所吸引,忽略了隐藏在这些公式和规律背后的背景知识和真正实际内涵。而且这些理论一旦出现在大学的考试卷上,就变成了被盲目相信的可怕的神圣信条。很多受过大学土力学教育的学生和青年工程技术人员认为,土力学理论和室内试验构成了土力学的全部内容,但他们不知道经验和判断力的重要性。他们对土力学教科书的内容和公式较熟悉,但对其在实际应用中的适用性、误差范围和不确定性却缺乏必要的了解。在土工设计时,他们迅速地从土力学教科书中选出针对所处理问题的公式,并主观地断定所选公式是正确的,根本不考虑它的局限性和适用范围;并且在选用土工参数时,他们甚至不看土样,仅满足于别人提供给他们的勘测资料和设计参数,而忽视了隐藏在这些资料和参数后面的粗糙性和离散性。像这样处理土工问题,迟早会出现事故和问题。

做过土工试验的人都会知道,即使是同一土样,采用同一试验方法和同一实验仪器,获取同一参数,不同的人所做的试验也会得到不同的结果,尤其是剪切强度的试验结果,其离散性更大。

也有很多人看到了土力学教科书的缺陷,进而否定土力学理论对土工实践的指导作用,并转而夸大和过分依赖经验和判断的作用,有时甚至无知地蛮干。这样做也是片面的,它使我们退回到1925年经典土力学诞生以前的年代。

关于如何应用土力学的理论,Terzaghi曾指出,土力学的内容只有在工程判断的指导下才能被使用。除非已经具有这种判断能力,否则无法成功地应用土力学理论。

如何积累工程经验和培养工程判断的能力? 这种经验和判断能力很难在课堂上获得,它是工程师经过多年的土工现场锻炼,并有意识地在处理不同困难的土工问题中积累经验和增加对土的感性认识后,才逐渐建立起来的。这个过程分为 3 个步骤:(1)分析与预测;(2)现场观测;(3)对分析、预测和现场观测结果进行比较、分析、评估和总结。只有通过第 3 步才能总结和积累起经验和判断能力。而在目前一些实际工作中通常缺少第 2 步或第 3 步,所以很难积累起有意义的经验和判断力。很多有造诣的工程师就是靠在第 3 步中的积累而有所成就的,但第 3 步是在第 1 步和第 2 步的基础上才能进行。在这方面,土工工程师有些像外科医生。一名刚从学校毕业的外科医生,虽然学得了一些抽象的理论知识,但要想成为一名成功的有水平的外科医生,还必须经过多年的临床实践和经验积累,才能做好各种手术,成为一名杰出的外科医生。土木工程师的成长也完全类似于外科医生,他必须经过多年土工实践,并有意识地利用已学得的理论去分析实际工程问题,在这个过程中积累经验和判断力。当然这一过程可以加速或缩短,即可在具有丰富经验和高水平的工程师的指导下,尽可能多地参加不同困难问题的设计、施工和处理,迅速地积累经验和判断能力,从而可能在不太长的时间内成为出色的富有经验和判断力的工程师。

为了正确地应用土力学理论,还要求熟悉土性,熟知勘察、取样和试验方法及其离散程度,至少应该知道工程场地土的实际分类情况。如果不熟悉上述诸方面的内容和方法,则可能从低劣的钻孔、取样和不令人满意的室内试验中得到扭曲的错误信息,从而导致设计失误和工程事故。土工工程师如果完全相信钻孔勘察和室内试验的结果,而没有认识到这些结果的粗糙性和不确定性,那么这不仅说明他缺乏实际经验,而且可能会带来严重后果。优秀的土木工程师必须坚持进行可靠的勘察与试验,必须知道不良的勘察结果会导致怎样的后果。必要时,可以做两组平行的勘察工作,以避免大的误差和减少不确定性。

一个有丰富经验和良好判断力的工程师,由于其非常熟悉土性,仅凭目视和手工探查就可以大致判断场地土在土的塑性图中的位置和它的分类。而且对于一个经验丰富的土工工程师来说,土的塑性图就像一张地图,他对图内每个区域中的土所具有的工程意义和工程性质及其分类划分都了然于心。

很多关于土工的知识都来自于文献阅读,如何进行文献阅读是青年土工工作者首先应该培养的良好习惯。目前的土工文献正在以指数的形式迅速增长,有经验的读者都会感觉到,读得越多就会更加认识到所读内容的大部分都是无用的或错误的拓展,甚至其中有些就是错的。因此,读者必须学会批判性阅读,所谓批判性阅读就是在阅读文献时,读者应学会找出它的不足或缺点,也就是挑毛病。当然这种毛病不是无足轻重的小毛病,如文字或某一局部的无关紧要的毛病,而是一些重要的缺点或不足。例如,它的基本假定是否恰当,对这些假定能否做更进一步的更符合实际情况的假定,其考虑是否全面,如采用更好的方法能否得到更好的结果,还有什么地方可以做更进一步的改进等。通过批判性阅读,读者就可以从中找到真正的有用知识。通过长期的批判性阅读训练,就可以逐渐地培养阅读的经验和判断力。另外,在当前的岩土工程文献中,可以有趣地发现在很多文献中计算分析结果与其实测或试验数据吻合得非常好。有经验的岩土专家都知道,岩土工程的不确定性是非常大的,计算分析结果与实测或试验数据吻合得非常好,这不但不能说明理论计算结果的正确性,反而说明它可能有问题。如果对这种吻合非常好的结果进行考察,可以无一例外地发现实测或试验数据是被首先得到的,而计算和分析是其后的结果。也就是说,假如计算分析的结果与实测或试验的数据差别较大,通常可通过调整输入参数来减小这种差别,直到吻合较好为止。很少有人先进行计算和分析并得到预测结果,然后再拿实测或试验结果与之进行比较分析的。

下面讨论精确数学模型在土力学中的应用问题。在一般结构分析中,因材料的力学性质简单,不确定性较小,用精确数学模型分析一般会获得较为精确的结果。但是,就土这种材料而言,因其不确定性非常大,这里情况发生了很大的变化。由于场地土性和其参数的勘察结果的精度与准确性很差,即使采用了很精确的数学模型,但因输入参数的精度不能与之相匹配,其计算结果同样很差。而且往往会造成这样一种错觉,即认为采用了精确的数学模型计算的结果也一定会更好、更可靠。这可能误导人们的注意力,使人们忘记了精确的数学公式也会出错的可能性。只有当输入参数的质量和精度很高,并且与精确的数学模型相匹配时,才有可能得到较为准确的计算结果。这里还需要注意的是,精确的计算模型需要正确地反映土工问题的实际情况,才有可能得到较好的结果。

Casagrande(1959)对实际应用土力学建议了以下几条要求。

(1) 具有很好的理论知识,包括土力学、工程地质及工程实用土力学。

(2) 培养出色的工程判断能力,它是由丰富的工程常识和经验产生的。

(3) 熟知土的性能及勘察、取样和试验的过程、方法和它们的离散性。

(4) 要求取得可靠的勘察、取样和试验结果。如果工程师并不熟悉建筑场地的情况和土性,则应该收集和消化该场地已有的相关工程地质资料。

(5) 对分析中所有的量和所得到的结果,包括它们可能的范围,做好记录。

(6) 坚持对施工过程中所得到的所有新的监测信息和数据进行分析和评价,以便对新的情况进行适时和恰当的处理。

上述就是可靠地应用土力学理论所必须履行的要求。

附录 A

习 题 答 案

2-1 解题过程略。

A 土样：$C_u=8.67$；

$\qquad$ $C_c=0.821$。

B 土样：$C_u=21.33$；

$\qquad$ $C_c=0.853$。

A、B 土样工程性质均不良，但相对于 A 土样，B 土样性质稍好。

2-2 解题过程略。

$w=16.36\%$，$e=0.602$，$n=37.58\%$，$S_r=72.58\%$，$\gamma=19.01\ \mathrm{kN/m^3}$，$\gamma_d=16.33\ \mathrm{kN/m^3}$，$\gamma_{sat}=20.02\ \mathrm{kN/m^3}$，$\gamma'=10.22\ \mathrm{kN/m^3}$。

2-3 **解** 设 $V_s=1$，则有

$$V_v=eV_s=e=0.54\ \mathrm{m^3}，m_s=G_s\cdot\gamma/g=2.68\times9.8\div9.8=2.68\ \mathrm{t}。$$

因为 $m_a=0$；故 $n=\dfrac{V_v}{V_s+V_v}=\dfrac{0.54}{1+0.54}=35.1\%$，

$$\gamma=\frac{mg}{V}=\frac{(m_s+m_w)g}{V_s+V_v}=\frac{26.26+0}{1+0.54}=17.1\ \mathrm{kN/m^3}。$$

2-4 解题过程略。

$e=0.867$，$\gamma=18.78\ \mathrm{kN/m^3}$。

2-5 **解** 含水率 $w=\dfrac{m_w}{m_s}\times100\%=\dfrac{36-25}{25}\times100\%=44\%$。

又 $\qquad\qquad\qquad\qquad\qquad\qquad \rho_w=1\ \mathrm{g/cm^3}$，

则土的缩限 $\quad w_P=w-\dfrac{V_1-V_2}{m_s}\rho_w\times100\%=44\%-\dfrac{19.65-13.5}{25}\times1\times100\%=19.4\%$。

2-6 解题过程略。$17.15\ \mathrm{kN/m^3}$。

2-7 解题过程略。$e=0.623$，$D_r=0.664$，土质中密。

2-8 **证明** （1）等式右边 $\gamma_d+n\gamma_w=\dfrac{m_s\cdot g}{V}+\dfrac{V_v}{V}\cdot\gamma_w=\dfrac{m_s\cdot g+V_v\cdot\gamma_w}{V}$，

显然分子 $(m_s g+V_v\cdot\gamma_w)$ 表示孔隙完全充满水时的土样总重量，由 γ_{sat} 的定义知

$$\frac{m_s g + V_v \cdot \gamma_w}{V} = \gamma_{sat} \text{。}$$

原题得证。

(2) 等式右边 $\gamma_d - \dfrac{\gamma_w}{1+e} = \dfrac{m_s g}{V} - \dfrac{\gamma_w}{1+\dfrac{V_v}{V_s}} = \dfrac{m_s g}{V} - \dfrac{\gamma_w \cdot V_s}{V_v + V_s} = \dfrac{m_s g - \gamma_w \cdot V_s}{V}$,

$(m_s g - \gamma_w \cdot V_s)$ 表示扣去浮力的土重量,由浮重度定义可知

$$\frac{m_s g - \gamma_w \cdot V_s}{V} = \gamma' \text{。}$$

原题得证。

(3) 等式右边 $\dfrac{e S_r \gamma_w}{(1+e)w} = \dfrac{n S_r \gamma_w}{w} = \dfrac{\dfrac{V_v}{V} \cdot \dfrac{V_w}{V_v} \cdot \gamma_w}{\dfrac{m_w}{m_s}} = \dfrac{m_s \cdot V_w \gamma_w}{V m_w} = \dfrac{m_s g}{V} = \gamma_d \text{。}$

原题得证。

2-9 解题过程略。

(1) $I_P = 11.7$,$I_L = 0.162$。硬塑。

(2) 粉质黏土,低液限粉土(ML)。

2-10 解题过程略。细砂。

2-11 **解** A 土样的粒组含量如表 A2-1 所示。

表 A2-1 A 粒组含量

粒组/mm	$d>200$	$200>d>20$	$20>d>2$	$2>d>0.5$	$0.5>d>0.25$	$0.25>d>0.075$	$0.075>d>0.05$	$d<0.05$
含量/%	6	31	42	11	3	2	2	3

粒径大于 2 mm 的砾粒组含量占总质量的 79%,大于 50%;所以 A 土样属于砾类土。又因粒径小于 0.075 mm 的细粒含量为 8%,在 5%~15% 的范围中;所以 A 土样最后定名为细粒土砾(GF)。

B 土样的粒组含量如表 A2-2 所示。

表 A2-2 B 粒组含量

粒组/mm	$d>200$	$200>d>20$	$20>d>2$	$2>d>0.5$	$0.5>d>0.25$	$0.25>d>0.075$	$0.075>d>0.05$	$d<0.05$
含量/%	2	12	36	22	10	4	4	10

粒径大于 2 mm 的砾粒组含量占总质量的 50%,所以 B 土样属于砂类土。又因粒径小于 0.075 mm 的细粒含量为 14%,在 5%~15% 的范围中;所以 B 土样最后定名为含细粒土砂(SF)。

C 土样的粒组含量如表 A2-3 所示。

表 A2-3 C 粒组含量

粒组/mm	$d>200$	$200>d$ >20	$20>d$ >2	$2>d$ >0.5	$0.5>d$ >0.25	$0.25>d$ >0.075	$0.075>d$ >0.05	$0.05>d$ >0.01	$0.01>d$ >0.002	$d<0.002$
含量/%	0	0	2	5	5	5	6	12	5	60

粒径小于 0.075 mm 的细粒组含量为 83%,大于 50%;又粒径大于 0.075 mm 的粗粒组含量为 17%,小于 25%。所以,C 土样属于细粒土。又因 $I_P=25$,$w_L=63\%>50\%$,而 $I_P=25<0.73(w_L-20)=31.39$;所以在塑性图上,C 土样落在 MH 区域,定名为高液限粉土。

D 土样的粒组含量如表 A2-4 所示。

表 A2-4 D 粒组含量

粒组/mm	$d>200$	$200>d$ >20	$20>d$ >2	$2>d$ >0.5	$0.5>d$ >0.25	$0.25>d$ >0.075	$0.075>d$ >0.05	$0.05>d$ >0.01	$0.01>d$ >0.002	$d<0.002$
含量/%	0	0	0	1	4	5	4	44	5	37

粒径小于 0.075 mm 的细粒组含量为 90%,大于 50%;又粒径大于 0.075 mm 的粗粒组含量为 10%,小于 25%。所以,D 土样属于细粒土。$I_P=28$,$w_L=55\%>50\%$,而 $I_P=28>0.73(w_L-20)=25.55$。所以,在塑性图上,D 土样落在 CH 区域,定名为高液限黏土。

E 土样的粒组含量如表 A2-5 所示。

表 A2-5 E 粒组含量

粒组/mm	$d>200$	$200>d$ >20	$20>d$ >2	$2>d$ >0.5	$0.5>d$ >0.25	$0.25>d$ >0.075	$0.075>d$ >0.05	$0.05>d$ >0.01	$0.01>d$ >0.002	$d<0.002$
含量/%	0	0	0	6	12	16	21	19	5	21

粒径小于 0.075 mm 的细粒组含量为 66%,大于 50%;又粒径大于 0.075 mm 的粗粒组含量为 34%,大于 25%。所以,E 土样属于含粗粒的细粒土。又因在粗粒含量中,粒径大于 2 mm 的砾粒含量为 0%,所以该土样属于含砂细粒土。$I_P=22$,$w_L=36\%<50\%$,而 $I_P=22>0.73(w_L-20)=11.68$,所以在塑性图上,E 土样落在 CL 区域,最后定名为含砂低液限黏土(CLS)。

2-12 **解** $\rho_d=\lambda\rho_{d\max}=0.95\times1.85=1.76\ \text{g/cm}^3$,

$$w=\frac{S_r\rho}{G_s}=\frac{S_r}{G_s}\left(\frac{G_s\rho_w}{\rho_d}-1\right)=\frac{0.9}{2.70}\times\left(\frac{2.70\times1}{1.76}-1\right)=0.178=17.8\%。$$

3-1 **解**题过程略。

$k=5.6\times10^{-3}\ \text{cm/s}$,$i=3$。细砂。

3-2 解题过程略。

$k=2.59\times10^{-3}$ m/s。

3-3 解题过程略。

$j=9.8$ kN/m³;不会发生流土;$\Delta h=21.1$ cm。

3-4 **解** 设土样 1 的水力梯度为 Δh_1,土样 2 的水力梯度为 Δh_2,则 $\Delta h=\Delta h_1+\Delta h_2=40$ cm;

$$q_1=Ak_1i_1=Ak_1\frac{\Delta h_1}{L_1},$$

$$q_2=Ak_2i_2=Ak_2\frac{\Delta h_2}{L_2}.$$

因为 $q_1=q_2$;所以 $k_1\frac{\Delta h_1}{L_1}=k_2\frac{\Delta h_2}{L_2}$,

即

$$\frac{\Delta h_1}{\Delta h_2}=\frac{k_2}{k_1}\cdot\frac{L_1}{L_2}=\frac{0.1}{0.03}\times\frac{15}{30}=1.667.$$

从而得 $\Delta h_1=25$ cm,$\Delta h_2=15$ cm;

$$q=q_1=Ak_1\frac{\Delta h_1}{L_1}=200\times0.03\times\frac{25}{15}=10 \text{ cm}^3/\text{s};$$

$$i_1=\frac{\Delta h_1}{L_1}=\frac{25}{15}=1.67,$$

$$i_2=\frac{\Delta h_2}{L_2}=\frac{15}{30}=0.5.$$

3-5 **解**
$$e=\frac{n}{1-n}=\frac{0.35}{1-0.35}=0.538.$$

$$\gamma'=\frac{G_s-1}{1+e}\cdot\gamma_w=\frac{2.65-1}{1+0.538}\times9.8=10.5 \text{ kN/m}^3,$$

$$i_{cr}=\frac{\gamma'}{\gamma_w}=\frac{10.5}{9.8}=1.07,$$

实际 $i=\frac{\Delta h}{1.25}=\frac{1.85}{1.25}=1.48>1.07$;

故需要加一定厚度的粗砂。设厚度为 $L_{砂}$,则 $\Delta h=i_{cr}(L_{砂}+1.25)$,

得 $L_{砂}=\frac{1.85}{1.07}-1.25=0.48$ m。

4-1 解题过程略。

土体不受水的浮力作用。自重应力见图 A4-1。

4-2 解题过程略。

$p_{max}=172.5$ kPa,$p_{min}=37.5$ kPa。

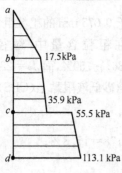

图 A4-1 习题 4-1 答案图

（图中标注：a，b 17.5kPa，c 35.9 kPa 55.5 kPa，d 113.1 kPa）

4-3 解题过程略。7.6 kPa。

4-4 **解** 采用角点法计算 B 基础均布荷载对 O 点下 2 m 深度处的竖向附加应力 σ_{z1}

$$\sigma_{z1}=\sigma_{z(B_1B_3B_5O)}-\sigma_{z(B_1B_2B_6O)}-\sigma_{z(B_8B_4B_5O)}+\sigma_{z(B_8B_7B_6O)}=$$
$$200\times(0.231\,5-0.200\,0-0.200\,0+0.175)=$$
$$200\times0.006\,5=1.3\text{ kPa}。$$

图 4-49 中 A 中梯形荷载对 O 点附加应力等效于 150 kPa 的均布荷载在 O 点产生的附加应力。

A 中均布荷载 $p_1=150$ kPa 对 O 点附加应力为

$$\sigma_{z2}=4\times150\times0.084=50.4\text{ kPa},$$

所以 $$\sigma_O=\sigma_{z1}+\sigma_{z2}=1.3+50.4=51.7\text{ kPa}。$$

4-5 **解** 在 G 点下 $z=3$ m 处 AB 段条形荷载作用下的附加应力,根据 $b=2$ m,$z=3$ m,$x=4$ m,$z/b=3/2=1.5$,$x/b=2.0$。查表 4-12,得 $\alpha_u=0.112$;故

$$\sigma_{z1}=150\times0.112=16.8\text{ kPa}。$$

在 G 点下 $z=3$ m 处 GA 段三角形分布荷载作用下的附加应力,根据 $b=2$ m,$z=3$ m,$x=0$,$z/b=1.5$,$x/b=0$,查表 4-13,得 $\alpha=0.145$;故

$$\sigma_{z2}=150\times0.145=21.75\text{ kPa}。$$

因此,$\sigma_z=\sigma_{z1}+\sigma_{z2}=16.8+21.75=38.55$ kPa。

4-6 **解** 土层层面自上而下依次编号 a,b,c,d,e。

(1) 求总应力 σ:

$$\sigma_a=0;$$
$$\sigma_b=16.5\times1=16.5\text{ kPa};$$
$$\sigma_c=16.5+19.2\times1=35.7\text{ kPa};$$
$$\sigma_d=35.7+18.2\times2=72.1\text{ kPa};$$
$$\sigma_e=72.1+19.2\times2=110.5\text{ kPa}。$$

(2) 求孔隙水压力 u。

$$u_a=0。$$
$$u_b=0。$$

c 点(砂土中): $$u_c^{\text{上}}=9.8\times1=9.8\text{ kPa}。$$

c 点(黏土中): $$u_c^{\text{下}}=0。$$

d 点(粉土中): $$u_d^{\text{上}}=0。$$

d 点(砂土中): $$u_d^{\text{下}}=9.8\times6=58.8\text{ kPa}。$$

e 点: $$u_e=9.8\times8=78.4\text{ kPa}。$$

(3) 求有效应力 σ'。

利用 $\sigma'=\sigma-u$ 可得有效应力,即

$$\sigma_a'=\sigma_a-u_a=0,$$

$$\sigma'_b = \sigma_b - u_b = 16.5 \text{ kPa},$$

$$\sigma'_{c\pm} = \sigma_c - u_c^{\pm} = 35.7 - 9.8 = 25.9 \text{ kPa},$$

$$\sigma'_{c\mp} = \sigma_c - u_c^{\mp} = 35.7 - 0 = 35.7 \text{ kPa},$$

$$\sigma'_{d\pm} = \sigma_d - u_d^{\pm} = 72.1 - 0 = 72.1 \text{ kPa},$$

$$\sigma'_{d\mp} = \sigma_d - u_d^{\mp} = 72.1 - 58.8 = 13.3 \text{ kPa},$$

$$\sigma'_e = \sigma_e - u_e = 110.5 - 78.4 = 32.1 \text{ kPa};$$

应力分布如图 A4 - 2 所示。

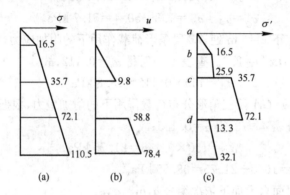

图 A4 - 2 σ、u、σ' 分布图

4 - 7 解题过程略。

(1) $u = 70$ kPa,$\sigma'_3 = 30$ kPa;(2) $u = 140$ kPa,$\sigma'_1 = 110$ kPa,$\sigma'_3 = 10$ kPa。

5 - 1 解题过程略。粉质黏土 $a_{1-2} = 0.34$ MPa^{-1},中压缩性土;淤泥质黏土 $a_{1-2} = 0.87$ MPa^{-1},高压缩性土。

5 - 2 **解** 基底以下的细砂层厚 4 m,可分为 2 层,每层厚 2 m,以下饱和黏土层按 2 m 分层。

(1) 各薄层顶底面的自重应力为

$$q_{z0} = 2 \times 20 = 40 \text{ kPa},$$

$$q_{z1} = 2 \times 20 + 40 = 80 \text{ kPa},$$

$$q_{z2} = 80 + 2 \times 20 = 120 \text{ kPa},$$

$$q_{z3} = 120 + 2 \times 18.5 = 157 \text{ kPa},$$

$$q_{z4} = 157 + 2 \times 18.5 = 194 \text{ kPa},$$

$$q_{z5} = 194 + 2 \times 18.5 = 231 \text{ kPa}。$$

(2) $$F = 12\,500 - 20 \times 2 \times 5 \times 10 = 10\,500 \text{ kN},$$

$$p_0 = \frac{F}{A} = \frac{10\,500}{5 \times 10} = 210 \text{ kPa},$$

$$\sigma_{z0} = P_0 = 210 \text{ kPa};$$

$$\sigma_{z1} = 4\alpha_{a1} \cdot p_0 = 4 \times 0.218 \times 210 = 183.12 \text{ kPa},$$

$$\sigma_{z2}=4\alpha_{a2} \cdot p_0=4\times0.148\times210=124.32 \text{ kPa},$$

$$\sigma_{z3}=4\times\alpha_{a3} \cdot p_0=4\times0.0984\times210=82.66 \text{ kPa},$$

$$\sigma_{z4}=4\times\alpha_{a4} \cdot p_0=4\times0.068\times210=57.12 \text{ kPa},$$

$$\sigma_{z5}=4\times\alpha_{a5} \cdot p_0=4\times0.048\times210=40.32 \text{ kPa}.$$

因为 $\sigma_{z5}<\dfrac{1}{5}q_{z5}=\dfrac{1}{5}\times231=46.2 \text{ kPa}$，所以中心垂直线上的压缩层底应在第 5 层底面上。

(3) 计算垂直线上各分层的平均荷载压力。

$$\bar{\sigma}_{z1}=\frac{\sigma_0+\sigma_1}{2}=\frac{210+183.12}{2}=196.56 \text{ kPa},$$

$$\bar{\sigma}_{z2}=\frac{\sigma_1+\sigma_2}{2}=\frac{183.12+124.32}{2}=153.72 \text{ kPa},$$

$$\bar{\sigma}_{z3}=\frac{\sigma_2+\sigma_3}{2}=\frac{124.32+82.66}{2}=103.49 \text{ kPa},$$

$$\bar{\sigma}_{z4}=\frac{\sigma_3+\sigma_4}{2}=\frac{82.66+57.12}{2}=69.89 \text{ kPa},$$

$$\bar{\sigma}_{z5}=\frac{\sigma_4+\sigma_5}{2}=\frac{57.12+40.32}{2}=48.72 \text{ kPa}.$$

(4) 计算各分层的变形 S_i 和 S。

因 $S_i=\dfrac{\bar{\sigma}_{zi}H_i}{E_{S_i}}$；故

$$S_1=\frac{196.56\times2}{3\times10^4}=0.013\ 104 \text{ m},$$

$$S_2=\frac{153.72\times2}{3\times10^4}=0.010\ 248 \text{ m},$$

$$S_3=\frac{103.49\times2}{0.9\times10^4}=0.023\ 0 \text{ m},$$

$$S_4=\frac{69.89\times2}{0.9\times10^4}=0.023\ 3 \text{ m},$$

$$S_5=\frac{48.72\times2}{0.9\times10^4}=0.010\ 83 \text{ m}.$$

因此，$\qquad S=S_1+S_2+S_3+S_4+S_5=0.072\ 7 \text{ m}=7.27 \text{ cm}.$

5-3 **解** 按弹性理论公式计算。

对 $0.5 \text{ m}\times0.5 \text{ m}$ 方形板，有 $E_0=\omega(1-\mu^2)\dfrac{p_1B}{S_1}=0.88(1-0.2^2)\times20\times0.5=8.45 \text{ MPa}.$

改用 $2 \text{ m}\times2 \text{ m}$ 方形板，$E_0=\omega(1-\mu^2)\dfrac{p_2B}{S_2}=0.88(1-0.2^2)\times\dfrac{140\times10^{-3}}{0.05}\times2=4.73 \text{ MPa}.$

可见土层的弹性模量有很大变化，即变小了，压缩性增大了。

5-4 **解** 基底以下的细砂层分为若干层，按 1.6 m 分层。

(1) 计算各薄层自重应力 q_z。

自基础底面开始往下，各层土顶、底面自重应力为

$$q_{z0}=2\times19=38 \text{ kPa},$$
$$q_{z1}=38+1.6\times19=68.4 \text{ kPa},$$
$$q_{z2}=68.4+1.6\times19=98.8 \text{ kPa},$$
$$q_{z3}=98.8+1.6\times19=129.2 \text{ kPa},$$
$$q_{z4}=129.2+1.6\times19=159.6 \text{ kPa}。$$

(2) 计算基础中心垂直轴线上的附加应力 σ_z，并确定压缩层底。

① 基底附加荷载为

$$F=4\,000-19\times2\times4\times8=2\,784 \text{ kN}。$$

② 基底附加压力为

$$p_0=\frac{F}{A}=\frac{2\,784}{4\times8}=87 \text{ kPa}。$$

③ 计算基础中心垂直轴线上的 σ_z，以确定压缩层底：

$$\sigma_{z0}=p_0=87 \text{ kPa};$$
$$\sigma_{z1}=4\times\alpha_{a1}\times p_0=4\times0.218\times87=75.9 \text{ kPa};$$
$$\sigma_{z2}=4\times\alpha_{a2}\times p_0=4\times0.148\times87=51.5 \text{ kPa};$$
$$\sigma_{z3}=4\times\alpha_{a3}\times p_0=4\times0.114\,6\times87=39.9 \text{ kPa};$$
$$\sigma_{z4}=4\times\alpha_{a4}\times p_0=4\times0.068\times87=23.7 \text{ kPa};$$
$$\sigma_{z4}<\frac{1}{5}q_{z4}=31.92 \text{ kPa}。$$

因此，中心垂直线上的压缩层底应在第四层底面上。

(3) 计算压缩量 S。

$$S=S_0+S_1+S_2+S_3,$$
$$p_0=q_{z0}+\sigma_{z0}=38+87=125 \text{ kPa},$$
$$p_1=q_{z1}+\sigma_{z1}=68.4+75.9=144.3 \text{ kPa},$$
$$p_2=q_{z2}+\sigma_{z2}=98.8+51.5=150.3 \text{ kPa},$$
$$p_3=q_{z3}+\sigma_{z3}=129.2+39.9=169.1 \text{ kPa},$$
$$p_4=q_{z4}+\sigma_{z4}=159.6+23.7=183.3 \text{ kPa}。$$

利用 $e\text{-}p$ 曲线查找孔隙比的方法如下：

① 用第 i 层土的平均自重应力查找该层土的初始孔隙比；

② 用第 i 层土的平均自重应力和平均附加应力之和查找该层土压缩后孔隙比。

$$\bar{q}_{z1}=\frac{1}{2}(q_{z0}+q_{z1})=\frac{1}{2}(38+68.4)=53.2 \text{ kPa}，内插得 e_{11}=0.678;$$

$$\bar{p}_1=\bar{q}_{z1}+\bar{\sigma}_{z1}=53.2+\frac{1}{2}(87+75.9)=134.65 \text{ kPa}，内插得 e_{12}=0.639。$$

同理，$q_{z2}=\frac{1}{2}(q_{z1}+q_{z2})=\frac{1}{2}(68.4+98.8)=83.6 \text{ kPa}，e_{21}=0.659;$

$$\bar{p}_2=\bar{q}_{z2}+\bar{\sigma}_{z2}=83.6+\frac{1}{2}(75.9+51.5)=147.3 \text{ kPa}，e_{22}=0.636;$$

$$\overline{q}_{z3}=\frac{1}{2}(q_{z2}+q_{z3})=\frac{1}{2}(98.8+129.2)=114\ \text{kPa},e_{31}=0.646;$$

$$p_3=q_{z3}+\sigma_{z3}=114+\frac{1}{2}(51.5+39.9)=159.7\ \text{kPa},e_{32}=0.631;$$

$$q_{z4}=\frac{1}{2}(q_{z3}+q_{z4})=\frac{1}{2}(129.2+159.6)=144.4\ \text{kPa},e_{41}=0.636;$$

$$\overline{p}_4=\overline{q}_{z4}+\overline{\sigma}_{z4}=144.4+\frac{1}{2}(39.9+23.7)=176.2\ \text{kPa},e_{42}=0.627_{\circ}$$

$$S_1=\frac{a(p_2-p_1)}{e_1+1}H_1=\frac{e_{11}-e_{12}}{1+e_{11}}H_1,$$

$$S_1=\frac{0.678-0.639}{1+0.678}\times1.6=0.037\ \text{m},$$

$$S_2=\frac{0.659-0.636}{1+0.659}\times1.6=0.022\ \text{m},$$

$$S_3=\frac{0.646-0.631}{1+0.646}\times1.6=0.016\ \text{m},$$

$$S_4=\frac{0.636-0.627}{1+0.636}\times1.6=0.009\ \text{m},$$

$$S=S_1+S_2+S_3+S_4=0.037+0.022+0.016+0.009=0.083\ \text{m}=8.3\ \text{cm}_{\circ}$$

5-5　解题过程略。(1)略;(2)69%;(3)40 min。

5-6　解题过程略。(1)0.6 cm²/h;(2)994 d(简化公式解),1325.2 d(精确解)。

5-7　解题过程略。(1)150 kPa,190 kPa(精确解取至少3项);(2)16.8%。

5-8　**解**　土层层面编号为:基础底面为0;饱和黏土层上层面为1;饱和黏土层下层面为2。

(1) 计算自重应力 q_z。

$$q_{z0}=26.5\times2=53\ \text{kPa};$$

$$q_{z1}=53+26.5\times0.8=74.2\ \text{kPa};$$

$$q_{z2}=74.2+27\times1.6=117.4\ \text{kPa}_{\circ}$$

(2) 计算基础中心垂直轴线上的附加应力。

基底净荷载为

$$F=300-20\times2\times2\times1=220\ \text{kN};$$

基底净平均压力 $p_0=\dfrac{F}{A}=\dfrac{220}{2\times1}=110\ \text{kPa};$

基础中心垂直轴线上的附加应力为

$$\sigma_{z0}=0.458\times110=50.38\ \text{kPa},$$

$$\sigma_{z1}=0.786\times110=86.46\ \text{kPa},$$

$$\sigma_{z2}=0.262\times110=28.82\ \text{kPa}_{\circ}$$

(3) 各层的平均附加压力为

砾砂层　　$\overline{\sigma}_{z1}=\dfrac{50.38+86.46}{2}=68.42\ \text{kPa},$

黏土层　　$\overline{\sigma}_{z2}=\dfrac{86.46+28.82}{2}=57.64\ \text{kPa}_{\circ}$

(4) 各层的沉降量。

$$E_{s1} = \frac{1}{m_v} = \frac{1}{7 \times 10^{-5}} = 1.43 \times 10^4 \text{ kPa};$$

$$E_{s2} = \frac{1}{m_v} = \frac{1+0.8}{3 \times 10^{-4}} = 6 \times 10^3 \text{ kPa}.$$

砾砂层 $S_1 = \frac{68.42}{1.43 \times 10^4} \times 0.8 = 0.003\ 8 \text{ m};$

黏土层 $S_2 = \frac{57.64}{6 \times 10^3} \times 1.6 = 0.015\ 4 \text{ m};$

$$S = S_1 + S_2 = 0.003\ 8 + 0.015\ 4 = 0.019\ 2 \text{ m}.$$

(5) 求时间。

沉降达到总沉降量的一半时,黏土层沉降量为

$$\frac{1}{2} S - S_1 = \frac{0.019\ 2}{2} - 0.003\ 8 = 0.005\ 8 \text{ m},$$

$$U = \frac{0.005\ 8}{0.015\ 4} = 0.377,$$

$$U = 1 - \frac{8}{\pi^2} \exp(-\pi^2 T_v / 4),$$

$$T_v = -\frac{4}{\pi^2} \ln\left(\pi^2 \frac{1-U}{8}\right) = -\frac{4}{3.14^2} \ln\left(3.14^2 \times \frac{1-0.377}{8}\right) = 0.107\ 2,$$

$$C_v = \frac{k(1+e_0)}{\gamma_w a} = \frac{3 \times 10^{-8} \times 10^{-2} \times (1+0.8)}{9.81 \times 3 \times 10^{-4}} = 1.84 \times 10^{-7},$$

$$t = \frac{T_v}{C_v} H^2 = \frac{0.107\ 2}{1.84 \times 10^{-7}} \times \left(\frac{1.6}{2}\right)^2 = 3.73 \times 10^5 \text{ s} = 4.3 \text{ d}.$$

6-1 解题过程略。不破坏;不能。

6-2 解题过程略。破坏。

6-3 解题过程略。1 842.57 kPa。

6-4 略。

6-5 解题过程略。0。

6-6 解题过程略。93.31 kPa。

6-7 解题过程略。18°;0.302。

6-8 **解** (1) 总应力法。建立 $\sigma - \tau$ 坐标系:

以 $\sigma_{1f} = 145, \sigma_{3f} = 60$ 画圆,其圆心为 $(102.5, 0)$,半径 $r_1 = 42.5$ kPa;

以 $\sigma_{1f} = 218, \sigma_{3f} = 100$ 画圆,其圆心为 $(159, 0)$,半径 $r_2 = 59$ kPa;

以 $\sigma_{1f} = 310, \sigma_{3f} = 150$ 画圆,其圆心为 $(230, 0)$,半径 $r_3 = 80$ kPa;

以 $\sigma_{1f} = 401, \sigma_{3f} = 200$ 画圆,其圆心为 $(300.5, 0)$,半径 $r_4 = 100.5$ kPa。

然后,作这 4 个圆的公切线,量出公切线在 τ 轴上的截距,即为 c;量出公切线和 σ 轴的夹角即为 φ。结果是: $\varphi = 17°6', c = 15$ kPa。

(2) 有效应力法。建立 $\sigma' - \tau$ 坐标系：

以 $\sigma'_{1f} = 115, \sigma'_{3f} = 29$ 画圆，圆心为 $(72,0)$，半径 $r'_1 = 43$ kPa;

以 $\sigma'_{1f} = 161, \sigma'_{3f} = 43$ 画圆，圆心为 $(102,0)$，半径 $r'_2 = 59$ kPa;

以 $\sigma'_{1f} = 218, \sigma'_{3f} = 58$ 画圆，圆心为 $(138,0)$，半径 $r'_3 = 80$ kPa;

以 $\sigma'_{1f} = 275, \sigma'_{3f} = 74$ 画圆，圆心为 $(174,5)$，半径 $r'_4 = 100.5$ kPa。

然后，作这 4 个圆的公切线，量出公切线在 τ 轴上的截距，即为 c';量出公切线和 σ 轴的夹角即为 φ'。结果是：$\varphi' = 32°30', c' = 3$ kPa。

7-1 (1) $M = 0.857, \lambda = 0.095, \Gamma = 2.10, N = 2.15$

   (2) $u_B = 173.3$ kPa

7-2 (1) $m = 5.2$

   (2) $8.02\%, 0, -1.85\%$

7-3 $q = 444.3$ kPa

7-4 126.5 kPa

7-5 (1) $p' = 82$ kPa$, q = 21$ kPa

   (2) 0.944

   (3) $d\varepsilon_v = 0.48\%, d\varepsilon_s = 0.52\%$

7-6 (1) 已屈服

   (2) $d\varepsilon_v = 2.54\%, d\varepsilon_s = 4.14\%$

   (3) 731.4 kPa

8-1 解题过程略。A 点，-11.5 kPa;B 点（第一层土）;6.4 kPa,B 点（第二层土）,14.6 kPa;C 点,20.1 kPa;$E_a = 38.2$ kN/m。

8-2 解题过程略。水土分算 $E_a = 341.5$ kN/m,$P_w = 60.1$ kN/m。

8-3 解题过程略。(1)A 点,0;B 点,36.0 kPa;C 点,53.5 kPa;$E_0 = 161.5$ kN/m,$d_1 = 2$ m。(2)A 点,37.1 kPa;B 点（第一层土）,184.0 kPa;B 点（第二层土）,161.3 kPa;C 点,220.8 kPa;$E_p = 824.0$ kN/m,$d_2 = 2.35$ m。

8-4 解题过程略。$E_a = 114.2$ kN/m,$d = 2$ m。

8-5 解题过程略。$K_a = 0.535, E_a = 133.75$ kN/m,$d = 1.67$ m,$\theta = 25°$。

9-1 解题过程略。(1) $p_{cr} = 236.1$ kPa,$p_{\frac{1}{4}} = 257.7$ kPa;(2) $p_u = 635.4$ kPa;(3)满足。

9-2 解 (1)基底以上土的天然重度为

$$\gamma_0 = \frac{G_s + S_r e}{1+e}\gamma_w = \frac{2.70 + 0.8 \times 0.70}{1+0.70} \times 9.8 = 18.79 \text{ kN/m}^3,$$

基底以下土的有效重度为

$$\gamma'_1 = \left(\frac{G_s + S_r e}{1+e} - 1\right)\gamma_w = \left(\frac{2.70 + 1.0 \times 0.70}{1+0.70} - 1\right) \times 9.8 = 9.8 \text{ kN/m}^3。$$

(2)计算太沙基极限荷载。由 $\varphi = 15°$ 查图 9-8,可得

$$N_c = 13.0, N_q = 4.15, N_\gamma = 2.85;$$

故太沙基极限荷载为

$$p_u = \frac{1}{2} \gamma_1' b N_\gamma + c N_c + q N_q = \frac{1}{2} \times 9.8 \times 2 \times 2.85 + 20 \times 13.0 + 18.79 \times 2 \times 4.15 = 390.07 \text{ kPa}.$$

(3) 计算普朗特尔极限荷载。

$$p_u = \gamma_0 d N_q + c N_c = 18.79 \times 2 \times 4.15 + 20 \times 13.0 = 415.96 \text{ kPa}.$$

9-3 解题过程略。$P_{cr} = 259.16 \text{ kPa}$，$p_{0.2b} = 308.62 \text{ kPa}$。

9-4 解题过程略。$[\sigma] = 259.8 \text{ kPa}$。

9-5 解题过程略。$f_a = 174.00 \text{ kPa}$。

10-1 解 (1) 在干坡或完全浸水条件下，$K_s = \dfrac{\tan \varphi}{\tan \theta} = \dfrac{\tan 28°}{\tan 25°24'} = \dfrac{0.531\ 7}{0.474\ 8} = 1.12$。

(2) 当有顺坡方向的渗流时，$K_s = \dfrac{r' \tan \varphi}{r_{sat} \tan \theta} = \dfrac{9 \times \tan 28°}{18.8 \times \tan 25°24'} = 0.54 < 1.1$，所以此时土坡不能保持稳定。

(3) 若要求土坡的稳定系数为 1.2，由 $\tan\theta = \dfrac{r' \tan \varphi}{r_{sat} \cdot K_s} = \dfrac{9 \times \tan 28°}{18.8 \times 1.2} = 0.212\ 1$，

即 $\theta = 11°58'$。

10-2 解 (1) 按比例绘出土坡剖面。根据经验，在坡脚下且垂直距离为 H 处向右取 $4.5H$ 的水平距离定出 D 点；由 $\beta = 26°34'$（即坡比为 $1:2$）查表可知 $\alpha_1 = 25°$，$\alpha_2 = 35°$，按这两个角度找到 E 点，连接 DE，则危险圆弧的圆心一般在 DE 的延长线上（图 A10-1）。

(2) 选择圆心 O_1，并以半径 $R = 49$ m 过坡脚作出滑动圆弧。

(3) 将滑动体分为 15 个土条，并对土条进行编号。

(4) 按比例量出各土条的中心高度 h_i，宽度 b_i，并列表计算 $\sin \theta_i$、$\cos \theta_i$、F_{wi} 等值，计算该滑动圆弧对应的安全系数，即为所求。

需要指出，上述结果只是和 $R = 49$ m 相对应的安全系数，要想得到土坡的稳定安全系数，还需要选取不同的圆心 O_2、O_3、O_4、……重复上述计算步骤，从而求出最小的安全系数，即为土坡的稳定安全系数。

计算过程详见表 A9-1。

10-3 解题过程略。$K_s = 2.38$。

10-4 解 本题滑动圆心的位置及计算步骤完全同习题 10-2，但要注意超载 q 的影响。

超载 q 作用在第 1 条至第 4 条土的表面，共有土条 15 个；$q b_i$ 要和 F_{wi} 叠加后进行有关计算，计算过程和结果详见表 A10-2 和图 A10-2。

10-5 解 安全系数计算参见图 A10-2 和表 A10-3。迭代法计算所得到滑动圆弧的安全系数为 1.688，当然这一系数仅仅和 $R = 10$ m 的圆弧相对应。若要求土坡的稳定安全系数，必须取不同的圆心并假设不同的半径和滑动面，从而得到一系列安全系数，其中最小的即为所求的稳定安全系数。由习题 10-4 和 10-5 的计算结果可见，对于半径 $R = 10$ m 的圆弧，瑞典条分法和简化毕肖甫条分法的结果并不一致，毕肖甫法的结果要大一些（约大 10%）。

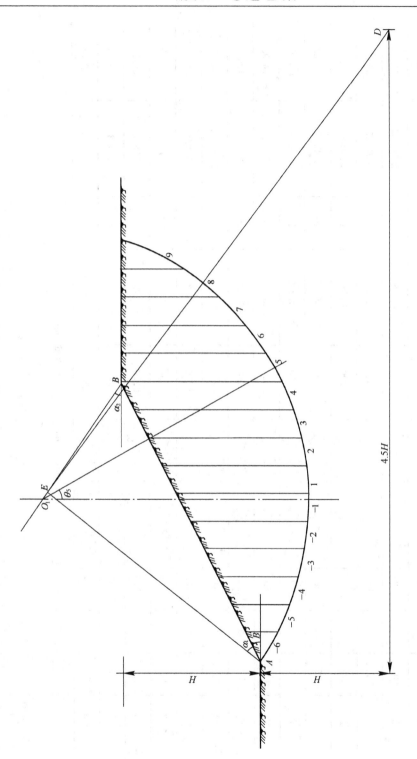

图 A10-1　习题 10-2 附图

表 A10-1　习题 10-2 端典条分法计算结果

土条编号	h_i/m	b_i/m	l_i/m	$\sin\theta_i$ / θ_i	$\cos\theta_i$ / θ_i	F_{wi}/(kN/m)	$F_{wi}\sin\theta_i$/(kN/m)	c_i/kPa	$F_{wi}\cos\theta_i$/(kN/m)	$c_i l_i$/(kN/m)
1	25	6	5.983	0.070 / 4°	0.998 / 4°	3 000	210	10	2 994	59.83
2	27	5	5.129	0.174 / 10°	0.985 / 10°	2 700	469.8	10	2 659.5	51.29
3	28.5	5	5.129	0.276 / 16°	0.961 / 16°	2 850	786.6	10	2 738.85	51.29
4	29.25	5	5.983	0.383 / 22.5°	0.924 / 22.5°	2 925	1 120.28	10	2 702.7	59.83
5	28	5	5.983	0.485 / 29°	0.875 / 29°	2 800	1 358	10	2 450	59.83
6	25	5	5.983	0.545 / 33°	0.839 / 33°	2 500	1 362.5	10	2 097.5	59.83
7	21.0	5	11.112	0.682 / 43°	0.731 / 43°	2 100	1 432.2	10	1 535.1	111.12
8	15.5	5	7.693	0.799 / 53°	0.602 / 53°	1 550	1 238.45	10	933.1	76.93
9	7.5	5	12.82	0.891 / 63°	0.454 / 63°	750	668.25	10	340.5	128.2
-1	22.5	4	3.419	-0.052 / -3°	0.999 / -3°	2 250	-117	10	2 247.75	34.19
-2	20	5	5.129	-0.139 / -8°	0.990 / -8°	2 000	-278	10	1 980	51.29
-3	16.5	5	5.129	-0.242 / -14°	0.970 / -14°	1 650	-399.3	10	1 600.5	51.29
-4	12.5	5	5.556	-0.334 / -19.5°	0.943 / -19.5°	1 250	-417.5	10	1 178.75	55.56
-5	8	5	5.983	-0.438 / -26°	0.899 / -26°	800	-350.4	10	719.2	59.83
-6	2.5	5	4.274	-0.545 / -33°	0.839 / -33°	250	-136.25	10	209.75	42.74

安全系数
计算

$\sum\limits_{i=-6}^{9} c_i l_i = 953.05$ kN/m;

$\sum\limits_{i=-6}^{9} F_{wi}\sin\theta_i = 6\,947.63$ kN/m;

$\sum\limits_{i=-6}^{9} F_{wi}\cos\theta_i \tan\varphi_i = 13\,213.73$ kN/m;

$$K_s = \frac{\sum\limits_{i=-6}^{9} c_i l_i + \sum\limits_{i=-6}^{9} F_{wi}\cos\theta_i \tan\varphi_i}{\sum\limits_{i=-6}^{9} F_{wi}\sin\theta_i} = \frac{953.05 + 13\,213.73}{6\,947.63} = 2.04$$

表 A10-2 习题 10-4 瑞典条分法计算结果

土条编号	h_i/m	b_i/m	l_i/m	$\sin\theta_i$	θ_i	$\cos\theta_i$	θ	F_{wi}/(kN/m)	$(F_{wi}+qb_i)\sin\theta_i$/(kN/m)	$(F_{wi}+qb_i)\cos\theta_i\tan\varphi_i$/(kN/m)	qb_i/(kN/m)	c_i/kPa	c_il_i/(kN/m)
1	1	0.9	1.783	0.8829	62°	0.8829	62°	16 120	20.66	5.123	7.2	6.0	10.698
2	2.4	1	1.744	0.7934	52.5°	0.6088	52.5°	43.56	40.908	9.597	8.0	8.8	15.347
3	3.5	1	1.483	0.6820	43°	0.7314	43°	64.35	49.343	16.178	8.0	8.8	13.050
4	4.3	1	1.221	0.5840	35.8°	0.8111	35.8°	79.47	51.082	21.691	8.0	8.8	10.745
5	4.6	1	1.221	0.4848	29°	0.8746	29°	85.41	41.407	22.838	0	8.8	10.745
6	4.58	1	1.134	0.3746	22°	0.9276	22°	85.50	32.028	24.237	0	8.8	9.979
7	4.4	1	1.047	0.2756	16°	0.9613	16°	82.575	22.758	24.269	0	8.8	9.214
8	4.2	1	1.047	0.1822	10.5°	0.9833	10.5°	79.20	14.430	23.809	0	8.8	9.214
9	3.8	1	1.047	0.0785	4.5°	0.9969	4.5°	71.82	5.638	21.890	0	8.8	9.214
10	3.57	0.3	0.349	0.0262	1.5°	1.00	1.5°	67.47	1.768	20.628	0	8.8	3.071
11	3.25	0.7	0.698	-0.03490	-2°	0.9994	-2°	61.43	-2.144	18.770	0	8.8	6.142
12	2.70	1.0	1.047	-0.1271	-7.3°	0.9920	-7.3°	51.03	-6.486	15.477	0	8.8	9.214
13	2.00	1	1.047	-0.2334	-13.5°	0.9724	-13.5°	37.8	-8.823	11.238	0	8.8	9.214
14	1.25	1	1.047	-0.3338	-19.5°	0.9426	-19.5°	23.625	-7.886	6.808	0	8.8	9.214
15	0.35	1	1.047	-0.4384	-26°	0.8898	-26°	6.615	-2.900	1.818	0	8.8	9.214

安全系数计算：

$\sum_{i=1}^{15} c_il_i = 144.275$ kN/m;　　$\sum_{i=1}^{15}(F_{wi}+qb_i)\cos\theta_i\tan\varphi_i = 244.371$ kN/m;　　$\sum_{i=1}^{15}(F_{wi}+qb_i)\sin\theta_i = 251.783$ kN/m;

$$K_s = \dfrac{\sum_{i=1}^{15} c_il_i + \sum_{i=1}^{15}(F_{wi}+qb_i)\cos\theta_i\tan\varphi_i}{\sum_{i=1}^{15}(F_{wi}+qb_i)\sin\theta_i} = 1.544$$

备注：第1条至第8条土,均由两层土构成;φ_i 的值视土条滑动面所在土层分别取 25° 和 17°。

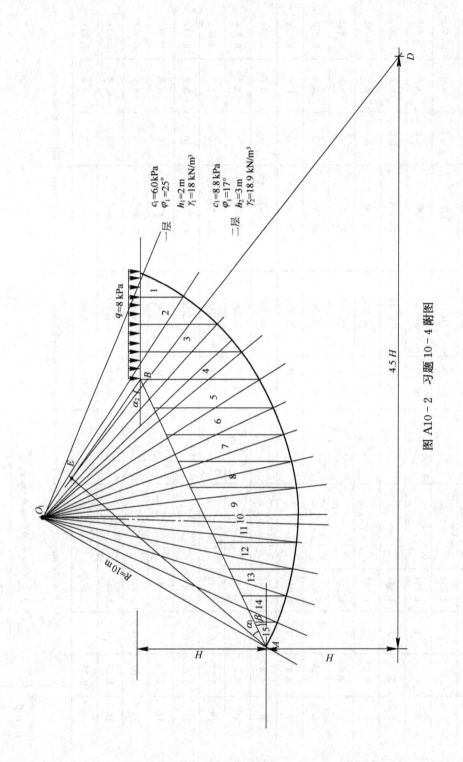

图 A10-2 习题 10-4 附图

表 A10-3　习题 10-5 简化毕肖甫条分法计算结果

土条编号	h_i/ (m)	b_i/ (m)	$\sin\theta_i$	$\cos\theta_i$	$F_{wi}+qb_i$ /(kN/m)	$(F_{wi}+qb_i)\sin\theta_i$ /(kN/m)	c_i/ (kPa)	第一次试算 $K_{s1}=1.0$ m_i	A_i	第二次试算 $K_{s2}=1.62$ m_i	A_i	第三次试算 $K_{s3}=1.68$ m_i	A_i	第四次试算 $K_{s4}=1.687$ m_i	A_i	说明
1	1	0.9	0.882 9	0.469 5	16.2+7.2	20.66	6.0	0.881 2	18.51	0.723 6	22.54	0.714 6	22.83	0.713 5	22.86	第一次假设:$K_{s1}=1.0$
2	2.4	1	0.793 4	0.608 8	43.56+8.0	40.91	8.8	0.851 4	28.85	0.758 5	32.38	0.753 2	32.62	0.752 6	32.64	计算结果:$K_{s2}=1.62$
3	3.5	1	0.682 0	0.731 4	64.35+8.0	49.34	8.8	0.939 9	32.90	0.860 1	35.95	0.855 5	36.14	0.855 0	36.16	
4	4.3	1	0.584 0	0.811 1	79.47+8.0	51.08	8.8	0.989 6	35.92	0.921 3	38.58	0.917 3	38.74	0.916 9	38.76	第二次假设:$K_{s2}=1.62$
5	4.6	1	0.484 8	0.874 6	85.41	41.41	8.8	1.022 8	34.13	0.966 1	36.14	0.962 8	36.26	0.962 4	36.27	计算结果:$K_{s3}=1.68$
6	4.58	1	0.374 6	0.927 2	85.5	32.03	8.8	1.041 7	33.54	0.997 9	35.01	0.995 4	35.10	0.995 1	35.11	
7	4.4	1	0.275 6	0.961 3	82.575	22.76	8.8	1.045 6	32.56	1.013 3	33.60	1.011 5	33.65	1.011 2	33.67	第三次假设:$K_{s3}=1.68$
8	4.2	1	0.182 3	0.983 3	79.2	14.43	8.8	1.039 0	31.78	1.017 7	32.44	1.016 5	32.48	1.016 3	32.48	计算结果:$K_{s4}=1.687$
9	3.8	1	0.078 5	0.996 9	71.82	5.64	8.8	1.020 9	30.13	1.011 7	30.40	1.011 2	30.41	1.011 1	30.42	
10	3.57	0.3	0.026 2	1.000	67.47	1.77	8.8	1.008 0	23.08	1.004 9	23.154	1.004 8	23.15	1.004 7	23.16	第四次假设:$K_{s4}=1.687$
11	3.25	0.7	−0.034 9	0.999 4	61.43	−2.14	8.8	0.988 7	25.23	0.992 8	25.12	0.993 0	25.11	0.993 1	25.11	计算结果:$K_{s5}=1.688$
12	2.70	1.0	−0.127 1	0.992 0	51.03	−6.49	8.8	0.953 1	25.60	0.968 0	25.12	0.968 9	25.18	0.969 0	25.18	
13	2.0	1	−0.233 4	0.972 4	37.8	−8.82	8.8	0.901 0	22.59	0.928 4	21.93	0.929 9	21.89	0.930 1	21.89	
14	1.25	1	−0.333 8	0.942 6	23.625	−7.89	8.8	0.840 5	19.06	0.879 6	18.22	0.881 8	18.17	0.882 1	18.16	
15	0.35	1	−0.438 4	0.898 8	6.615	−2.90	8.8	0.764 8	14.15	0.816 1	13.26	0.819 0	13.21	0.819 4	13.21	
Σ						251.8			408.03		423.844		424.94		425.08	

安全系数计算

$$K_s = \frac{\sum\limits_{i=1}^{15} A_i}{\sum\limits_{i=1}^{15}(F_{wi}+qb_i)\sin\theta_i} = \frac{408.03}{251.8} = 1.620; \qquad \sum F_{wi}\sin\theta_i = 251.8\ \text{kN/m};$$

$$m_i = \cos\theta_i + \frac{\tan\varphi_i}{K_s}\sin\theta_i;$$

$$A_i = \frac{1}{m_i}[c_ib_i + (F_{wi}+qb_i)\tan\varphi_i]$$

附录 B

土力学名词索引

表 B-1　土力学名词索引

中　文	英　文	页 码 位 置
饱和度	degree of saturation	58
饱和土	saturated soil	3,86,137
饱和重度	saturated unit weight	58
被动土压力	passive earth pressure	276,282
比表面积	specific surface area	25
比重	specific gravity	57
变水头渗透试验	falling head permeability test	93
变形	deformation	149,239
变形模量	modulus of deformation	110,157
标准贯入击数	blow count of SPT	65,343
标准贯入试验	standard penetration test (SPT)	65,342
泊松比	Poisson's ratio	110
不均匀系数	coefficient of uniformity	16
不排水剪切试验	undrained shear test	206,248
残余强度	residual strength	195
测压管水头	piezometric head	94
常水头渗透试验	constant head permeability test	92
超固结	overconsolidation	160,245
超固结土	overconsolidated soil	160,245
超孔隙水压力	excess pore water pressure	175
沉积	deposit, sedimentation	9
沉积物	deposit, sediment	11
沉降	settlement	149,153
冲剪破坏	punching shear failure	309

中 文	英 文	页 码 位 置
稠度	consistency	66
稠度界限	consistency limits	66
次固结沉降量	secondary consolidation settlement	149,171
次生矿物	secondary minerals	10
达西定律	Darcy's law	90
挡土结构物	retaining structure	274
挡土墙	retaining wall	274
等势线	equipotential lines	101
等值线	contour line, isoline	101
地基	subgrade, ground, foundation	5,307
法向应力	normal stress	107
非饱和土	unsaturated soil	140
粉土	silt, mo	74,78
峰值强度	peak strength	192,215
风化	weathering	9,10
附加应力	superimposed stress	106,115
干密度	dry density	58
干重度	dry unit weight	58
等向压缩	isotropic compression	243
工程地质学	engineering geology	2
固结	consolidation	149,175
固结不排水剪切试验	consolidated undrained shear test	225
固结度	degree of consolidation	179
固结排水剪切试验	consolidated drained shear test	225
固结系数	coefficient of consolidation	178
管涌	piping	98
含水量(或含水率)	water content, moisture content	57
滑动面	sliding surface	191,347,351
化学风化	chemical weathering	10
回弹线	swelling line	243,244
击实曲线	compaction curve, moisture-density curve	69
击实试验	compaction test, moisture-density test	69

中 文	英 文	页 码 位 置
基础	foundation	5,111
基底压力	foundation pressure	111
基准面	datum plane	88
极限承载力	ultimate bearing capacity	307,314
极限荷载	ultimate load	307,314
极限平衡状态	state of limit equilibrium	198,279
集中荷载	concentrated load, point load	116
剪切面	shear plane, shear surface	190
剪切破坏	shear failure	106,190,193
剪应变	shear strain	203
剪应力	shear stress	107
剪胀	dilatation	193,201
剑桥模型	cam-clay model	238,257,261,267
胶结作用	cementation	12
角点法	corner-points method	122
结合水	bound water, combined water	26
静水压力	hydrostatic pressure	30
静止土压力	earth pressure at rest	275,277
静止土压力系数	coefficient of earth pressure at rest	110,277
局部剪切破坏	local shear failure	309
抗剪强度	shear strength	26,190,195,197
颗粒	grain, particle	2,13
颗粒级配	mechanical composition	13
孔隙	pore space, pore, void	35,56
孔隙比	void ratio	58
孔隙率	porosity	58
孔隙水	pore water, void water	26,137
孔隙水压力	pore water pressure	138
孔隙压力系数	pore pressure coefficients	140
库仑土压力理论	Coulomb's earth pressure theory	287
拉应力	tensile stress	108,282
朗肯土压力理论	Rankine's earth pressure theory	279

中　文	英　文	页 码 位 置
粒度	granularity, graininess	14
粒径	grain diameter	13,14
粒组	fraction, size fraction	13,14,76
临界水力梯度	critical hydraulic gradient	97
临界状态	critical state	195,238,241
临塑荷载	critical edge pressure	307,311
灵敏度	sensitivity	47
流土（流沙）	drift sand, flowing sand	97
流网	flow net	101
毛细水	capillary water	29,143
密度	density	56
密实度	compactness	63
摩尔应力圆	Mohr's circle	198
内摩擦角	angle of internal friction	196,277,281
黏聚力	cohesion	196,281
黏性土	clay, cohesive soil	66,74,223
膨胀	dilatancy	201
屈服点	yield point	192
屈服函数	yield function	257
屈服面	yield surface	257
屈服应力	yield stress	192
曲率系数	coefficient of curvature	17
人工填土	fill, artificial soil	75
容许承载力	allowable bearing value	330
瑞典条分法	Swedish strip method	355
三轴剪切试验	triaxial shear test	205
渗流	seepage	1,86
渗流量	seepage discharge	90
渗流速度	seepage velocity	87
渗透力	seepage force	95
渗透破坏	seepage failure	97
渗透性	permeability	86

续表

中　文	英　文	页 码 位 置
渗透系数	coefficient of permeability	90,92
生物风化	biological weathering	10
十字板剪切试验	vane shear test	208,343
时间因数	time factor	179
水头	hydraulic head	88
水力梯度	head gradient	89
瞬时沉降	immediate settlement	149
塑限	limit of plasticity, plastic limit	66
塑性应变	plastic strain	240,257
塑性指数	plasticity index	68
缩限	shrinkage limit	66,67
弹性模量	elastic modulus	107
弹性墙	elastic wall	258
体积压缩系数	coefficient of volume compressibility	140
条分法	finite slice method	353
条形荷载	strip load	128
土的骨架	soil skeleton	13,137
土的结构	soil structure	35
土压力	earth pressure	275
位置水头	elevation head	88
无侧限抗压强度	unconfined compression strength	207
物理风化	physical weathering	9
先期固结压力	preconsolidation pressure	160
线荷载	line load	127
相对密度	relative density	64
相关联流动法则	associated flow	258
修正剑桥模型	modified cam-day model	267
压力水头	pressure head	88
压实度	degree of compaction	71
压实功(或击实功)	compactive effort	70
压实系数	coefficient of compaction	71
压缩模量	modulus of compressibility	155

中　文	英　文	页 码 位 置
压缩曲线	compression curve	152
压缩试验	compression test,oedometer test	152
压缩性	compressibility	154
液限	liquid limit	66
液性指数	liquidity index	67
应变	strain	240
应变软化	strain-softening	193,240
应变硬化	strain-hardening	193,240
应力	stress	106,240
应力历史	stress history	142,160
应力路径	stress path	210
有效粒径	effective diameter, effective grain size	16
有效应力	effective stress	138
有效应力原理	principle of effective stress	137
原位测试	in-situ testing	157,208,336
再压缩曲线	recompression curve	153
正常固结线	normal consolidated line	243
整体剪切破坏	general shear failure	190,308
直接剪切试验	direct shear test	203
重力水	gravitational water	30
主动土压力	active earth pressure	275
主动土压力系数	coefficient of active earth pressure	281,289
主应力	principal stress	199,241
自由水	free water, gravitational water	29
自重应力	self-weight stress	109
总应力	total stress	138
最大干重度	maximum dry weight	69
最优含水量	optimum water content	69
状态边界面(线)	state boundary surface (line)	255,256

附录 C

土的平均物理力学性质指标

表 C-1　土的平均物理力学性质指标

土　类		密度 ρ/(g/cm³)	天然含水率 w/%	孔隙比 e	塑限 wP	黏聚力 c/kPa		内摩擦角 φ/°	变形模量 E₀/MPa
						标准值	计算值		
砂土	粗砂	2.05	15~18	0.4~0.5		2	0	42	46
		1.95	19~22	0.5~0.6		1	0	40	40
		1.90	23~25	0.6~0.7		0	0	38	33
	中砂	2.05	15~18	0.4~0.5		3	0	40	46
		1.95	19~22	0.5~0.6		2	0	38	40
		1.90	23~25	0.6~0.7		1	0	35	33
	细砂	2.05	15~18	0.4~0.5		6	0	38	37
		1.95	19~22	0.5~0.6		4	0	36	28
		1.90	23~25	0.6~0.7		2	0	32	24
	粉砂	2.05	15~18	0.5~0.6		8	5	36	14
		1.95	19~22	0.6~0.7		6	3	34	12
		1.90	23~25	0.7~0.8		4	2	28	10
粉土		2.10	15~18	0.4~0.5		10	6	30	18
		2.00	19~22	0.5~0.6	<9.4	7	5	28	14
		1.95	23~25	0.6~0.7		5	2	27	11
		2.10	15~18	0.4~0.5		12	7	25	23
		2.00	19~22	0.5~0.6	9.5~12.4	8	5	24	16
		1.95	23~25	0.6~0.7		6	3	23	13
黏性土	粉质黏土	2.10	15~18	0.4~0.5		42	25	24	45
		2.00	19~22	0.5~0.6		21	15	23	21
		1.95	23~25	0.6~0.7	12.5~15.4	14	10	22	15
		1.90	26~29	0.7~0.8		7	5	21	12
		2.00	19~22	0.5~0.6		50	35	22	39
		1.95	23~25	0.6~0.7		25	15	21	18
		1.90	25~29	0.7~0.8	15.5~18.4	19	10	20	15
		1.85	30~34	0.8~0.9		11	8	19	13
		1.80	35~40	0.9~1.0		8	5	18	8

土　类		密度 ρ/ (g/cm³)	天然含水率 w/%	孔隙比 e	塑限 w_P	黏聚力 c/kPa		内摩擦角 φ/°	变形模量 E_0/MPa
						标准值	计算值		
黏性土	粉质黏土	1.95	23~25	0.6~0.7	18.5~22.4	68	40	20	33
		1.90	26~29	0.7~0.8		34	25	19	19
		1.85	30~34	0.8~0.9		28	20	18	13
		1.80	35~40	0.9~1.0		19	10	17	9
	黏土	1.90	26~29	0.7~0.8	22.5~26.4	82	60	18	28
		1.85	30~34	0.8~0.9		41	30	17	16
		1.75	35~40	0.9~1.1		36	25	16	11
		1.85	30~34	0.8~0.9	26.5~30.4	94	65	16	24
		1.75	35~40	0.9~1.1		47	35	15	14

注:1. 平均比重取:砂,2.65,粉土,2.70,粉质黏土,2.71,黏土,2.74。

2. 粗砂和中砂的 E_0 值适用于不均匀系数 $c_u=3$ 时,当 $c_u>5$ 时应按表中所列值减少 2/3, c_u 为中间值时 E_0 按内插法确定。

3. 用于地基稳定计算时,采用内摩擦角 φ 的计算值低于标准值 2°。

附录 D

附加应力系数表

表 D-1　矩形面积上作用均布荷载,角点下竖向应力系数 α_a 值

$m=\dfrac{z}{b}$	$n=\dfrac{l}{b}$									
	1.0	1.2	1.4	1.6	1.8	2.0	3.0	4.0	5.0	10.0
0	0.250	0.250	0.250	0.250	0.250	0.250	0.250	0.250	0.250	0.250
0.2	0.249	0.249	0.249	0.249	0.249	0.249	0.249	0.249	0.249	0.249
0.4	0.240	0.242	0.243	0.243	0.244	0.244	0.244	0.244	0.244	0.244
0.6	0.223	0.228	0.230	0.232	0.232	0.233	0.234	0.234	0.234	0.234
0.8	0.200	0.208	0.212	0.215	0.217	0.218	0.220	0.220	0.220	0.220
1.0	0.175	0.185	0.191	0.196	0.198	0.200	0.203	0.204	0.204	0.205
1.2	0.152	0.163	0.171	0.176	0.179	0.182	0.187	0.188	0.189	0.189
1.4	0.131	0.142	0.151	0.157	0.161	0.164	0.171	0.173	0.174	0.174
1.6	0.112	0.124	0.133	0.140	0.145	0.148	0.157	0.159	0.160	0.160
1.8	0.097	0.108	0.117	0.124	0.129	0.133	0.143	0.146	0.147	0.148
2.0	0.084	0.095	0.103	0.110	0.116	0.120	0.131	0.135	0.136	0.137
2.5	0.060	0.069	0.077	0.083	0.089	0.093	0.106	0.111	0.114	0.115
3.0	0.045	0.052	0.058	0.064	0.069	0.073	0.087	0.093	0.096	0.099
4.0	0.027	0.032	0.036	0.040	0.044	0.048	0.060	0.067	0.071	0.076
5.0	0.018	0.021	0.024	0.027	0.030	0.033	0.044	0.050	0.055	0.061
7.0	0.010	0.011	0.013	0.015	0.016	0.018	0.025	0.031	0.035	0.043
9.0	0.006	0.007	0.008	0.009	0.010	0.011	0.016	0.020	0.024	0.032
10.0	0.005	0.006	0.007	0.007	0.008	0.009	0.013	0.017	0.020	0.028

表 D-2　矩形面积上作用三角形分布荷载,压力为零的角点下竖向应力系数 α_t 值

$m=\dfrac{z}{b}$	$n=\dfrac{l}{b}$							
	0.2	0.6	1.0	1.4	1.8	3.0	8.0	10.0
0	0.000 0	0.000 0	0.000 0	0.000 0	0.000 0	0.000 0	0.000 0	0.000 0
0.2	0.022 3	0.029 6	0.030 4	0.030 5	0.030 6	0.030 6	0.030 6	0.030 6
0.4	0.026 9	0.048 7	0.053 1	0.054 3	0.054 6	0.054 8	0.054 9	0.054 9
0.6	0.025 9	0.056 0	0.065 4	0.068 4	0.069 4	0.070 1	0.070 2	0.070 2
0.8	0.023 2	0.055 3	0.068 8	0.073 9	0.075 2	0.077 3	0.077 6	0.077 6
1.0	0.020 1	0.050 8	0.066 6	0.073 5	0.076 6	0.079 0	0.079 6	0.079 6
1.2	0.017 1	0.045 0	0.061 5	0.069 8	0.073 8	0.077 4	0.078 3	0.078 3

续表

$m=\dfrac{z}{b}$	$n=\dfrac{l}{b}$							
	0.2	0.6	1.0	1.4	1.8	3.0	8.0	10.0
1.4	0.014 5	0.039 2	0.055 4	0.064 4	0.069 2	0.073 9	0.075 2	0.075 3
1.6	0.012 3	0.033 9	0.049 2	0.058 6	0.063 9	0.066 7	0.071 5	0.071 5
1.8	0.010 5	0.029 4	0.043 5	0.052 8	0.058 5	0.065 2	0.067 5	0.067 5
2.0	0.009 0	0.025 5	0.038 4	0.047 4	0.053 3	0.060 7	0.063 6	0.063 6
2.5	0.006 3	0.018 3	0.028 4	0.036 2	0.041 9	0.051 4	0.054 7	0.054 8
3.0	0.004 6	0.013 5	0.021 4	0.028 0	0.033 1	0.041 9	0.047 4	0.047 6
5.0	0.001 8	0.005 4	0.008 8	0.012 0	0.014 8	0.021 4	0.029 6	0.030 1
7.0	0.000 9	0.002 8	0.004 7	0.006 4	0.008 1	0.012 4	0.020 4	0.021 2
10.0	0.000 5	0.001 4	0.002 4	0.003 3	0.004 1	0.006 6	0.012 8	0.013 9

表 D-3 圆形面积上均布荷载作用下的竖向应力系数 α_c 值

$\dfrac{z}{R}$	$\dfrac{a}{R}$										
	0	0.2	0.4	0.6	0.8	1.0	1.2	1.4	1.6	1.8	2.0
0.0	1.000	1.000	1.000	1.000	1.000	0.500	0.000	0.000	0.000	0.000	0.000
0.2	0.998	0.991	0.987	0.970	0.890	0.468	0.077	0.015	0.005	0.002	0.001
0.4	0.949	0.943	0.920	0.860	0.712	0.435	0.181	0.065	0.026	0.012	0.006
0.6	0.864	0.852	0.813	0.733	0.591	0.400	0.224	0.113	0.056	0.029	0.016
0.8	0.756	0.742	0.699	0.619	0.504	0.366	0.237	0.142	0.083	0.048	0.029
1.0	0.646	0.633	0.593	0.525	0.434	0.332	0.235	0.157	0.102	0.065	0.042
1.2	0.547	0.535	0.502	0.447	0.377	0.300	0.226	0.162	0.113	0.078	0.053
1.4	0.461	0.452	0.425	0.383	0.329	0.270	0.212	0.161	0.118	0.086	0.062
1.6	0.390	0.383	0.362	0.330	0.288	0.243	0.197	0.156	0.120	0.090	0.068
1.8	0.332	0.327	0.311	0.285	0.254	0.218	0.182	0.148	0.118	0.092	0.072
2.0	0.285	0.280	0.268	0.248	0.224	0.196	0.167	0.140	0.114	0.092	0.074
2.2	0.246	0.242	0.233	0.218	0.198	0.176	0.153	0.131	0.109	0.090	0.074
2.4	0.214	0.211	0.203	0.192	0.176	0.159	0.146	0.122	0.104	0.087	0.073
2.6	0.187	0.185	0.179	0.170	0.158	0.144	0.129	0.113	0.098	0.084	0.071
2.8	0.165	0.163	0.159	0.151	0.141	0.130	0.118	0.105	0.092	0.080	0.069
3.0	0.146	0.145	0.141	0.135	0.127	0.118	0.108	0.097	0.087	0.077	0.067
3.4	0.117	0.116	0.114	0.110	0.105	0.098	0.091	0.084	0.076	0.068	0.061
3.8	0.096	0.095	0.093	0.091	0.087	0.083	0.078	0.073	0.067	0.061	0.055
4.2	0.079	0.079	0.078	0.076	0.073	0.070	0.067	0.063	0.059	0.054	0.050
4.6	0.067	0.067	0.066	0.064	0.063	0.060	0.058	0.055	0.052	0.048	0.045
5.0	0.057	0.057	0.056	0.055	0.054	0.052	0.050	0.048	0.046	0.043	0.041
5.5	0.048	0.048	0.047	0.046	0.045	0.044	0.043	0.041	0.039	0.038	0.036
6.0	0.040	0.040	0.040	0.039	0.039	0.038	0.037	0.036	0.034	0.033	0.031

表 D-4 矩形面积上作用水平均布荷载时角点下应力系数 α_h 值

$m=\dfrac{z}{b}$	$n=\dfrac{l}{b}$										
	1.0	1.2	1.4	1.6	1.8	2.0	3.0	4.0	6.0	8.0	10.0
0.0	0.159 2	0.159 2	0.159 2	0.159 2	0.159 2	0.159 2	0.159 2	0.159 2	0.159 2	0.159 2	0.159 2
0.2	0.151 8	0.152 3	0.152 6	0.152 8	0.152 9	0.152 9	0.153 0	0.153 0	0.153 0	0.153 0	0.153 0
0.4	0.132 8	0.134 7	0.135 6	0.136 2	0.136 5	0.136 7	0.137 1	0.137 2	0.137 2	0.137 2	0.137 2
0.6	0.109 1	0.112 1	0.113 9	0.115 0	0.115 6	0.116 0	0.116 8	0.116 9	0.117 0	0.117 0	0.117 0
0.8	0.086 1	0.090 0	0.092 4	0.093 9	0.094 8	0.095 5	0.096 7	0.096 9	0.097 0	0.097 0	0.097 0
1.0	0.066 6	0.070 8	0.073 5	0.075 3	0.076 6	0.077 4	0.079 0	0.079 4	0.079 5	0.079 6	0.079 6
1.2	0.051 2	0.055 3	0.058 2	0.060 1	0.061 5	0.062 4	0.064 5	0.065 0	0.065 2	0.065 2	0.065 2
1.4	0.039 5	0.043 3	0.046 0	0.048 0	0.049 4	0.050 5	0.052 8	0.053 4	0.053 7	0.053 7	0.053 8
1.6	0.030 8	0.034 1	0.036 6	0.038 5	0.040 0	0.041 0	0.043 6	0.044 3	0.044 6	0.044 7	0.044 7
1.8	0.024 2	0.027 0	0.029 3	0.031 1	0.032 5	0.033 6	0.036 2	0.037 0	0.037 4	0.037 5	0.037 5
2.0	0.019 2	0.021 7	0.023 7	0.025 3	0.026 6	0.027 7	0.030 3	0.031 2	0.031 7	0.031 8	0.031 8
2.5	0.011 3	0.013 0	0.014 5	0.015 7	0.016 7	0.017 6	0.020 2	0.021 1	0.021 7	0.021 9	0.021 9
3.0	0.007 0	0.008 3	0.009 3	0.010 2	0.011 0	0.011 7	0.014 0	0.015 0	0.015 6	0.015 8	0.015 9
5.0	0.001 8	0.002 1	0.002 4	0.002 7	0.003 0	0.003 2	0.004 3	0.005 0	0.005 7	0.005 9	0.006 0
7.0	0.000 7	0.000 8	0.000 9	0.001 0	0.001 2	0.001 3	0.001 8	0.002 2	0.002 7	0.002 9	0.003 0
10.0	0.000 2	0.000 3	0.000 3	0.000 4	0.000 4	0.000 5	0.000 7	0.000 8	0.001 1	0.001 3	0.001 4

表 D-5 均布条形荷载应力系数 α_u 值

$n=\dfrac{x}{b}$	$m=\dfrac{z}{b}$											
	0.0	0.2	0.4	0.6	0.8	1.0	1.2	1.4	2.0	3.0	4.0	6.0
0	0.500	0.498	0.489	0.468	0.440	0.409	0.375	0.345	0.275	0.198	0.153	0.104
0.25	1.000	0.937	0.797	0.679	0.586	0.510	0.450	0.400	0.298	0.206	0.156	0.105
0.50	1.000	0.977	0.881	0.755	0.642	0.550	0.477	0.420	0.306	0.208	0.158	0.106
0.75	1.000	0.937	0.797	0.679	0.586	0.510	0.450	0.400	0.298	0.206	0.156	0.105
1.00	0.500	0.498	0.489	0.468	0.440	0.409	0.375	0.345	0.275	0.198	0.153	0.104
1.25	0.000	0.059	0.173	0.243	0.276	0.288	0.287	0.279	0.242	0.186	0.147	0.102
1.50	0.000	0.011	0.056	0.111	0.155	0.185	0.202	0.210	0.205	0.171	0.140	0.100
2.00	0.000	0.001	0.010	0.026	0.048	0.071	0.091	0.107	0.134	0.136	0.122	0.094

表 D-6 三角形分布条形荷载作用下竖向应力系数 α_s

$m=\dfrac{z}{b}$	$n=\dfrac{x}{b}$										
	-1.5	-1.0	-0.5	0.0	0.25	0.50	0.75	1.0	1.5	2.0	2.5
0.00	0.000	0.000	0.000	0.000	0.250	0.500	0.750	0.500	0.000	0.000	0.000
0.25	0.000	0.000	0.001	0.075	0.256	0.480	0.643	0.424	0.017	0.003	0.000
0.50	0.002	0.003	0.023	0.127	0.263	0.410	0.477	0.353	0.056	0.017	0.003
0.75	0.006	0.016	0.042	0.153	0.248	0.335	0.361	0.293	0.108	0.024	0.009
1.00	0.014	0.025	0.061	0.159	0.223	0.275	0.279	0.241	0.129	0.045	0.013
1.50	0.020	0.048	0.096	0.145	0.178	0.200	0.202	0.185	0.124	0.062	0.041
2.00	0.033	0.061	0.092	0.127	0.146	0.155	0.163	0.153	0.108	0.069	0.050
3.00	0.050	0.064	0.080	0.096	0.103	0.104	0.108	0.104	0.090	0.071	0.050

$m=\dfrac{z}{b}$	$n=\dfrac{x}{b}$										
	−1.5	−1.0	−0.5	0.0	0.25	0.50	0.75	1.0	1.5	2.0	2.5
4.00	0.051	0.060	0.067	0.075	0.078	0.085	0.082	0.075	0.073	0.060	0.049
5.00	0.047	0.052	0.057	0.059	0.062	0.063	0.063	0.065	0.061	0.051	0.047
6.00	0.041	0.041	0.050	0.051	0.052	0.053	0.053	0.053	0.050	0.050	0.045

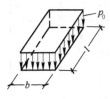

表 D-7　均布的矩形荷载角点下的平均竖向附加应力系数$\bar{\alpha}$

l/b z/b	1.0	1.2	1.4	1.6	1.8	2.0	2.4	2.8	3.2	3.6	4.0	5.0	10.0
0.0	0.2500	0.2500	0.2500	0.2500	0.2500	0.2500	0.2500	0.2500	0.2500	0.2500	0.2500	0.2500	0.2500
0.2	0.2496	0.2497	0.2497	0.2498	0.2498	0.2498	0.2498	0.2498	0.2498	0.2498	0.2498	0.2498	0.2498
0.4	0.2474	0.2479	0.2481	0.2483	0.2483	0.2484	0.2485	0.2485	0.2485	0.2485	0.2485	0.2485	0.2485
0.6	0.2423	0.2437	0.2444	0.2448	0.2451	0.2452	0.2454	0.2455	0.2455	0.2455	0.2455	0.2455	0.2456
0.8	0.2346	0.2372	0.2387	0.2395	0.2400	0.2403	0.2407	0.2408	0.2409	0.2409	0.2410	0.2410	0.2410
1.0	0.2252	0.2291	0.2313	0.2326	0.2335	0.2340	0.2346	0.2349	0.2351	0.2352	0.2352	0.2353	0.2353
1.2	0.2149	0.2199	0.2229	0.2248	0.2260	0.2267	0.2278	0.2282	0.2285	0.2286	0.2287	0.2288	0.2289
1.4	0.2043	0.2102	0.2140	0.2164	0.2190	0.2191	0.2204	0.2211	0.2215	0.2217	0.2218	0.2220	0.2221
1.6	0.1939	0.2006	0.2049	0.2079	0.2099	0.2113	0.2130	0.2138	0.2143	0.2146	0.2148	0.2150	0.2152
1.8	0.1840	0.1912	0.1960	0.1994	0.2018	0.2034	0.2055	0.2066	0.2073	0.2077	0.2079	0.2082	0.2084
2.0	0.1746	0.1822	0.1875	0.1912	0.1938	0.1958	0.1982	0.1996	0.2004	0.2009	0.2012	0.2015	0.2018
2.2	0.1659	0.1737	0.1793	0.1833	0.1862	0.1883	0.1911	0.1927	0.1937	0.1943	0.1947	0.1952	0.1955
2.4	0.1578	0.1657	0.1715	0.1757	0.1789	0.1812	0.1843	0.1862	0.1873	0.1880	0.1885	0.1890	0.1895
2.6	0.1503	0.1583	0.1642	0.1686	0.1719	0.1745	0.1779	0.1799	0.1812	0.1820	0.1825	0.1832	0.1838
2.8	0.1433	0.1514	0.1574	0.1619	0.1654	0.1680	0.1717	0.1739	0.1753	0.1763	0.1769	0.1777	0.1784
3.0	0.1369	0.1449	0.1510	0.1556	0.1592	0.1619	0.1658	0.1682	0.1698	0.1708	0.1715	0.1725	0.1733
3.2	0.1310	0.1390	0.1450	0.1497	0.1533	0.1562	0.1602	0.1628	0.1645	0.1657	0.1664	0.1675	0.1685
3.4	0.1256	0.1334	0.1394	0.1441	0.1478	0.1508	0.1550	0.1577	0.1595	0.1607	0.1616	0.1628	0.1639
3.6	0.1205	0.1282	0.1342	0.1389	0.1427	0.1456	0.1500	0.1528	0.1548	0.1561	0.1570	0.1583	0.1595
3.8	0.1158	0.1234	0.1293	0.1340	0.1378	0.1408	0.1452	0.1482	0.1502	0.1516	0.1526	0.1541	0.1554
4.0	0.1114	0.1189	0.1248	0.1294	0.1332	0.1362	0.1408	0.1438	0.1459	0.1474	0.1485	0.1500	0.1516
4.2	0.1073	0.1147	0.1205	0.1251	0.1289	0.1319	0.1365	0.1396	0.1418	0.1434	0.1445	0.1462	0.1479
4.4	0.1035	0.1107	0.1164	0.1210	0.1248	0.1279	0.1325	0.1357	0.1379	0.1396	0.1407	0.1425	0.1444
4.6	0.1000	0.1070	0.1127	0.1172	0.1209	0.1240	0.1287	0.1319	0.1342	0.1359	0.1371	0.1390	0.1410
4.8	0.0967	0.1036	0.1091	0.1136	0.1173	0.1204	0.1250	0.1283	0.1307	0.1324	0.1337	0.1357	0.1379
5.0	0.0935	0.1003	0.1057	0.1102	0.1139	0.1169	0.1216	0.1249	0.1273	0.1291	0.1304	0.1325	0.1318
6.0	0.0805	0.0866	0.0916	0.0957	0.0991	0.1021	0.1067	0.1101	0.1126	0.1146	0.1161	0.1185	0.1216
7.0	0.0705	0.0761	0.0806	0.0844	0.0877	0.0904	0.0949	0.0982	0.1008	0.1028	0.1044	0.1071	0.1109
8.0	0.0627	0.0678	0.0720	0.0755	0.0785	0.0811	0.0853	0.0886	0.0912	0.0932	0.0948	0.0976	0.1020
10.0	0.0514	0.0556	0.0592	0.0622	0.0649	0.0672	0.0710	0.0739	0.0763	0.0783	0.0799	0.0829	0.0880
12.0	0.0435	0.0471	0.0502	0.0529	0.0552	0.0573	0.0606	0.0634	0.0656	0.0674	0.0690	0.0719	0.0774
16.0	0.0322	0.0361	0.0385	0.0407	0.0425	0.0442	0.0469	0.0492	0.0511	0.0527	0.0540	0.0567	0.0625
20.0	0.0269	0.0292	0.0312	0.0330	0.0345	0.0359	0.0383	0.0402	0.0418	0.0432	0.0444	0.0468	0.0524

表 D-8　三角形分布的矩形荷载角点下的平均竖向附加应力系数 $\bar{\alpha}$

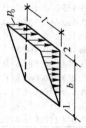

z/b	0.2 点1	0.2 点2	0.4 点1	0.4 点2	0.6 点1	0.6 点2	0.8 点1	0.8 点2	1.0 点1	1.0 点2	1.2 点1	1.2 点2	1.4 点1	1.4 点2	1.6 点1	1.6 点2	1.8 点1	1.8 点2	2.0 点1	2.0 点2
0.0	0.0000	0.2500	0.0000	0.2500	0.0000	0.2500	0.0000	0.2500	0.0000	0.2500	0.0000	0.2500	0.0000	0.2500	0.0000	0.2500	0.0000	0.2500	0.0000	0.2500
0.2	0.0112	0.2161	0.0140	0.2308	0.0148	0.2338	0.0151	0.2331	0.0152	0.2341	0.0153	0.2342	0.0153	0.2342	0.0153	0.2343	0.0153	0.2343	0.0153	0.2343
0.4	0.0179	0.1810	0.0245	0.2084	0.0270	0.2153	0.0280	0.2175	0.0285	0.2185	0.0288	0.2189	0.0289	0.2189	0.0290	0.2190	0.0290	0.2190	0.0290	0.2191
0.6	0.0207	0.1505	0.0308	0.1851	0.0355	0.1966	0.0376	0.2011	0.0388	0.2033	0.0394	0.2039	0.0397	0.2043	0.0399	0.2046	0.0400	0.2047	0.0401	0.2048
0.8	0.0217	0.1277	0.0340	0.1640	0.0405	0.1787	0.0440	0.1852	0.0459	0.1882	0.0470	0.1890	0.0476	0.1907	0.0480	0.1912	0.0482	0.1915	0.0483	0.1917
1.0	0.0217	0.1104	0.0351	0.1461	0.0430	0.1624	0.0476	0.1704	0.0502	0.1746	0.0518	0.1769	0.0528	0.1781	0.0534	0.1789	0.0538	0.1794	0.0540	0.1797
1.2	0.0212	0.0970	0.0351	0.1312	0.0439	0.1480	0.0492	0.1571	0.0525	0.1621	0.0546	0.1646	0.0560	0.1669	0.0568	0.1676	0.0574	0.1684	0.0577	0.1689
1.4	0.0204	0.0865	0.0344	0.1187	0.0436	0.1356	0.0495	0.1451	0.0534	0.1502	0.0560	0.1541	0.0578	0.1562	0.0586	0.1576	0.0594	0.1585	0.0599	0.1591
1.6	0.0195	0.0779	0.0333	0.1082	0.0427	0.1247	0.0490	0.1345	0.0534	0.1403	0.0564	0.1443	0.0580	0.1467	0.0594	0.1484	0.0604	0.1490	0.0609	0.1502
1.8	0.0186	0.0709	0.0321	0.0993	0.0415	0.1153	0.0480	0.1252	0.0525	0.1310	0.0556	0.1354	0.0577	0.1381	0.0593	0.1400	0.0604	0.1413	0.0611	0.1422
2.0	0.0178	0.0650	0.0308	0.0917	0.0401	0.1071	0.0467	0.1169	0.0513	0.1231	0.0547	0.1274	0.0570	0.1300	0.0587	0.1324	0.0599	0.1338	0.0608	0.1348
2.5	0.0157	0.0538	0.0276	0.0769	0.0365	0.0908	0.0429	0.1000	0.0478	0.1063	0.0513	0.1107	0.0540	0.1139	0.0560	0.1163	0.0575	0.1180	0.0586	0.1193
3.0	0.0140	0.0458	0.0248	0.0661	0.0330	0.0786	0.0392	0.0871	0.0439	0.0931	0.0476	0.0976	0.0500	0.1008	0.0525	0.1033	0.0541	0.1052	0.0554	0.1067
5.0	0.0097	0.0289	0.0175	0.0424	0.0236	0.0476	0.0285	0.0576	0.0324	0.0624	0.0356	0.0661	0.0382	0.0690	0.0403	0.0714	0.0421	0.0734	0.0435	0.0749
7.0	0.0073	0.0211	0.0133	0.0311	0.0180	0.0352	0.0219	0.0427	0.0251	0.0465	0.0277	0.0496	0.0299	0.0520	0.0318	0.0541	0.0333	0.0558	0.0347	0.0572
10.0	0.0053	0.0150	0.0097	0.0222	0.0133	0.0253	0.0162	0.0308	0.0186	0.0336	0.0207	0.0336	0.0224	0.0379	0.0239	0.0395	0.0252	0.0409	0.0263	0.0403

参 考 文 献

[1] 白冰,肖宏彬. 软土工程若干理论与应用. 北京:中国水利水电出版社,2002.

[2] 陈国兴. 土质学与土力学. 北京:中国水利水电出版社,2002.

[3] 陈希哲. 土力学与地基. 3 版. 北京:清华大学出版社,2000.

[4] 陈仲颐,周景星,王洪瑾. 土力学. 北京:清华大学出版社,1994.

[5] 钱家欢,殷宗泽. 土工原理与计算. 2 版. 北京:中国水利电力出版社,1994.

[6] 伏斯列夫. 饱和黏土抗剪强度的物理分量//粘性土抗剪强度译文集. 北京:科学出版社,1965.

[7] 高大钊,袁聚云. 土质学与土力学. 3 版. 北京:人民交通出版社,2001.

[8] 高国瑞. 近代土质学. 南京:东南大学出版社,1989.

[9] 黄文熙. 土的工程性质. 北京:水利水电出版社,1983.

[10] 李广信. 高等土力学. 北京:清华大学出版社,2004.

[11] 刘成宇. 土力学. 2 版. 北京:中国铁道出版社,2000.

[12] 刘艳,赵成刚,蔡国庆. 理性土力学与热力学. 北京:科学出版社,2016.

[13] 卢廷浩. 土力学. 南京:河海大学出版社,2002.

[14] 卢肇钧. 土的变形破坏机理和土力学计算理论问题. 岩土工程学报,1989,11(6):68.

[15] 陆士强,王钊,刘祖德. 土工合成材料的基本原理和应用. 北京:水利电力出版社,1994.

[16] 邵龙潭,李红军. 土工结构稳定分析:有限元极限平衡法及其应用. 科学出版社,2011.

[17] 松冈元. 土力学. 罗汀,姚仰平,译. 北京:中国水利水电出版社,2001.

[18] 唐大雄,刘佑荣,张文殊,等. 工程岩土学. 2 版. 北京:地质出版社,1999.

[19] 谭罗荣,孔令伟. 特殊岩土工程土质学. 北京:科学出版社,2006.

[20] 王泽云. 土力学. 重庆:重庆大学出版社,2002.

[21] 谢定义,姚仰平,党发宁. 高等土力学. 北京:高等教育出版社,2008.

[22] 谢尔盖耶夫. 工程岩土学. 北京:地质出版社,1990.

[23] 殷宗泽. 土力学与地基. 北京:水利水电出版社,1999.

[24] 俞茂宏. 工程强度理论. 北京:高等教育出版社,1999.

[25] 虞石民,郑树楠,郑人龙. 土力学与基础工程习题集. 北京:水利水电出版社,1993.

[26] 苑莲菊. 工程渗流力学及应用. 北京:中国建材出版社,2001.

[27] 张振营. 土力学题库及典型题解. 北京:中国水利水电出版社,2001.

[28] 赵成刚. 土力学的现状及其数值分析方法中某些问题的讨论. 岩土力学,2006,27(8):1361-1365.

[29] 赵成刚,刘艳. 连续孔隙介质土力学及其在非饱和土本构关系中的应用. 岩土工程学报,2009,31(9),1324—1335.

[30] 赵成刚,韦昌富,蔡国庆. 土力学理论的发展和面临的挑战,岩土力学,2011,32(12):3521—3540.

[31] 赵成刚,刘真真,李舰,刘艳,蔡国庆. 土力学有效应力及其作用的讨论. 力学学报,2015,47(2):356—361.

[32] 赵明华. 土力学与基础工程. 武汉:武汉工业大学出版社,2000.

[33] 赵明华,李刚,曹喜仁,等. 土力学地基与基础疑难释义附解题指导. 2 版. 北京:中国建筑工业出版社,2003.

[34] 赵树德. 土力学. 北京:高等教育出版社,2001.

[35] ATKINSON J H,BRANSBY P L. The mechanics of soils:An introduction to critical state soil mechanics. London:McGRAW-HILL Book Company,1978.

[36] AZIZI F. Applied Analyses in Geotechnics. London and New York:E&FN Spon,2000.

[37] BEAR J,BACHMAT Y. Introduction to Modeling of Transport Phenomena in Porous media. Kluwer Academic,Norwell,Mass. ,1990.

[38] BOLTON M. Soil Mechanics. Hong Kong:Chung Hwa Book Company(Hong Kong)Ltd,1991.

[39] BUDHU M. Soil Mechanics and Foundations. New York:John Wiley and Sons Inc,2000.

[40] CASAGRANDE A. Discussion of Requirements for the Practice of Applied Soil Mechanics. In:First Panamerica Conference on Soil Mechanics and Foundation Engineering. 1959. 3:1029-1037.

[41] CHEN X,WU Y,YU Y,LIU J,XU X F,REN J. A two-grid search scheme for large-scale 3-D finite element analyses of slope stability. Computers and Geotechnics,2014,62,203-215.

[42] COLLINSK,McGOWN A. The form and function of microfabric features in a variety of natural soils[J]. Geotechnique,1974,24(2): 223-254.

[43] DAS B M. Principles of Geotechnical Engineering. Fourth Edition. PWS Publishing Company,1998.

[44] FREDLUND D G ,RAHARDJO H. Soil Mechanics for Unsaturated Soils. 陈仲颐,张在明,陈愈炯,等译. 非饱和土力学. 北京:中国建筑工业出版社,1997.

[45] MATSUOKA H,SUN D A. The SMP concept-based 3D constitutive models for geomaterials. London: Taylor &Francis,2006.

[46] MITCHELL J K,SOGA K. Fundamentals of Soil Behavior. 3rd Edition. John Wiley & Sons,Inc,2005.

[47] PECK R B. The Teach and Practice of Soil Mechanics. Publication No. 68. Journal of American Society for Engineering Education. 1966. 309-311.

[48] ROSCOE K H,BARLAND T B. On the generalised stress-strain behaviour of 'wet' clay. Eds by Heyman J and Lechie F A. Engineering Plasticity. Cambridge University Press,1968.

[49] ROSCOE K H,SCHOFIELD A N. Mechanical behaviour of an idealised 'wet' clay,Pro. Europeon Conf. soil Mechanics and Foundation Engineering,1963,1:47-54.

[50] ROSCOE K H,SCHOFIELD A N,WROTH C P. On the Yielding of Soil. Geotechnique,1958,8(1):22-53.

[51] RUSH R,YONG R N. Microstructure of Smectite Clays and Engineering Performance. London and New York: Taylor & Francis ,2006.

[52] SCHOFIELD A N. Disturbed soil properties and geotechnical design. London:Thomas Telford Publishing,2005.

[53] SCHOFIELD A N,WROTH C P. Critical State Soil Mechanics. London:McGraw-Hill Book Cornpamy. 1968.

[54] TAYLOR D W. Fundamentals of Soil Mechanics. New York:John Wiley and Sons,1948.

[55] TERZAGHI K. Theoretical Soil Mechanics. New York:John Wiley and Sons,1943.

［56］　SLOANS W. Geotechnical stability analysis. Géotechnique,2013；63(7)：531-572.

［57］　TERZAGHI K，PECK R B，MESRI G. Soil Mechanics in Engineering Practice. A Wiley-Inter-science Publication. Third Edition. John Wiley & sons,Inc,1996.

［58］　WOOD D M. Soil behavior and critical state soil mechanics. London：Cambridge university Press,1990.

［59］　YONG R N. Overview of modeling of clay microstructure and interactions for prediction of waste isolation barrier performance. Engineering Geology,1999；54(1)：83-91.

［60］　ZHAO C G,LIU Z Z,SHI P X,LI J,CAI G Q and WEI C F. Average soil skeleton stress for unsat-urated soils and Discussion on effective stress,International Journal of Geomechanics,ASCE,2016,16(6).